Conserver la Couverture

ENCYCLOPÉDIE DES TRAVAUX PUBLICS
FONDÉE PAR M.-C. LECHALAS, INSPECTEUR GÉNÉRAL DES PONTS ET CHAUSSÉES
Médaille d'or à l'Exposition Universelle de 1889

COURS DE GÉOMÉTRIE DESCRIPTIVE ET DE GÉOMÉTRIE INFINITÉSIMALE

PAR

MAURICE D'OCAGNE

INGÉNIEUR DES PONTS ET CHAUSSÉES
PROFESSEUR A L'ÉCOLE DES PONTS ET CHAUSSÉES
RÉPÉTITEUR A L'ÉCOLE POLYTECHNIQUE

PARIS
GAUTHIER-VILLARS ET FILS, IMPRIMEURS-LIBRAIRES
DE L'ÉCOLE POLYTECHNIQUE, DU BUREAU DES LONGITUDES, ETC.
Quai des Grands-Augustins, 55

LIBRAIRIE GAUTHIER-VILLARS ET FILS

QUAI DES GRANDS-AUGUSTINS, 55, A PARIS

ENCYCLOPÉDIE INDUSTRIELLE

Vol. grand in-8, avec de nombreuses figures

Construction pratique des navires de guerre, par A. CRONEAU, ingénieur des constructions navales, professeur à l'École du Génie maritime. 2 vol. (996 pages et 664 figures) et 1 bel atlas double in-4 de 11 planches, dont 2 à 3 couleurs. 33 fr.

Verre et verrerie, par Léon APPERT, président de la Société des Ingénieurs civils, et J. HENRIVAUX, directeur de la manufacture de Saint-Gobain. 1 vol. et 1 atlas . . . . 20 fr.

Blanchiment et apprêt ; teinture et impression. 1 vol. de 674 pages, avec 368 figures et échantillons de tissus imprimés, par GUIGNET, directeur des teintures aux Gobelins, DOMMER, professeur à l'École municipale de physique et de chimie, et GRANDMOUGIN (de Mulhouse). 30 fr.

Éléments et organes des machines, par A. GOUILLY, répétiteur de mécanique appliquée à l'École centrale. 1 vol. de 410 pages, avec 710 figures. . . . 12 fr.

Le vin et l'eau-de-vie de vin, par Henri de LAPPARENT, inspecteur général de l'agriculture. 1 vol. de 545 pages, avec 110 figures et 28 cartes. . . . . . 12 fr.

Chimie organique appliquée, par A. JOANNIS, professeur à la Faculté des Sciences de Paris. Tome Ier, 688 p., avec fig. 20 fr. Le tome II est sous presse. L'ouvrage complet coûtera . . . . 35 fr.

Traité des machines à vapeur, par ALHEILIG et ROCHE, ingénieurs des constructions navales. 2 vol. de 1176 pages, avec 691 figures. Tome Ier. . . . 20 fr. Tome II . . . . 18 fr.

Chemins de fer. Traction, par E. DEHARME, professeur à l'École centrale, et A. PULIN, ingénieur de la Cie du Nord. 1 vol. 15 fr.

Calcul infinitésimal à l'usage des ingénieurs, par E. ROUCHÉ (*sous presse*).

LIBRAIRIE ARMAND COLIN ET Cie

RUE DE MÉZIÈRES, 5, A PARIS

ENCYCLOPÉDIE AGRICOLE

Vol. in-18 jésus, avec figures, à 3 fr. 50

Principes de laiterie, par E. DUCLAUX, membre de l'Institut. 1 vol.

Nutrition et production des animaux, par P. PETIT, professeur à la Faculté des Sciences de Nancy. 1 vol.

La petite culture, par G. HEUZÉ, inspecteur général de l'agriculture. 1 vol.

Amendements et engrais, par A. RENARD, professeur de chimie agricole à l'École des Sciences de Rouen. 1 vol.

Les légumes usuels, par VILMORIN. 2 vol. (*plusieurs centaines de figures*).

Éléments de géologie, par E. NIVOIT, ingénieur en chef des Mines (conformes aux derniers programmes de l'Enseignement secondaire). 1 vol.

Les syndicats professionnels agricoles, par Georges GAIN, substitut à Nice, membre de la Société des Agriculteurs de France. 1 vol.

Le commerce de la boucherie, par Ernest PION, vétérinaire, inspecteur au marché de la Villette, avec une *Introduction*, par M.-C. LECHALAS. 1 vol.

Les cours d'eau : ***Hydrologie*** (par M.-C. LECHALAS) et *Législation* (par de LALANDE, avocat au Conseil d'État). 1 vol.

Petit dictionnaire d'agriculture, de zootechnie et de droit rural, par A. LARBALÉTRIER, professeur d'agriculture. 1 vol. relié (par exception, 2 fr. 50).

Le Ministre de l'Instruction publique et celui de l'Agriculture ont souscrit à la plupart de ces ouvrages. *Les cours d'eau* et *Les légumes usuels* ont été approuvés par la Commission des *Bibliothèques scolaires ; La nutrition et production des animaux* et *La petite culture* ont été approuvés par la Commission ministérielle des Bibliothèques populaires, communales et libres.

COURS

DE

GÉOMÉTRIE DESCRIPTIVE

ET DE

GÉOMÉTRIE INFINITÉSIMALE

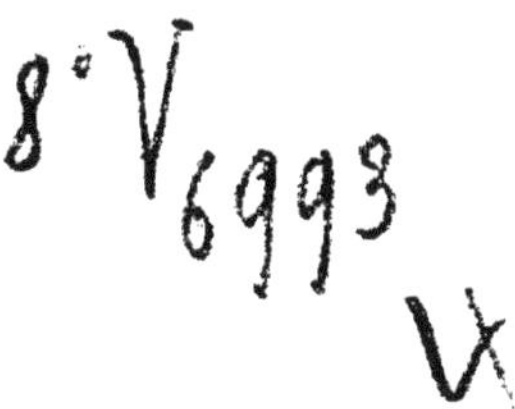

Tous les exemplaires de l'ouvrage de M. d'Ocagne doivent être revêtus de la signature de l'auteur.

ENCYCLOPÉDIE DES TRAVAUX PUBLICS
FONDÉE PAR M.-C. LECHALAS, INSPECTEUR GÉNÉRAL DES PONTS ET CHAUSSÉES
Médaille d'or à l'Exposition Universelle de 1889

COURS DE GÉOMÉTRIE DESCRIPTIVE ET DE GÉOMÉTRIE INFINITÉSIMALE

PAR

MAURICE D'OCAGNE

INGÉNIEUR DES PONTS ET CHAUSSÉES
PROFESSEUR A L'ÉCOLE DES PONTS ET CHAUSSÉES
RÉPÉTITEUR A L'ÉCOLE POLYTECHNIQUE

PARIS
GAUTHIER-VILLARS ET FILS, IMPRIMEURS-LIBRAIRES
DE L'ÉCOLE POLYTECHNIQUE, DU BUREAU DES LONGITUDES, ETC.
Quai des Grands-Augustins, 55

1896

INTRODUCTION

Le présent ouvrage est le développement du Cours que l'auteur professe aux élèves de l'Année préparatoire de l'École des Ponts et Chaussées. Ce Cours comprend toute la partie purement géométrique de l'enseignement théorique donné à ces élèves.

L'auteur a cru nécessaire de séparer complètement ce qui se rattache au mode de représentation des corps géométriques de ce qui a trait à leurs propriétés intrinsèques. De là, dans le Cours, deux grandes divisions auxquelles correspondent dans cet ouvrage deux parties distinctes : *Géométrie descriptive* et *Géométrie infinitésimale*.

Le temps strictement limité dont il dispose pour son enseignement oral oblige l'auteur à en bannir tout ce qui n'est pas indispensable aux élèves, qui doivent avant tout être mis en mesure d'effectuer les divers travaux graphiques que comporte leur programme d'études. Dans le livre, il lui était loisible de s'étendre davantage; il en a profité pour essayer de grouper dans un exposé d'ensemble toutes les notions géométriques de nature à intéresser les ingénieurs.

Les parties de l'ouvrage qui ne s'adressent pas spécialement aux élèves de l'École des Ponts et Chaussées sont imprimées en plus petits caractères, mais elles ne sauraient, pour une étude approfondie, être séparées du reste.

Avant que l'attention du lecteur soit appelée sur divers points particuliers, il ne sera pas inutile de consigner ici deux observations d'ordre général :

1° Estimant que l'enseignement doit avoir pour but principal de ramener l'étude de tout un ensemble de faits à quelques principes essentiels, l'auteur s'est attaché, pour chacun des sujets traités, à mettre ces principes en lumière avant d'examiner aucun cas particulier. Ce n'est pas à dire que l'étude de ceux-ci doive être négligée, mais elle ne peut être considérée que comme une illustration de l'exposé de la doctrine générale, la seule, à tout prendre, qui doive laisser une trace durable dans l'esprit. Cette préoccupation constante a conduit l'auteur à apporter dans les matières ici traitées une classification peut-être plus méthodique que celles qui se rencontrent dans d'autres ouvrages. C'est ainsi notamment qu'il a exposé, pour la théorie des surfaces, l'ensemble des propriétés générales avant d'aborder l'étude des surfaces de nature spéciale, comme les surfaces gauches, ce qui va contre l'habitude de la plupart des Cours similaires ;

2° Chargé de la partie géométrique d'un enseignement qui comporte également une partie analytique, l'auteur ne s'est pas astreint à reprendre par les méthodes de la Géométrie les questions qui, se traitant plus simplement par l'Analyse, sont traditionnellement rattachées à cette science à titre d'applications. Il s'est borné, le cas échéant, à rappeler les résultats ainsi obtenus, s'efforçant, autant que possible, de ne faire intervenir la Géométrie que là où le concours qu'elle prête à l'Analyse — qui reste le moyen le plus puissant d'investigation — comporte des avantages spéciaux. C'est ainsi, par exemple, que chaque fois qu'il s'agit d'obtenir ce qu'on appelle des *constructions*, l'emploi de la Géométrie pure conduit généralement par des voies plus directes à des solutions plus élégantes.

La première partie, *Géométrie descriptive*, comprend les quatre premiers chapitres.

Le chapitre Ier, relatif aux *Projections cotées*, ne saurait donner lieu à aucune remarque spéciale.

Le chapitre II contient une théorie de la *Perspective axonométrique*, envisagée à un point de vue particulier. Tout en lui conservant un nom consacré par l'usage, on ne la considère pas ici comme dérivant de la perspective ordinaire. On la définit par la construction même qui permet de marquer sur le plan le point perspectif d'un point donné, ce qui revient à définir un mode particulier de représentation plane des corps de l'espace, et on indique comment, avec ce mode de représentation, on peut réaliser sur le papier toutes les constructions équivalentes à celles qui devraient être effectuées dans l'espace. La petite difficulté qui s'offrait ici consistait à donner rigoureusement la définition du contour apparent des corps sans faire intervenir la notion de perspective ; on pense être parvenu à la lever par le moyen qui ressort des nos 64, 73 et 74.

Cet exposé spécial de la perspective axonométrique est fait principalement en vue des applications que l'on en rencontre dans la théorie des ombres, mais ce qu'il est essentiel d'en retenir pour cet objet se réduit à fort peu de chose. On a néanmoins développé le sujet avec quelques détails, attendu que ce mode de représentation des corps, pouvant être utilement employé dans certains cas de la pratique [1], il n'était pas mauvais de montrer comment, en y ayant recours, on peut résoudre sur les corps usuels tous les problèmes que

[1] Voir p. 64.

l'on sait traiter par les procédés ordinaires de la Géométrie descriptive.

Le chapitre III traite de la *Théorie des ombres usuelles*. En outre d'une coordination des diverses parties du sujet faite selon l'esprit de la première des observations générales présentées ci-dessus, on y signalera la règle très simple (n° 102) à laquelle a été ramenée la distinction des parties ombrées d'un polyèdre, et la méthode générale (§ 3) dérivée de la perspective axonométrique pour la construction des ombres portées sur des plans.

Dans le chapitre IV, réservé à la *Perspective linéaire*, on ne relève pas de notables particularités, si ce n'est la solution donnée pour la mise en perspective de la sphère (n° 217), et les explications fournies (n°s 171 à 174) sur le but et le caractère de la perspective géométrique, de façon à mettre les élèves en garde contre certaines idées fausses assez répandues.

La deuxième partie, *Géométrie infinitésimale*, est celle où l'exposé s'écarte le plus des voies ordinaires.

Elle s'ouvre par un petit préambule qui a pour but : 1° de donner quelques explications indispensables sur les éléments infinitésimaux envisagés par la suite, de façon à attribuer aux formules infinitésimales obtenues géométriquement la même rigueur qu'à celles auxquelles on est conduit par l'Analyse ; 2° de définir ce qu'on peut entendre par la Géométrie des figures variables *indépendamment de toute idée de déplacement*.

Dans le chapitre V, consacré aux *Courbes planes*, on prend comme point de départ certaines formules empruntées à M. Mannheim, mais envisagées ici au point de vue défini dans le préambule, et démontrées avec le souci de l'évaluation rigoureuse de l'ordre des infiniment petits négligés et du signe des éléments qui interviennent. Cette manière de faire conduit, entre autres, à un exposé purement géométrique de la classique méthode de Chasles, dite du centre instantané de rotation (n° 256). Les nombreuses applications données dans le § 2 sont, sauf celle qui concerne les centres de courbure des coniques, extraites des travaux personnels de l'auteur. Le lecteur voudra bien prêter quelque attention aux n°s 266 à 269 qui contiennent divers résultats assez curieux. On peut signaler aussi l'application à la Cinématique (n°s 270 et 271). Elle montre comment cette science peut être rattachée à la Géométrie des figures variables lorsqu'on a d'abord envisagé celle-ci sans faire intervenir la notion de déplacement, ce qui, au point de vue philosophique, paraîtra sans doute plus satisfaisant.

Le chapitre VI, après les généralités sur les *Courbes gauches*, renferme une application d'abord aux hélices tracées sur un cylindre quelconque, puis aux hélices ordinaires.

Les propriétés générales des *Surfaces* occupent tout le chapitre VII. Dans le § 1, qui se rapporte aux plans tangents et aux normales, on signalera une démonstration très élémentaire du théorème de Malus (n° 292). Dans le § 2 on étudie les éléments qui se rattachent à la courbure des lignes tracées sur une surface à partir d'un point. Envisageant d'abord le *sens* de la courbure, on introduit la notion de l'indicatrice de Dupin. On passe ensuite à l'étude de la *grandeur* de la courbure; ce n'est qu'après avoir établi la formule pour une courbe gauche quelconque [1] que l'on ramène la question, par les théorèmes de Meusnier et d'Euler, à la détermination des rayons de courbure principaux et que l'on rattache les variations de la grandeur de la courbure à la considération de l'indicatrice. On donne, à titre de corollaire, une détermination extrêmement simple du rayon de courbure du contour apparent d'une surface (n° 300). Ensuite,

[1] C'est ainsi d'ailleurs que procède M. Jordan dans son excellent *Cours d'Analyse*.

sont introduites les notions des axes de courbure (avec le théorème de Sturm) et de la déviation (avec les formules de M. J. Bertrand et d'Ossian Bonnet). On dit enfin quelques mots de la mesure de la courbure de la surface en un point, en signalant même la définition nouvelle proposée par M. Casorati. Dans le § 3, on passe aux propriétés relatives aux éléments non plus seulement pris autour d'un point, mais répandus sur toute l'étendue de la surface. On commence par définir la courbure et la torsion géodésiques en écrivant les formules fondamentales relatives à ce dernier élément, qui sont une conséquence immédiate de celles précédemment démontrées à propos de la déviation. Cela permet d'introduire, par un procédé tout élémentaire, la théorie géométrique des lignes de courbure, fondée sur la considération de la torsion géodésique. Le lecteur voudra bien remarquer la définition qui est donnée des lignes asymptotiques, de manière à enlever à cette notion tout ce qu'elle peut avoir d'artificiel. Après avoir démontré la propriété essentielle des lignes géodésiques et en avoir déduit quelques corollaires propres à faire ressortir la pleine analogie de ces lignes avec les droites d'un plan, on dit quelques mots des coordonnées curvilignes afin de pouvoir, en se fondant sur la notion des lignes géodésiques, définir l'applicabilité des surfaces les unes sur les autres. Chemin faisant, on a cru pouvoir, dans un court résumé historique, donner au lecteur au moins une idée de l'importante théorie des surfaces minima.

Le chapitre VIII, qui termine l'ouvrage, est réservé aux *Surfaces de nature spéciale*. Après un court paragraphe sur les surfaces enveloppes de sphères et plus particulièrement sur les surfaces de révolution, on aborde l'étude des surfaces gauches. Le caractère spécial de cette étude, telle qu'elle est ici présentée, tient surtout à la considération du signe du paramètre de distribution, qui permet de donner une entière précision aux tracés que comportent tous les problèmes traités, notamment à ceux dont la solution est fondée sur l'emploi du point représentatif (nos 324 et 325).

Pour la construction des plans tangents aux surfaces gauches à plan directeur, on a recours à un procédé particulier, dit des *tangentes orthogonales* (nos 326 à 328, 352, 355).

L'étude des surfaces gauches à cône directeur de révolution est présentée sous une forme nouvelle, qu'on s'est efforcé de rendre pleinement rigoureuse grâce à la considération des signes. Pour les hélicoïdes gauches à noyau cylindrique quelconque, on détermine complètement, par des constructions linéaires, l'indicatrice en tout point (n° 339), ce qui, semble-t-il, n'avait pas encore été fait. L'application des résultats précédents aux hélicoïdes à noyau cylindrique de révolution, et notamment aux surfaces de vis, fait ressortir, en supprimant toute espèce d'aléa dans les tracés, la nécessité qu'il y avait d'introduire la considération du signe dans cette théorie.

Enfin, le § 3 est consacré aux *Surfaces développables*, qui apparaissent ici comme un cas particulier des surfaces réglées, alors qu'on est plutôt dans l'habitude d'en faire l'objet d'une étude à part précédant la théorie générale.

L'enseignement géométrique donné aux élèves de l'École des Ponts et Chaussées comprend, en outre, les principes de la *Nomographie* que l'on trouvera dans un autre ouvrage de l'auteur (1).

En terminant cette *Introduction*, l'auteur tient à dire de quelle utilité lui ont été le *Cours de Géométrie descriptive* de M. Mannheim, qu'il a suivi naguère à l'École Polytechnique, et le *Traité de Géométrie descriptive* de M. Pillet, son prédécesseur dans la chaire de l'École des Ponts et Chaussées.

(1) *Nomographie. Les calculs usuels effectués au moyen des abaques;* librairie Gauthier-Villars.

PREMIÈRE PARTIE

GÉOMÉTRIE DESCRIPTIVE

CHAPITRE I : *Projections cotées.*
CHAPITRE II : *Perspective axonométrique.*
CHAPITRE III : *Ombres usuelles.*
CHAPITRE IV : *Perspective linéaire.*

CHAPITRE PREMIER

PROJECTIONS COTÉES

§ 1. — Le point, la ligne droite et le plan

1. Ayant choisi un plan horizontal de comparaison, on définit tout point de l'espace par sa projection orthogonale sur ce plan, à côté de laquelle on inscrit sa hauteur au-dessus de celui-ci, ou sa *cote*. C'est ce qu'on appelle la *projection cotée* du point considéré.

Si le point est au-dessous du plan de comparaison, sa cote sera affectée du signe —.

On peut toutefois faire en sorte, par un choix convenable du plan horizontal de comparaison, que toutes les cotes des points intervenant dans une même question soient de même signe. On peut alors faire abstraction de ce signe; il ne saurait, en effet, y avoir de doute sur le sens dans lequel doivent être prises les distances au plan de comparaison.

C'est ainsi que, sur une carte faisant connaître le relief d'un pays montagneux, on sait que toutes les cotes représentent des hauteurs au-dessus du plan de comparaison, tandis que, sur une carte faisant connaître les profondeurs d'un lac ou d'une mer, elles représentent des hauteurs au-dessous de ce plan.

Lorsque la cote d'un point est exprimée par un nombre entier, on dit que c'est un *point de cote ronde*.

2. Échelle. — Tout plan coté doit être accompagné d'une *échelle* (*fig.* 1), à l'aide de laquelle seront mesurées toutes les lignes

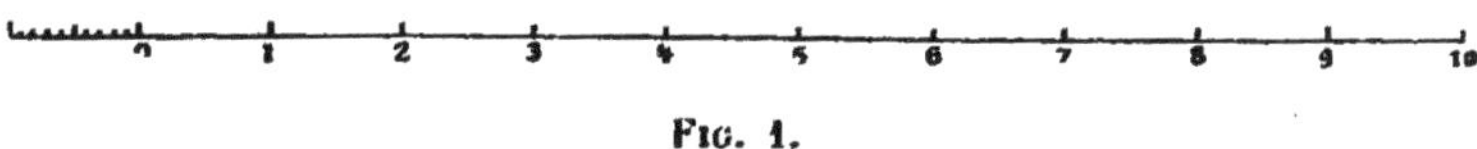

FIG. 1.

portées sur la figure. Cette échelle est, bien entendu, accompagnée d'une *contre-échelle* permettant d'évaluer les fractions de l'unité.

3. Distance de deux points donnés par leurs projections cotées. — Si de l'un des deux points A on abaisse une perpendiculaire sur la projetante de l'autre B, on forme un triangle rectangle ABH (*fig.* 2) dont l'hypoténuse AB est la distance cherchée et dont les côtés de l'angle droit sont, d'une part, AH la distance des deux projetantes, c'est-à-dire la distance des projections horizontales des deux points ; de l'autre, la différence BH de leurs cotes. On peut former directement ce triangle (*fig.* 3) en se servant des projections cotées des points A et B. Il suffit, par l'un des points B, d'élever à AB une perpendiculaire BC ayant, à l'échelle convenue, une longueur égale à la différence des cotes inscrites et de joindre le point C à l'autre point A. AC est la distance demandée.

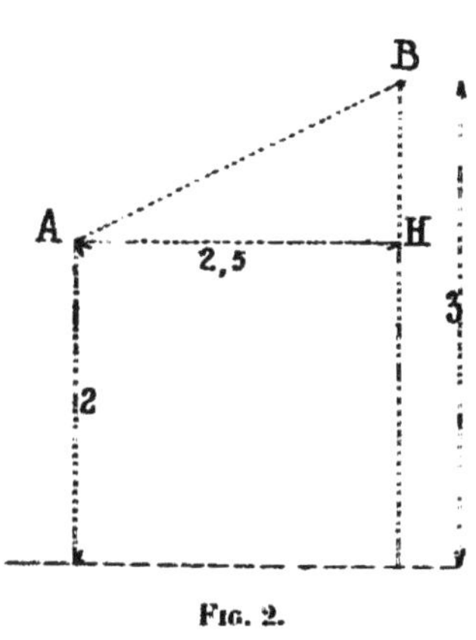

FIG. 2.

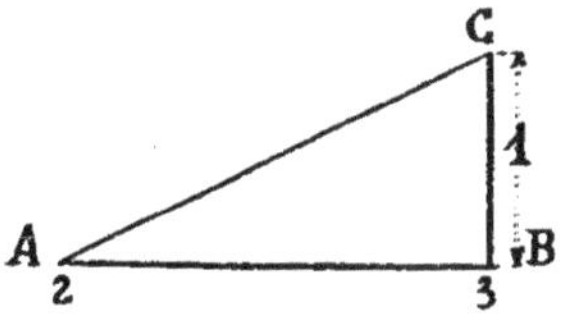

FIG. 3.

A. — Représentation de la droite

4. Équidistance. Intervalle. — Une droite sera représentée (*fig.* 4) par sa projection horizontale sur laquelle seront marquées les projections des points correspondant à des cotes croissant régulièrement à partir d'une certaine cote ronde, par exemple les points

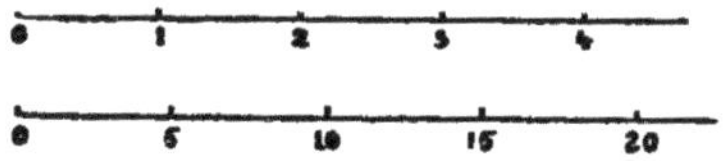

FIG. 4.

de cotes 1, 2, 3, 4..., ou des cotes 0, 5, 10, 15..., ou des cotes 5, 7,50, 10, 12,50...

La différence constante entre les cotes successives est dite l'*équidistance* des points marqués. Cette équidistance est purement arbitraire. On convient pourtant généralement de prendre :

Avec l'échelle de	$\frac{1}{5.000}$	une équidistance	de 1 mètre ;
—	$\frac{1}{10.000}$	—	de 5 mètres ;
—	$\frac{1}{20.000}$	—	de 10 mètres.

Les points ainsi projetés divisent eux-mêmes la projection de la droite en segments égaux. La longueur de chacun de ces segments porte le nom d'*intervalle*.

Considérons le triangle ABH (*fig.* 5) obtenu en abaissant de l'un des points cotés une perpendiculaire sur la projetante du point suivant.

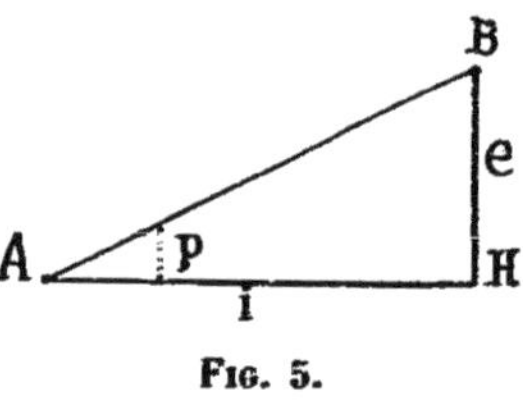

Fig. 5.

AH est l'intervalle que nous représenterons par la lettre i, BH l'équidistance que nous représenterons par la lettre e. Soit p la *pente* de la droite considérée, c'est-à-dire la tangente de l'angle BAH que cette droite fait avec l'horizon.

On a

$$e = ip. \tag{1}$$

On appelle *équidistance graphique* la longueur absolue de l'équidistance représentée à l'échelle convenue. Ainsi, dans les trois cas précédents, les équidistances graphiques seront :

$$\frac{1}{5.000} = 0^{m},0002, \qquad \frac{5}{10.000} = 0^{m},0005, \qquad \frac{20}{2.0000} = 0^{m},0005$$

On voit que, si l'équidistance graphique est la même pour deux plans cotés, dressés ou non à la même échelle, les intervalles correspondant à une même pente seront, d'après la formule (1), représentés sur les deux plans par une même longueur absolue.

Si l'équidistance est de 1 mètre, auquel cas nous représenterons l'intervalle par la lettre i_1, la formule devient

$$1 = i_1 p. \qquad (1\ bis)$$

Elle exprime que la pente et l'intervalle i_1 sont inverses l'un de l'autre. L'inclinaison de la droite est donc également définie lorsqu'on se donne l'un ou l'autre.

En particulier, *si deux droites ont même inclinaison sur l'horizon, elles ont même intervalle i_1, et réciproquement.*

On déduit de là que *deux droites parallèles dans l'espace sont représentées par deux droites cotées parallèles, de même intervalle, le sens de la graduation étant, bien entendu, le même sur ces deux droites.*

Si, au lieu de deux points de cote ronde, nous prenons sur la droite deux points quelconques dont les projections horizontales sont distantes de d et dont les cotes diffèrent de h, nous avons de même

$$h = dp, \qquad (2)$$

ou, en vertu de (1 *bis*),

$$d = i_1 h. \qquad (2\ bis)$$

5. Droite donnée par sa projection, sa pente et un point. — Connaissant la pente p, on en déduit l'intervalle i_1 par la formule (1 *bis*).

Nous supposons donné le sens de la pente, c'est-à-dire le sens de la graduation. Ayant l'intervalle i_1, nous n'aurons donc besoin de connaître qu'un seul point de cote ronde pour achever la graduation.

Fig. 6.

Or, nous connaissons un point de la droite, le point 3,25 par exemple (*fig.* 6). Appelons d la distance (de sens connu) de ce point à un point de cote ronde arbitrairement choisi, par exemple le point 4. La formule (2 *bis*) donne alors, puisque pour ces deux points $h = 0,75$,

$$d = i_1 \times 0,75.$$

On peut donc marquer le point 4 sur la projection et, en portant sur cette projection, à partir de ce point, l'intervalle i_1 autant de fois qu'on veut, on obtient, d'une part, les points 3, 2, 1, de l'autre, les points, 5, 6, 7...

6. Droite donnée par deux points quelconques. — Soient h la différence des cotes de ces points, d la distance de leurs projections. La formule (2 *bis*) donne, pour la droite qui unit ces points,

$$i_1 = \frac{d}{h}.$$

On est alors ramené au problème précédent.

7. Cote d'un point de projection donnée appartenant à une droite donnée. — La droite étant donnée, on mesure son intervalle i_1, d'où on déduit sa pente $p = \frac{1}{i}$.

Soit d la distance mesurée de la projection donnée au point de cote ronde immédiatement inférieur (*fig.* 7), par exemple le point 3.

La formule (2) donne l'excès h de la cote cherchée sur la cote 3. Supposons que $h = 0{,}4$. La cote cherchée est donc 3,4.

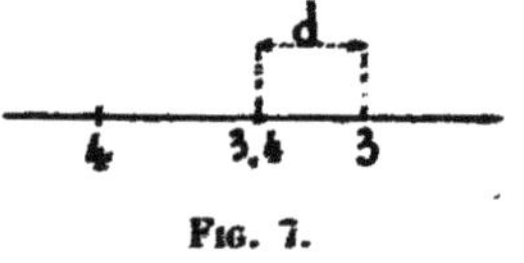

Fig. 7.

8. Projection d'un point de cote donnée sur une droite donnée. — On sait entre quels points de cote ronde doit se trouver la projection cherchée. Soit h son excès sur la cote ronde immédiatement inférieure. La formule (2 *bis*) fait alors connaître d, distance de la projection cherchée à celle de ce point de cote ronde, distance que l'on porte sur la projection de la droite dans le sens croissant de la graduation.

B. — *Représentation du plan*

9. Ligne de plus grande pente. Horizontales. — Un plan est défini par la représentation, faite ainsi qu'il vient d'être dit, d'une de ses lignes de plus grande pente.

En effet, on sait que les horizontales du plan se projettent suivant des perpendiculaires à la projection de la ligne de plus grande pente, et chacune d'elles a évidemment pour cote celle du point où elle rencontre la ligne de plus grande pente.

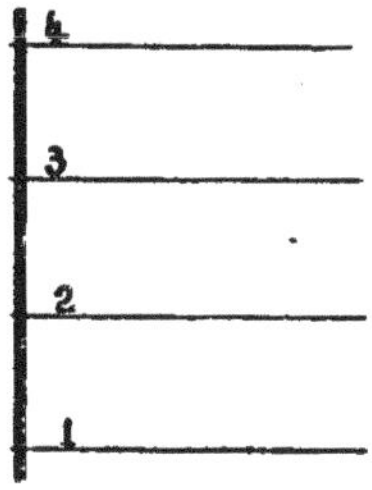

Afin de distinguer la projection d'une ligne de plus grande pente de la projection d'une droite ordinaire, on la figure par un double trait (*fig.* 8).

Les perpendiculaires à cette double droite, menées par les points cotés 1, 2, 3,... sont les projections des horizontales du plan, de cotes respectives 1, 2, 3...

Fig. 8.

10. Plan donné par trois de ses points. — Un plan étant défini par trois de ses points, proposons-nous de construire ses horizontales de cote ronde.

Pour cela, marquons sur deux des droites formées par ces trois points deux points de cote ronde (n° 6), par exemple les points 4 et 5 (*fig.* 9).

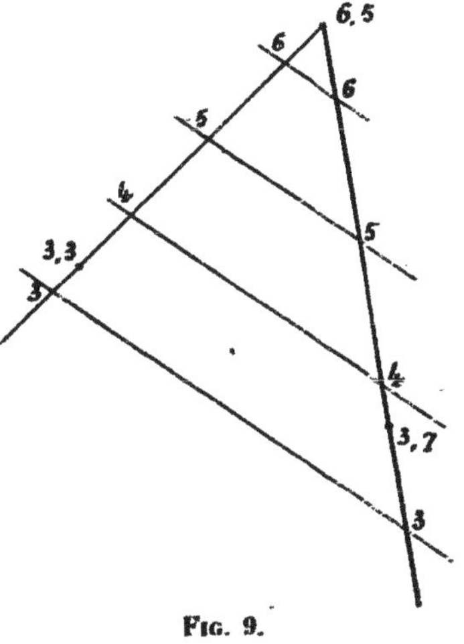

Fig. 9.

Les deux points de cote 4 déterminent l'horizontale de cote 4 du plan considéré ; les points de cote 5, son horizontale de cote 5. A titre de vérification, on doit constater que ces horizontales projetées sont parallèles.

On peut, en répétant de part et d'autre le même intervalle, obtenir les projections des horizontales 3, 6, etc...

11. Reconnaître si deux droites sont dans un même plan. — On peut, d'après ce qui précède, joindre les points de même cote des deux droites et voir si on obtient ainsi des droites parallèles.

On peut aussi calculer la cote (n° 7) du point qui, sur chaque droite, se projette au point de rencontre de leurs projections. Si les droites se coupent, les deux cotes ainsi obtenues seront égales.

12. Cote d'un point de projection donnée appartenant à un plan donné. — De la projection donnée on mène une perpendiculaire à la projection de la ligne de plus grande pente définissant le plan (*fig.* 10). On a ainsi la projection de l'horizontale du plan passant par le point considéré. Il suffit, par suite, de prendre la cote (n° 7) du point où cette horizontale rencontre la ligne de plus grande pente. Sur l'exemple de la figure on obtient ainsi 3,7.

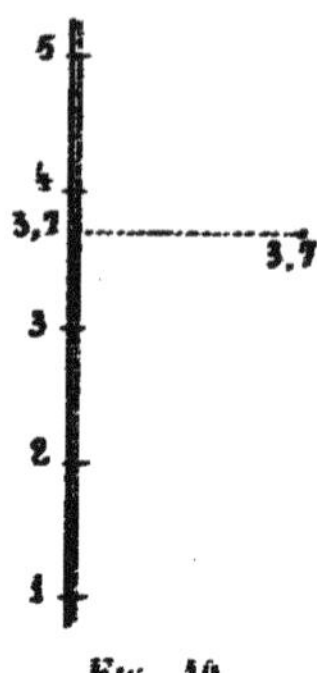

Fig. 10.

13. Sur une ligne d'un plan, donnée en projection, marquer un point de cote donnée. — Ce point est à la rencontre de la projection de la ligne donnée et de la perpendiculaire à la projection de la ligne de plus grande pente, menée par le point correspondant à la cote donnée, point qu'on obtient par le procédé indiqué au n° 8.

14. Droite de pente donnée dans un plan donné. — Par un point de cote ronde de la ligne de plus grande pente du plan, le point 4 par exemple, menons dans le plan une droite de pente donnée p.

La formule (1 *bis*) nous donne i_1.

Le point 3 de la droite cherchée doit se trouver sur l'horizontale 3 du plan. En outre, la distance de sa projection à celle du point 4 précédemment choisi étant égale à i_1, on voit qu'il suffit, de ce point 4 comme centre, avec un rayon égal à i_1, de décrire un cercle (*fig.* 11) et de mener les diamètres de ce cercle passant par ses points de rencontre avec la projection de l'horizontale 3 pour obtenir les projections de deux droites répondant à la question.

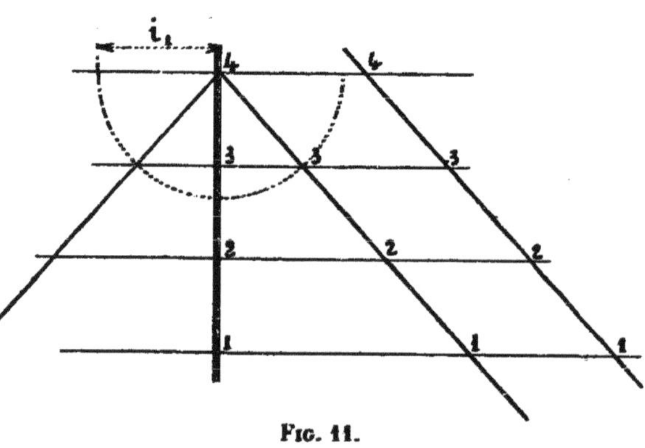

Fig. 11.

Pour mener une droite de même pente par tout autre point du plan, il suffit de mener par ce point une parallèle à l'une des droites ainsi obtenues.

15. Droite et plans parallèles. — Pour reconnaître si une droite est parallèle à un plan donné, il suffit de tirer dans ce plan une droite ayant sa projection parallèle à celle de la droite donnée et de voir si les intervalles sont les mêmes sur la droite ainsi

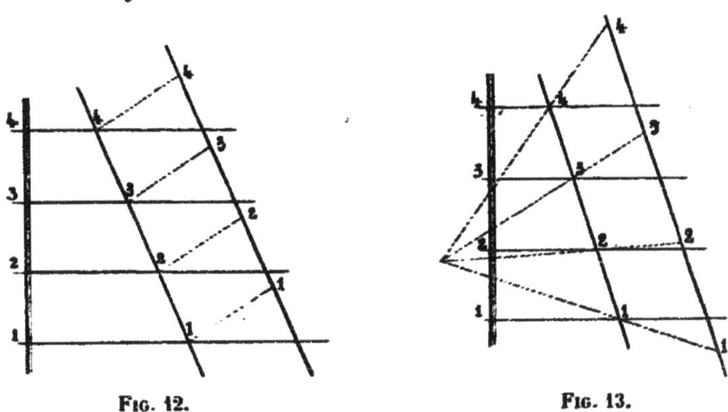

Fig. 12. Fig. 13.

obtenue et sur la droite donnée (nº 4). Si ces intervalles sont égaux, les droites joignant les points de mêmes cotes des deux droites sont parallèles (*fig.* 12); s'ils ne sont pas égaux, ces droites sont convergentes (*fig.* 13).

16. Plan de pente donnée passant par une droite donnée. — Connaissant la pente p du plan, on en déduit par la formule (1 *bis*) l'intervalle i_1 de sa ligne de plus grande pente.

La distance d'un point quelconque de la projection d'une horizontale de cote ronde à la projection de l'horizontale de cote ronde la plus voisine est égale à l'intervalle i_1. Si donc, du point projeté 4 de la droite donnée, avec un rayon égal à i_1, nous décrivons un cercle, nous n'aurons qu'à mener du point 3 une tangente à ce cercle (*fig.* 14), puis par les autres points de cote ronde des parallèles à cette tangente pour avoir les horizontales d'un plan répondant à la question.

On voit qu'il faut que l'intervalle i_1 calculé soit inférieur à celui de la droite donnée, ce qui était évident *a priori*, et qu'il y a deux solutions. Dans la pratique, il existe généralement certaines conditions d'après lesquelles une seule de ces solutions peut convenir.

Observation. — Une droite tracée sur un plan divise le plan en deux régions. Si, partant de la droite, un point se déplace sur le plan, suivant une ligne de plus grande pente de ce plan, il s'abaisse ou s'élève, selon qu'il passe dans l'une ou dans l'autre de ces régions.

Nous dirons que l'une de ces régions *s'élève* et que l'autre *s'abaisse* à partir de la droite.

La distinction de ces deux régions se fait très aisément sur le plan coté. Appelant, en effet, *sens* de la droite celui où croît sa graduation, on voit que la région du plan qui s'élève à partir de la droite est celle où les horizontales du plan font un angle *obtus* avec la droite prise avec son sens; la région qui s'abaisse est celle où les horizontales font un angle *aigu* avec la droite.

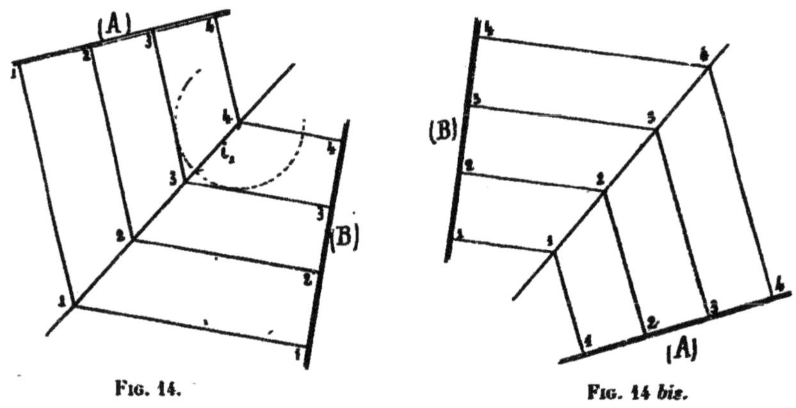

FIG. 14. FIG. 14 *bis*.

Ainsi, sur la figure 14, on a représenté les régions qui s'abaissent à partir de la droite pour chacun des deux plans A et B de pente donnée passant par la droite donnée.

Si on voulait représenter les régions de ces plans s'élevant à partir de cette droite, on aurait la figure 14 *bis*.

On peut remarquer aussi que les projections des horizontales de ces deux plans ont des inclinaisons égales sur la projection de la droite de part et d'autre de cette droite.

17. Droite et plan perpendiculaires. — D'après un théorème bien connu, la projection horizontale de toute droite perpendiculaire à un plan est perpendiculaire à la trace horizontale de ce plan, c'est-à-dire aux projections des horizontales de ce plan; elle est donc parallèle à la projection de la ligne de plus grande pente du plan.

Coupons par le plan projetant horizontalement la droite. Il rencontre le plan suivant une de ses lignes de plus grande pente. Cette ligne de plus grande pente et la droite perpendiculaire se coupent au point A (*fig.* 15). P et D sont les points pris respectivement sur ces deux lignes dans le plan horizontal situé à 1 mètre au-dessous du point A.

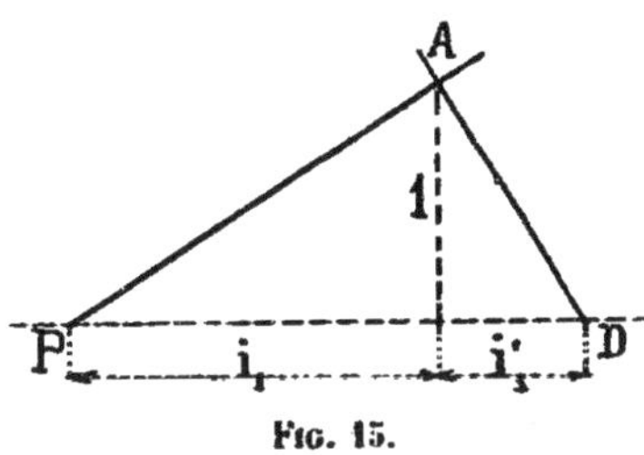

FIG. 15.

La propriété de la hauteur dans le triangle rectangle APD donne en appelant i_1 l'intervalle de la ligne de plus grande pente du plan, i'_1 celui de la droite perpendiculaire,

$$(3) \qquad i_1 i'_1 = 1.$$

Les deux intervalles sont inverses l'un de l'autre. Rapprochant cette formule de la formule (1 *bis*), on peut dire que *l'intervalle* i_1 *de toute droite perpendiculaire à un plan est égal à la pente de ce plan*.

Il est essentiel de remarquer que, sur la ligne de plus grande pente du plan et sur la droite perpendiculaire, *les graduations doivent être de sens contraires* (*fig.* 16).

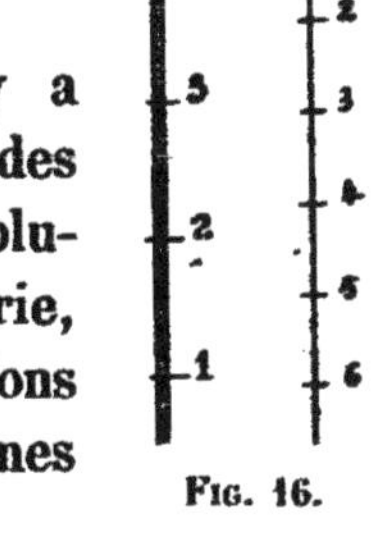

FIG. 16.

18. Ce qui précède constitue tout ce qu'il y a d'essentiel à savoir pour faire usage de la méthode des projections cotées. Mais on n'arrive à se rendre absolument maître de ces principes, si simples en théorie, qu'en faisant de nombreuses applications. Nous allons traiter, à titre de premiers exemples, quelques problèmes puisés parmi les plus usuels.

Observation. — Afin de simplifier le langage, nous supprimerons désormais, d'une manière générale, la locution « projection de » pour désigner les points et droites marqués sur le plan coté.

Ainsi, quand nous dirons:

« Par un point de cote ronde pris sur une droite... »

« Sur la ligne de plus grande pente d'un plan... »

« Traçons l'horizontale *n* du plan. »

Etc.....

Il faudra entendre:

« Par la projection d'un point de cote ronde prise sur la projection d'une droite... »

« Sur la projection de la ligne de plus grande pente d'un plan... »

« Traçons la projection de l'horizontale *n* du plan. »

Etc.....

C. — *Problèmes usuels sur la droite et le plan*

19. Intersection de deux plans. — Pour avoir l'intersection de deux plans, il faut les couper par des plans auxiliaires et prendre l'intersection des droites déterminées sur chacun d'eux par ces plans auxiliaires.

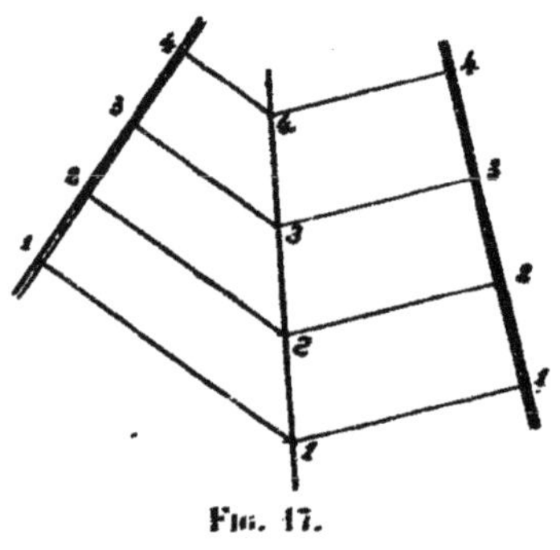

Fig. 17.

Ici, nous prendrons évidemment comme plans auxiliaires des plans horizontaux de cotes rondes. Ils déterminent dans chacun des plans les horizontales de cote ronde que nous savons tracer. Les points de rencontre des horizontales de mêmes cotes des deux plans fournissent avec leurs cotes les points de cote ronde de l'intersection des deux plans (*fig.* 17).

20. Intersection d'une droite et d'un plan. — Par la droite, menons un plan auxiliaire quelconque. Pour cela, par deux points de cote ronde de cette droite, menons deux parallèles quelconques qui figureront, avec ces cotes, deux horizontales du plan auxiliaire (*fig.* 18). Leurs points de rencontre avec les horizontales de mêmes cotes du plan donné déterminent (n° 19) l'intersection des deux plans. Cette droite d'intersection A coupe la droite donnée au point cherché P dont il suffit de prendre la cote sur cette droite (n° 7).

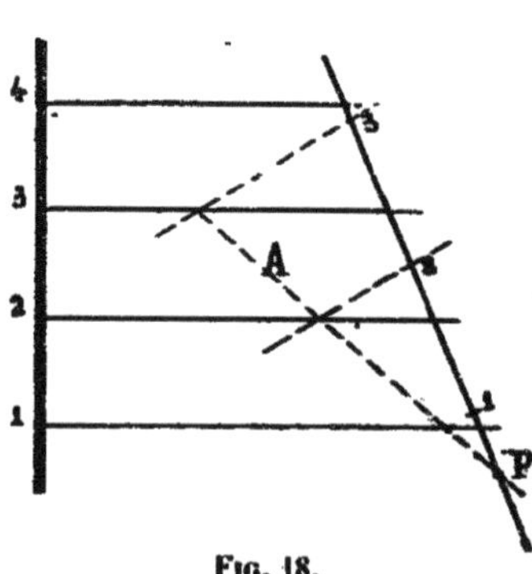

Fig. 18.

21. Appliquons ce qui vient d'être dit à la recherche de l'intersection par un plan d'un tétraèdre donné par les projections cotées de ses quatre sommets.

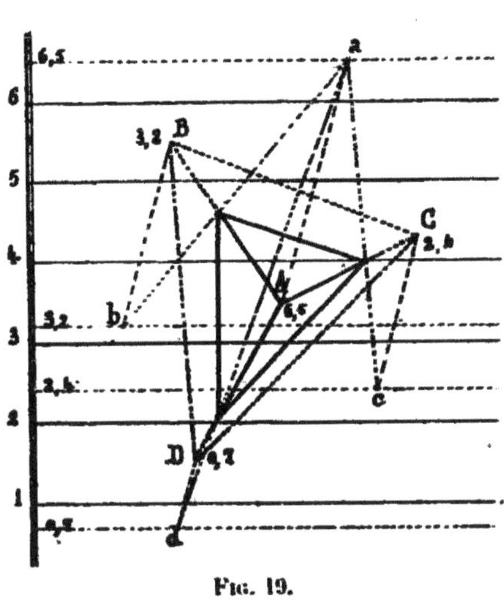

Fig. 19.

Traçons (*fig.* 19) les horizontales du plan qui ont mêmes cotes (6,5, 3,2, 2,4, 0,7) que les sommets A, B, C, D, du tétraèdre; puis, par ces sommets, menons des droites parallèles quelconques (horizontales des plans auxiliaires) qui coupent les horizontales de mêmes cotes du plan respectivement en *a*, *b*, *c*, *d*. Les points de rencontre de AB, AC et AD respectivement avec *ab*, *ac* et *ad* sont ceux où ces droites percent le plan.

22. Perpendiculaire abaissée d'un point sur un plan. Distance du point à ce plan. — La perpendiculaire est en projection parallèle à la ligne de plus grande pente du plan ; son intervalle est inverse de celui de cette ligne ; sa graduation, de sens contraire. On peut donc la tracer comme il a été dit au n° 5.

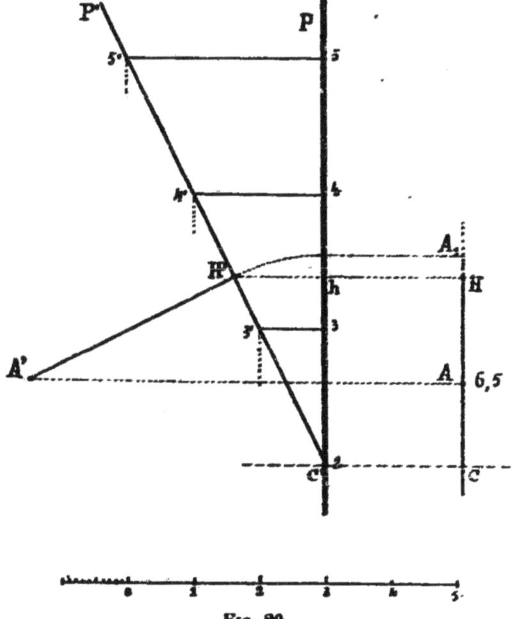

Fig. 20.

Pour avoir l'intersection de cette droite et du plan, on n'a qu'à procéder comme il a été dit au n° 20.

Si on veut la vraie grandeur de cette distance, il suffit de prendre la distance de ce point d'intersection au point donné (n° 3). Mais il est plus simple d'opérer comme suit :

Projetons (*fig.* 20) la figure sur un plan vertical perpendiculaire aux horizontales du plan donné P et rabattons ce plan vertical sur le plan horizontal.

Le plan P se projette suivant la droite P′ telle que la différence de hauteur entre deux points de cote ronde consécutifs soit de 1 mètre, mesurée à l'échelle du dessin.

Le point donné A se projette en A′ sur la ligne de rappel du point A à une distance de l'horizontale 2, par exemple, égale à l'excès de la cote de A sur 2 mètres, soit ici à $4^m,5$.

La distance cherchée se projette en vraie grandeur suivant A′H′. On mesure la distance $H'h$ du point H′ à l'horizontale 2 déjà choisie. On trouve

$$H'h = 1,4.$$

La cote du point H, qui se projette à l'intersection de la ligne de rappel de H′ et de la parallèle à la ligne de plus grande pente du plan menée par A, est égale à

$$2^m,00 + 1,4 = 3^m,4.$$

23. Changement de plan de projection. — Le problème qui vient d'être traité permet d'effectuer un changement de plan de projection. En effet, supposons que, après avoir projeté sur le plan P les divers points A qu'on a à considérer dans l'espace, on rabatte ce plan sur un plan horizontal de cote ronde, le plan 2 par exemple ; on aura ainsi une nouvelle projection cotée de l'ensemble des points considérés.

Pour avoir la nouvelle projection cotée A_1 du point A, on n'a qu'à porter sur la perpendiculaire à la charnière (l'horizontale 2), c'est-à-dire sur AH qui coupe cette charnière au point C, la longueur CA_1, égale à C′H′.

La nouvelle cote du point A, à inscrire à côté du point A_1, est égale à la longueur de H′A′ mesurée à l'échelle du dessin, ici 3,5.

Mais il se peut qu'on n'ait pas besoin de la cote de la nouvelle projection. Dans ce cas, on n'aura, pour distinguer les nouvelles projections, qu'à les *désigner* par les cotes correspondantes des anciennes, en se rappelant alors que les chiffres ainsi écrits constituent simplement des *noms* pour les points qu'ils accompagnent (Voir plus loin, n° 41, 2°).

24. Distance d'un point à une droite. — Par ce point on mène un plan perpendiculaire à cette droite. On choisit naturellement la ligne de plus grande pente passant par ce point. Elle est, en projection, parallèle et de sens contraire à la droite, avec un intervalle inverse (n° 17).

On prend le point d'intersection du plan et de la droite et on mesure la distance de ce point d'intersection au point donné, comme au n° 22.

25. Angle de deux droites. — Par un point de l'une des droites d, le point 4 par exemple, on mène une parallèle d'_1 à l'autre droite d' (*fig.* 21).

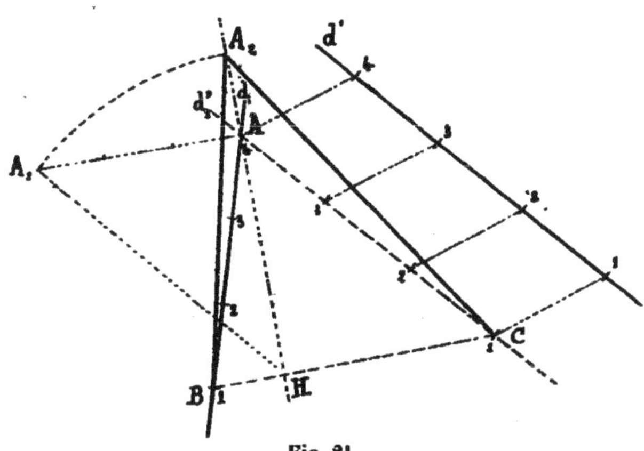

Fig. 21.

Considérons dans l'espace le triangle ABC formé par les droites d et d'_1 avec une horizontale de leur plan, l'horizontale 1 par exemple.

Rabattons ce triangle sur le plan horizontal 1 en le faisant tourner autour de BC. Le point A va se rabattre sur la perpendiculaire AH abaissée de A sur BC à une distance de H égale à la distance dans l'espace de A à H.

Pour avoir cette distance, rabattons le plan vertical projetant AH sur le plan horizontal 1. Le point A se rabat en A_1 sur la perpendiculaire élevée en A à AH à une distance de cette droite égale à sa hauteur au-dessus du plan 1, soit ici à $4 - 1 = 3$ mètres.

Reportons la distance HA_1 en HA_2 sur HA. Nous avons en BA_2C l'angle cherché.

26. Angle de deux plans. — Après avoir pris l'intersection de ces deux plans (n° 19), coupons-les par un plan auxiliaire perpendiculaire à cette intersection. Nous pouvons définir ce plan auxiliaire par sa trace MN sur le plan horizontal 1 (*fig.* 22). Cette trace est perpendiculaire à la projection de l'intersection des deux plans. Elle coupe respectivement aux points M et N les horizontales 1 de ces plans et au point P la projection de l'intersection sur le plan horizontal 1.

Soit Q le point où le plan auxiliaire rencontre la droite d'intersection des deux plans. L'angle MQN de l'espace mesure l'angle cherché, attendu que la droite d'intersection perpendiculaire au plan auxiliaire est perpendiculaire aux droites QM et QN situées dans ce plan et, d'ailleurs, contenues chacune dans un des plans donnés.

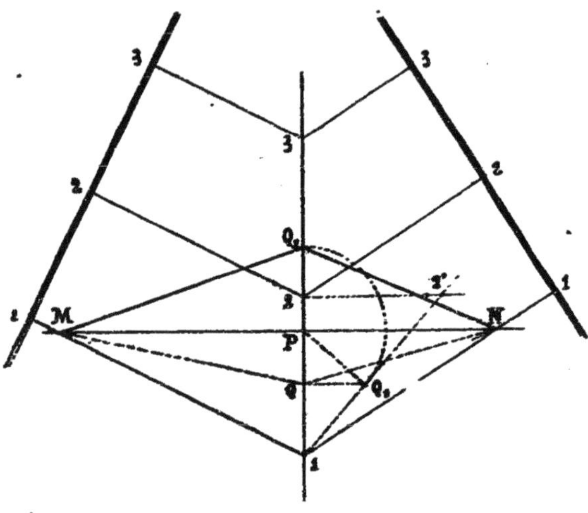

Fig. 22.

Nous allons rabattre ce triangle MQN de l'espace sur le plan horizontal 1. Le point Q se rabattra sur la projection de la droite d'intersection. Tout revient à trouver sa distance au point P.

La droite PQ contenue dans le plan auxiliaire est, par suite, perpendiculaire à la droite d'intersection des deux plans.

Rabattons le plan projetant la droite d'intersection, qui contient la droite PQ, sur le plan horizontal 1. Le point 2 vient en 2' sur une perpendiculaire à la droite d'intersection projetée à une distance égale à sa distance au plan 1, c'est-à-dire à 1 mètre. En menant du point P la perpendiculaire PQ_1 à 12', on a, en vraie grandeur, la distance PQ cherchée.

Il suffit alors de reporter cette distance en PQ_2 sur la projection de la droite d'intersection pour avoir en MQ_2N le triangle MQN rabattu, et, par suite, en vraie grandeur, l'angle MQ_2N cherché.

27. Nous bornerons à ce qui précède les généralités sur le point, la droite et le plan définis par leurs projections cotées. On peut, à l'aide de ces principes, résoudre, sur les corps définis géométriquement, un quelconque des problèmes que l'on sait résoudre par la géométrie descriptive ordinaire. Nous allons, pour le montrer, traiter quelques exemples relatifs aux corps ronds. Il sera très facile à l'étudiant de les multiplier à son gré.

§ 2. — Quelques problèmes sur les corps ronds

28. Intersection d'un cône et d'un plan. — Nous supposons le cône défini par la projection horizontale b de sa base (*fig.* 23) (que nous représentons ici par un cercle, mais qui peut être toute autre courbe) par la ligne de plus grande pente B de son plan de base et par son son sommet S,

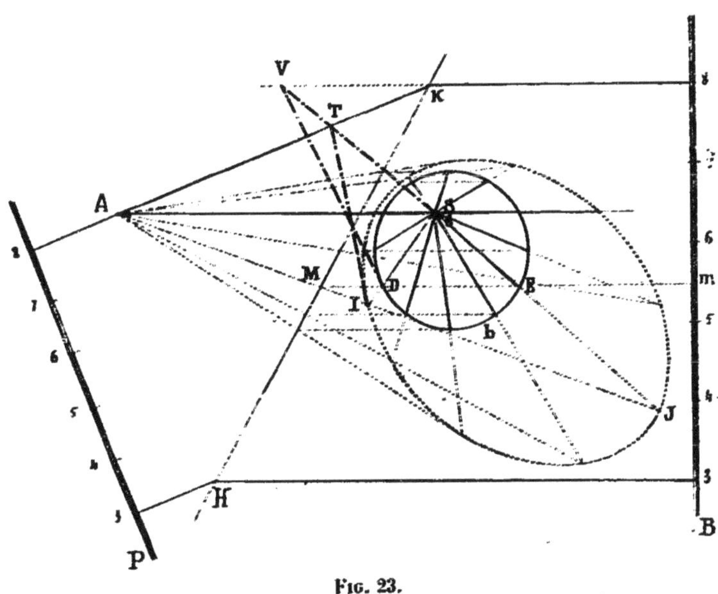

Fig. 23.

dont nous prenons ici, pour plus de simplicité, la cote égale à une cote ronde, 8 par exemple.

Coupons ce cône par un plan P dont nous nous donnons la ligne de plus grande pente.

Suivant la méthode ordinaire, nous allons, pour avoir l'intersection du cône (Sb) et du plan P, les couper par des plans auxiliaires.

Faisons passer ces plans auxiliaires par l'horizontale menée par le sommet S parallèlement aux horizontales du plan de base B. Cette horizontale coupe le plan P au point A situé sur l'horizontale de ce plan, de même cote que le plan S, c'est-à-dire, ici, sur l'horizontale 8. Pour définir un quelconque des plans auxiliaires, nous pourrons nous donner, en dehors de la droite SA, le point M où ce plan rencontrera l'intersection HK des plans P et B.

Le plan auxiliaire, passant par les points A et M, situés tous deux dans le plan P, coupe ce plan suivant la droite AM.

Puisqu'il passe par le point M contenu dans le plan B et qu'il passe par la droite SA parallèle aux horizontales de ce plan, il coupe ce plan suivant son horizontale M*m* et, par suite, le cône suivant les génératrices SD, SE.

Dès lors, la droite AM rencontre SD et SE en deux points I et J qui appartiennent à l'intersection.

En faisant varier le point M, ce qui ne fait varier que les droites marquées en pointillé sur la figure, on obtient ainsi autant de points que l'on veut de l'intersection.

Construction de la tangente (1). — Il est aussi facile de trouver la tangente en un point de l'intersection, le point I par exemple.

Cette tangente est donnée par l'intersection du plan tangent au cône (S*b*) le long de la génératrice SI avec le plan sécant P.

Le plan tangent en question contient la tangente en D à la base *b*. Cette tangente se projette suivant la tangente à la projection de la base. En outre, comme elle est contenue dans le plan B, son point de cote 8 est à sa rencontre V avec l'horizontale 8 du plan B. Les points S et V étant tous deux de cote 8, la droite SV est l'horizontale 8 du plan tangent. Elle rencontre l'horizontale 8 du plan sécant au point T. Dès lors TI est la tangente cherchée.

29. Plans tangents à un cône par un point donné. — Nous supposons le cône défini comme précédemment et nous prendrons, en vue de la plus grande simplicité un point A de cote ronde 4 (2) (*fig.* 24).

Cherchons l'intersection de la droite SA et du plan de base B (n° 20), en menant par S et A deux parallèles quelconques qui rencontrent respectivement les horizontales 8 et 4 du plan B, aux points D et E. Nous avons ainsi le point d'intersection H.

Du point H menons à la base les tangentes HT et HT'. Ces droites, situées dans le plan B déterminent avec la droite SA les plans tangents demandés.

Si nous voulons par le point S mener les lignes de plus grande pente de ces plans tangents, nous n'avons besoin de connaître que leurs horizontales passant au point A.

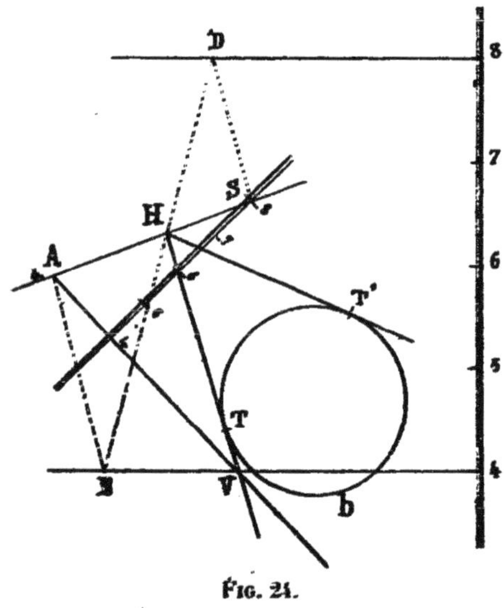

FIG. 24.

Prenons, par exemple, le plan tangent SAT. La droite HT de ce plan étant

(1) Les lignes relatives à cette construction sont marquées sur la figure en traits mixtes.
(2) Si les points S et A n'étaient pas de cote ronde, on aurait à graduer la droite SA (n° 6).

dans le plan B, le point V où cette droite rencontre l'horizontale 4 de ce plan est à la cote 4. Donc AV est l'horizontale 4 de ce plan. La perpendiculaire abaissée de S sur AV donne la direction de la ligne de plus grande pente, dont le point 4 est à sa rencontre avec AV. Le point S étant à la cote 8, il est facile de graduer cette ligne de plus grande pente.

30. Plans tangents à une sphère par une droite extérieure. — La sphère est définie par son centre C (*fig.* 25) que nous supposerons encore de cote ronde, 5 par exemple, et son rayon donné en vraie grandeur (à l'échelle convenue) sur la figure.

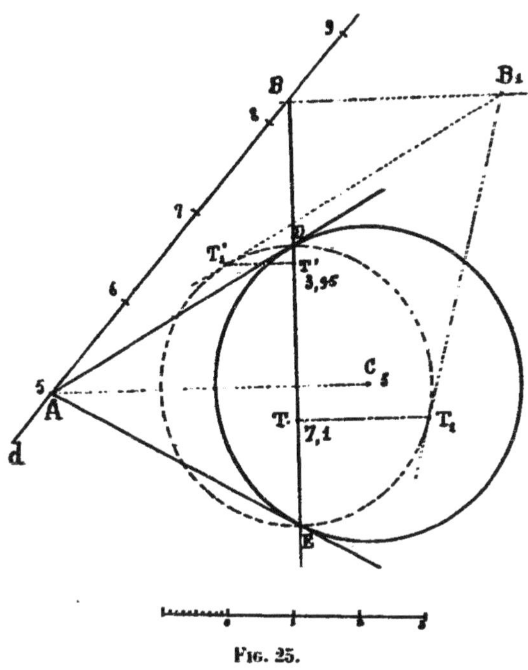

Fig. 25.

Les plans tangents à la sphère menés par la droite *d* sont tangents à tout cône circonscrit à cette sphère et ayant son sommet sur la droite.

Considérons celui qui a son sommet A de même cote que le centre de la sphère, c'est-à-dire, ici, de cote 5 [1].

Le plan du cercle de contact du cône et de la sphère étant perpendiculaire à la droite AC, qui est horizontale, sera vertical. Il se projettera donc tout entier sur la droite DE qui joint les points de contact des tangentes menées de A au cercle de contour apparent de la sphère.

Tout revient à mener par la droite *d* un plan tangent au cône ADE.

Cette droite rencontre le plan de base au point B dont on obtient immédiatement la cote (n° 7), par exemple, ici, 8,25.

Pour mener de ce point B des tangentes au cercle de base, faisons un rabattement sur le plan horizontal 5, en convenant du côté (le côté droit par exemple) vers lequel nous rabattrons les points situés au-dessus de ce plan.

Le point B se rabat alors en B_1, BB_1 étant égal à la hauteur du point B au-dessus du plan sur lequel se fait le rabattement, ici, 3m,25.

Les tangentes menées de B au cercle de base sont rabattues suivant les tangentes B_1T_1, $B_1T'_1$, menées de B_1 au cercle décrit sur DE comme diamètre.

(1) Si le centre de la sphère n'était pas de cote ronde, on aurait ici à déterminer le point de la droite *d* ayant la cote du centre de la sphère (n° 8).

Après relèvement, les points T_1 et T'_1 se projettent en T et en T'. Mesurons, à l'échelle TT_1 et $T T'_1$. Nous trouvons

$$TT_1 = 2,1 \qquad T'T'_1 = 1,05.$$

Le point T_1 étant à droite de DE, son relèvement est au-dessus du plan 5. Sa cote est donc

$$5 + 2,1 = 7,1.$$

Le point T'_1 étant à gauche, son relèvement est au-dessous du plan 5. Sa cote est donc

$$5 - 1,05 = 3,95.$$

Nous pensons qu'il est inutile de nous arrêter davantage aux corps ronds. La méthode des projections cotées s'emploie d'ailleurs principalement pour l'étude des surfaces topographiques, dont nous allons maintenant nous occuper.

§ 3. — Surfaces topographiques

31. Lignes de niveau. — Considérons une surface quelconque rapportée, suivant la méthode des projections cotées, à un plan de comparaison.

On pourrait, pour représenter approximativement cette surface, donner les projections cotées de points qui y seraient pris arbitrairement à des distances suffisamment petites les uns des autres, pour que l'on puisse considérer la droite joignant deux points voisins comme sensiblement appliquée sur la surface dans leur intervalle.

On se heurterait ainsi à la difficulté d'inscrire les cotes, en très grand nombre, relatives à tous ces points. L'idée se présente donc tout naturellement de prendre tous les points de même cote, c'est-à-dire situés à un même niveau, et de projeter la ligne de niveau passant par tous ces points. Il suffira alors d'inscrire une seule fois à côté de cette projection la cote correspondante, pour avoir du même coup la cote de tous les points dont l'ensemble constitue cette ligne.

En outre, au lieu de faire croître arbitrairement les cotes de l'une à l'autre de ces cotes, on les fera croître régulièrement, c'est-à-dire qu'on supposera les plans horizontaux, contenant, dans l'espace, les lignes de niveau successives, équidistants.

Enfin, cette équidistance sera prise dans un rapport simple 1, 2, 5... ou $\frac{1}{2}$, $\frac{1}{5}$, avec l'unité de longueur, le mètre, suivant le degré d'exactitude que l'on veut avoir.

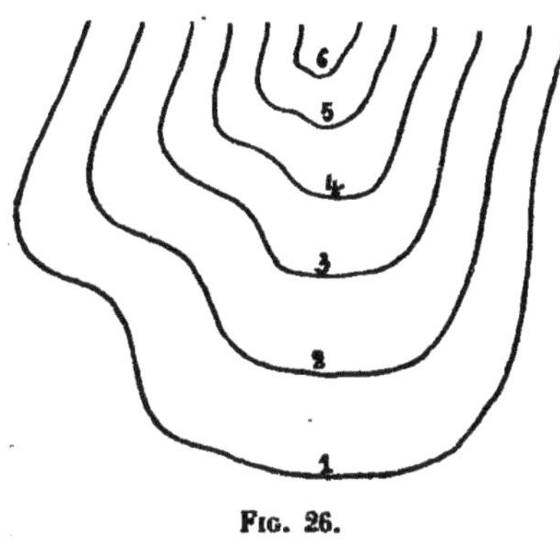

Fig. 26.

Dans ce qui suit, nous supposerons l'équidistance égale à 1 mètre.

Une surface sera donc définie par les projections de ses lignes de niveau cotées 1, 2, 3... (*fig.* 26).

Une surface ainsi définie est dite une *surface topographique*, parce que c'est par ce procédé que l'on figure sur les cartes le relief du sol.

Afin de simplifier le langage, nous conviendrons, comme précédemment, de dire, lorsque le doute ne sera pas possible, « la ligne de niveau *n* » pour désigner la projection cotée de cette ligne de niveau.

32. Intersection d'une surface topographique par un plan vertical. — Pour avoir l'intersection d'une surface topographique par un plan vertical V, il suffit de faire une projec-

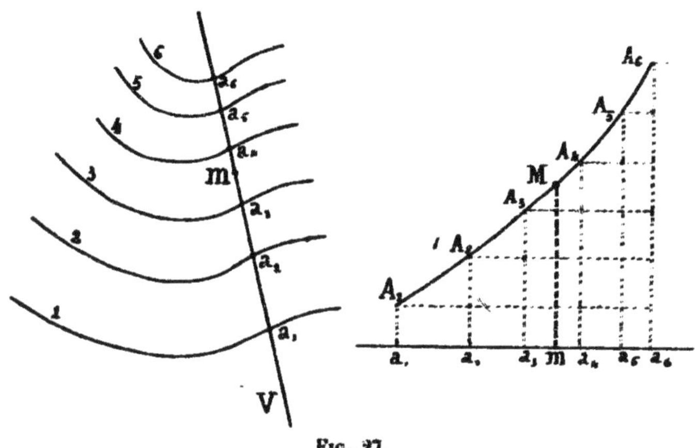

Fig. 27.

tion sur ce plan (*fig.* 27). Pour cela, portons sur une droite les segments a_1a_2, a_2a_3,..... pris sur V, et qui donnent les écartements horizontaux entre les points A_1, A_2, A_3,..... de la surface, et portons sur les lignes de rappel de ces points les hauteurs a_1A_1, a_2A_2, a_3A_3, respectivement égales aux cotes 1, 2, 3,..... des courbes de niveau sur lesquelles sont situés les points A_1, A_2, A_3,..... de la surface.

En joignant par une ligne continue les points ainsi obtenus, nous avons approximativement la courbe d'intersection de la surface par le plan vertical V. Nous appellerons la figure ainsi construite la *coupe* ou le *profil* donné par le plan V.

Pour avoir la cote d'un point de la surface projeté en *m*, nous coupons la surface par un plan vertical V passant par ce point. Nous construisons, comme il vient d'être dit, la coupe faite par le plan V.

Le point *m* reporté sur cette figure auxiliaire donne le point M sur la coupe. Il suffit de mesurer, à l'échelle convenue, la hauteur *m*M pour avoir la cote de M.

Réciproquement, on peut, sur la coupe, obtenir la projection *m* d'un point M de cote donnée.

33. Courbes intercalaires. — Si, par exemple, on veut construire la ligne de niveau correspondant à une cote donnée *h*, ce qu'on appelle une courbe *intercalaire*, il suffit de couper la surface par une série de plans verticaux V, V′, V″..... choisis suffisamment rapprochés et dans une direction aussi normale que possible aux courbes cotées de façon à avoir des profils aussi raides que possible (voir n° 38), ce qui est préférable au point de vue de l'exactitude. Sur chacun de ces plans verticaux on marque, comme il vient d'être dit, le point de cote *h* ; on obtient ainsi les points *m*, *m′*, *m″*,..... qu'on n'a plus qu'à joindre par une courbe continue, pour avoir la courbe intercalaire *h*.

34. Sens du relief. — Considérons les surfaces définies par les courbes des figures 28 et 28 *bis*, dont la disposition générale est la même, mais avec des chiffraisons inversées.

Construisant des coupes verticales de ces surfaces, nous obtenons les profils dessinés, ce qui nous conduit à formuler cette observation très importante pour la lecture des plans cotés :

Lorsque, sur une partie de surface, les courbes de niveau s'emboîtent les unes dans les autres, si la cote la plus forte est à l'inté-

rieur, cette partie de surface est en bosse; si elle est à l'extérieur, cette partie est en creux.

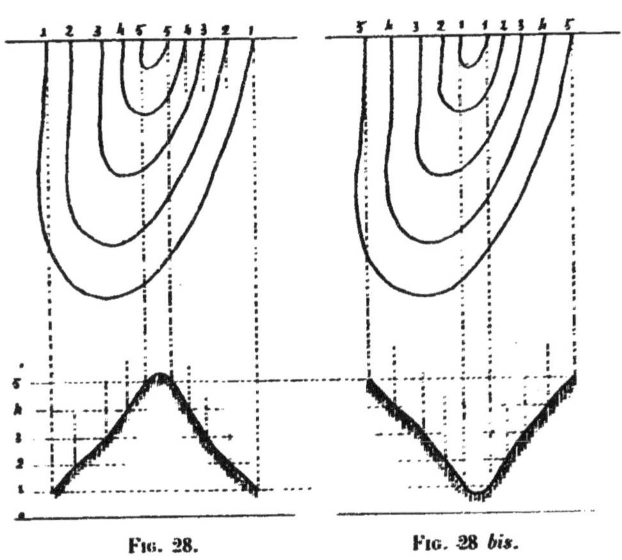

FIG. 28. FIG. 28 *bis.*

35. Profil en long. Profils en travers. — Soit c la projection horizontale d'une ligne C tracée sur une surface topographique S.

La ligne C peut être considérée comme l'intersection de la surface S par le cylindre vertical dont c est la section droite.

Si on développe ce cylindre sur un plan, de façon que la section c devienne une ligne droite, la ligne suivant laquelle la ligne C vient se développer est dite le profil en long de la surface S le long de la ligne C.

On voit que ce profil en long se construira exactement comme la coupe de la surface par un plan vertical lorsqu'on aura reporté les points a_1, a_2, a_3,..... sur la droite représentant le développement de c (1) (*fig.* 29).

Nous obtenons, pour la portion de surface considérée, deux points sur chaque horizontale. Le point le plus haut H correspond au niveau pour lequel ces deux points viennent se confondre, c'est-à-dire pour

(1) Ce report est facile à faire, car les arcs a_1a_2, a_2a_3,..... sont pour la plupart assez voisins de leurs cordes pour qu'on puisse, sans inconvénient, les remplacer par celles-ci. Si, comme l'arc $a_3a'_3$ de la figure, ils diffèrent sensiblement de cette corde, on les fractionnera en arcs pouvant être confondus avec leurs cordes.

lequel la courbe de niveau correspondante (qui serait une courbe intercalaire) est tangente à la courbe c.

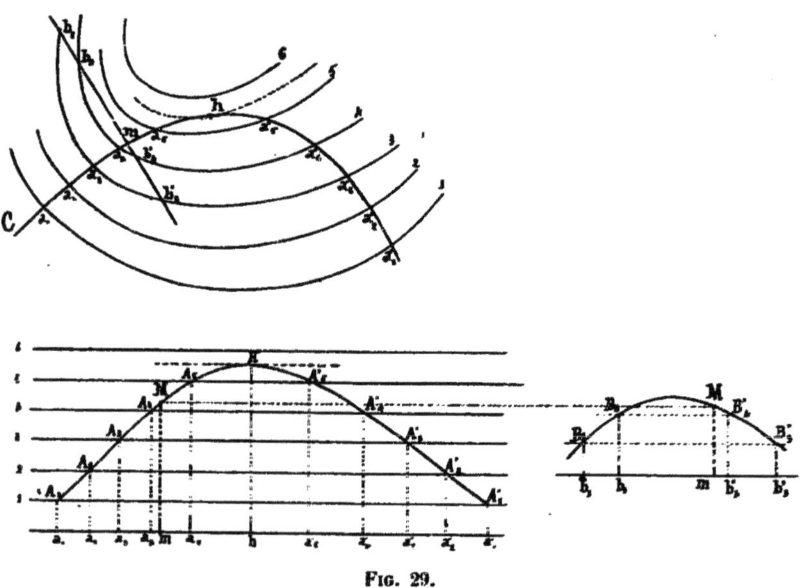

Fig. 29.

Si en un point m de la courbe c on lui mène une normale, et que l'on fasse la coupe de la surface par le plan vertical passant par cette normale, on a ce qu'on appelle le *profil en travers au point* M. La cote du point m, nécessaire pour construire ce profil en travers, est d'ailleurs donnée par le profil en long.

36. Pente d'une ligne tracée sur une surface. — Considérons deux courbes de niveau voisines, a et b, d'une surface S.

Sur ces courbes prenons les points A et B.

Nous admettons que la droite AB est assez près d'être appliquée sur la surface pour que nous puissions considérer cette coïncidence comme effectivement réalisée.

Si h est l'écartement vertical des plans a et b, en sorte que

$$h = a - b,$$

et si d est la longueur de la projection horizontale, nous savons que la pente de l'élément AB est donnée (n° 2) par

$$p = \frac{d}{h}.$$

37. Lignes d'égale pente. — De là, une première conséquence, c'est que, pour une même distance verticale h, la pente est la même lorsque d est le même.

En particulier si

$$h = 1,$$

d est ce que nous avons appelé l'intervalle i_1.

Si donc, à partir d'un point A_1 pris sur la courbe 1 (*fig.* 30), nous traçons la ligne $A_1A_2A_3\ldots$, telle que

$$A_1A_2 = A_2A_3 = A_3A_4 = \ldots\ldots = i_1,$$

les divers éléments qui composent cette ligne dans l'espace ont la même pente p.

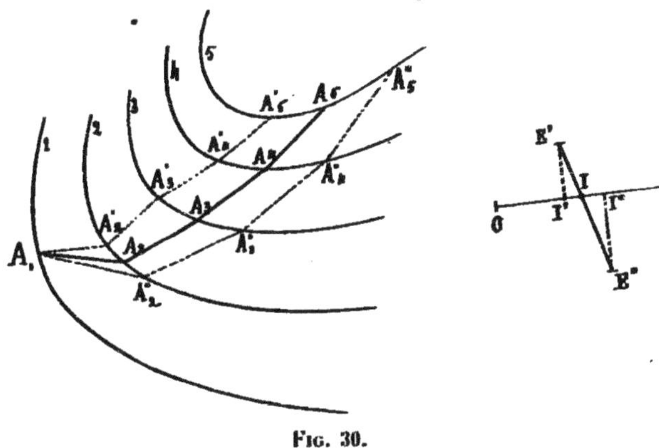

Fig. 30.

Nous avons ainsi la projection d'une *ligne d'égale pente* de la surface.

Il est facile, d'après cela, de tracer à partir d'un point donné une ligne d'égale pente donnée, car on a immédiatement la longueur i_1 des segments successifs de cette ligne par la formule

$$i_1 = \frac{1}{p}.$$

Supposons maintenant que, au lieu de donner la pente, on donne les points de départ et d'arrivée A_1 et A_5 de la ligne d'égale pente. Pour pouvoir appliquer la construction, il faut connaître l'intervalle i_1

correspondant. On peut, avec une approximation suffisante, obtenir celui-ci de la manière suivante :

Avec un intervalle i'_1 voisin de la valeur que doit avoir i_1, on trace la ligne d'égale pente $A_1A'_2A'_3$... qui aboutit au point A'_5.

De même, avec l'intervalle i'', on obtient le point A''_5.

Cela fait, on porte sur un axe les longueurs

$$OI' = i'_1$$

et

$$OI'' = i''_1$$

de ces intervalles, et en ordonnées les distances

$$I'E' = A_5A'_5, \qquad I''E'' = A_5A''_5,$$

ces ordonnées étant portées du même côté de l'axe ou de part et d'autre (ce qui est le cas ici et ce qui vaut mieux), suivant que les points A'_5 et A''_5 sont, sur la courbe 5, du même côté ou de part et d'autre du point A_5.

Si on construisait de même d'autres points E, donnant, en ordonnées, les écarts de position répondant à diverses valeurs de l'intervalle i_1, on aurait une courbe qui couperait l'axe au point I correspondant à un écart nul, c'est-à-dire faisant connaître l'intervalle

$$OI = i$$

de la ligne d'égale pente aboutissant au point A_5. Mais si les points I' et I'' sont suffisamment voisins du point I, surtout s'ils sont de part et d'autre de ce point (condition qui peut toujours être obtenue par tâtonnement), on peut se contenter, sans erreur sensible, de prendre pour le point I le point de rencontre de l'axe et de la droite E'E''.

38. Lignes de plus grande pente. — Reprenons la formule

$$p = \frac{h}{d},$$

et considérons le point A comme fixe et le point B comme variable sur la courbe *b* (*fig*. 31).

Si nous nous donnons la valeur de d, nous avons sur la courbe b, en décrivant de A comme centre un cercle de rayon d, deux points B et B′, tels que la pente des lignes projetées suivant AB et AB′ est égale à la valeur de p donnée par la formule ci-dessus.

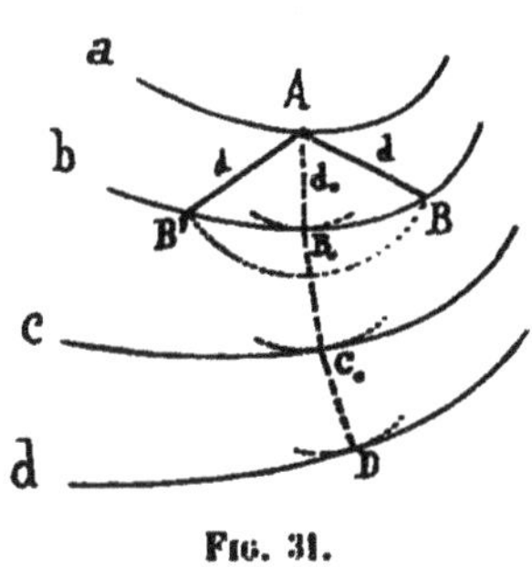

Fig. 31.

Lorsque d diminue, h étant constant, p augmente ; mais d ne peut pas diminuer indéfiniment. Sa plus petite valeur est donnée par le rayon d_0 du cercle de centre A tangent à la courbe b.

La pente p_0 correspondante est maximum. C'est la plus grande pente que puisse offrir à son départ une ligne tracée au point A sur la surface.

Nous pouvons de même passer du point B_0 à la courbe c par le chemin B_0c_0 de pente maximum, et ainsi de suite.

Nous obtenons ainsi une *ligne de plus grande pente* de la surface.

Remarquons que, puisque la courbe b est tangente au cercle de rayon AB_0, cette droite AB_0 est normale en B_0 à la courbe b ; de même, B_0C_0 est normale en C_0 à c, C_0D_0 normale en D_0 à d.

Si nous supposons que nous prenions sur la surface un très grand nombre de courbes de niveau extrêmement rapprochées, nous voyons qu'à la limite la projection de la ligne de plus grande pente sera une courbe coupant à angle droit les projections de toutes les courbes de niveau. C'est ce qu'on appelle une *trajectoire orthogonale* de ces courbes.

D'ailleurs, si on considère dans l'espace l'angle formé en un point par la tangente à la courbe de niveau et la tangente à la courbe de plus grande pente passant en ce point, cet angle se projetant horizontalement suivant un angle droit et ayant un côté horizontal (la tangente à la courbe de niveau) est, d'après un théorème bien connu, lui-même un angle droit.

Ainsi, de même que leurs projections sur le plan, *les courbes de niveau et les courbes de plus grande pente d'une surface, prises dans l'espace, se coupent à angle droit.*

Une goutte d'eau abandonnée à elle-même en un point d'une surface supposée parfaitement polie glissera le long d'une ligne de plus grande pente.

39. Intersection de deux surfaces topographiques. — Pour avoir l'intersection de deux surfaces topographiques, remarquons que les points de rencontre de deux lignes de niveau de même cote appartiennent à cette intersection puisque ces lignes de niveau de même cote appartiennent à un même plan horizontal.

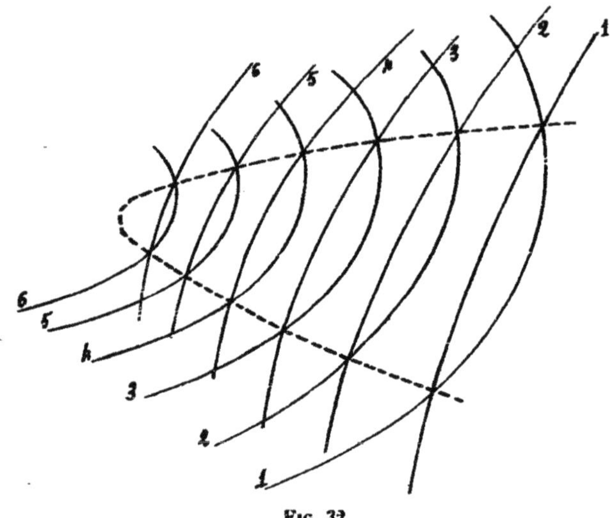

Fig. 32.

On a donc immédiatement ainsi (*fig.* 32) un certain nombre de points de l'intersection. Cela suffit, en général. Si l'on en désirait davantage, on aurait recours à des courbes intercalaires (n° 33).

40. Application aux déblais et remblais d'une route. — Nous supposons qu'une route rectiligne de pente donnée, ce qui permet de construire les horizontales de la chaussée supposée plane, traverse un terrain défini par des courbes de niveau.

Dans les parties en déblai, le terrain doit être entaillé suivant des talus, dont la pente p_d sur l'horizon est donnée; dans les parties en remblai, les terres rapportées sont limitées à des talus dont la pente p_r est également donnée.

Sur la figure 33, on a pris

$$p_d = 1, \qquad p_r = \frac{2}{3}.$$

Les intervalles correspondants, pour l'équidistance de 1 mètre, sont

$$i_d = 1, \qquad i_r = 1,5.$$

Nous voyons qu'en projection la courbe de niveau 4 du terrain et l'horizontale 5 de la route se croisent entre les bords de celle-ci. Donc, en ce point, la route est au-dessus du terrain; elle est *en remblai.*

De même, la courbe de niveau 3 franchit la route entre les horizontales 2 et 3, c'est-à-dire en une région où les points de la route ont des cotes inférieures à 3. Ici, il y a donc *déblai.*

On juge de cette façon de la région où il y a déblai et de celle où il y a remblai.

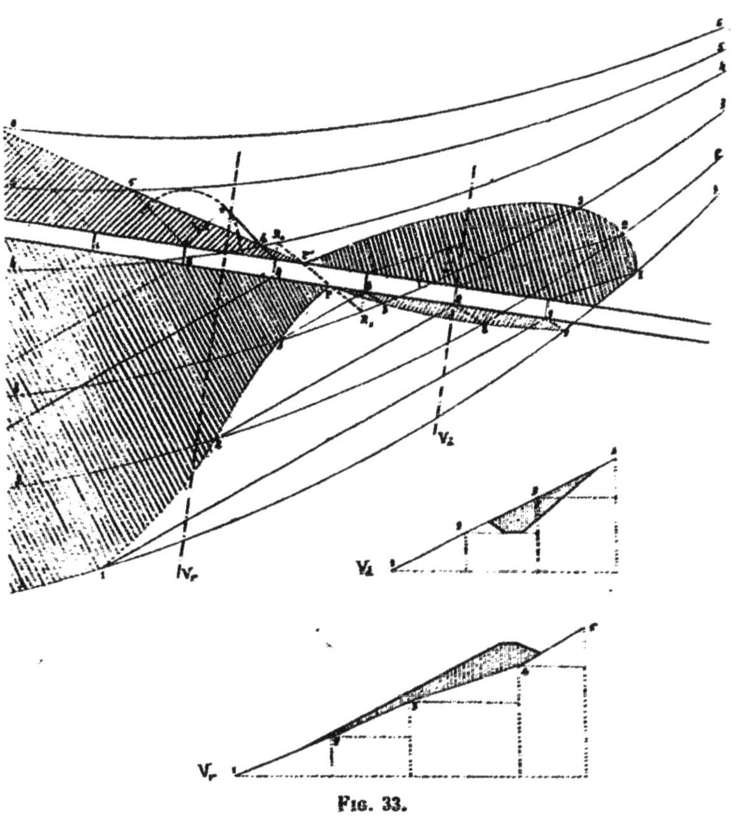

FIG. 33.

Les points de passage du déblai au remblai sont donnés par la rencontre des bords de la route avec la ligne suivant laquelle le plan de la route coupe le terrain naturel. Cette ligne passe par les points R_3 et R_4 où les horizontales 3 et 4 de la route coupent les courbes de niveau 3 et 4 du terrain. On obtient ainsi les points de passage P et P′, en confondant dans l'intervalle R_3R_4 la ligne d'intersection du terrain et de la chaussée avec sa corde.

Définissant le sens de la route par celui de sa graduation croissante, nous voyons que par le bord de droite nous aurons à faire passer un talus de remblai au-dessus de P′, un talus de déblai au dessous ; et, sur le bord de gauche, un talus de remblai au-dessus de P, un talus de déblai au dessous.

Puisque nous connaissons les intervalles i_d et i_r de ces divers plans, nous pouvons les construire, ainsi qu'il a été dit au n° 16, en tenant compte de l'observation qui termine ce numéro, c'est-à-dire de ce que les horizontales des talus de déblai doivent faire un angle obtus, et celles des talus de remblai un angle aigu avec le bord de la route pris dans le sens de la graduation croissante.

Par suite, ayant décrit, du point 5 comme centre, un cercle de rayon i_r, c'est du point 4 que l'on mènera une tangente à ce cercle pour avoir la direction des horizontales du talus de remblai de droite. Tandis qu'ayant décrit, du point 2 comme centre, un cercle de rayon i_d, c'est du point 3, non du point 4, que l'on mènera une tangente pour avoir la direction des horizontales du talus de déblai de droite.

Les directions correspondantes sur le bord gauche de la route seront évidemment symétriques des précédentes par rapport à l'axe de la route.

Pour avoir l'intersection de ces divers plans avec le terrain, il suffit, comme il a été dit au n° 39, de prendre les points de rencontre de leurs diverses horizontales avec les courbes de niveau de même cote prises sur le terrain.

Ces lignes d'intersection sont figurées sur la figure 33, que nous avons complétée par des profils en travers déterminés par le vertical V_d sur la partie en déblai et V_r sur la partie en remblai.

41. Plan tangent mené à une surface topographique par une droite. — PREMIER CAS. — *La droite est horizontale.* — Soit *d* la cote de la droite donnée par sa projection (*fig.* 34).

Appelons M le point de contact cherché.

La tangente à la courbe de niveau passant au point M est donnée par la rencontre du plan horizontal contenant cette courbe de niveau et du plan tangent en M ; c'est donc une horizontale de ce plan : mais la droite *d* est aussi horizontale de ce plan. Donc la tangente en M à la courbe de niveau passant en ce point est parallèle à la droite *d*. Il en résulte que, si nous circonscrivons à la surface le cylindre dont les génératrices sont parallèles à la droite *d*, le plan tangent cherché sera tangent à ce cylindre.

En menant aux courbes 1, 2, 3, 4, de la surface des tangentes parallèles à *d*, nous avons les génératrices 1, 2, 3, 4, de ce cylindre, qui touche la surface suivant la ligne $A_1A_2A_3A_4$.

Faisons une coupe par un plan vertical perpendiculaire à *d*. Cette droite donne le point *d'*, et le cylindre la courbe $A'_1A'_2A'_3A'_4$.

La tangente *d'*M' donne la coupe du plan tangent cherché. Le point M', par la génératrice correspondante du cylindre, donne sur la ligne de contact le point M cherché. La cote de ce point est donnée par *m*M'.

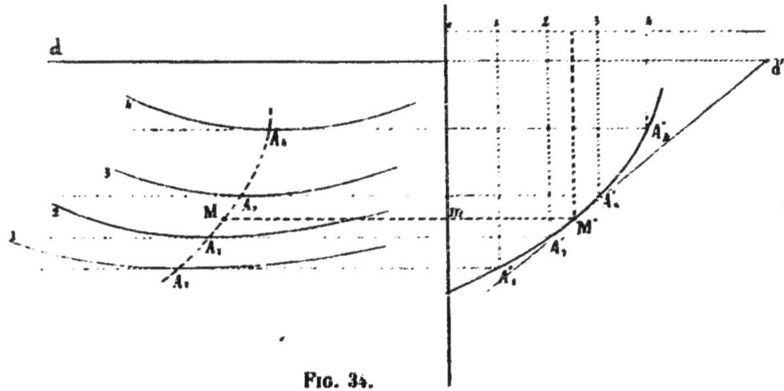

Fig. 34.

Deuxième cas. — *La droite est quelconque.* — Au point de contact cherché M le plan tangent est coupé par le plan horizontal suivant la tangente à la courbe de niveau. Mais ce plan tangent passant par la droite *d* donnée, cette horizontale coupe la droite *d* au point qui a même cote que le point de contact M.

Ainsi, on a un premier lieu géométrique du point M en menant, de chaque point de la droite *d*, une tangente à la courbe de niveau de même cote que lui et joignant par une ligne *l* tous les points de contact ainsi obtenus.

Le plan tangent cherché coupe la courbe *l* en deux points infiniment voisins. Si donc nous opérons un changement de plan de projection (n° 23) en prenant un plan perpendiculaire à la droite *d*, la droite joignant le point où la droite *d* se projettera tout entière sur le nouveau plan à la projection du point de contact sera tangente à la nouvelle projection de la ligne *l*. De là, le moyen d'obtenir ce point, qu'on peut reporter ensuite sur l'ancien plan de projection.

42. Cône de sommet donné circonscrit à une surface topographique donnée. — Faisons des coupes de la surface par des plans verticaux passant au point S (n° 32).

Sur chacune de ces coupes on aura une génératrice du cône circonscrit en menant du point S une tangente au profil de la surface.

On reportera le point de contact sur la projection, et l'on aura ainsi autant de points que l'on voudra de la courbe de contact.

CHAPITRE II

PERSPECTIVE AXONOMÉTRIQUE

43. Nous allons étudier ici, en vue des applications à en faire à la théorie des ombres, la perspective axonométrique, considérée comme mode spécial de représentation plane des corps de l'espace, mais envisagée à un point de vue tout autre que celui où l'on se place d'ordinaire en la faisant dériver de la perspective conique.

§ 1. — Perspective axonométrique plane

44. Définition. — Supposons tous les points d'un plan rap-

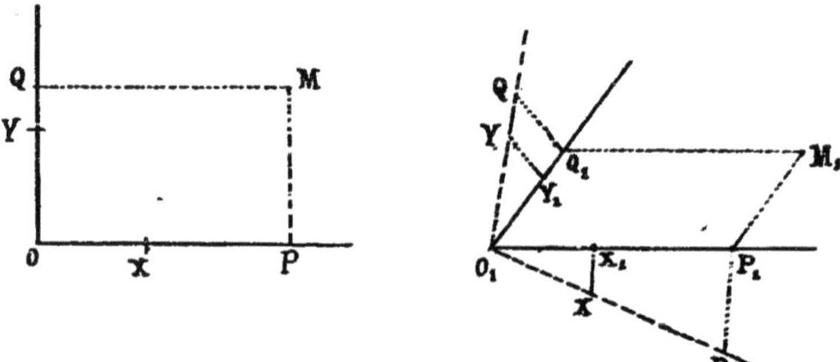

Fig. 35.

portés à deux axes rectangulaires sur lesquels nous portons en OX et en OY des segments égaux à l'unité de longueur, à l'échelle de la figure (*fig.* 35). Puis, donnons-nous des axes obliques et convenons d'adopter, dans la direction de chacun de ces axes, des échelles quelconques définies respectivement par les segments O_1X_1 et O_1Y_1, représentant pour chacune d'elles l'unité de longueur.

Les coordonnées OP et OQ d'un point M du premier plan (*fig.* 35) étant reportées en O_1P_1 et O_1Q_1 aux échelles respectives des deux axes, sur le second plan, définissent un point M_1 qui est dit la *perspective axonométrique* du premier.

Le point M_1 peut être construit géométriquement d'une façon très simple.

Il suffit, sur deux axes menés arbitrairement par le point O_1, de reporter les points X, P, Y, Q, marqués sur les axes passant au point O, de tirer les droites XX_1 et YY_1, et de mener par P et par Q les parallèles PP_1 et QQ_1 respectivement à ces deux droites.

Si l'échelle de l'un des axes du second plan est la même que l'échelle de l'axe correspondant du premier, par exemple si $O_1X_1 = OX$, la construction se simplifie. On peut superposer les deux plans, en faisant coïncider leurs axes des abscisses. Répétant alors la construction précédente (*fig.* 36), on voit que la figure MM_1Q_1Q est un parallélogramme, puisque les côtés MB et M_1Q_1 sont tous deux parallèles et égaux à OP. Dès lors MM_1 est parallèle à QQ_1 et, par suite, à YY_1. Tout se réduit donc, pour avoir le point M_1, à prendre le point de rencontre de la parallèle à OY_1 menée par P avec la parallèle à YY_1 menée par M.

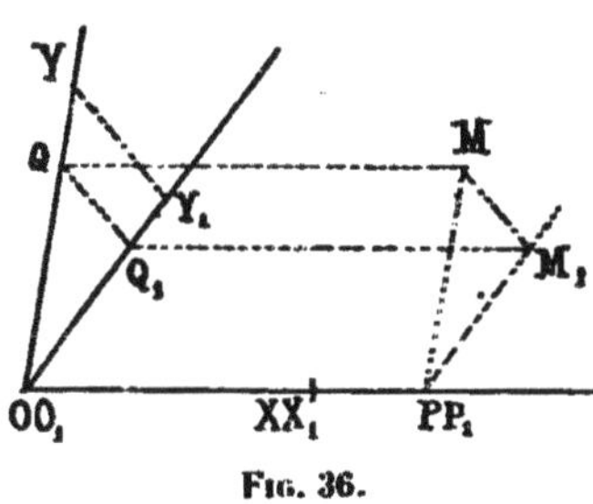

Fig. 36.

Remarque. — Le point M_1 étant donné, dans l'un ou l'autre cas, on obtient immédiatement, par une marche inverse de la précédente, le point M dont il est la perspective.

45. Perspective de la droite. — Étant donnée une droite AB, qui coupe OX en A et OY en B, prenons les points A_1 et B_1, perspectifs des points A et B, et joignons-les par une droite.

Il est facile de voir que le perspectif M_1 d'un point M, pris sur la droite AB, se trouvera sur la droite A_1B_1 (*fig.* 37).

En effet, le point M étant sur AB, on a :

$$\frac{PM}{OB} = \frac{PA}{OA}.$$

Mais, par construction,

$$\frac{PM}{P_1M_1} = \frac{OY}{O_1Y_1} = \frac{OB}{O_1B_1}$$

et

$$\frac{PA}{P_1A_1} = \frac{OX}{O_1X_1} = \frac{OA}{O_1A_1}.$$

Il vient donc

$$\frac{P_1M_1}{O_1B_1} = \frac{P_1A_1}{O_1A_1},$$

ce qui prouve que le point M_1 est sur la droite A_1B_1.

Donc, la *perspective axonométrique d'une droite est une droite.*

Il est évident, d'après cela, que les *perspectives axonométriques de droites concourantes sont des droites concourantes*, et, en particulier, que *les perspectives axonométriques de droites parallèles sont parallèles;* que *la perspective axonométrique d'une tangente à une courbe est tangente à la perspective de cette courbe;* que *celle d'une asymptote est une asymptote de la perspective*, etc.

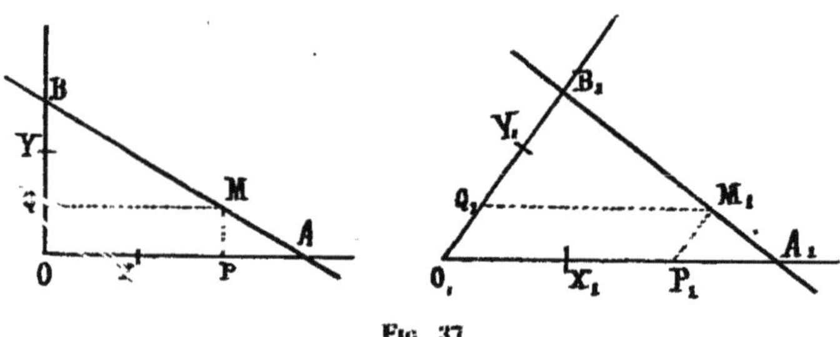

Fig. 37.

46. Remarquons aussi que, si une courbe est d'ordre n, c'est-à-dire si elle est coupée en n points par une droite quelconque de son plan, sa perspective sera coupée en n points par une droite quelconque de son plan. Donc : *la perspective axonométrique d'une courbe d'ordre n est une courbe d'ordre n.*

En particulier, la *perspective axonométrique d'une conique est une conique.* Il y a plus : si la courbe est fermée, la perspective est aussi fermée; si elle s'étend à l'infini, il en est de même de sa perspective; et encore de même, si elle est tangente à la droite de l'infini. Donc la *perspective axonométrique d'une conique est une conique de même espèce.*

47. Conservation des rapports segmentaires.—Soit M

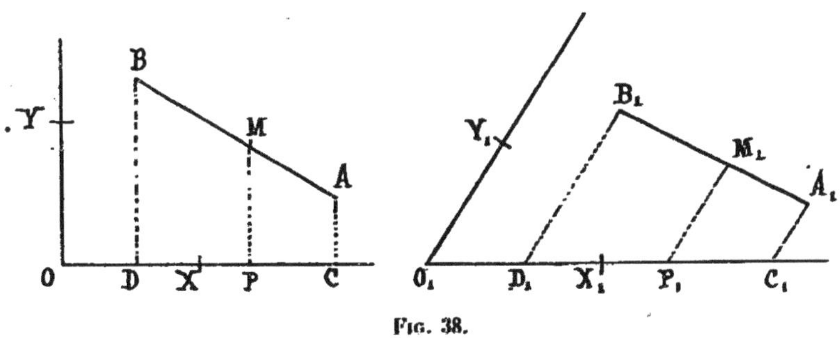

Fig. 38.

un point pris sur le segment de droite AB (*fig.* 38). On voit immédiatement que, si $A_1M_1B_1$ est la perspective de AMB, on a

$$\frac{MA}{MB} = \frac{M_1A_1}{M_1B_1}.$$

Cela revient, en effet, à écrire que

$$\frac{OC - OP}{OP - OD} = \frac{O_1C_1 - O_1P_1}{O_1P_1 - O_1D_1}.$$

égalité manifestement satisfaite, puisque

$$\frac{OC}{O_1C_1} = \frac{OD}{O_1D_1} = \frac{OP}{O_1P_1} = \frac{OX}{O_1X_1}$$

Cette conservation des rapports segmentaires par la perspective axonométrique montre que *la perspective d'un diamètre d'une courbe est un diamètre de la perspective de la courbe*, que *celle du centre est centre de la perspective*, que *deux diamètres conjugués d'une conique ont pour perspectives deux diamètres conjugués de la perspective de cette conique*, etc.

48. Cercle. — D'après ce qui vient d'être dit, la perspective axonométrique d'un cercle sera une ellipse (n° 46) ayant pour centre la perspective Ω_1 du centre Ω du cercle (*fig.* 39).

Mettons en perspective le carré EFGH, circonscrit au cercle, dont les côtés sont parallèles à OX et OY.

Nous obtenons ainsi le parallélogramme $E_1F_1G_1H_1$ dont les côtés sont parallèles à O_1X_1 et O_1Y_1. L'ellipse cherchée touchera les côtés de ce parallélogramme en leurs milieux A_1, B_1, C_1, D_1, ou, si l'on veut, aura A_1C_1 et B_1D_1 pour diamètres conjugués.

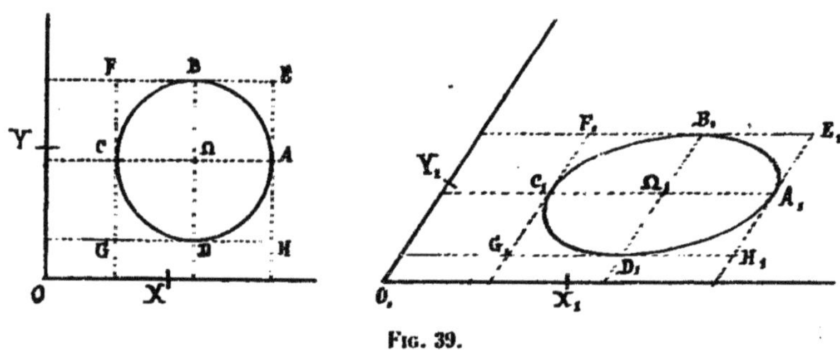

Fig. 39.

La connaissance de ces deux diamètres conjugués permet de construire immédiatement cette ellipse (Voir n° 53), sans qu'on ait à mettre en perspective d'autres points du cercle.

Toutefois, si l'on veut avoir les points de rencontre de l'ellipse Ω_1 avec une droite d_1, donnée sur le plan $X_1O_1Y_1$, ou, si l'on veut mener à cette ellipse des tangentes par un point P_1 donné sur ce plan, il est bon de déterminer sur le plan XOY la droite d ou le point P correspondant, et de prendre les points d'intersection de la première avec le cercle Ω ou les points de contact des tangentes menées à ce cercle par le second, pour reporter ensuite ces points sur la perspective.

49. Ellipse. — La solution est la même. On circonscrit à l'ellipse soit le rectangle dont les côtés sont parallèles aux axes, soit un parallélogramme formé par des tangentes de directions conjuguées, en choisissant de préférence l'une de ces directions parallèle à l'un des axes OX ou OY. On forme la perspective de ce parallélogramme ; on n'a plus qu'à y inscrire l'ellipse perspective (n° 53).

50. Hyperbole. — On trace les perspectives des deux asymptotes : ce sont les asymptotes de la perspective. On prend ensuite la perspective d'un point quelconque de l'hyperbole. On a ainsi les deux asymptotes et un point de l'hyperbole perspective. Cela suffit, si l'on veut, pour la tracer (Voir n° 56).

51. Parabole. — Pour la parabole, on mettra en perspective deux tangentes TA et TB avec leurs points de contact A et B (*fig.* 40).

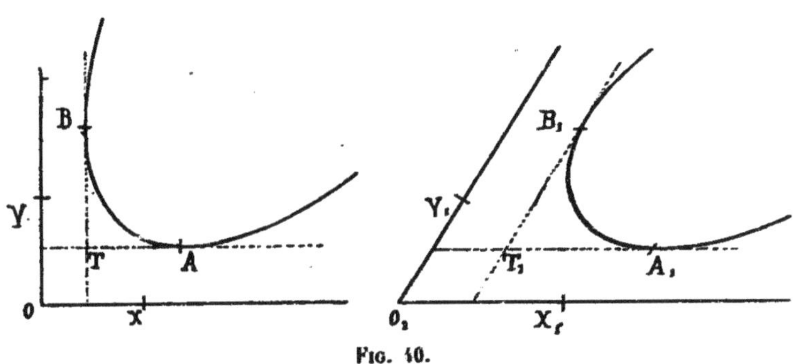

FIG. 40.

On aura ainsi, pour déterminer la parabole perspective, deux tangentes T_1A_1, T_1B_1, avec leurs points de contact A_1B_1 (Voir n° 59).

On choisira évidemment, de préférence, les tangentes parallèles à OX et OY.

Si l'axe de la parabole est parallèle à l'un des axes, OX par exemple, auquel cas la tangente parallèle à cet axe est rejetée à l'infini, on prend les tangentes en deux points A et B symétriques par

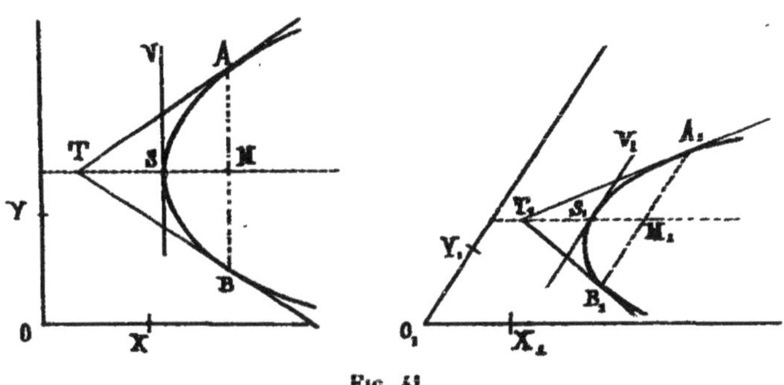

FIG. 41.

rapport à l'axe (*fig.* 41). La perspective T_1M_1 de l'axe est un diamètre de la perspective, et celle S_1V_1 de la tangente au sommet la tangente conjuguée de ce diamètre.

52. Figure quelconque. — Si on a à mettre en perspective une figure quelconque, non définie géométriquement, le mieux est, sur le plan où cette figure est tracée, de tracer un quadrillage régulier dont on forme la perspective (*fig.* 42). En reportant sur cette

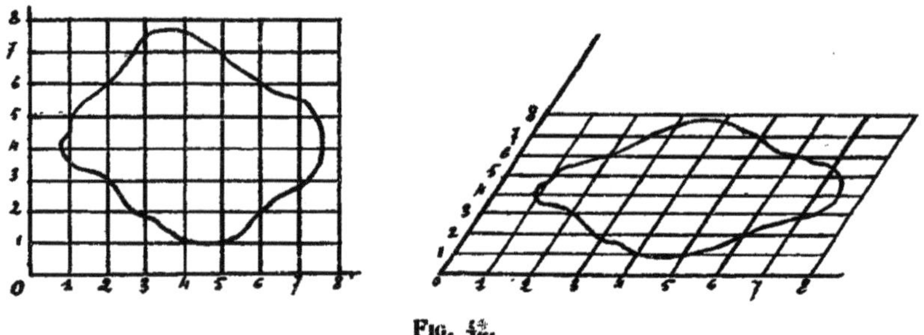

FIG. 42.

perspective les points où le premier quadrillage est rencontré par la figure donnée, on arrive rapidement à construire la perspective de celle-ci. Cette opération porte le nom de *craticulage.*

Procédés pour la construction des coniques dans les cas qui viennent d'être définis

1° ELLIPSE

53. Il suffit d'indiquer la construction pour la portion de l'ellipse comprise dans un des quatre angles formés par les deux diamètres conjugués, soit dans l'angle AOB.

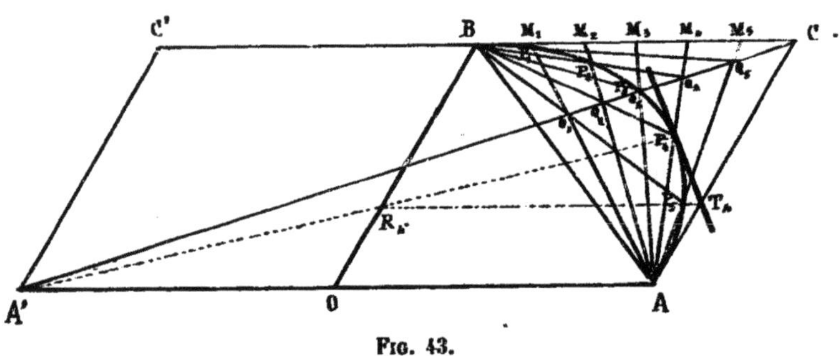

FIG. 43.

Portons sur BC un certain nombre de points qui soient deux à deux *équidistants des extrémités de ce segment.* Le mieux est de diviser BC en un certain nombre de parties égales, au moins approximativement, afin d'obtenir une série de points assez régulièrement espacés sur l'ellipse [1].

Sur la figure 43, on a divisé BC en six parties égales par les points M_1, M_2, M_3, M_4, M_5.

Joignons le point A à ces points de division par des droites qui coupent la diagonale A'C aux points Q_1, Q_2, Q_3, Q_4, Q_5.

Associons alors deux à deux les droites AM_1, AM_2,... d'une part, et BQ_5 BQ_4,... de l'autre, en renversant l'ordre des indices. Les points d'intersection P_1, P_2, P_3, P_4, P_5, fournis par ces couples de droites, appartiennent à l'ellipse [2].

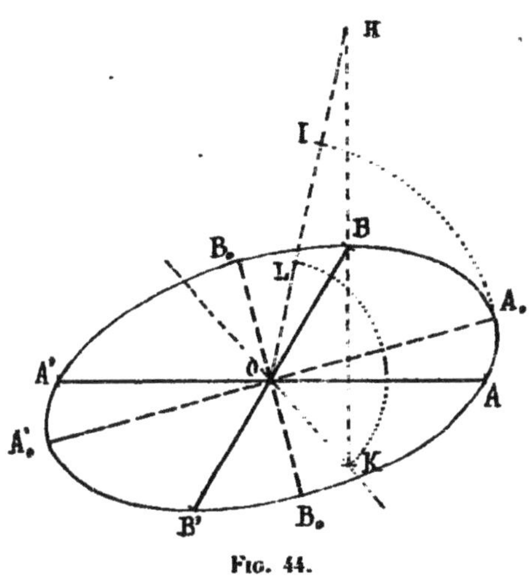

Fig. 44.

54. Si on veut avoir la tangente en un de ces points, P_4 par exemple, il suffit de tirer la droite $A'P_4$ qui coupe OA en R_4 et de mener, par R_4, à OA une parallèle qui coupe AC en T_4.

P_4T_4 est la tangente cherchée [3].

55. Si, pour plus de précision, on veut déterminer les axes de l'ellipse en direction et en grandeur, on peut recourir à la classique construction de Chasles, que voici :

Si du point B (*fig.* 44) on abaisse sur OA une perpendiculaire sur laquelle on porte

$$BH = BK = OA,$$

les axes sont dirigés suivant les bissectrices intérieure et extérieure de l'angle HOK.

On a, en outre,

$$OH = a + b,$$
$$OK = a - b.$$

De sorte que, si on reporte OK en OL sur OH, on a, en appelant I le milieu de HL,

$$OI = a, \qquad LI = b.$$

(1) On pourra, par exemple, prendre le milieu de BC, puis, sur l'une des deux moitiés de ce segment, prendre des points à peu près équidistants et reporter rigoureusement ces points en ordre inverse sur la seconde moitié de BC.

(2) *Nouvelles Annales de Mathématiques*, 1893, p. 351.

(3) *Annales des Ponts et Chaussées*, août 1888, p. 262.

On n'a qu'à reporter ces longueurs en OA_0 et OB_0 sur les directions des axes pour avoir les sommets A_0 et B_0.

2° Hyperbole

56. Soient Ox et Oy les asymptotes et M le point donnés. Nous pouvons nous borner à envisager la branche d'hyperbole comprise dans l'angle des asymptotes où se trouve le point A.

Il est bon de commencer par déterminer le sommet situé sur cette branche. Les coordonnées du sommet sont égales à la moyenne géométrique des coordonnées OP et OQ du point M donné (*fig.* 45).

Rabattant OQ en OR sur le prolongement de PO, décrivant le cercle qui a PR pour diamètre, et élevant en O la perpendiculaire OH à PR, on a cette moyenne géométrique OH. On la porte en OI et OJ sur les axes Ox et Oy. Les coordonnées OI et OJ déterminent le sommet A, situé sur la bissectrice de xOy.

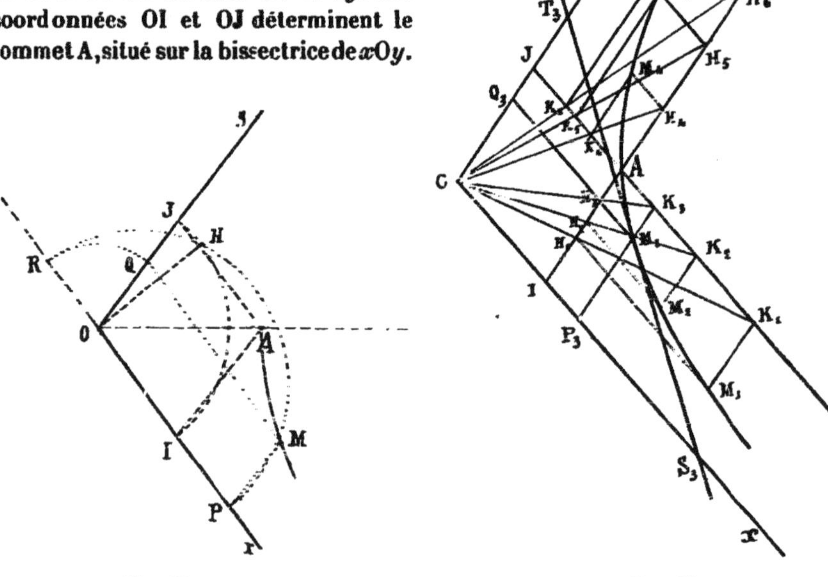

Fig. 45. Fig. 46.

57. Pour obtenir d'autres points de l'hyperbole, menons par le centre O (*fig.* 46) des droites quelconques OH_1K_1, OH_2K_2,... qui coupent les parallèles AI et AJ aux asymptotes, menées par le sommet A, respectivement aux points H_1, H_2, H_3,... et K_1, K_2, K_3,...

Par les points H_1, H_2, H_3,... menons des parallèles à Ox; par les points K_1, K_2, K_3,... des parallèles à Ay. La rencontre de ces droites, associées par indices, donne les points M_1, M_2, M_3... de l'hyperbole.

58. Si on veut la tangente au point M_3, par exemple, on n'a qu'à doubler soit l'abscisse OP_3, soit l'ordonnée OQ_3 de ce point, et à joindre le point S_3 ou T_3 ainsi obtenu au point M_3 par une droite qui est la tangente cherchée.

3° Parabole (1)

59. La parabole étant déterminée par deux tangentes TA et TB et leurs points de contact A et B, prenons le milieu M de AB (*fig.* 47), TM donne la direction des diamètres de la parabole.

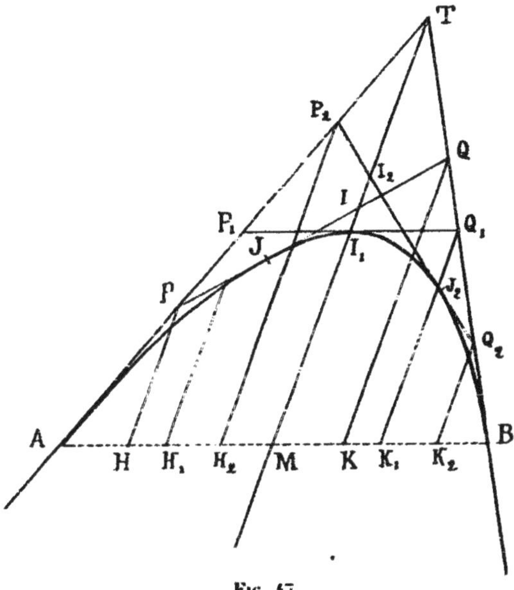

Fig. 47.

Prenons d'une façon quelconque sur AB le segment HK égal à AM, et menons par les points H et K des parallèles à TM qui coupent TA et TB en P et en Q. La droite PQ est tangente à la parabole.

Pour avoir son point de contact J, il suffit de prendre le segment PJ égal à IQ.

On peut de cette manière avoir, en tel nombre qu'on voudra, des tangentes à la parabole avec leurs points de contact.

Un procédé expéditif, pour réaliser cette construction consiste à découper dans du papier fort le gabarit formé par le segment HK avec les parallèles à TM menées par ses extrémités. On n'a qu'à faire glisser le segment HK de ce gabarit le long de AB pour avoir autant de points P et Q que l'on veut. Lorsque tous ces points sont marqués, il suffit de les joindre par des droites en suivant sur TA et TB des sens inverses, c'est-à-dire en associant le point P le plus voisin de A avec le point Q le plus éloigné de B.

60. Si, pour plus de précision, on veut avoir l'axe et le sommet de la parabole, on peut appliquer la construction suivante :

La perpendiculaire à TA en A rencontre la perpendiculaire à TB en T au point C (*fig.* 48). La perpendiculaire à TB en B rencontre la perpendiculaire à TA en T au point D.

(1) Pour toutes les constructions relatives à la parabole reproduites ici, voir *le Génie Civil*, t. IX, p. 90 et 334, 1886.

Le pied F de la perpendiculaire abaissée de T sur CD est le foyer de la parabole. La parallèle à TM menée par F est l'axe. La droite qui joint les pieds I

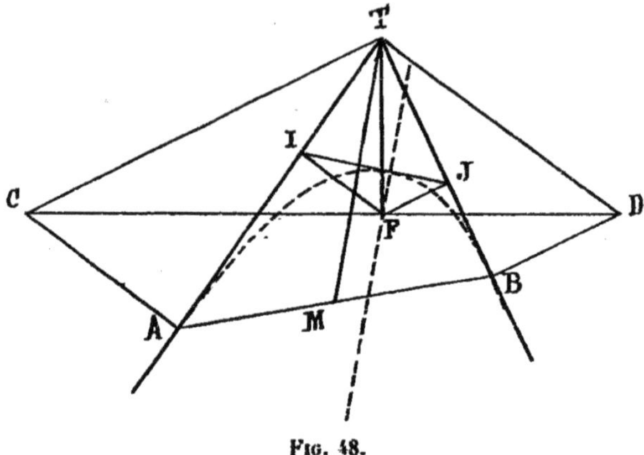

FIG. 48.

et J des perpendiculaires abaissées de F sur TA et TB est la tangente au sommet.

§ 2. — PERSPECTIVE AXONOMÉTRIQUE DE L'ESPACE

61. Définition. — Supposons les points de l'espace rapportés à trois axes rectangulaires sur lesquels nous avons porté respectivement les longueurs OX, OY, OZ, égales à la même unité de longueur.

Représentons les faces OXY et OYZ rabattues sur un plan (*fig*. 49).

Donnons-nous ensuite sur le plan trois axes quelconques le long desquels nous porterons les longueurs à des échelles différentes définies par leurs unités respectives O_1X_1, O_1Y_1 et O_1Z_1, choisies arbitrairement.

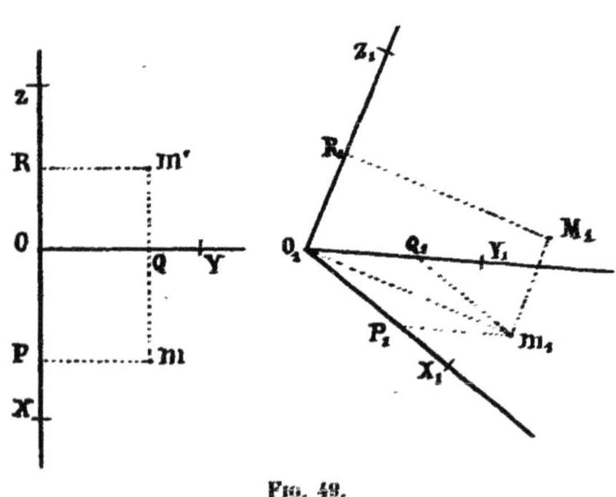

FIG. 49.

Prenons un point M de l'espace, et soient m et m' ses projections orthogonales sur les plans OXY et OYZ.

Nous savons mettre le point m en perspective en m_1 sur le plan $O_1X_1Y_1$ (n° 44). Par le point m_1 menons le vecteur m_1M_1 équipollent [1] à O_1R_1, qui représente la troisième coordonnée.

Le point M_1 ainsi obtenu est la *perspective axonométrique* du point M de l'espace.

En somme, le point M_1 est l'extrémité du vecteur résultant des trois vecteurs O_1P_1, O_1Q_1, O_1R_1. On peut, on le sait, pour effectuer la composition de ces vecteurs, intervertir leur ordre d'une façon quelconque. Le vecteur résultant O_1M_1 est toujours le même. Cela revient à dire que l'on peut commencer par mettre en perspective la projection du point M sur l'un quelconque des trois plans de coordonnées, pour en déduire ensuite le point M_1 par une parallèle équipollente à la troisième coordonnée prise à l'échelle voulue.

Lorsque les segments O_1X_1, O_1Y_1, O_1Z_1 sont égaux et inclinés de 120° les uns sur les autres, la perspective est dite *isométrique*.

Lorsque deux de ces segments sont égaux et font entre eux un angle de 90°, la perspective est dite *cavalière*.

Observation importante. — Ici, à l'inverse de ce qui avait lieu dans le cas du plan, la seule connaissance de la perspective M_1 d'un point de l'espace ne suffit pas à déterminer ce point.

Si, en effet, on se donne M_1, on peut, sur la parallèle à O_1Z_1 menée par ce point, prendre arbitrairement le point m_1 pour en déduire les points P_1, Q_1, R_1, qui, reportés en P, Q, R, sur les axes OX, OY, OZ de l'espace, déterminent le point M.

On voit donc qu'à une perspective M_1 donnée correspondent une infinité de points M de l'espace. Chacun de ceux-ci se trouve complètement défini si, en outre de M_1, on se donne la perspective de la projection du point faite sur l'un des plans de coordonnées, par exemple le point m_1. Ce sujet sera éclaici un peu plus loin (n° 64).

[1] Deux vecteurs sont dits *équipollents* lorsqu'ils sont *égaux, parallèles et de même sens*. L'emploi de cette locution n'a ici d'autre but que de simplifier le langage, sans introduire, de fait, aucune notion nouvelle.

A. — *Droite et plan*

62. Perspective de la droite. — La perspective d'une droite est une droite. En effet, si nous projetons la droite donnée sur le plan OXY, nous obtenons une droite dont la perspective sur $O_1X_1Y_1$ est une droite (n° 45).

Cela dit, appelons H la trace de la droite donnée sur le plan OXY. Le rapport $\frac{Mm}{mH}$ est constant pour tous les points de la droite. On en déduit immédiatement que le rapport $\frac{M_1m_1}{m_1H_1}$ est aussi constant, ce qui prouve que le lieu géométrique du point M_1 est une droite passant au point H_1.

On voit que les rapports segmentaires se conservent en projetant les points qui les déterminent sur le plan OXY.

Donc, toutes les remarques faites aux n°s 45 à 48, à propos de la perspective axonométrique plane, subsistent dans le cas de l'espace.

63. Une droite étant déterminée (*fig.* 50) par sa perspective d_1 et celle δ_1

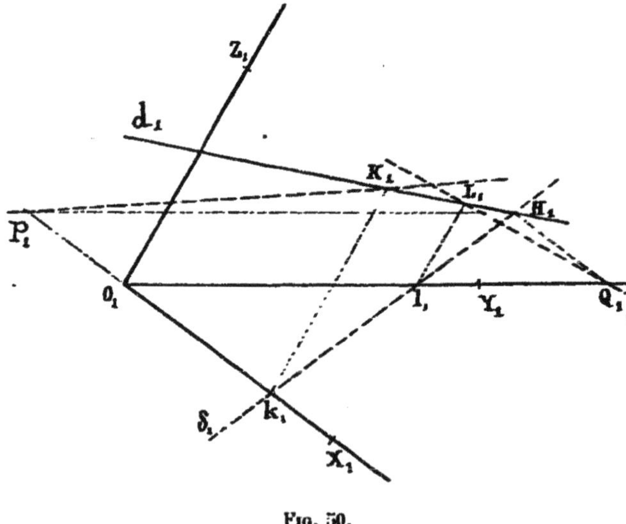

Fig. 50.

de sa projection sur l'un des plans de coordonnées, OXY par exemple, voyons comment on peut en déduire, en perspective, ses traces sur les trois plans et ses projections sur OYZ et OZX.

Le point de rencontre de d_1 et δ_1 est la trace H_1 sur $O_1X_1Y_1$. Les points k_1 et l_1 où δ_1 rencontre O_1X_1 et O_1Y_1 sont les projections sur $O_1X_1Y_1$ des traces de d_1 sur $O_1X_1Z_1$ et $O_1Y_1Z_1$. Si donc nous menons les parallèles k_1K_1 et l_1L_1 à O_1Z_1 par ces points, nous obtenons ces traces en K_1 et L_1.

Les projections de H_1 sur les plans $O_1X_1Z_1$ et $O_1Y_1Z_1$ étant P_1 et Q_1 sur les axes O_1X_1 et O_1Y_1, puisque H_1 est dans le plan $O_1X_1Y_1$, les projections de la droite d_1 sur ces deux plans sont P_1K_1 et Q_1L_1.

64. Raccourci total. — Donnons-nous un point M_1 en perspective.

Si nous supposons le point correspondant M de l'espace dans le

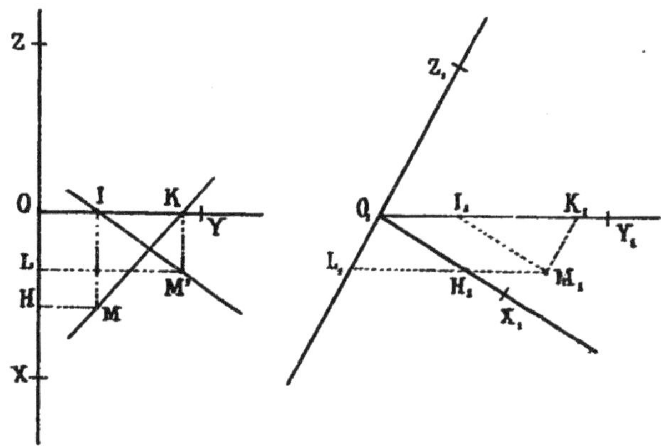

Fig. 51.

plan XOY, nous n'avons qu'à reporter les coordonnées O_1H_1 et O_1I_1 de M_1, pris dans le plan $X_1O_1Y_1$, en OH et OI sur OX et OY pour avoir ce point M (*fig.* 51).

Si nous supposons le point correspondant M' dans le plan YOZ, nous avons de même ce point M' en reportant en OK et en OL sur OY et OX les coordonnées O_1K_1 et O_1L_1 de M_1 pris dans le plan $X_1O_1Y_1$.

Si maintenant nous considérons la droite joignant les points M et M' de l'espace, droite dont les projections sur XOY et YOZ sont MK et IM', nous voyons, puisque deux des points M et M' de cette droite ont leurs perspectives confondues en M_1, que cette droite tout entière a sa perspective en ce point M_1. Sans cela, en effet, la perspective de cette droite étant une droite (n° 63), les points M et M' ne sauraient avoir des perspectives confondues.

Ainsi donc, *le lieu des points de l'espace ayant une même perspective* M_1 *est une droite.*

Mais il y a plus ; on a

$$\frac{IM}{KI} = \frac{I_1M_1 . O_1Y_1}{K_1I_1 . O_1X_1}$$

et

$$\frac{KM'}{IK} = \frac{K_1M_1 . O_1Y_1}{I_1K_1 . O_1Z_1}.$$

Or, le triangle $M_1I_1K_1$ reste semblable à lui-même, quel que soit le point M_1 choisi ; donc les rapports $\frac{I_1M_1}{K_1I_1}$ et $\frac{K_1M_1}{I_1K_1}$ sont constants, et, par suite aussi les rapports $\frac{IM}{KI}$ et $\frac{KM}{IK}$. Cela montre que les projections MK et IM' de la droite MM' de l'espace sur les plans XOY et YOZ sont de direction constante. Donc, enfin, *la droite* MM' *est elle-même de direction constante*.

Cette direction, commune à toutes les droites dont la perspective se réduit à un point, sera dite la *direction de raccourci total*.

65. Perspective du plan. — Un plan étant défini par trois points, le moyen le plus simple de le mettre en perspective consiste à prendre les perspectives de ses points d'intersection A, B, C, avec les axes OX, OY, OZ.

Les droites A_1B, B_1C_1, C_1A_1, qui joignent deux à deux ces perspectives (*fig.* 52), sont les perspectives des traces du plan considéré sur les trois plans de coordonnées.

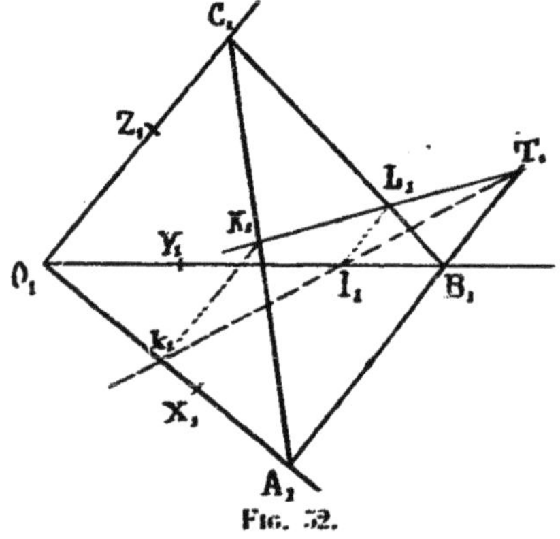

Fig. 52.

Si le plan est donné par trois points quelconques, il suffit de construire, ainsi qu'il a été dit au n° 63, les traces sur les plans de coordonnées de deux des droites unissant ces trois points ; les droites joignant ces traces sont les traces du plan.

66. Réciproquement, si une droite est située dans le plan, les traces de cette droite devront respectivement se trouver sur A_1B_1, B_1C_1, C_1A_1. Cela permet d'avoir, en perspective, les projections de cette droite sur les plans de coordonnées.

Soit, par exemple, la droite L_1K_1 (*fig.* 52). Proposons-nous d'obtenir la perspective de la projection de cette droite sur le plan $O_1X_1Y_1$.

Les perspectives k_1 et l_1 des projections des traces K_1 et L_1 sont à la rencontre respectivement de O_1X_1 et de O_1Y_1 avec les parallèles à O_1Z_1 menées par K_1 et L_1.

La projection k_1l_1 doit naturellement passer par le point de rencontre T_1 de K_1L_1 et de A_1B_1, perspective de la trace de la droite KL sur le plan OXY.

67. Proposons-nous de même d'obtenir la perspective de la projection sur OXY d'un point M du plan ABC dont nous nous donnons la perspective M_1 (*fig.* 53).

Tirons la droite C_1M_1 du plan. Sa trace sur OX_1Y_1 est E_1, et, par suite, O_1E_1 est, en perspective, sa projection. Dès lors, en menant par M_1 une parallèle M_1m_1 à O_1Z_1 jusqu'au point m_1 où elle rencontre O_1E_1, on a la perspective m_1 cherchée.

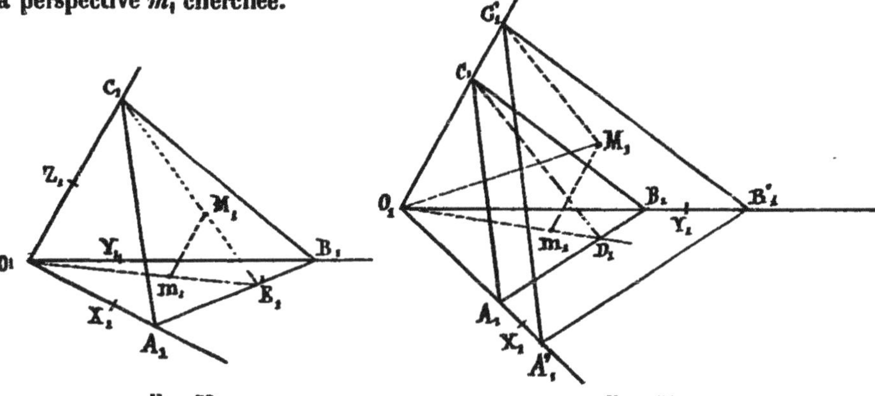

FIG. 53. FIG. 54.

68. Plans parallèles. — Si deux plans sont parallèles, leurs traces sur chacun des plans de coordonnées sont parallèles.

Proposons-nous de mener, par un point donné par sa perspective M_1 et celle m_1 de sa projection sur $O_1X_1Y_1$, un plan parallèle au plan $A_1B_1C_1$ (*fig.* 54).

Le plan mené par O_1Z_1 et M_1m_1 (qui sont parallèles dans l'espace) coupe $O_1X_1Y_1$ suivant O_1m_1, et, par suite, $A_1B_1C_1$ suivant C_1D_1. L'intersection du plan cherché et du plan $O_1Z_1M_1$ est parallèle à C_1D_1. Donc, en tirant par M_1 la parallèle $M_1C'_1$ à D_1C_1, on a le point C'_1 où le plan cherché coupe O_1Z_1. Menant par C'_1 des parallèles à C_1A_1 et C_1B_1, on a les traces de ce plan sur $O_1X_1Z_1$ et $O_1Y_1Z_1$. La droite $A'_1B'_1$, évidemment parallèle à A_1B_1, est la trace sur $O_1X_1Y_1$.

69. Intersection de deux plans. — On a, sur la perspective, les traces de cette intersection sur les plans de coordonnées en prenant les points de rencontre des traces des deux plans.

Ainsi, l'intersection des plans $A_1B_1C_1$ et $A'_1B'_1C'_1$ (*fig.* 55) a pour perspective la droite $D_1E_1F_1$ [1].

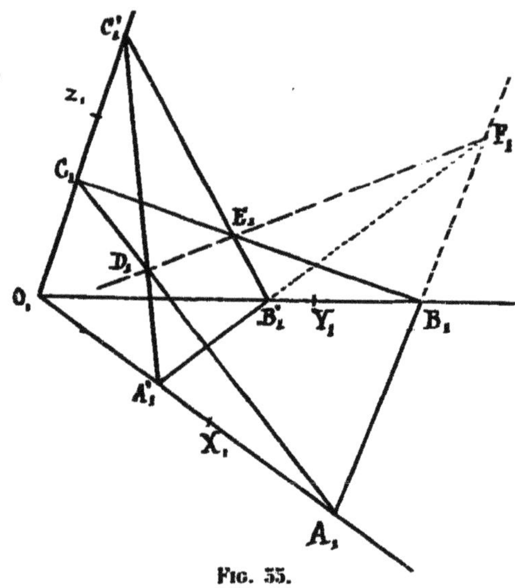

FIG. 55.

70. Intersection d'une droite et d'un plan. — La droite est

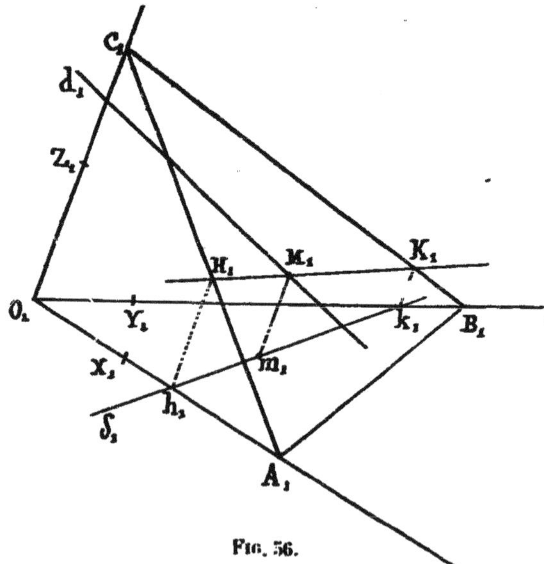

FIG. 56.

déterminée par sa perspective d_1 et celle δ_1 de sa projection faite, par exemple, sur le plan OXY (*fig.* 56).

[1] De ce que les points D_1, E_1, F_1, sont nécessairement en ligne droite résulte la propriété fondamentale des triangles homologiques : *si les sommets de deux triangles sont deux à deux sur des droites concourantes, leurs côtés se coupent deux à deux sur une même droite.*

Le plan projetant la droite sur OXY a sur les plans de coordonnées des traces dont les perspectives sont δ_1 qui coupe O_1X_1 en h_1, O_1Y_1 en k_1, et les parallèles à O_1Z_1 menées par h_1 et k_1. Ce plan coupe le plan $A_1B_1C_1$ suivant la droite H_1K_1 (n° 69) qui rencontre la droite d_1 au point M_1 cherché. En menant par ce point la parallèle M_1m_1 à O_1Z_1, on a la perspective m_1 de sa projection sur OXY.

71. Direction des perpendiculaires à un plan. — Pour avoir, en perspective, la direction des perpendiculaires à un plan ABC, abaissons du point O une perpendiculaire OH sur ce plan.

La droite OC étant perpendiculaire au plan OAB est perpendiculaire à AB. De même, OH perpendiculaire à ABC est perpendiculaire à AB. Il en résulte que AB est perpendiculaire au plan OCH et, par suite, à la droite OI de ce plan, en appelant I le point où CH rencontre AB.

De même, la droite AH rencontre BC au pied J de la perpendiculaire abaissée de O sur BC.

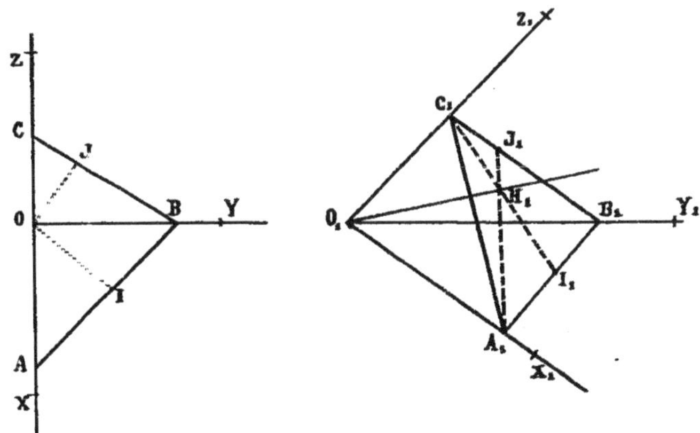

Fig. 57.

Ayant obtenu ces points en I et en J sur les plans OXY et OYZ rabattus (*fig.* 57), on les met en perspective en I_1 et J_1. Les droites C_1I_1 et A_1J_1 donnent le point H_1, et O_1H_1 est la direction des perpendiculaires au plan $A_1B_1C_1$.

De là, le moyen de mener par un point une perpendiculaire à un plan. Il suffit de mener par ce point une parallèle à la direction O_1H_1 qui vient d'être obtenue.

Si on veut, au contraire, mener par un point un plan perpendiculaire à une droite donnée, on construit, sur les plans OXY et OZY, des droites AB et BC perpendiculaires aux projections OI et OJ, sur ces plans, de la parallèle à la droite donnée menée par le point O. On met ces droites en perspective en A_1B_1 et B_1C_1. Il ne reste plus qu'à mener par le point donné un plan parallèle au plan $A_1B_1C_1$ (n° 68).

Remarque. — AB étant perpendiculaire au plan OCH est perpendiculaire à CH. Donc C_1H_1, obtenue comme il vient d'être dit, donne en perspective la direction des perpendiculaires menées à AB dans le plan ABC. De même, pour B_1H_1 et A_1H_1 relativement à A_1C_1 et à B_1C_1.

72. Perspective d'une figure tracée dans un plan ABC. — Rapportons les points du plan ABC supposé rabattu sur OXY (1) aux axes rectangulaires IB et IC (*fig.* 58). Soient IP et IQ les coordonnées du point M. Les perspectives P_1 et Q_1 de P et de Q diviseront I_1B_1 dans les mêmes rapports que P et Q divisent IB et IC. En outre, les perspectives P_1M_1 et Q_1M_1 de PM et de QM seront parallèles respectivement à I_1C_1 et I_1B_1.

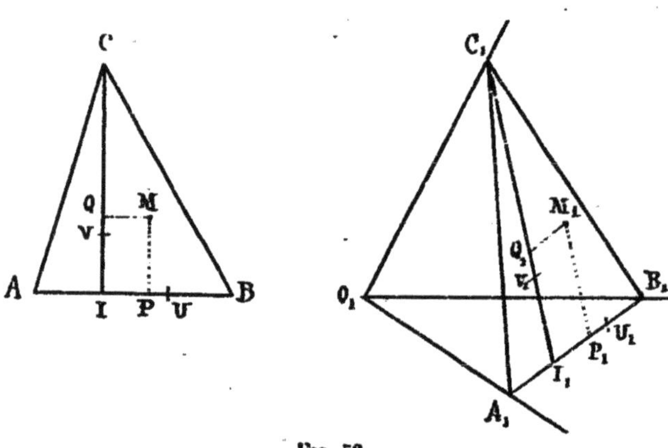

FIG. 58.

On voit donc que la perspective cherchée est une perspective axonométrique de la figure tracée dans le plan ABC, cette perspective étant définie par les segments I_1U_1 et I_1V_1 perspectifs des segments IU et IV pris, sur IB et IC, égaux à l'unité de longueur.

73. Plans de raccourci total. — Si les perspectives A_1, B_1, C_1 des points A, B, C, où un plan rencontre les axes OX, OY, OZ sont sur une même droite, les perspectives de tous les points du plan sont sur cette droite $A_1B_1C_1$. Le plan ABC est alors dit de *raccourci total.*

Il est évident qu'une droite de raccourci total (nº 64) s'appuyant sur une droite quelconque *d* de l'espace engendre un plan de raccourci total dont la perspective se confond avec la perspective d_1 de la droite *d*.

(1) Ce rabattement s'obtient immédiatement, si on remarque que le point C se rabat sur la perpendiculaire abaissée de O sur AB en restant à la distance BC de B.

Réciproquement, tout plan de raccourci total peut être engendré de cette façon, car tout point de la droite $A_1B_1C_1$ étant la perspective d'une infinité de points du plan ABC, ces points appartiennent nécessairement à une même droite de raccourci total.

Tous les plans de raccourci total sont donc parallèles à la direction du raccourci total définie au n° 64.

B. — *Solides*

74. Contour apparent. — Si nous coupons un solide par une série de plans parallèles à un plan de raccourci total, nous obtenons autant de sections planes dont les perspectives sont de simples segments de droites parallèles. L'aire couverte par ces segments de droites, lorsqu'on fait varier le plan sécant d'une manière continue, est la perspective axonométrique du corps considéré. La courbe qui limite cette aire est dite le *contour apparent* de cette perspective. Il est bien évident que la perspective d'un point quelconque du corps est à l'intérieur de ce contour apparent.

Les plans tangents au corps, parallèles au plan de raccourci total considéré, ont pour perspectives des droites touchant le contour apparent en un point, perspective du point de contact sur le corps.

Donc, en faisant varier le plan de raccourci total choisi, on peut obtenir autant de points du contour apparent que l'on veut, avec leurs points de contact.

Il est, en outre, évident que la perspective C_1 d'une courbe quelconque C tracée sur la surface est tangente au contour apparent de la surface, car si nous prenons un point A_1 où cette perspective C_1 rencontre le contour apparent, la tangente t menée par le point correspondant A à la courbe C est dans le plan tangent à la surface en A, plan qui est de raccourci total, puisque le point A_1 est sur le contour apparent. La perspective t_1 de la tangente t est donc confondue avec la perspective de ce plan, c'est-à-dire avec la tangente au contour apparent, à moins que cette perspective ne se réduise à un point, ce qui n'arrive que si la tangente t est parallèle à la direction du raccourci total.

Les points de la surface qui correspondent aux points du contour apparent sont, avons-nous dit, les points de contact des plans tangents parallèles aux plans de raccourci total. Or, tous les plans de raccourci total étant parallèles à une même direction (n° 73), ces plans tangents auront pour enveloppe un cylindre parallèle à cette direction.

Nous allons appliquer ces remarques générales à la construction de la perspective axonométrique des corps usuels.

75. Cylindre de révolution. — Nous supposerons le cylindre reposant sur le plan OXY et ayant son axe parallèle à OZ (*fig.* 59).

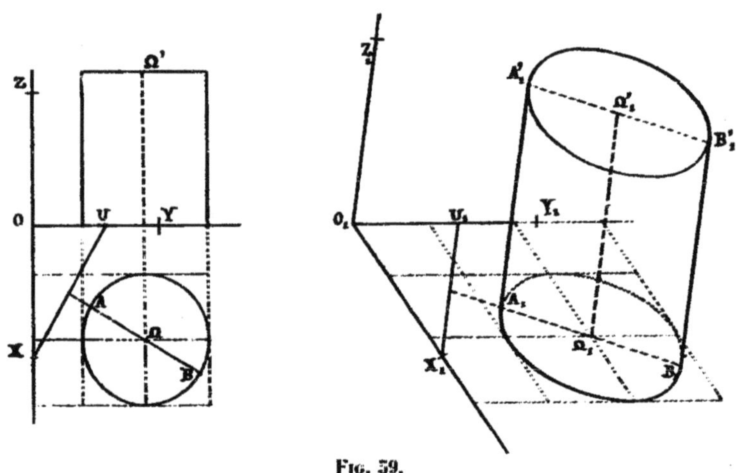

FIG. 59.

Le cercle de base a pour perspective une ellipse facile à construire sur le plan $O_1X_1Y_1$ (n° 48).

Si par le centre Ω_1 de cette ellipse, on mène à O_1Z_1 une parallèle sur laquelle on porte, à l'échelle de O_1Z_1, une longueur égale à la hauteur du cylindre, mesurée à l'échelle de OZ, on a la perspective Ω'_1 du centre de la base supérieure. On peut tracer immédiatement la perspective de celle-ci, qui s'obtient en faisant glisser la perspective de la base inférieure le long de $\Omega_1\Omega'_1$ de façon à amener Ω_1 en Ω'_1.

Le contour apparent du cylindre sera limité par les perspectives des plans de raccourci total tangents à ce cylindre (n° 74). Comme chacun de ces plans tangents contient une génératrice du cylindre, leurs perspectives, confondues avec celles de ces génératrices, seront parallèles à la droite $\Omega_1\Omega'_1$. En outre, d'après une observation faite au n° 74 (4e alinéa), elles seront tangentes aux ellipses Ω_1 et Ω'_1. Il suffira donc, pour achever le contour apparent du cylindre, de mener à l'une de ces ellipses, Ω_1 par exemple, des tangentes parallèles à la droite $\Omega_1\Omega'_1$.

Pour effectuer rigoureusement cette construction, menons par le point X_1 la droite X_1U_1 parallèle à $\Omega_1\Omega'_1$, mais que nous considérerons comme *la perspective d'une droite* XU *du plan* OXY. Cette droite XU s'obtient immédiatement par le report en U sur OY du point U_1 de O_1Y_1.

Les tangentes au cercle Ω, parallèles à XU, ont pour points de contact les extrémités du diamètre AB perpendiculaire à XU.

Il suffit de mettre les points A et B en perspective en A_1 et B_1 pour avoir les points de contact sur l'ellipse Ω_1 des génératrices $A_1A'_1$ et $B_1B'_1$ de contour apparent.

76. Cône de révolution. — Nous supposons que le cône repose sur le plan XOY et qu'il ait son axe parallèle à OZ.

Nous pouvons mettre immédiatement en perspective, comme dans le cas du cylindre (n° 75), la base et le sommet (*fig.* 60).

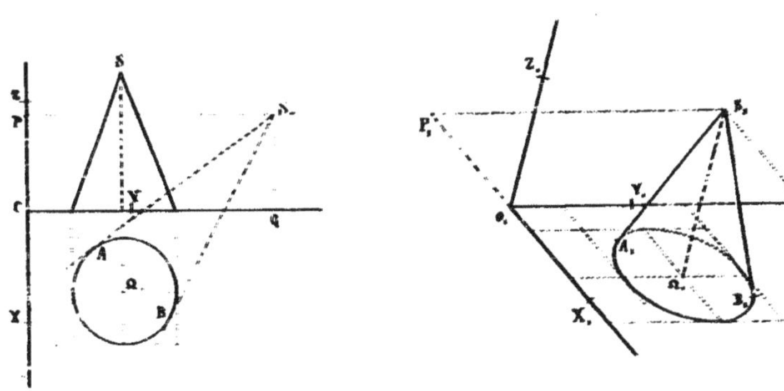

Fig. 60.

En raisonnant comme dans le cas du cylindre, on voit que le contour apparent se complétera par les tangentes menées du point S_1 à l'ellipse Ω_1.

Pour construire rigoureusement ces tangentes, considérons le point du plan XOY dont la perspective se fait en S_1. Le point S_1, *considéré comme appartenant au plan* $X_1O_1Y_1$, a pour coordonnées O_1P_1 et O_1Q_1. Reportant ces coordonnées en OP et OQ, on obtient le point correspondant S_0. Il suffit de mener de ce point S_0 au cercle Ω les tangentes S_0A et S_0B, puis de mettre les points A et B en perspective en A_1 et en B_1, pour avoir les génératrices de contour apparent S_1A_1 et S_1B_1 du cône.

77. Sphère. — On peut toujours supposer les axes OX, OY, OZ menés par le centre de la sphère dont nous figurons la projection sur le plan XOY (*fig.* 61).

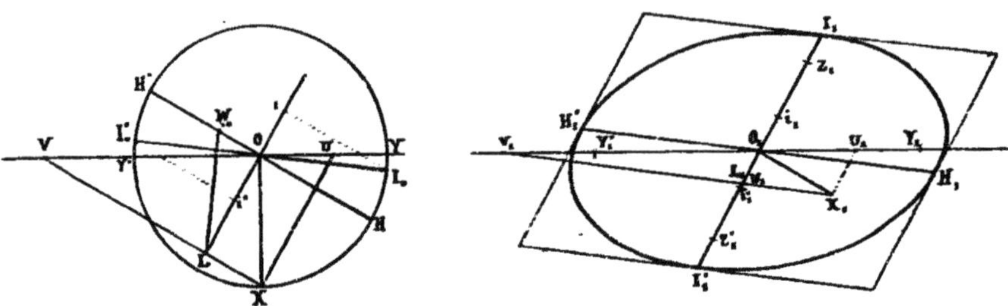

Fig. 61.

Remarquons d'abord que, d'après ce qui a été vu au n° 74, les points de la sphère dont les perspectives donnent le contour apparent sont sur la courbe de contact de la sphère et du cylindre circonscrit parallèle à la direction du raccourci total. Cette courbe de contact est un cercle. Sa perspective, c'est-à-dire la courbe du contour apparent, est donc une ellipse.

Ceci posé, proposons-nous de construire les tangentes à l'ellipse de contour apparent, parallèles à O_1Z_1.

Pour cela, d'après le n° 74, prenons un plan de raccourci total dont la perspective soit parallèle à O_1Z_1, par exemple celui dont la perspective est la parallèle X_1U_1 menée par X_1 à O_1Z_1, et cherchons les points de contact des plans tangents à la sphère parallèles à ce plan.

La trace de ce plan sur XOY est la droite XU obtenue en reportant le point U_1 de O_1Y_1 en U sur OY. Ce plan est, en outre, parallèle à OZ. Par conséquent, les points de contact des plans tangents qui lui sont parallèles sont les extrémités du diamètre HH' perpendiculaire à XU. Ces points H et H', qui appartiennent à XOY, mis en perspective sur $X_1O_1Y_1$, donnent les points $H_1H'_1$ du contour apparent où les tangentes sont parallèles à O_1Z_1.

Pour avoir le diamètre de l'ellipse de contour apparent conjugué de $H_1H'_1$, cherchons maintenant les points du contour apparent où la tangente est parallèle à $H_1H'_1$.

Prenons encore à cet effet le plan de raccourci total dont la perspective est la parallèle à $H_1H'_1$ menée par X_1. Cette droite coupe O_1Y_1 en V_1 et O_1Z_1 en W_1.

Le point V, dont V_1 est la perspective, s'obtient en menant par X la parallèle XV à HH'.

Le point W est sur l'axe OZ, en dessous du point O à une distance OW ayant, avec OZ pour unité, même mesure que O_1W_1 avec O_1Z_1.

Le plan XVW étant ainsi complètement déterminé, menons à la sphère des plants tangents qui lui soient parallèles.

Les points de contact I et I′ sont dans le plan mené par OZ perpendiculairement à XV. Rabattons ce plan sur XOY autour de sa trace OL qui est parallèle à XU.

Si nous supposons les points *au-dessus* de XOY rabattus *du côté de* H, le point W se rabattra sur la perpendiculaire menée de O à OL, c'est-à-dire sur OH, du côté de H′ à une distance OW_0 de O égale à OW. En d'autres termes, le point W_0 sera tel que

$$\frac{W_0O}{W_0H} = \frac{W_1O_1}{W_1Z_1}.$$

Le diamètre II′ des points de contact sera alors rabattu suivant le diamètre $I_0I'_0$ perpendiculaire à LW_0, rabattement de la trace du plan XVM sur le plan ZOL.

Les projections des points I et I′ seront donc aux pieds i et i' des perpendiculaires abaissées de I_0 et I'_0 sur OL. En outre, ces points I et I′ seront à une distance de XOY donnée par iI_0 ou $i'I'_0$, cette distance devant être, d'après le sens dans lequel a été fait le rabattement, comptée au-dessus de XOY pour I et au dessous pour I′.

Pour mettre le point I en perspective, mettons-y d'abord le point i. Puisque i est sur OL, i_1 sera sur O_1L_1, c'est-à-dire sur O_1Z_1. Quant à l'ordonnée iI parallèle à OZ, elle devra être comptée, en perspective, parallèlement à O_1Z_1, c'est-à-dire sur O_1Z_1, puisque i_1 appartient à cette droite. On a ainsi le point I_1. I'_1 est son symétrique par rapport à O_1.

Nous avons ainsi deux diamètres conjugués $H_1H'_1$ et $I_1I'_1$ de l'ellipse de contour apparent. Il nous est dès lors facile de construire cette ellipse.

Remarques. — 1° Si les segments O_1X_1 et O_1Y_1 sont rectangulaires et égaux, et si O_1Z_1 est parallèle à X_1Y_1, ce qui est le cas de la perspective cavalière (n° 61), le point U coïncidant alors avec Y, HH′ est perpendiculaire à XY. Les angles n'étant pas altérés sur $X_1O_1Y_1$, $H_1H'_1$ est de même perpendiculaire à X_1Y_1, c'est-à-dire à O_1Z_1. Par suite, dans ce cas, $H_1H'_1$ et $I_1I'_1$ sont les axes de l'ellipse de contour apparent.

2° Si les segments O_1X_1, O_1Y_1, O_1Z_1, sont égaux et font entre eux des angles de 120°, ce qui est le cas de la perspective isométrique, le point U_1 coïncide avec Y_1 et, par suite, U avec Y′. Donc HH′ passe par le millieu de XY′ et, par suite, $H_1H'_1$ par celui de X_1Y_1. O_1H_1 est donc dirigé suivant la médiane du triangle $X_1O_1Y'_1$, et, puisque ce triangle est équilatéral, O_1H_1 est perpendiculaire à $X_1Y'_1$, c'est-à-dire à O_1Z_1. Donc $H_1H'_1$ et $I_1I'_1$ forment ici deux diamètres rectangulaires de l'ellipse de contour apparent. Le même résultat pouvant immédiatement être étendu par raison de symétrie aux diamètres conjugués dont l'un est dirigé soit suivant O_1Y_1 soit suivant O_1X_1, on voit que l'ellipse de contour apparent est ici un cercle.

78. Section diamétrale de la sphère. — Prenons toujours les plans XOY et XOZ pour plans horizontal et vertical de projection, le point O étant au centre de la sphère. Le plan diamétral sécant est défini par ses traces Ox et Oz respectivement sur XOY et YOZ (*fig.* 62).

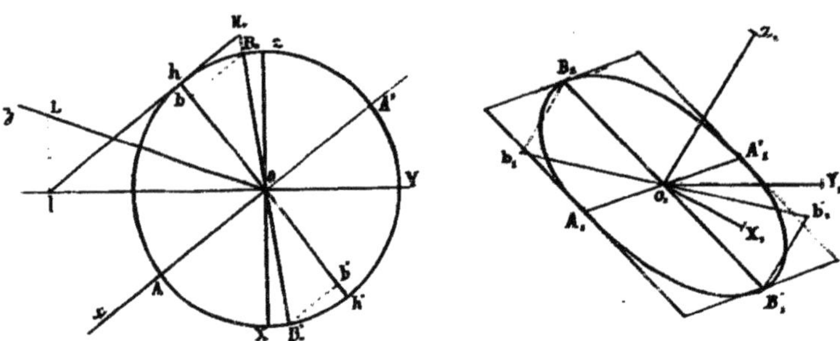

Fig. 62.

Remarquons d'abord que, la courbe d'intersection étant un cercle, sa perspective sera une ellipse.

Le plan sécant coupant XOY suivant Ox, les extrémités A et A′ du diamètre dirigé suivant cette ligne appartiennent au cercle d'intersection C. Les points A et A′, mis en perspective *sur le plan* $X_1O_1Y_1$, donnent les extrémités A_1 et A'_1 d'un diamètre de l'ellipse perspective.

Le diamètre conjugué de $A_1A'_1$ sera la perspective du diamètre du cercle C, perpendiculaire à AA′. Ce diamètre est situé dans le plan perpendiculaire à XOY, mené par le diamètre hh', perpendiculaire à AA′, plan que nous pouvons appeler hh'Z.

Rabattons sur XOY les intersections de la sphère et du plan sécant xOy par ce plan hh'Z.

Le grand cercle de la sphère se rabat suivant le grand cercle $AhA'h'$ déjà tracé.

La droite d'intersection avec xOy passant par O, il suffit d'avoir le rabattement d'un point de cette droite, par exemple du point H, dont la projection sur XOY est h. La droite hl parallèle à Ox est parallèle au plan XOY. Il nous suffit donc, pour avoir le Z du point H, de prendre celui du point projeté sur XOY en l. Or, ce point étant dans ZOY se trouve sur la trace Oz, en L. Ainsi, lL est le Z du point H.

Le point H se rabat donc sur la perpendiculaire lh à Oh tangente au cercle, en un point H_0 tel que $hH_0 = l$L.

Nous avons dès lors en B_0 et B'_0 les rabattements des points de l'intersection situés dans hh'Z.

Ces points se projettent en b et b' sur XOY. On voit, en outre, que le point B_0 situé, par rapport à Oh, du même côté que H_0, se relève en un point B, à la hauteur

$$bB = bB_0,$$

au-dessus de XOY, tandis que le point B'_0 se relève en B', à la hauteur :

$$b'B' = b'B'_0,$$

au dessous.

Les points b et b' se mettent en perspective en b_1 et b'_1 sur le plan $X_1O_1Y_1$; puis les points B et B' en B_1 et B'_1 sur les parallèles à O_1Z_1 menées par b_1 et b'_1. $B_1B'_1$ est le diamètre conjugué de $A_1H'_1$ dans l'ellipse perspective cherchée ; il est donc facile de tracer celle-ci (nº 53).

79. Points sur le contour apparent. — Nous avons vu (nº 74) que les points du corps mis en perspective, correspondant aux points du contour apparent, sont ceux de la courbe de contact du corps et du cylindre circonscrit parallèlement à la direction de raccourci total.

Dans le cas de la sphère, cette courbe de contact est le grand cercle T situé dans le plan diamétral π perpendiculaire à la direction du raccourci.

Donc, les points où la perspective du cercle considéré touchent le contour apparent de la sphère sont ceux où ce cercle est coupé par la droite d'intersection du plan sécant qui le contient et du plan π.

Cette droite peut être immédiatement obtenue, car le plan π est déterminé par ses traces sur XOY et YOZ, qui sont les perpendiculaires menées du point O aux projections sur ces plans, obtenues au nº 72, de la direction du raccourci total.

80. Cylindre circonscrit à la sphère. — Il suffit de mener par le centre O de la sphère un plan perpendiculaire à la direction donnée des génératrices du cylindre pour être ramené au problème précédent. Inutile, par conséquent, d'y insister.

81. Section de la sphère par un plan quelconque. — Nous pouvons immédiatement mettre en perspective en $A_1B_1C_1$ le plan donné par ses traces AB et BC sur XOY et YOZ (*fig.* 63).

La section de la sphère par le plan ABC étant un cercle, il nous suffira de connaître le centre et le rayon de ce cercle pour construire sa perspective (nº 72).

Le centre Ω de la section est le pied de la perpendiculaire abaissée du point O sur le plan ABC. Nous savons mettre ce point en perspective (nº 71). Ayant abaissé du point O les perpendiculaires OI et OJ sur AB et sur BC, nous mettons les points I et J en perspective en I_1 et en J_1 respectivement sur A_1B_1 et B_1C_1, et nous tirons les droites C_1I_1 et A_1J_1 dont la rencontre nous donne le point Ω_1 cherché.

Nous savons, en outre (Remarque du nº 71), que C_1I_1 est la perspective de la perpendiculaire à AB menée par C.

Pour avoir le rayon, rabattons la droite CI de l'espace en CI_0 sur YOZ. Le point Ω, situé sur CI, se rabat au pied Ω_0 de la perpendiculaire abaissée de O sur CI_0. En outre, la section de la sphère par le plan COI s'étant rabattue suivant le grand cercle tracé, il suffit de prolonger Ω_0C jusqu'en son point de rencontre D_0 avec le cercle pour avoir le rayon Ω_0D_0 de la section cherchée.

Si donc nous portons sur C_1I_1 le point D_1 tel que

$$\frac{\Omega_1 D_1}{\Omega_1 C_1} = \frac{\Omega_0 D_0}{\Omega_0 C}$$

nous avons en perspective une extrémité D_1 du diamètre de la section qui est, dans l'espace, perpendiculaire à AB. L'autre extrémité est le symétrique D′ de D_1 par rapport à Ω_1.

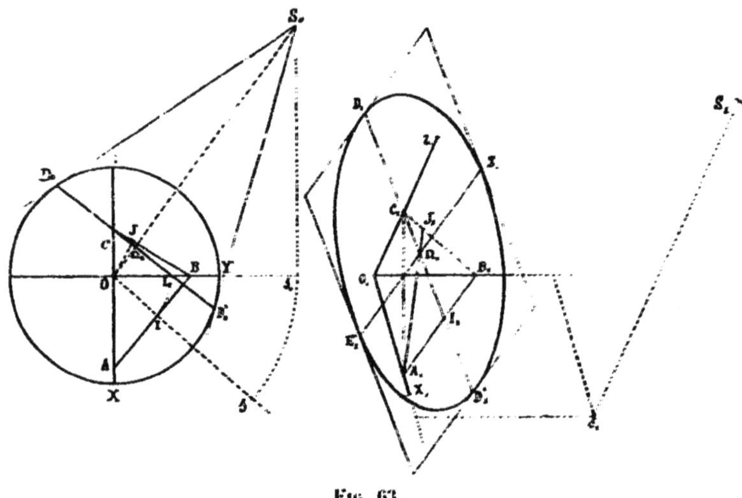

FIG. 63.

Portons de même sur la parallèle à A_1B_1 menée par Ω_1 le segment Ω_1E_1 tel que

$$\frac{\Omega_1 E_1}{A_1 B_1} = \frac{\Omega_0 D_0}{AB}.$$

Nous aurons ainsi une extrémité E_1, et, par symétrie, la seconde extrémité E'_1 du diamètre parallèle à A_1B_1.

Nous connaissons deux diamètres conjugués $D_1D'_1$ et $E_1E'_1$ de la perspective cherchée. Nous pouvons tracer cette perspective (n° 53).

Les points où elle touche le contour apparent sont, comme précédemment (n° 79), sur la droite d'intersection du plan $A_1B_1C_1$ et du plan mené par O perpendiculairement à la direction du raccourci total.

82. Cône circonscrit. — Le sommet du cône circonscrit à la sphère le long du cercle situé dans le plan ABC étant sur la droite $O\Omega$ de l'espace est rabattu sur YOZ en S_0 à la rencontre de $O\Omega_0$ et de la tangente au grand cercle en D_0.

On peut donc, par le retour inverse, avoir la projection s de ce sommet sur XOY. On connaît, en outre, le Z de ce sommet

$$sS = s_0S_0.$$

Rien, par conséquent, n'est plus facile que de mettre ce sommet en perspective, en y mettant d'abord le point s en s_1 sur $X_1O_1Y_1$, puis menant par s à O_1Z_1 une parallèle sur laquelle on porte en s_1S_1 le Z du point S à l'échelle de O_1Z_1.

Réciproquement, connaissant le sommet S par son Z et sa projection horizontale s, on le rabat en S_0 sur YOZ ; on mène les tangentes S_0D_0 et $S_0D'_0$ au grand cercle YZ ; on obtient ainsi les points Ω_0 et C.

Ramenant le point Ω_0 dans le plan ZOs, on a la trace CB. On n'a plus qu'à mener par B la perpendiculaire BA à Os pour connaître les deux traces du plan du cercle de contact du cône circonscrit. On est alors ramené au problème précédent.

83. Surfaces de révolution en général. — La méthode, dérivée du principe du n° 74, que nous venons d'appliquer à la sphère, s'applique aussi facilement à toute surface de révolution ayant son axe dirigé suivant OZ.

Prenons, par exemple, un tore d'axe OZ et de centre O, que nous supposons fermé par ses plans tangents parallèles à son équateur XOY.

Cherchons, par application du principe du n° 74, les tangentes au contour apparent parallèles aux trois axes O_1X_1, O_1Y_1, O_1Z_1, ce principe permettant, d'ailleurs, d'avoir les tangentes parallèles à une direction quelconque, puisque cela revient à mener au tore des plans tangents parallèles à un plan donné, problème que l'on apprend à résoudre dans les éléments de Géométrie descriptive.

Pour avoir les tangentes parallèles à O_1Z_1, considérons le plan de raccourci total, dont la perspective est la droite X_1U_1 parallèle à O_1Z_1 (*fig.* 64). Ce plan a pour trace sur XOY la droite XU correspondant à X_1U_1 et il est parallèle à OZ. Dès lors, les points de contact des plans tangents parallèles à ce plan sont les extrémités du diamètre HH′ de l'équateur, perpendiculaire à XU. Ces points H et H′ se mettent en perspective sur $X_1O_1Y_1$ aux points H_1 et H'_1 où les tangentes au contour apparent sont parallèles à O_1Z_1.

Prenons maintenant le plan de raccourci total, dont la perspective est la parallèle Y_1V_1 menée par Y_1 à O_1X_1. Ce plan a pour trace sur YOZ la droite YV correspondant à Y_1V_1 ; il est, en outre, parallèle à OY, c'est-à-dire perpendiculaire à ZOY. Donc les points de contact I et I′ des plans tangents au tore parallèles à ce plan sont sur la méridienne située dans YOZ, aux points I et I′ où cette méridienne est touchée par ses tangentes parallèles à YV (qu'il est facile de construire, puisque cette méridienne est constituée par des cercles). Mettant ces points I et I′ en perspective en I_1 et I'_1 sur $Y_1O_1Z_1$, on a les points du contour apparent où les tangentes sont parallèles à O_1X_1.

Prenons, enfin, le plan de raccourci total dont la perspective est parallèle Z_1W_1 menée par Z_1 à O_1Y_1. Ce plan coupe OZ au point Z, OX au point W dont W_1 est la perspective, et il est parallèle à OY. Pour mener au tore des plans tangents parallèles à ce plan, faisons tourner celui-ci autour de OZ de manière à le rendre perpendiculaire à OZY. Le point W situé en arrière de ZOY viendra en W_1, à gauche, par exemple, de OZ, OW_0 étant égal à l'X du point W.

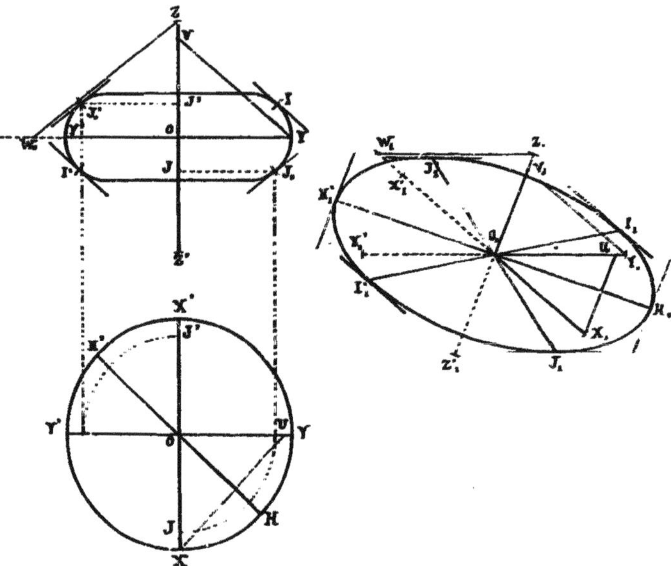

Fig. 64.

Menant à la méridienne les tangentes parallèles à ZW_0, on a les rabattements J_0 et J'_0 des points de contact cherchés. Lorsqu'on ramène ces points dans le plan XOZ, ils se projettent aux points J et J' marqués tant en projection sur XOY qu'en projection sur YOZ. Ayant les X et les Z de ces points, on les met en perspectives en J_1 et J'_1 sur $X_1O_1Z_1$. On a ainsi les points du contour apparent où les tangentes sont parallèles à O_1Y_1.

Ayant supposé le tore limité à ses deux plans tangents parallèles à l'équateur, nous n'avons eu à nous occuper que de la portion du contour apparent correspondant à la partie extérieure du tore. Il eût été tout aussi facile d'obtenir la portion du contour apparent correspondant à la partie intérieure.

Notes complémentaires

1° Identité des perspectives axonométriques et des projections obliques

84. Considérons dans l'espace une figure rapportée à un trièdre fondamental OXYZ quelconque. Par tous les points de cette figure menons des droites parallèles à une même direction, et coupons ces lignes par un plan quelconque. Nous obtenons ainsi une *projection oblique* de la figure considérée.

Sur cette projection oblique, les droites parallèles à OX, OY et OZ donneront des droites parallèles à O_1X_1, O_1Y_1, O_1Z_1. En outre, la projection de tout segment parallèle à l'un de ces axes, OX par exemple, sera avec ce segment dans le rapport constant $\frac{O_1X_1}{OX}$.

Cela montre que la projection oblique considérée n'est autre chose que la perspective axonométrique de la figure, lorsqu'on prend comme perspective du trièdre fondamental OXYZ la projection oblique $O_1X_1Y_1Z_1$ de ce trièdre.

85. Pour prouver que, réciproquement, toute perspective axonométrique peut être considérée comme une projection oblique, il suffit de prouver que toute perspective $O_1X_1Y_1Z_1$ d'un trièdre fondamental peut être considérée comme une projection oblique d'un tel trièdre.

Remarquant d'abord que, par une translation parallèle aux projetantes, on peut toujours amener les points O et O_1 à coïncider, on voit que le problème se réduit à ceci :

Étant donnés sur un plan les points O_1, X_1, Y_1, Z_1, *peut-on trouver dans l'espace des points* X, Y, Z, *tels que, les droites* XX_1, YY_1, ZZ_1 *étant parallèles entre elles, les vecteurs* OX, OY, OZ *soient égaux entre eux et les angles* XOY, YOZ, ZOX *droits ?*

Supposons tous ces points rapportés à trois axes Ox, Oy, Oz, menés par le point O, les axes Ox et Oy étant dans le plan de la figure $OX_1Y_1Z_1$. Nous désignerons dès lors les coordonnées des divers points de la manière suivante

	x	y	z
X_1	a_1	b_1	o
Y_1	a'_1	b'_1	o
Z_1	a''_1	b''_1	o
X	a	b	c
Y	a'	b'	c'
Z	a''	b''	c''

Nous avons neuf inconnues, qui sont les coordonnées des points X, Y, Z, celles des points X_1, Y_1, Z_1 étant données.

Traduisons, au moyen de ces coordonnées, les conditions requises.

Parallélisme de XX_1, YY_1, ZZ_1

$$\left.\begin{aligned} \frac{a-a_1}{a'-a'_1} = \frac{b-b_1}{b'-b'_1} = \frac{c}{c'} \\ \frac{a-a_1}{a''-a''_1} = \frac{b-b_1}{b''-b''_1} = \frac{c}{c''} \end{aligned}\right\} \text{(4 équations)} ;$$

Égalité de OX, OY, OZ

$$a^2 + b^2 + c^2 = a'^2 + b'^2 + c'^2 = a''^2 + b''^2 + c''^2 \text{ (2 équations) ;}$$

Égalité des angles XOY, YOZ, ZOX à un droit

$$\left.\begin{aligned} aa' + bb' + cc' &= 0 \\ a'a'' + b'b'' + c'c'' &= 0 \\ a''a + b''b + c''c &= 0 \end{aligned}\right\} \text{ (3 équations).}$$

Nous avons bien ainsi neuf équations pour déterminer nos neuf inconnues. La possibilité mise en question par l'énoncé ci-dessus est donc reconnue.

Remarquons seulement que la longueur r des vecteurs OX, OY, OZ n'est pas arbitraire, car, une fois les coordonnées a, b, c obtenues, on a

$$r = \sqrt{a^2 + b^2 + c^2}.$$

Lors donc qu'on se donne, d'une part, le trièdre fondamental, de l'autre sa perspective, celle-ci peut être considérée comme une projection oblique de celui-là, convenablement orienté dans l'espace, mais seulement à *un changement d'échelle près.*

86. On voit immédiatement que la direction du raccourci total n'est autre que celle des projetantes, lorsqu'on suppose que la perspective axonométrique est obtenue par projection oblique.

Nous avons appris (n° 64) à définir cette direction par rapport au trièdre fondamental. Si maintenant on voulait définir par rapport à ce trièdre l'orientation du plan sur lequel la projection donnerait une figure semblable à la perspective axonométrique considérée, on voit qu'il faudrait, après avoir mené par X,Y et Z des parallèles à la direction connue des projetantes, couper le prisme triangulaire ainsi obtenu par un plan donnant comme section un triangle semblable au triangle $X_1Y_1Z_1$ de la perspective.

C'est un problème que l'on sait résoudre [1].

87. Lorsque les échelles sont égales, et les axes inclinés à 120° les uns sur les autres, ce qui est le cas de la perspective *isométrique* (n° 61), la perspective équivaut à une projection orthogonale faite sur un plan parallèle au plan XYZ.

Si deux des axes, par exemple O_1X_1 et O_1Y_1, sont égaux et font entre eux un angle droit, ce qui est le cas de la perspective *cavalière* (n° 61), la perspective équivaut à une projection oblique faite sur un plan parallèle à XOY.

[1] V. notamment : DESBOVES, *Questions de Géométrie*, p. 237.

2° Application de la perspective axonométrique à la représentation des édifices ou des motifs d'architecture

88. La perspective axonométrique peut être très utilement employée à la représentation des édifices ou des motifs d'architecture.

Elle possède, en effet, l'avantage de donner les dimensions parallèles aux trois directions principales (longueur, largeur et hauteur) au moyen d'un seul dessin, ces dimensions se mesurant aux échelles respectives de OX, OY, OZ, que, pour plus de simplicité, il est bon de prendre égales entre elles.

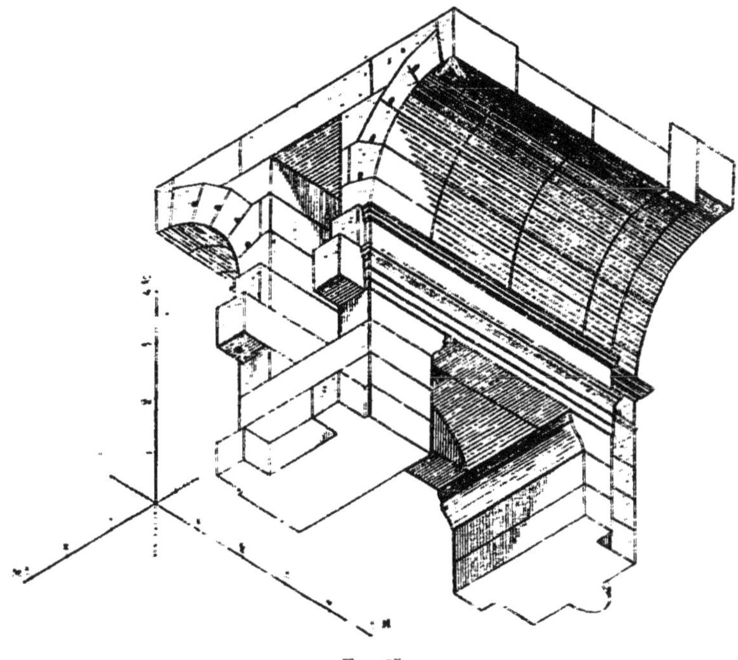

Fig. 65.

On peut donc dire qu'on a ainsi une représentation de l'édifice, sur laquelle toutes les lignes parallèles aux trois directions principales sont données en vraie grandeur, *au changement d'échelle près*.

Dans ses importantes publications sur l'Architecture, M. Choisy, ingénieur en chef des Ponts et Chaussées, fait systématiquement usage de la perspective axonométrique, en prenant des échelles égales suivant les trois axes, et disposant des directions de ceux-ci de façon à donner à la figure l'aspect le plus favorable. La figure 65 est empruntée à son bel ouvrage sur l'Art de Bâtir chez les Romains.

CHAPITRE III

THÉORIE DES OMBRES USUELLES

§ 1. — Généralités

A. — *Définitions*

89. Pour donner à la représentation des corps par le dessin géométrique l'apparence du relief, on a recours aux ombres produites par une lumière conventionnelle.

Selon que cette lumière est supposée à distance finie ou à l'infini dans une direction donnée, elle est dite, pour une raison facile à comprendre, *au flambeau* ou *au soleil*.

Si un corps solide S (*fig.* 66) est éclairé par une source de lumière L, réduite à un point, les rayons issus de la source, et qui s'appuient sur la surface du corps S, touchent celle-ci le long d'une courbe C qui sépare les points de S frappés par la lumière de ceux qui restent dans l'obscurité; l'ensemble de ceux-ci constitue l'*ombre propre* du corps. Pour cette raison, la courbe C reçoit le nom de *séparatrice* de l'ombre et de la lumière, ou celui de *courbe d'ombre propre*.

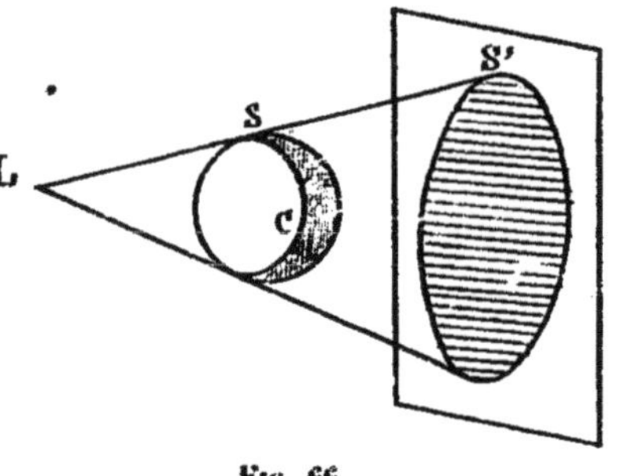

Fig. 66.

Le contour apparent du *cône d'ombre*, projeté sur un plan, se compose des tangentes menées de la projection de L sur ce plan au contour apparent de S; ces tangentes sont dites *tangentes lumineuses*.

Si on place en arrière du corps S un autre corps S′, la partie de S′ située à l'intérieur du cône de sommet L circonscrit à S ne reçoit pas de lumière. Elle constitue l'*ombre portée* de S sur S′.

90. La détermination des ombres propres et portées se résume donc en ces deux problèmes :

Étant donnés la source de lumière L, *le corps* S *et le corps* S′ :

1° *Trouver la courbe de contact sur* S *du cône de sommet* L *circonscrit à cette surface ;*

2° *Trouver l'intersection de ce cône et du corps* S′.

Lorsque les corps S et S′ sont définis géométriquement, ce double problème appartient à la catégorie de ceux que la Géométrie descriptive enseigne à résoudre.

On n'a donc par le fait à acquérir aucun principe autre que ceux de cette science pour pouvoir opérer la détermination des ombres. Mais l'application de ces principes comporte nombre de remarques spéciales fort utiles dans la pratique et qu'il faut avoir soigneusement étudiées pour être à même de traiter couramment tous les cas usuels.

B. — *Méthodes générales pour la recherche des ombres*

91. Méthode des plans sécants. — Si nous faisons passer par le point L (*fig.* 67) un plan auxiliaire qui coupe les surfaces S et S′ suivant les courbes γ et γ', les tangentes menées de L à la courbe γ appartiennent au cône circonscrit issu de L. Donc, les points de contact m et n de ces tangentes avec la courbe γ appartiennent à la séparatrice c de S, et les points m' et n' où elles rencontrent une première fois la courbe γ', à la courbe d'ombre portée g de S sur S′.

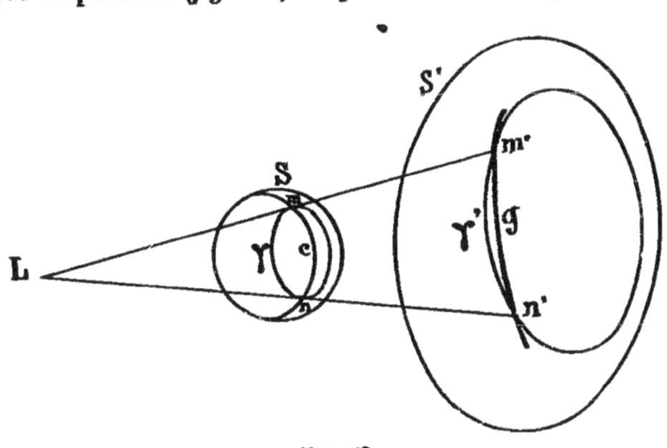

Fig. 67.

En faisant varier le plan auxiliaire, on peut obtenir autant de points que l'on veut des courbes *c* et *g*.

Si la courbe *g* (*fig.* 68) rencontre la séparatrice *c'* déterminée sur la surface S' par la même source lumineuse L, les points d'intersection *p* et *q* de ces courbes sont dits les *points de perte* de la courbe *g*.

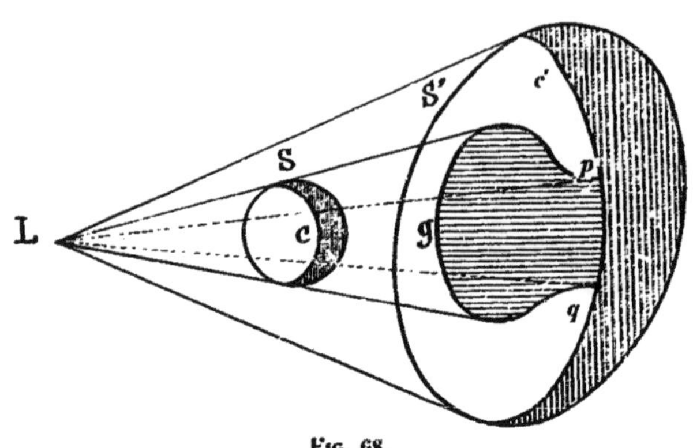

FIG. 68.

Remarque. — La tangente *t'* en *m'* à la courbe *g* étant donnée par l'intersection des plans tangents en *m'* à la surface S' et au cône d'ombre de la surface S, et, ce dernier étant défini par la génératrice L*m'* et la tangente *t* en *m* à la courbe *c*, on voit que la tangente *t'* passe par le point où la tangente *t* perce le plan tangent en *m'* à la surface S'.

92. Méthode des cônes circonscrits. — La séparatrice sur un cône étant une génératrice est facile à tracer, puisqu'il suffit d'en obtenir un point.

Si donc on circonscrit à la surface S un cône auxiliaire (*fig.* 69) et que l'on détermine la génératrice AM de ce cône formant séparatrice pour celui-ci, le point M où cette génératrice rencontre la courbe de contact *a* du cône et de la surface S appartient à la séparatrice *c* de cette dernière.

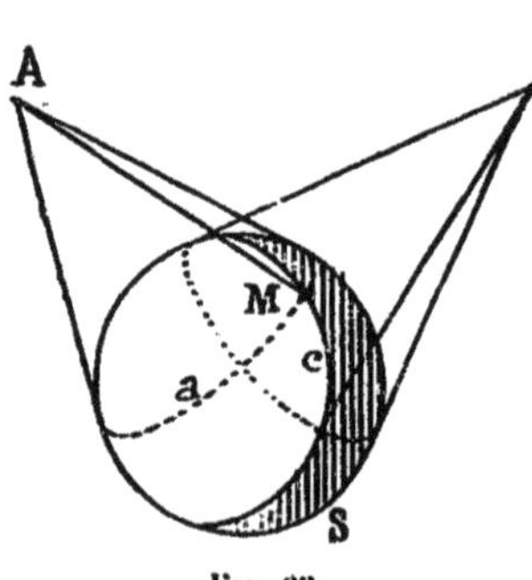

FIG. 69.

Il faut se garder de croire qu'au point M la courbe *c* est tangente à AM.

Nous verrons dans la suite du *Cours* (n° 295) qu'il ne saurait en être ainsi que tout exceptionnellement.

En faisant varier le cône A, on peut obtenir ainsi autant de points M que l'on veut.

93. Méthode des projections obliques. — Projetons obliquement la surface S, à partir du point L (*fig.* 70) sur un plan auxiliaire P ; nous obtenons ainsi le contour apparent σ.

Si nous prenons une section plane quelconque a de la surface S, la projection oblique α de cette courbe sera, en vertu d'un théorème

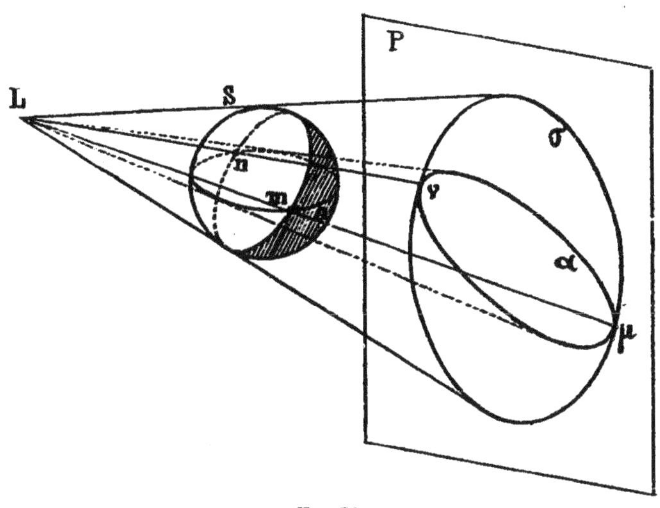

Fig. 70.

bien connu [1], tangente au contour apparent σ aux points μ et ν. Les génératrices $L\mu$ et $L\nu$ sont tangentes au corps S. Donc elles donnent sur a deux points m et n (l'un vu, l'autre caché) de la séparatrice.

En faisant varier la section a, on obtiendra ainsi autant de points m que l'on voudra.

La même méthode permettra d'obtenir l'ombre portée par un corps S sur un corps S′, si l'on prend cette fois les sections planes de la surface S′ (*fig.* 71).

En effet, les points m, n où les projections obliques α' de a', β' de b', etc., coupent le contour apparent σ de S sont situés sur des

[1] La démonstration de ce théorème peut être rappelée en deux mots : Le contour apparent étant l'enveloppe des intersections des plans tangents au cône circonscrit de sommet L par le plan sécant, toute droite contenue dans un de ces plans (à moins de passer par le point L, auquel cas sa projection se réduit à un point) a une projection confondue avec la trace de ce plan.

Toutes les courbes passant en un point m de la séparatrice ont, par suite, des projections tangentes au contour au point μ, à moins qu'elles ne soient tangentes à la droite Lm.

rayons lumineux tangents à S. Donc, les points correspondants m', n'... sur a', b', appartiennent à la courbe d'ombre portée de S sur S'.

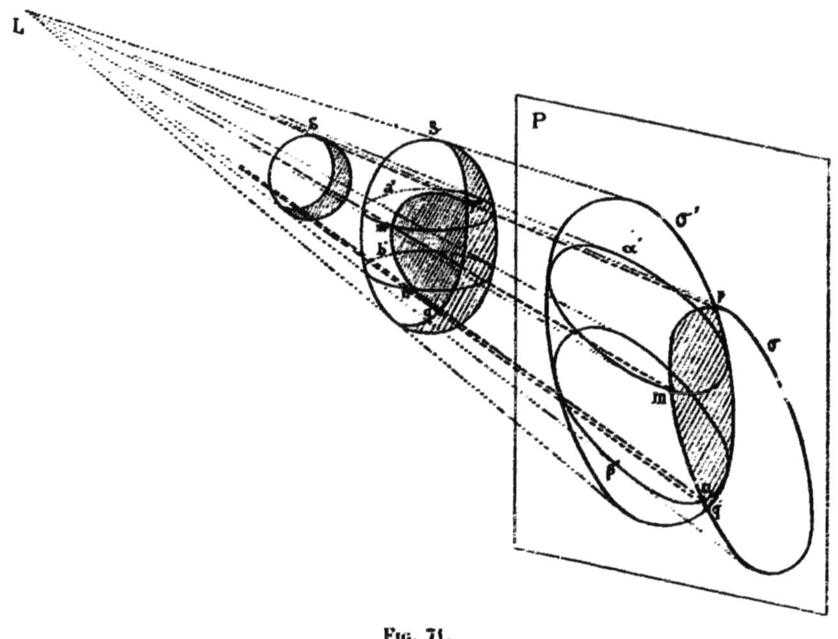

Fig. 71.

Les points de perte p', q' correspondent aux points où le contour apparent σ rencontre σ', puisque les rayons passant par ces points sont tangents à la fois aux deux surfaces.

C. — *Théorèmes généraux*

94. On peut évidemment se contenter de construire les courbes d'ombre point par point au moyen d'une des méthodes précédentes.

Toutefois, le tracé d'une courbe est grandement facilité si on connaît, en outre, quelques unes de ses tangentes.

Le problème de la détermination de la tangente en un point quelconque d'une courbe d'ombre exige des notions qui ne seront acquises que dans la suite du *Cours;* en outre, il comporte des constructions souvent trop compliquées pour qu'on s'y attache couramment en pratique ; mais il est un certain nombre de tangentes particulières qui s'obtiennent immédiatement et qui fournissent de précieuses indications sur l'allure de la courbe à tracer.

A ce point de vue, il est bon d'avoir toujours présents à l'esprit les théorèmes suivants :

95. Théorème I, dit des contours apparents. — *Le contour apparent d'une surface, sa courbe d'ombre propre et sa courbe d'ombre portée sur toute autre surface ont en projection conique les mêmes tangentes lumineuses.*

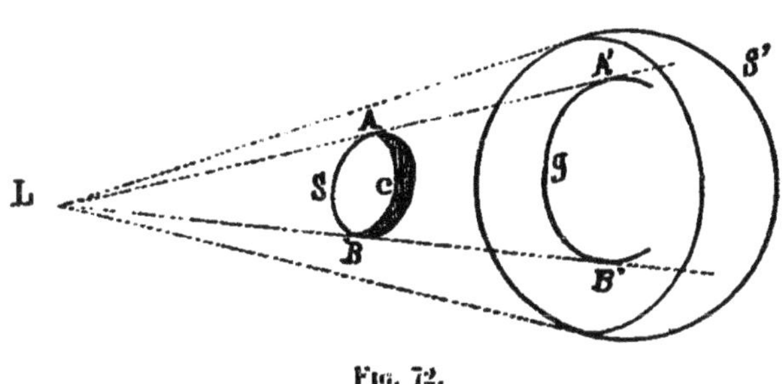

FIG. 72.

En effet, en vertu du théorème rappelé au n° 93, les courbes d'ombre propre et d'ombre portée étant situées sur le cône d'ombre, leurs projections *c* et *g* sont tangentes au contour apparent de ce cône, c'est-à-dire aux tangentes lumineuses LA et LB du contour apparent du corps S.

96. Théorème II, dit des points de perte. — *En tout point de perte d'une ombre portée dans une ombre propre, la tangente à l'ombre portée se confond avec le rayon lumineux.*

En effet, cette tangente est l'intersection des plans tangents en ce point à la surface S' et au cône de sommet L circonscrit à S (*fig.* 73). Or, le plan tangent à S' en un point P de la courbe d'ombre propre de cette surface se confond avec le plan tangent au cône de sommet L circonscrit à cette surface. Les deux plans tangents ont en commun la droite LP, qui est, par suite, tangente en P à la courbe d'ombre portée de S sur S'.

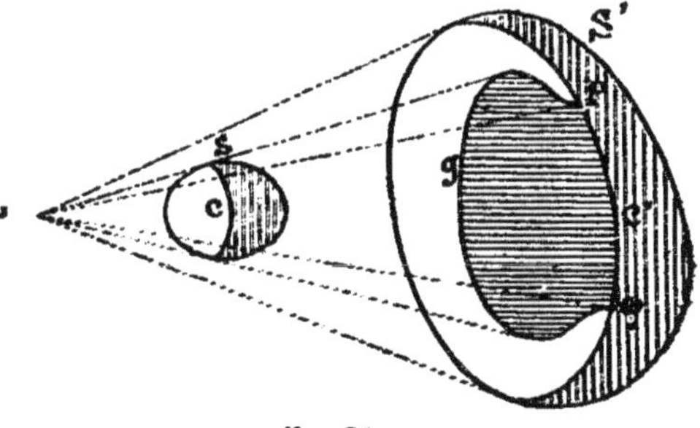

FIG. 73.

97. Théorème III, dit de la rencontre des surfaces. — *Lorsque deux surfaces* S et S′ *se rencontrent suivant une courbe* K, *l'ombre portée* G *par* S *sur* S′ *commence au point où l'ombre propre de* S *rencontre la courbe* K, *et cette ombre portée est tangente en ce point à la courbe* K.

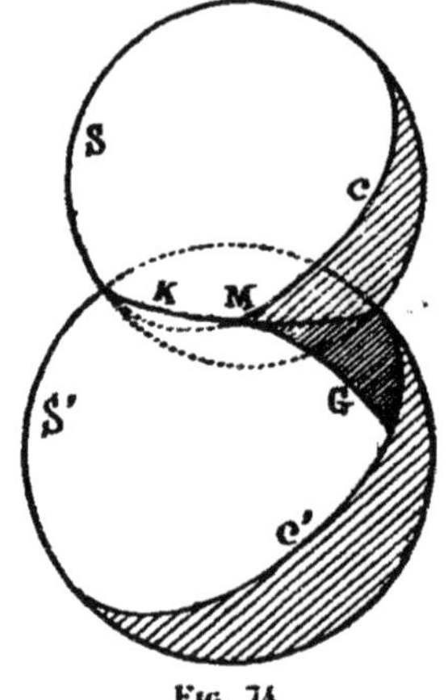

Fig. 74.

La première partie est évidente, puisque le rayon tangent en M à S coupe S′ en M (*fig.* 74).

Cherchons la tangente en M à la courbe G. Cette tangente est l'intersection du plan tangent à S′ en M et du plan tangent au cône lumineux circonscrit à S. Ce plan étant également tangent à la surface S au même point, l'intersection des deux plans se confond avec la tangente à la courbe d'intersection K des deux surfaces.

D. — *Le rayon à 45°*

98. Comme on peut faire, dans le dessin géométrique, une hypothèse quelconque sur la situation de la source lumineuse, on admet généralement que cette source est à l'infini dans la direction d'un rayon dont les projections horizontale et verticale font des angles de 45° avec l'intersection des plans de projection (*fig.* 75).

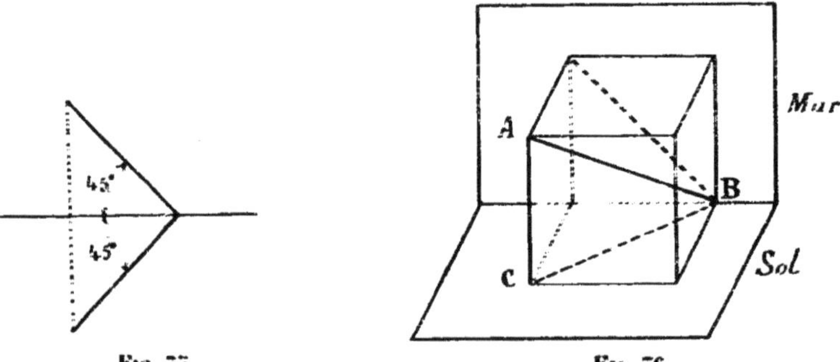

Fig. 75. Fig. 76.

En d'autres termes, tout rayon lumineux est supposé parallèle à la diagonale AB d'un cube (*fig.* 76) ayant une face parallèle au plan horizontal de projection que nous appellerons le *sol* et une parallèle au plan vertical que nous appellerons le *mur*.

99. Angle φ. — Il est facile d'obtenir l'angle φ que ce rayon lumineux fait avec chacun des plans de projection. Il suffit pour cela de rabattre le plan BAC en BA_1C_1 sur le plan vertical de projection (*fig.* 77).

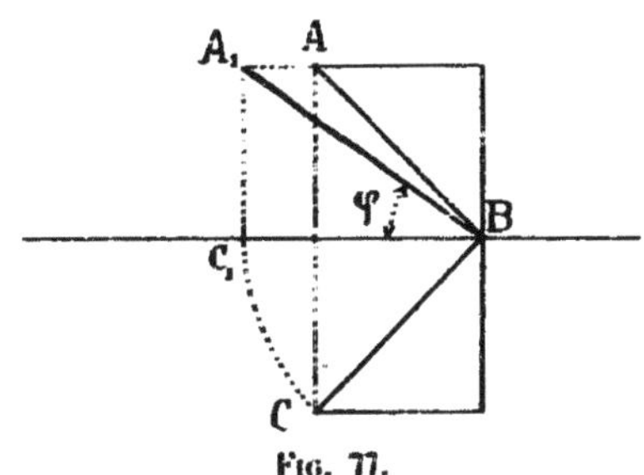

FIG. 77.

Puisque

$$BC_1 = BC = A_1C_1\sqrt{2},$$

on voit que

$$\operatorname{tg}\varphi = \frac{1}{\sqrt{2}} = \frac{\sqrt{2}}{2},$$

d'où on déduit aisément

$$\sin\varphi = \frac{\sqrt{2}}{\sqrt{6}} = \frac{1}{\sqrt{3}} = \frac{\sqrt{3}}{3},$$

$$\cos\varphi = \frac{2}{\sqrt{6}} = \frac{\sqrt{2}}{\sqrt{3}},$$

$$\sin 2\varphi = \frac{2\sqrt{2}}{3},$$

$$\cos 2\varphi = \frac{1}{3}.$$

Il est bon, en vue des applications, de se construire une équerre à l'angle φ.

§ 2. — OMBRES PROPRES (1)

A. — *Ombres des polyèdres*

100. Projections éclairées et projections sombres. — Pour savoir si une face vue d'un polyèdre est dans la lumière ou dans l'ombre, il suffit de se rendre compte de cette circonstance pour le triangle formé par trois quelconques des sommets de cette face. Toute la question de l'ombre dans les polyèdres se réduit donc à étudier l'ombre d'un triangle.

Le triangle étant supposé découpé dans un plan opaque, l'une de

(1) Voir aussi : *Deuxième partie*, n° 345, 349, 353 et 356.

ses faces est éclairée, l'autre sombre. Suivant que c'est l'une ou l'autre qui est vue pour un œil situé à l'infini dans la direction des projetantes, la projection correspondante est dite éclairée ou sombre.

101. Remarque préliminaire. — Parmi les trois sommets du triangle ABC, il en est un, A ou $(a.a')$, dont le plan de profil coupe ce triangle suivant la droite AM, le point M étant défini par

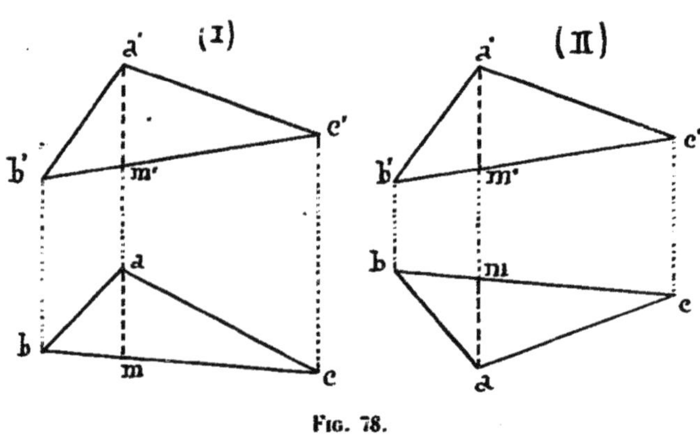

FIG. 78.

ses projections m et m', intersections de bc et $b'c'$ avec la ligne de rappel aa' [*fig.* 78, (I) et (II)].

Figurons-nous la droite AM dans ce plan de profil xOy [*fig.* 79, (I) et (II)] en désignant par les numéros 1 et 2 les deux faces du triangle.

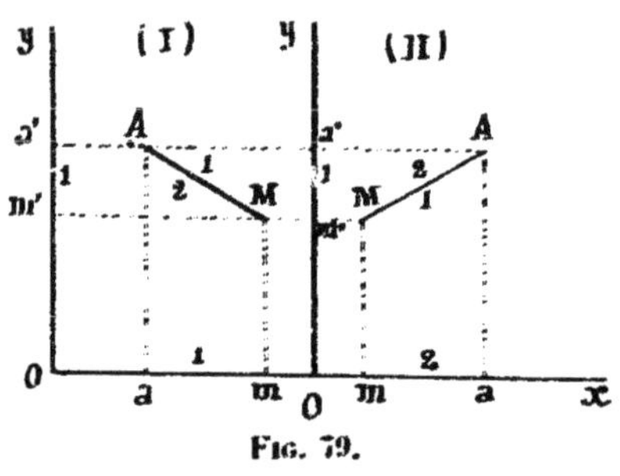

FIG. 79.

On voit que dans le cas (I), c'est-à-dire lorsque les segments am et $a'm'$ sont de même sens, c'est la même face 1 qui est en vue sur les deux projections, tandis que dans le cas (II), c'est-à-dire lorsque les segments am et $a'm'$ sont de sens contraires, ce sont des faces différentes qui sont vues sur les deux projections. De là, cette règle :

Suivant que les segments am et a'm' sont ou non de même sens, les projections abc et a'b'c' sont ou non de même éclairement.

Grâce à cette règle, on peut se borner à étudier l'éclairement sur l'un des plans de projection. Nous choisirons ici le plan vertical ; mais *tout ce qui va être dit à propos de ce plan pourrait être étendu symétriquement au plan horizontal.*

102. Éclairement en projection verticale. — Parmi les trois sommets a', b', c', de la projection verticale, il en est un seul, a' par exemple, tel que la projection verticale du rayon lumineux, menée par ce point, passe à l'intérieur de $a'b'c'$ [*fig.* 80, (I),

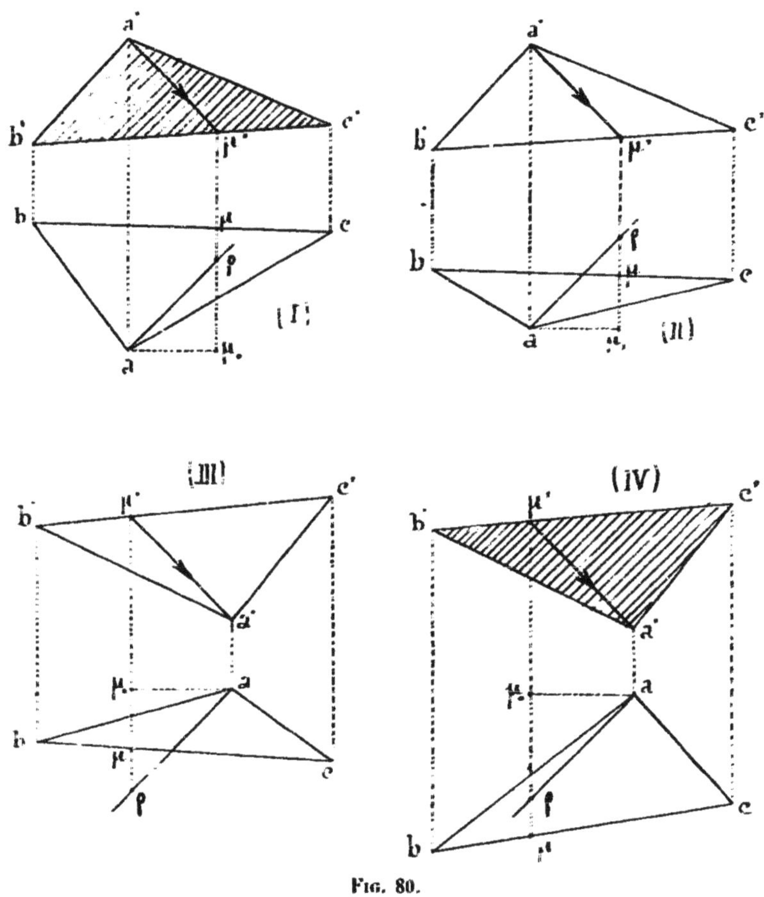

Fig. 80.

(II), (III), (IV)]. Soit (μ, μ') le point où le plan projetant verticalement le rayon lumineux coupe $(bc, b'c')$, et appelons ρ la projection horizontale du point du rayon lumineux dont la projection verticale est μ'. La disposition respective des points μ et ρ permet, dans tous les cas, de décider de l'éclairement de la projection $a'b'c'$.

Quatre cas sont à considérer, suivant que, dans la direction du rayon lumineux, le point a' précède ou suit le point μ', suivant aussi que, par rapport au plan vertical, le point ρ est en avant ou en arrière du point μ. Ces quatre cas correspondent aux figures (I), (II), (III), (IV). Analysons chacun de ces cas :

I. *a' précède μ'. — ρ est en avant de μ.* — A partir du point $(a.a')$ où il perce le plan du triangle, le rayon lumineux $(a\rho.a'\mu')$ vient en avant de ce plan. Les rayons parallèles frappent donc le plan du triangle d'arrière en avant. *La projection $a'b'c'$ est sombre.*

II. *a' précède μ'. — ρ est en arrière de μ.* — A partir du point $(a.a')$ où il perce le plan du triangle, le rayon $(a\rho.a'\mu')$ passe en arrière de ce plan. Les rayons parallèles frappent donc le plan du triangle d'avant en arrière. *La projection $a'b'c'$ est éclairée.*

III. *μ' précède a'. — ρ est en avant de μ.* — Avant d'atteindre le point $(a.a')$, où il perce le plan du triangle. le rayon $(a\rho.a'\mu')$ est en avant de ce plan. Les rayons parallèles frappent donc le triangle d'avant en arrière. *La projection $a'b'c'$ est éclairée.*

IV. *μ' précède a'. — ρ est en arrière de μ.* — Avant d'atteindre le point $(a.a')$ où il perce le plan du triangle, le rayon $(a\rho.a'\mu')$ est en arrière de ce plan. Les rayons parallèles frappent donc le triangle d'arrière en avant. *La projection $a'b'c'$ est sombre.*

La discussion précédente est complète. Toutefois, on pourrait avoir quelque peine à s'en fixer les résultats dans la mémoire sans chercher à se représenter ce qui se passe dans l'espace.

Afin d'écarter cette difficulté, nous aurons recours à l'artifice suivant. Sur chacune des figures (I), (II), (III), (IV), abaissons du point a la perpendiculaire $a\mu_0$ sur $\rho\mu$. Nous faisons sur la situation respective des points μ, μ_0 et ρ les remarques suivantes :

I. Le point μ_0 est nécessairement en avant de ρ, et comme ρ est, par hypothèse, en avant de μ, *le point ρ est nécessairement entre les points μ et μ_0.*

II. Le point μ_0 est nécessairement en avant de ρ, et comme ρ est, par hypohtèse, en arrière de μ, *le point ρ est nécessairement en arrière à la fois de μ et de μ_0.*

III. Le point μ_0 est nécessairement en arrière de ρ, et comme ρ est, par hypothèse, en avant de μ, *le point ρ est nécessairement en avant à la fois de μ et de μ_0.*

IV. Le point μ_0 est nécessairement en arrière de ρ, et comme ρ

est, par hypothèse, en arrière de μ, *le point ρ est nécessairement entre les points μ et μ_0.*

Rapprochant les conclusions de cette discussion de celles de la précédente, on voit que l'on peut énoncer la règle générale suivante :

Ayant mené par le point a' la projection verticale du rayon lumineux $a'm'$ qui coupe $b'c'$ en μ', on tire la ligne de rappel de μ' qui coupe au point μ le côté bc, au point ρ la projection horizontale du rayon lumineux, menée par a, et au point μ_0 la perpendiculaire à la direction des lignes de rappel menée par a.

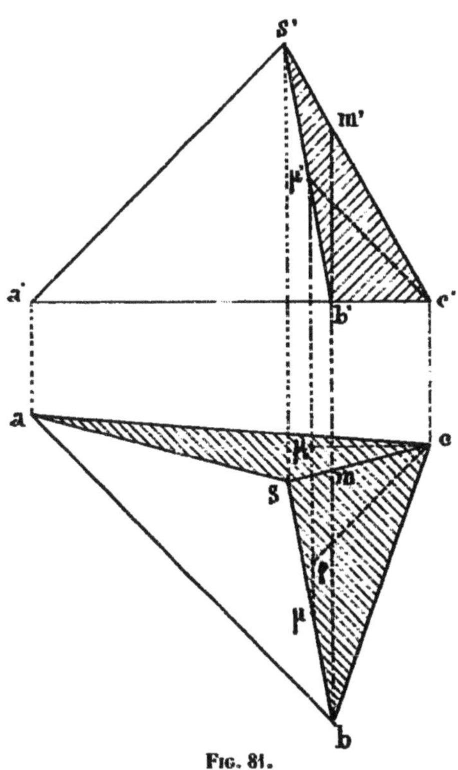

Fig. 81.

Suivant que le point ρ est intérieur ou extérieur au segment $\mu\mu_0$, la projection $a'b'c'$ est sombre ou éclairée [1].

Si le point ρ vient en coïncidence avec le point μ, le rayon lumineux est dans le plan ABC. On doit alors considérer celui-ci comme éclairé. L'énoncé précédent peut donc être complété par le *nota bene* suivant :

Le point μ lui-même doit être considéré comme extérieur au segment $\mu\mu_0$.

Pour la projection horizontale, il n'y a dans l'énoncé précédent qu'à intervertir les termes « vertical » et « horizontal ».

103. Il n'y a lieu, d'ailleurs, d'appliquer la règle que si la disposition du dessin laisse quelque doute dans l'esprit. Ainsi, sur la figure 81, qui représente un tétraèdre SABC, il est évident qu'en projection verticale $s'a'b'$ est éclairée, en projection horizontale sab éclairée, sac sombre. Le doute

[1] Voici un moyen mnémonique bien simple pour retenir cette règle. Associant l'idée d'*obscurité* à celle de ce qui est *fermé* à la lumière du soleil, on n'a qu'à dire : *La projection est* SOMBRE *ou non suivant que le point ρ est* EXFERMÉ *ou non dans le segment $\mu\mu_0$.*

ne saurait exister que pour la face (*sbc*, *s'b'c'*). Construisons pour cette face les points μ, μ_0 et ρ. Nous trouvons un point ρ entre μ et μ_0. Donc *s'b'c'* est sombre (n° 102). Et comme, d'ailleurs, les segments *bm* et *b'm'* sont de même sens, *sbc* est également sombre (n° 101).

B. — *Corps ronds*

a. — Cylindres

L'ombre propre d'un cylindre est limitée aux génératrices de contact des plans tangents à ce cylindre parallèles aux rayons lumineux. La construction de ces plans tangents est un problème connu de Géométrie descriptive. Nous allons l'indiquer dans les cas les plus fréquents.

104. Cylindre de révolution à axe vertical. — Le plan mené par l'axe parallèlement aux rayons lumineux est le plan vertical dont la trace horizontale, menée par *o*, fait avec la direction de la ligne de terre l'angle *o'ro* égal à 45° (*fig.* 82). Les plans tangents parallèles à ce plan ont pour traces les tangentes à la base aux extrémités du diamètre *uv* perpendiculaire à *or*.

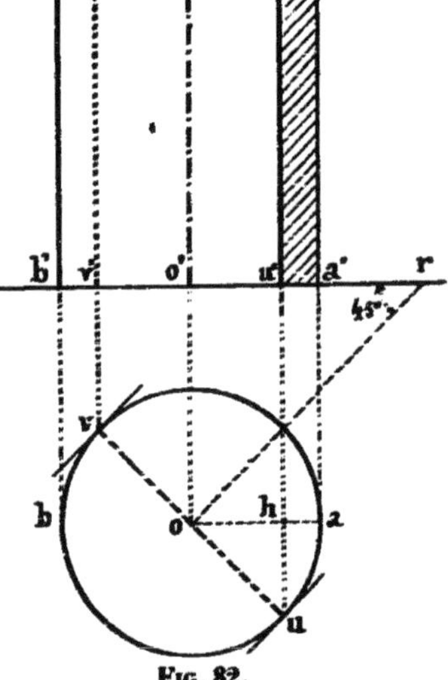

Fig. 82.

La génératrice projetée en *u* est vue en projection verticale en $u'u'_1$. La génératrice $v'v'_1$ projetée en *v* n'est pas vue en projection verticale.

Remarquons, en appelant R le rayon du cylindre, que

$$o'u' = oh = \frac{R}{\sqrt{2}}.$$

105. Cylindre de révolution à axe horizontal. — Prenons sur l'axe un point (*o.o'*) et menons par cet axe un plan parallèle aux rayons lumineux, plan déterminé par la droite (*or.o'r'*) parallèle à ces rayons (*fig.* 83). *r* étant la trace horizontale de cette droite, la trace horizontale du plan en question est la parallèle rh à l'axe ab du cylindre, menée par le point r.

Le plan de la section droite du point o coupe ce plan suivant la droite projetée en oh. Rabattons cette section et cette droite sur le plan horizontal passant par l'axe en les faisant tourner autour de la droite de ce plan horizontal projetée suivant oh. La section droite se rabat suivant le cercle de centre o, ayant même rayon R que le cylindre. Quant au point h, il vient en h_1 sur la perpendiculaire hr à oh, à une distance hh_1 de h égale à la hauteur λ de l'axe au-dessus du sol.

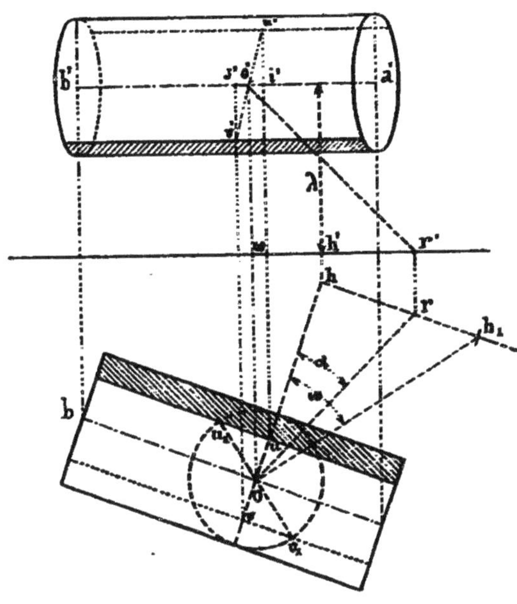

FIG. 83.

Les traces rabattues des plans tangents au cylindre parallèles aux rayons lumineux seront les tangentes au cercle menées par les extrémités du diamètre u_1v_1 perpendiculaires à oh_1.

Les points u_1 et v_1 relevés se projettent horizontalement en u et v. Leurs projections verticales u' et v' s'obtiennent immédiatement sur les lignes de rappel correspondantes, si on remarque, d'une part, que ces points sont distants du plan horizontal du centre de la longueur $uu_1 = vv_1$, de l'autre, que, le point v_1 étant du même côté que h_1 par rapport à la charnière oh, le point u' est *au-dessous* du plan horizontal de l'axe, tandis que le point v' est *au dessus*. Il n'y a donc qu'à porter dans le sens voulu les segments $i'u'$ et $j'v'$ égaux à uu_1 ou vv_1.

On voit que, en projection horizontale, c'est la génératrice de u qui est vue, tandis que, en projection verticale, c'est celle de v'. De là, les ombres telles qu'elles sont représentées sur la figure 83.

Discussion. — On a, en posant $\widehat{hor} = \alpha$, $\widehat{hoh_1} = \omega$, et se rappelant que $hh_1 = \lambda$,

$$(1) \qquad \text{tang}\, \omega = \frac{hh_1}{oh} = \frac{\lambda}{or.\cos\alpha} = \frac{\lambda}{o'r'.\cos\alpha} = \frac{1}{\sqrt{2}.\cos\alpha}$$

et

$$(2) \qquad \left\{ \begin{array}{l} ou = \text{R}\sin\omega, \\ j'v' = vv_1 = \text{R}\cos\omega. \end{array} \right.$$

Lorsque $\alpha = o$, c'est-à-dire lorsque, en projection horizontale, l'axe du cylindre est perpendiculaire au rayon lumineux, on a $\cos\alpha = 1$, et la formule (1) montre que tang ω et, par suite, ω est minimum. D'ailleurs, puisque $\text{tang}\,\omega = \frac{1}{\sqrt{2}}$, on a $\omega = \varphi$ (n° 99).

Donc ou est minimum $\left(ou = \text{R}\sin\varphi = \frac{\text{R}}{\sqrt{3}}\right)$. L'ombre en projection horizontale a la plus grande étendue possible.

$j'v'$ est, au contraire, maximum $\left(j'v' = \text{R}\cos\varphi = \frac{\text{R}\sqrt{2}}{\sqrt{3}}\right)$. L'ombre en projection verticale a la plus petite étendue possible.

Lorsque α croît, cos α décroît, tang ω croît ; par suite, ω croît aussi. Donc ou croît, $j'v'$ décroît.

Lorsque $\alpha = \frac{\pi}{2}$, c'est-à-dire lorsque, en projection horizontale, l'axe du cylindre est parallèle aux rayons lumineux, $\cos\alpha = o$, $\text{tang}\,\omega = \infty$, $\omega = \frac{\pi}{2}$.

Donc

$$ou = \text{R (maximum)}$$
$$j'v' = o \text{ (minimum)}$$

L'ombre n'est pas visible en projection horizontale ; en projection verticale, elle est limitée à la projection de l'axe.

Entre ces limites, lorsque $\alpha = \frac{\pi}{4}$, c'est-à-dire lorsque l'axe du cylindre est perpendiculaire au plan vertical, on a $\cos\alpha = \frac{1}{\sqrt{2}}$, $\text{tang}\,\omega = 1$, $\omega = \frac{\pi}{4}$; par suite

$$ou = \frac{\text{R}}{\sqrt{2}},$$

$$j'v' = \frac{\text{R}}{\sqrt{2}}.$$

Les ombres ont la même épaisseur sur les deux plans ; mais, dans ce cas l'ombre n'est pas vue en projection verticale, puisque sur ce plan le cylindre se présente par sa base.

b. — Cônes

106. Cône de révolution à axe vertical. — Par le sommet $(s.s')$ du cône menons le rayon lumineux $(sr.s'r')$ dont la trace horizontale est r (*fig.* 84). Par ce point r menons à la base,

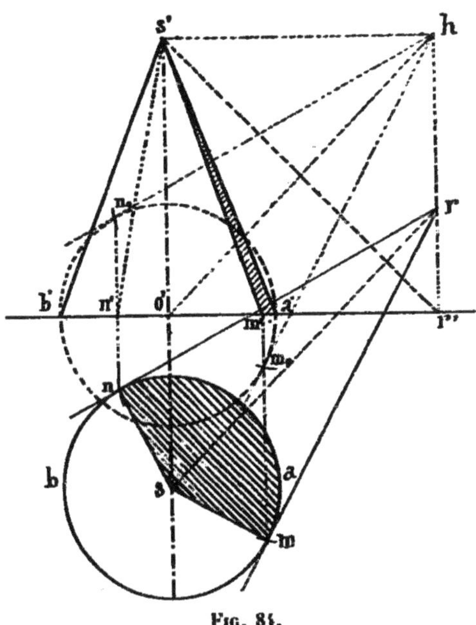

Fig. 84.

située dans le plan horizontal, les tangentes rm, rn ; les génératrices limitant l'ombre sont $(sm.s'm')$ et $(sn.s'n')$. En projection verticale, $s'm'$ est seule vue.

107. Nous avons pris pour plan vertical un plan parallèle quelconque au mur. Si nous avions pris le plan de front passant par l'axe du cône, la projection horizontale de la base du cône aurait été le cercle décrit sur $a'b'$ comme diamètre ; la trace horizontale du rayon lumineux passant par le sommet eût été le point h. Or, les angles $s'r'o'$ et $ho'r'$ étant égaux chacun à 45°, la figure $s'o'r'h$ est un carré. On a donc simplement le point h en portant sur la perpendiculaire élevée en s' à $o's'$, *vers la droite*, la longueur $s'h = o's'$.

Il suffit de mener de ce point h au cercle $a'b'$ les tangentes km_0 et kn_0 pour avoir sur la base les points m' et n'.

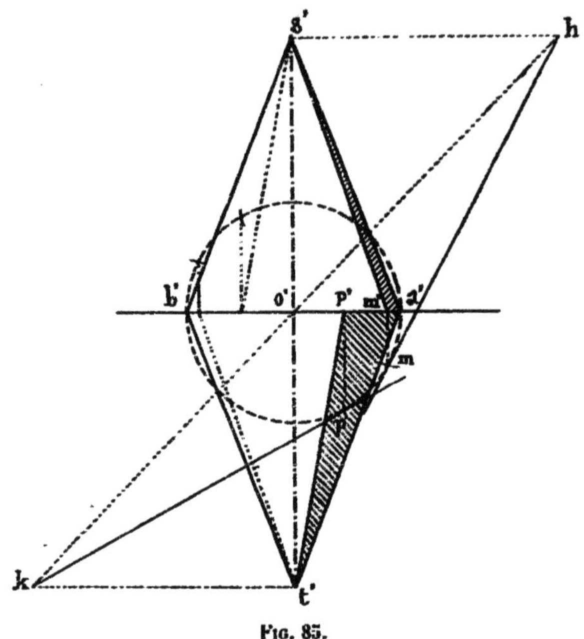

FIG. 85.

Si le sommet s' était au-dessous de la base $a'b'$, la longueur $s'k$ devrait être portée vers la gauche.

Par exemple, pour le double cône $s'a'b't'$ de la figure 85, on n'a qu'à porter sur les perpendiculaires élevées en s' et t' à $s't'$, à droite $s'h = o's'$, à gauche $t'k = o't'$, et à mener par les points h et k les tangentes hm et kp au cercle $a'b'$, pour avoir les points m' et p' où aboutissent sur la base les génératrices $s'm'$ et $t'p'$ qui limitent l'ombre.

108. Cas particuliers. — 1° Si les génératrices du cône sont inclinées à 45° sur l'horizon, le point r est un sommet du carré circonscrit au cercle de base, qui a deux côtés parallèles aux lignes de rappel (*fig.* 86). On a donc, dans ce cas, l'une des génératrices d'ombre sm confondue avec une génératrice de contour apparent, l'autre sn étant dans le plan de profil de l'axe.

Quant à la visibilité, elle varie, comme le montre la figure 86, suivant que le cône a le sommet en haut ou en bas.

2° Si les génératrices sont inclinées à l'angle φ (n° 99) sur l'horizon (*fig.* 87), le rayon *sr* se confond avec une génératrice du cône; par suite, les points *m* et *n* se confondent aussi avec le point *r*.

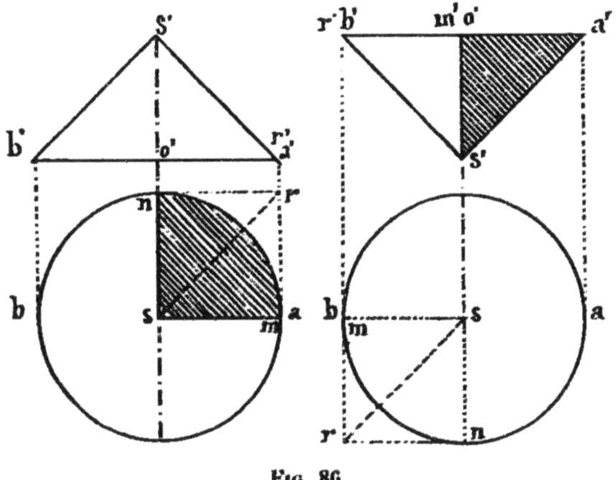

FIG. 86.

Ce point *r* est d'ailleurs vu ou non suivant que le cône a le sommet en bas ou en haut.

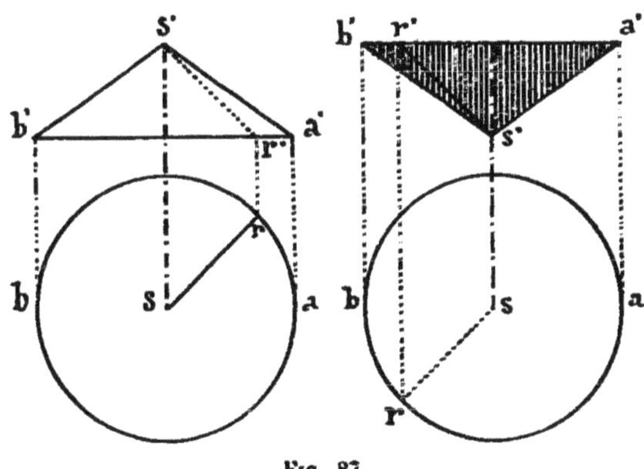

FIG. 87.

Un tel cône est dit *cône limite*. Si un cône a un angle au sommet plus ouvert que le sien, ce cône, placé verticalement, est tout entier dans la lumière ou tout entier dans l'ombre, suivant que son sommet est en haut ou en bas.

109. Cône de révolution à axe horizontal. — Le rayon lumineux passant par le sommet ($s.s'$) coupe le plan vertical de la base au point ($r.r'$) (*fig.* 88).

Rabattons le plan de la base sur le plan horizontal passant par l'axe. Le point $(r.r')$ se rabat sur la perpendiculaire rr_1 à or à une distance de r égale à $h'r'$. Mais, puisque l'angle $r's'h'$ est de 45°,

$$r'h' = s'h'.$$

Nous n'avons donc qu'à abaisser du point r la perpendiculaire rk sur la ligne de rappel ss' et à reporter rk en rr_1 pour avoir r_1.

Les tangentes menées de r_1 au cercle de base rabattu donnent les points t_1 et u_1, rabattements des points où les génératrices d'ombre

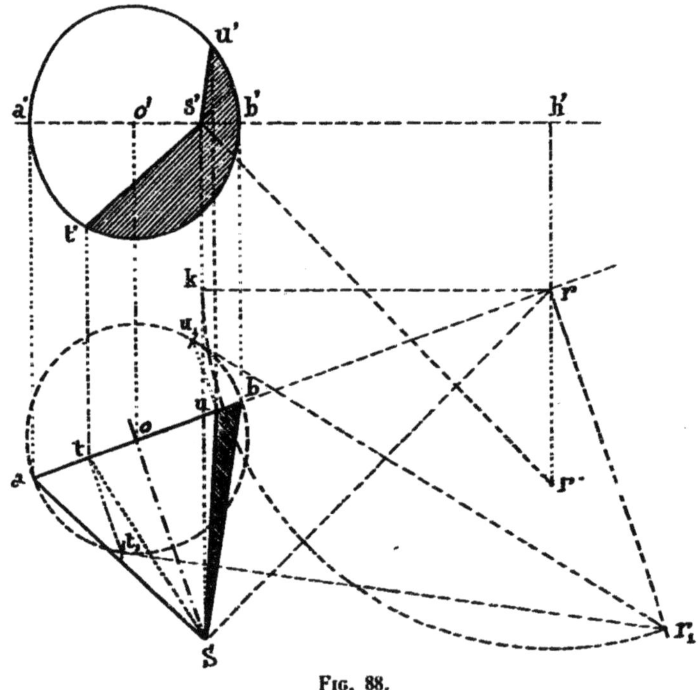

FIG. 88.

rencontrent la base. Ces points relevés se projettent horizontalement en t et u. Le premier seul est vu, attendu que, son rabattement étant du même côté que r_1 par rapport à or, ce point est du même côté que $(r.r')$ par rapport au plan horizontal de l'axe, c'est-à-dire au-dessus de ce plan.

Il est facile d'avoir les projections verticales t' et u' des points t et u, puisque leurs distances à ce plan horizontal sont respectivement égales à tt_1 et uu_1.

Remarque. — Il semble que la construction tombe en défaut lorsque la projection horizontale de la base ab est parallèle à la projection horizontale des rayons lumineux, parce qu'alors les longueurs or et rr_1 deviennent infinies, mais l'indétermination n'est qu'apparente, car, or_1 étant le rabattement de la trace sur le plan de base du plan mené par l'axe du cône parallèlement aux rayons lumineux, on voit qu'à la limite, lorsque r_1 est à l'infini, l'angle aor_1 est égal à l'angle φ.

Les points t_1 et u_1 sont alors les points de contact des tangentes au cercle inclinées à l'angle φ sur ab.

c. — Sphère

110. La ligne d'ombre propre sur un corps étant la courbe de contact de ce corps et du cylindre circonscrit dont les génératrices sont parallèles aux rayons lumineux, cette ligne sera pour la sphère le grand cercle suivant lequel elle est coupée par le plan diamétral perpendiculaire aux rayons lumineux.

La projection de cette ligne d'ombre sur un plan quelconque sera dès lors une ellipse concentrique au contour apparent de la sphère et touchant ce contour apparent par les extrémités de son grand axe.

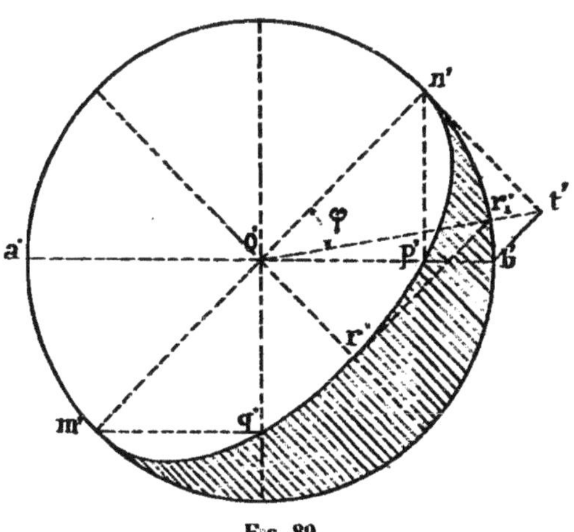

Fig. 89.

Pour construire cette ellipse, par exemple sur le plan vertical de projection, supposons que nous coupions la sphère par une série de plans perpendiculaires à ce plan de projection et parallèles aux rayons lumineux (n° 91).

Chacun de ces plans aura sa trace parallèle à la projection verticale des rayons lumineux $o'r'$. Il coupera la sphère suivant un petit cercle. Les points de contact de ce petit cercle et du rayon contenu dans le plan sécant, rayon incliné à l'angle φ sur le plan de projection (n° 99), appartiennent à la courbe d'ombre.

Prenons, en particulier, les plans tangents à la sphère. Ils nous donnent les points m' et n', extrémités du diamètre perpendiculaire à $o'r'$ (*fig.* 89).

Coupons maintenant par le plan perpendiculaire au plan de projection mené par $o'r'$, et rabattons ce plan autour de $o'r'$ sur le plan de front de o'. Le grand cercle d'intersection se rabat sur le contour apparent de la sphère. Le point de tangence du rayon lumineux vient au point r'_1, où la tangente est inclinée à l'angle φ sur $o'r'$, c'est-à-dire tel que l'angle $n'o'r'_1$ soit égal à φ.

Dans le relèvement, ce point vient se projeter en r'. L'ellipse d'ombre est alors déterminée par ses axes $m'n'$ et $o'r'$.

Pour construire r_1' il suffit de mener à $o'n'$ la parallèle $b't'$ qui coupe au point t' la tangente en n'. Le point r_1' est sur $o't'$.

On a, en effet,

$$\operatorname{tg} n'o't' = \frac{n't'}{o'n'} = \frac{n't'}{o'b'} = \frac{1}{\sqrt{2}},$$

ce qui montre qu'on a bien

$$\widehat{n'o't'} = \varphi.$$

Si on veut calculer $o'r'$, on a

$$o'r' = \mathrm{R} \sin \varphi = \frac{\mathrm{R}}{\sqrt{3}} \qquad (\text{n}^\circ\ 99),$$

ou

$$o'r' = \mathrm{R} \times 0{,}577.$$

La connaissance des axes suffit à la construction de l'ellipse, mais il est bon de remarquer que le point p' est la projection verticale du point de la courbe d'ombre situé en projection horizontale sur le contour apparent.

L'ellipse passe donc par le point p' et de même, par raison de symétrie, par le point q', pied de la perpendiculaire abaissée de m' sur la ligne de rappel de o'. Nous allons, dans ce qui suit (n° 113), retrouver ces résultats par une autre voie.

d. — Surfaces de révolution

111. Les surfaces de révolution étant de celles auxquelles la Géométrie descriptive enseigne à mener des plans tangents parallèles à une direction donnée, nous pourrons obtenir la courbe d'ombre

propre sur de telles surfaces. Nous les supposerons d'ailleurs à axe vertical, ce qui est presque toujours le cas dans la pratique.

Nous emploierons ici la méthode des cônes circonscrits (n° 92).

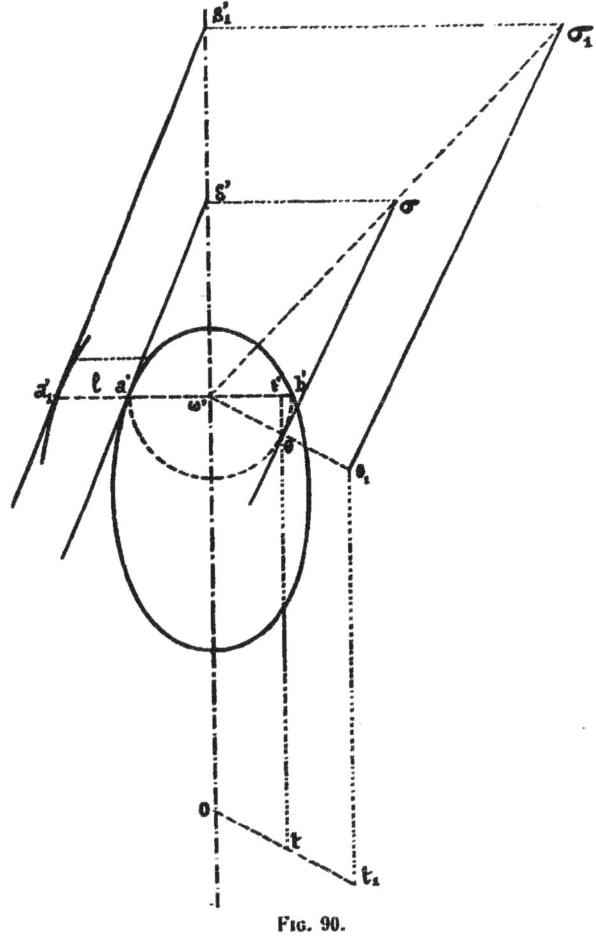

Fig. 90.

Prenons le cône de sommet s' circonscrit à la surface le long du parallèle $a'b'$. Pour avoir le point de la génératrice d'ombre de ce cône sur le cercle $a'b'$, appliquons la construction du n° 107.

Sur la perpendiculaire élevée à l'axe au point s' (*fig.* 90) portons (vers la droite, parce que le cône a son sommet en haut) la longueur $s'\sigma$ égale à $\omega's'$, et du point σ menons au cercle décrit sur $a'b'$ comme diamètre la tangente $\sigma\theta$ qui donne la projection t' du point où la génératrice d'ombre vue du cône $s'a'b'$ rencontre le cercle $a'b'$. Ce point appartient à la partie vue de la courbe d'ombre de la surface.

Pour avoir la projection horizontale de ce point menons la ligne de rappel du point t' et remarquons que, puisque le point $(t.t')$ est sur le parallèle de rayon $\omega'b'$ ou $\omega'\theta$, le point t est à une distance ot du point o égale à $\omega'\theta$. En d'autres termes, la figure $\omega'ot\theta$ est un parallélogramme, et il suffit de mener ot équipollent à $\omega'\theta$ (1).

112. *Remarque.* — Considérons une autre surface de révolution S_1 de même axe que la première S et dont la méridienne soit obtenue en déplaçant celle de S dans le sens perpendiculaire à l'axe d'une longueur l.

Si nous répétons la construction précédente pour le parallèle $\omega'a'_1$ de cette seconde surface, nous obtenons le point σ_1 sur la ligne $\omega'\sigma$ inclinée à 45° sur $\omega's'$, et nous avons :

$$\frac{\omega'\sigma_1}{\omega'\sigma} = \frac{\omega's'_1}{\omega's} = \frac{\omega'a'_1}{\omega'a'}.$$

Si donc du point σ_1 nous abaissons la perpendiculaire $\sigma_1\theta_1$ sur $\omega'\theta$, nous avons :

$$\frac{\omega'\theta_1}{\omega'\theta} = \frac{\omega'\sigma_1}{\omega'\sigma} = \frac{\omega'a'_1}{\omega'a'},$$

et, comme $\omega'\theta = \omega'a'$, il vient :

$$\omega'\theta_1 = \omega'a'_1,$$

ce qui montre que θ_1 est le point de contact de la tangente menée de σ_1 au cercle de centre ω' et de rayon $\omega'a'_1$.

Le point t_1 sera dès lors à la rencontre de ot et de la parallèle à θt menée par θ_1.

Par suite :

$$tt_1 = \theta\theta_1 = l,$$

Ainsi, *le lieu géométrique du point t_1 est une conchoïde par rapport au point o du lieu géométrique du point t, l'accroissement constant des rayons vecteurs étant égal à l.*

(1) La détermination de la tangente à la courbe d'ombre propre exige des notions qui ne seront acquises que dans la suite du *Cours*.
Nous reviendrons donc plus loin sur ce problème (n° 319).

En particulier, si la surface S est une sphère, la surface S_1 est un tore, et l'on voit que la projection horizontale de la courbe d'ombre sur ce tore est une conchoïde de l'ellipse, projection horizontale du cercle d'ombre sur la sphère, par rapport à son centre.

113. Points remarquables. — En répétant autant de fois qu'il est nécessaire la construction du n° 111, on obtient autant de points que l'on veut de la courbe d'ombre, mais il est un certain nombre de ces points que l'on a immédiatement et qui suffisent, dans la plupart des cas, à permettre de tracer la courbe.

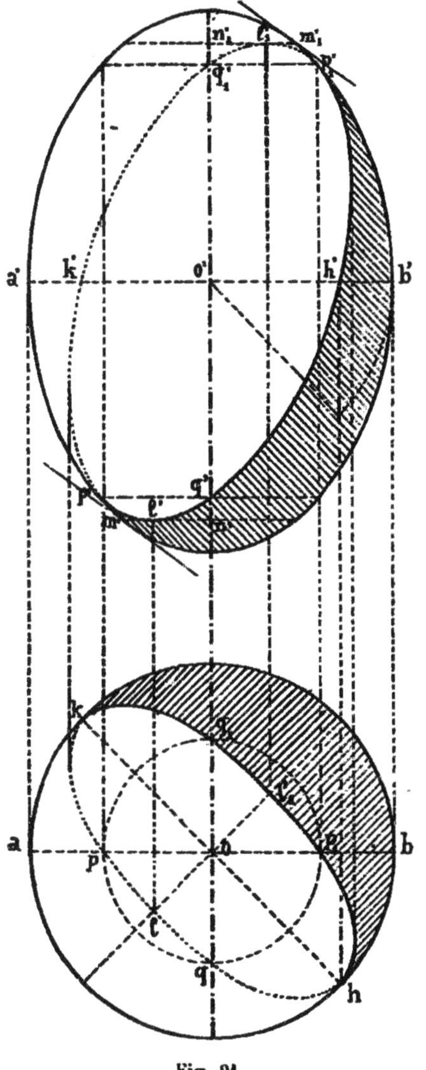

Fig. 91.

1° Prenons le cylindre vertical circonscrit le long du parallèle $a'b'$, qui donne en projection horizontale le cercle de contour apparent ab (*fig.* 91).

Les points d'ombre correspondants sont (n° 105) : en projection verticale, h' vu et k' non vu, tels que

$$o'h' = o'k' = \frac{o'a'}{\sqrt{2}},$$

en projection horizontale, les points h et k sur le diamètre du contour apparent perpendiculaire à la projection horizontale des rayons lumineux.

On sait, en outre, qu'en projection horizontale, la ligne d'ombre est tangente en h et en k au contour apparent de la surface (n° 95).

2° Prenons les cônes à 45° circonscrits (n° 108, 1°). Les parallèles correspondants $p'q'$ et $p'_1q'_1$ s'obtiennent en menant au contour apparent vertical les tangentes inclinées à 45° sur $a'b'$.

Le cône à sommet en bas nous donne les points p' sur le contour apparent vertical, projeté horizontalement en p sur ab, et q' sur l'axe, projeté horizontalement en q sur le cercle de centre o et de rayon op.

Les points p' et q' sont vus.

Le cône à sommet en haut nous donne les points p'_1 sur le contour apparent vertical, projeté horizontalement en p_1 sur ab, et q'_1 sur l'axe, projeté horizontalement en q_1 sur le cercle pp_1.

Seul de ces deux derniers points, p'_1 est vu.

On sait, en outre, qu'en projection verticale la ligne d'ombre est tangente en p' et p'_1 au contour apparent de la surface.

3° Prenons, enfin, les cônes limites circonscrits (n° 108, 2°).

Les parallèles correspondants $m'l'$ et $m'_1l'_1$ s'obtiennent en menant au contour apparent vertical les tangentes inclinées à l'angle φ sur $a'b'$.

Le cône à sommet en bas donne le point vu l' tel que

$$n'l' = \frac{n'm'}{\sqrt{2}}.$$

La projection horizontale l de ce point est sur la projection horizontale du rayon lumineux menée par o.

Le cône à sommet en haut donne le point caché l'_1 tel que

$$n'_1l'_1 = \frac{n'm'_1}{\sqrt{2}}.$$

La projection horizontale l_1 de ce point est également sur la projection horizontale du rayon lumineux menée par o.

Puisque, sur les parallèles limites $m'n'$ et $m'_1n'_1$, les deux points de la courbe d'ombre se confondent, cette courbe est tangente à ces parallèles en $(l.l')$ et en $(l_1.l'_1)$; donc, en projection verticale, les tangentes en l' et l'_1 sont $m'n'$ et $m'_1n'_1$; ces points sont par suite le plus bas et le plus haut de la projection verticale de la courbe d'ombre.

En projection horizontale, les tangentes en l et en l_1 sont perpendiculaires à ll_1.

Il ne faut pas oublier, en outre, que les deux projections de la courbe d'ombre ont les mêmes tangentes parallèles à la direction des lignes de rappel.

§ 3. — Ombres portées sur des plans

A. — *Ombres portées sur les plans de projection*

114. Principe général. — L'ombre portée par un corps sur un plan n'est autre que la projection oblique de ce corps sur ce plan, faite parallèlement à la direction des rayons lumineux.

Puisque le cylindre projetant le corps touche celui-ci le long de sa courbe d'ombre propre, on peut encore dire que la courbe d'ombre portée n'est autre que la projection oblique, sur le plan, faite parallèlement aux rayons lumineux, de la courbe d'ombre propre du corps.

Nous avons appris, dans le paragraphe précédent, à construire cette courbe d'ombre propre point par point.

Il nous suffit donc de déterminer le point où le rayon lumineux passant par chacun de ces points rencontre le plan sur lequel l'ombre est portée, ce qui n'offre aucune difficulté.

Mais nous pouvons envisager encore le problème à un autre point de vue. En effet, nous avons reconnu (n° 84) l'identité du problème des projections obliques avec celui de la perspective axonométrique.

Si donc nous rapportons le corps à un trièdre fondamental (1) OXYZ (formé, par exemple, par un axe OX perpendiculaire au mur, un axe OY parallèle à la ligne de terre et un axe OZ perpendiculaire au sol), nous n'aurons qu'à chercher l'ombre $O_1X_1Y_1Z_1$ de ce trièdre sur le plan considéré pour être ramené à une construction de perspective axonométrique telle que nous savons les effectuer (chap. II).

On pourra, suivant le cas, recourir à l'une ou à l'autre méthode, mais on peut dire, d'une manière générale, qu'il est plus simple de recourir au tracé d'une perspective axonométrique, lorsqu'il s'agit d'une figure située dans un plan parallèle à l'une des faces du trièdre fondamental, et au tracé direct dans les autres cas.

Nous allons envisager d'abord les ombres portées sur le mur. Tout ce qui va être dit sur ce sujet pourrait être répété relativement

(1) C'est-à-dire sur les arêtes duquel on a porté les longueurs OX, OY et OZ égales chacune à l'unité de longueur.

aux ombres portées sur le sol moyennant une simple permutation de rôles entre les axes OX et OZ.

115. Ombre du trièdre fondamental sur le mur. — Pour trouver l'ombre du trièdre fondamental sur le mur, nous pouvons à volonté choisir le point O dans l'espace, la disposition de l'ombre autour du point O_1 ne variant pas lorsqu'on passe d'une position de ce point à une autre.

Prenons dès lors le point O sur la ligne de terre. L'axe OY coïncide alors avec cette ligne, tandis que OX et OZ sont situés respectivement sur le sol et sur le mur (*fig.* 92).

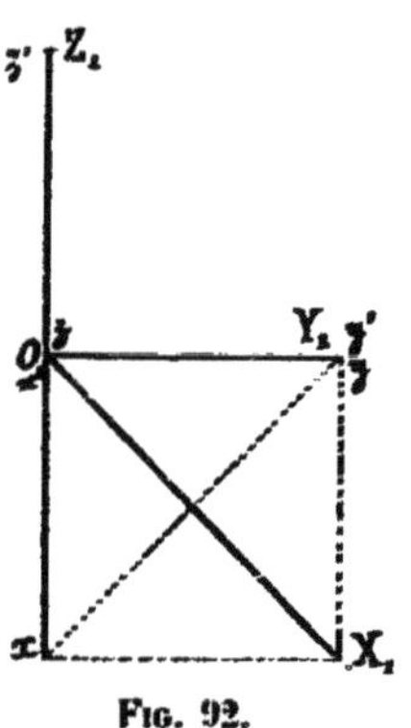

FIG. 92.

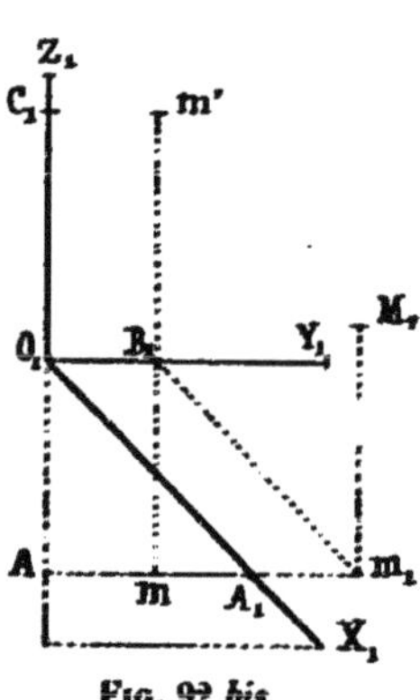

FIG. 92 *bis*.

Puisque les points O, Y et Z sont dans le plan du mur, ils coïncident avec leurs ombres O_1, Y_1, Z_1. Quant à X_1, on l'obtient en prenant la trace horizontale du rayon lumineux passant au point X. On voit ainsi que le point X_1 est le sommet opposé à O dans le carré construit sur Ox et Oy.

Isolons l'ombre $O_1X_1Y_1Z_1$ obtenue (*fig.* 92 *bis*). Nous voyons que, pour obtenir l'ombre M_1 d'un point M rapporté au trièdre OXYZ, il suffit de porter en vraie grandeur sur O_1Y_1 et O_1Z_1 les coordonnées $O_1B_1 = Y$ et $O_1C_1 = Z$, et sur O_1X_1, la coordonnée $O_1A_1 = X\sqrt{2}$, ce qui se fait en portant sur le prolongement de O_1Z_1 le segment $O_1A = X$ et menant par A la parallèle AA_1 à O_1Y_1. Ayant les trois coordonnées O_1A_1, O_1B_1, O_1C_1, on en déduit le point M_1, en menant A_1m_1 équipollent à O_1B_1 et m_1M_1 équipollent à O_1C_1 (n° 61).

On peut remarquer que, si m et m' étaient les projections du point M, on aurait le point m_1 en prenant simplement $mm_1 = mB_1$.

116. Tracé par la perspective axonométrique. — La construction de l'ombre d'un corps sur le mur, considérée comme une perspective axonométrique, sera donc la suivante :

Rapporter ce corps à un trièdre fondamental OXYZ, *dans*

lequel OZ *est vertical*, OY *parallèle à la ligne de terre, en choisissant de préférence pour le point* O *un point remarquable du corps, son centre par exemple, s'il en a un.*

Prendre l'ombre O_1 *de ce point* O, *c'est-à-dire la trace sur le mur du rayon lumineux passant en ce point.*

Tracer par le point O_1 *les axes* O_1X_1, O_1Y_1, O_1Z_1, *définis ci-dessus* (*n°* 115).

Enfin, construire la perspective axonométrique du corps par rapport à ces axes, en se référant aux règles données dans le chapitre II.

Nous pourrions borner notre exposé à cela, mais il sera bon de le rendre plus intelligible par quelques exemples.

Observation. — Puisque l'angle OYZ n'est pas déformé, les figures de front donnent des ombres qui leur sont égales et ont même orientation. Cela est d'ailleurs évident *a priori*.

117. Ombre sur le mur d'un cercle horizontal. — Soit O_1 l'ombre du centre O du cercle. Nous pouvons prendre les

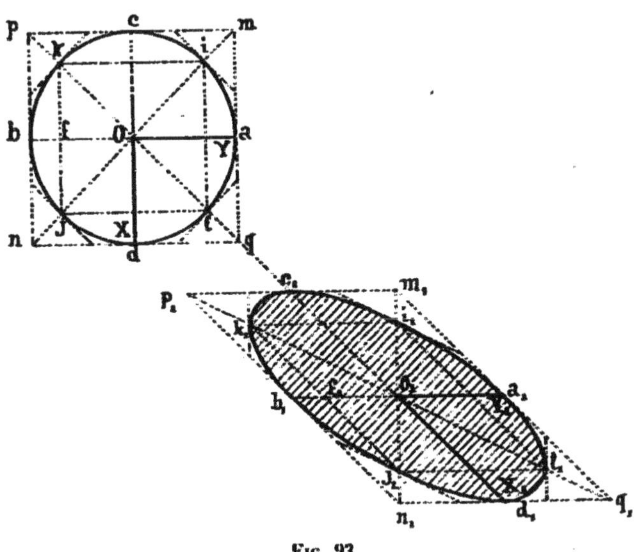

Fig. 93.

rayons O*a* et O*d* du cercle (supposé ici rabattu parallèlement au mur) pour axes OY et OX. Nous en déduisons immédiatement les axes O_1X_1 (ou O_1d_1) et O_1Y_1 (ou O_1a_1) qui déterminent l'ombre du cercle comme perspective axonométrique.

Les points a, b, c, d, se placent immédiatement en a_1, b_1, c_1, d_1. On a ainsi deux diamètres conjugués a_1b_1 et c_1d_1 de l'ellipse, ombre du cercle (*fig.* 93).

On construit le parallélogramme $m_1p_1n_1q_1$ formé par les tangentes en ces points, et on n'a plus alors qu'à tracer l'ellipse ainsi qu'il a été dit au n° 53.

Mais on peut immédiatement obtenir, si l'on veut, les points i_1, j_1, k_1, l_1, en remarquant simplement, d'une part, que ces points sont

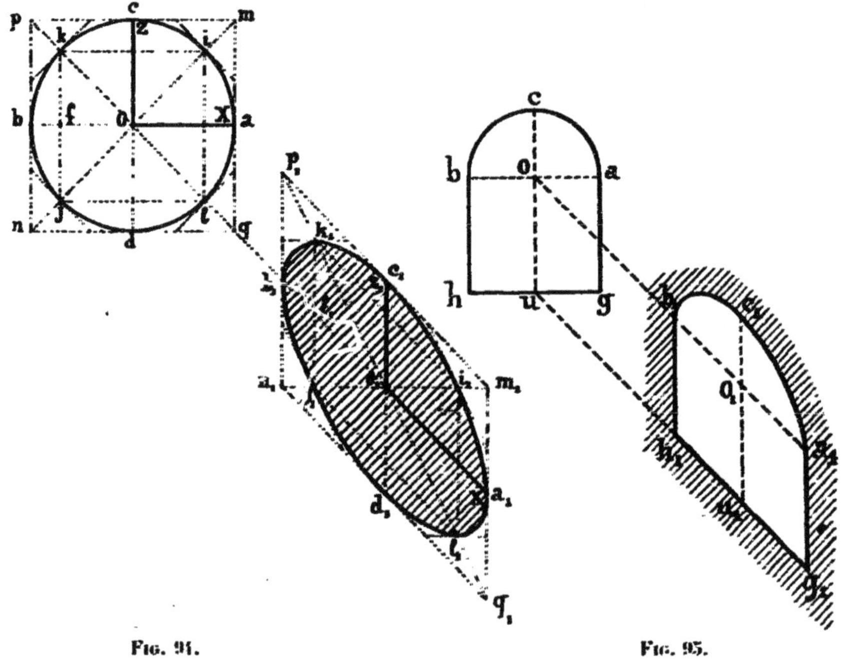

Fig. 94. Fig. 95.

deux à deux sur les diagonales m_1n_1 (ici verticale) et p_1q_1, de l'autre, que k_1j_1 coupe O_1b_1 au point f_1 tel que

$$O_1f_1 = Of = \frac{R}{\sqrt{2}}.$$

On voit que la *hauteur* de l'ombre, distance des parallèles m_1p_1 et n_1q_1 est égale au diamètre D du cercle ; sa *largeur*, distance des tangentes en k_1 et l_1, qui sont verticales, comme parallèles à m_1n_1 (puisque les tangentes en k et l sont parallèles à m_1n_1), est égale à $2i_1k_1$ ou $4O_1f_1$, c'est-à-dire $\frac{4R}{\sqrt{2}}$ ou $D\sqrt{2}$.

118. Ombre sur le mur d'un cercle de profil. — Les explications seraient les mêmes que dans le cas précédent. On obtient, en partant du cercle rabattu sur un plan de front, la figure 94.

On voit qu'ici c'est la hauteur de l'ombre qui est égale à D $\sqrt{2}$ et la largeur à D.

Si, par exemple, on veut avoir l'ombre sur le mur d'une fenêtre en plein cintre située dans un plan de profil, et rabattue sur le plan de front de son axe *ue*, en *acbhg* (*fig.* 95), on n'a, après avoir construit l'ombre o_1 du point O, qu'à construire, comme il vient d'être dit, la demi-ellipse $a_1c_1b_1$, puis de porter sur les tangentes verticales à cette ellipse, en a_1 et b_1, les longueurs a_1g_1 et b_1h_1 égales à la hauteur de la fenêtre.

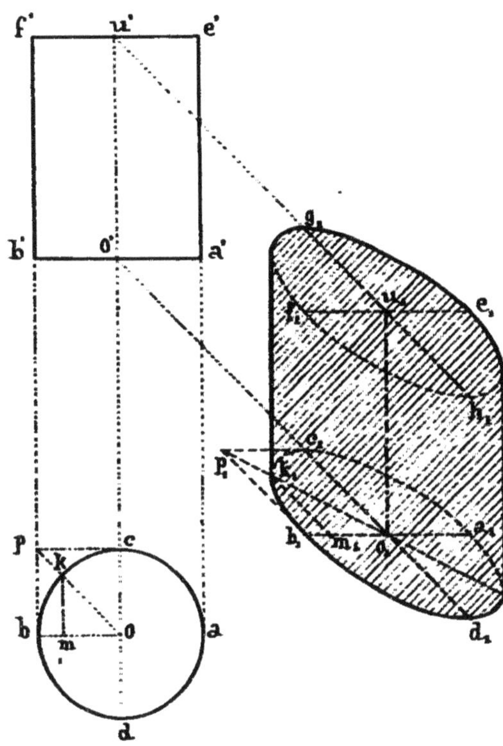

Fig. 96.

119. Ombre sur le mur d'un cylindre vertical. — Ayant construit (n° 117) l'ombre $a_1c_1b_1d_1$ du cercle de base inférieur (*fig.* 96), on n'a qu'à reporter cette ellipse en $e_1g_1f_1h_1$ à une hauteur o_1u_1 au-dessus de la première égale à la hauteur du cylindre, pour avoir l'ombre du cercle de base supérieur.

Il ne reste plus qu'à réunir ces deux ellipses par leurs tangentes communes verticales, distantes, comme on vient de le voir, de D $\sqrt{2}$, en appelant D le diamètre de base du cylindre. On a vu aussi comment s'obtenait sur une de ces ellipses le point de contact k_1 d'une de ces tangentes.

120. Ombre sur le mur d'un cône vertical. — Ayant construit (n° 117) l'ombre $a_1c_1b_1d_1$ du cercle de base, on a l'ombre s_1

du sommet en portant sur o_1z_1 la longueur $o's'$, prise sur oz (*fig.* 97).

L'ombre du cône sera, dès lors, limitée aux tangentes menées de s_1 à l'ellipse $a_1c_1b_1d_1$.

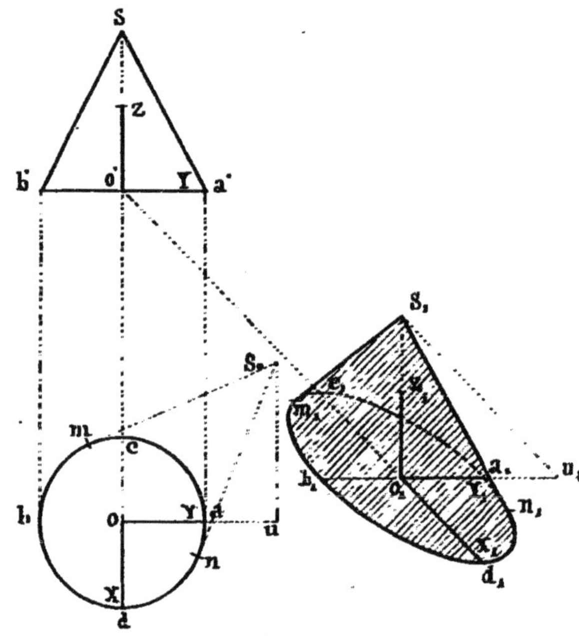

Fig. 97.

Si on veut obtenir avec précision les points de contact de ces tangentes, il suffit d'employer le moyen indiqué au n° 76. Considérons donc le point s_1 comme l'ombre d'un point s_0 *situé dans le plan* OXY. Pour avoir ce point, prenons les coordonnées o_1u_1 et u_1s_1 du point s_1 *rapporté aux axes* $O_1X_1Y_1$, et reportons ces coordonnées sur OXY. Pour cela, prenons, sur OY,

$$ou = o_1u_1 = o_1s_1$$

et, parallèlement à OX,

$$us_0 = \frac{u_1s_1}{\sqrt{2}} = o_1s_1.$$

Ayant ainsi le point S_0, on n'a qu'à mener au cercle de base les tangentes S_0m et S_0n, qui déterminent m et n [1] et à reporter ces points sur $O_1X_1Y_1$ en m_1 et en n_1.

121. Ombre sur le mur d'une sphère. — Ainsi que nous l'avons fait remarquer au n° 114, le tracé de l'ombre ne pou-

(1) On retrouve ainsi la construction donnée au n° 107 pour obtenir les génératrices d'ombre propre du cône, ce qui devait avoir lieu, puisque les droites limitant l'ombre portée du cône sont les ombres portées des génératrices d'ombre propre du cône.

vant se réduire ici à celui d'une figure contenue dans une des faces du trièdre fondamental, il vaut mieux effectuer la construction directement [1].

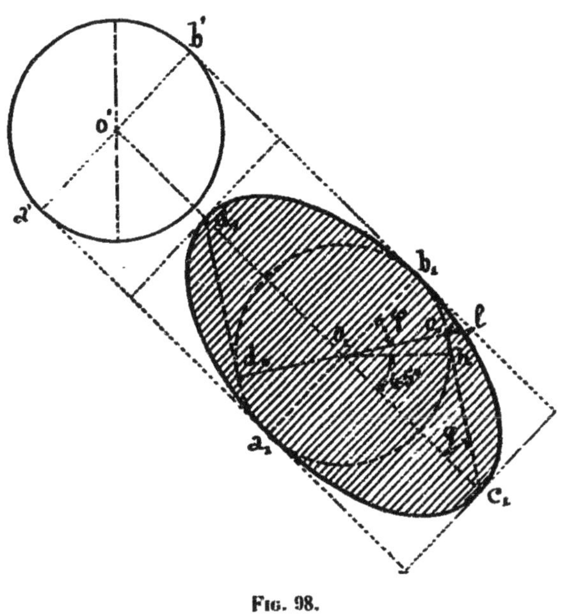

FIG. 98.

Le diamètre $a'b'$ de la courbe d'ombre propre étant dans un plan de front porte ombre en vraie grandeur en a_1b_1 (*fig.* 98), axe de l'ellipse d'ombre, puisque cette ellipse doit être tangente en a_1 et b_1 aux tangentes lumineuses $a'a_1$ et $b'b_1$ de la sphère (n° 95).

Reste à trouver la longueur de l'autre axe de cette ellipse. Pour cela transportons le centre de la sphère au point o_1, ce qui ne modifie pas l'ombre portée, puisque la sphère reste inscrite dans le même cylindre de rayons lumineux, et rabattons sur le mur la section du cylindre et de la sphère par le plan projetant $o'o_1$ sur le mur.

La section rabattue de la sphère est le cercle décrit sur a_1b_1 comme diamètre; celle du cylindre se compose des tangentes à ce cercle faisant l'angle φ avec $o'o_1$. On a ainsi, en c_1 et d_1, les points de la ligne d'ombre sur $o'o_1$. Il n'y a plus qu'à construire l'ellipse qui a pour axes a_1b_1 et c_1d_1.

Pour avoir le point de contact c_0 de la tangente c_0c_1 à l'angle φ, il suffit d'appliquer la construction du n° 110, c'est-à-dire de tirer le rayon o_1h à 45° sur o_1c_1, puis hl parallèle à o_1b_1 et, enfin, o_1l qui coupe le cercle en c_0.

Si on veut éviter toute construction, il suffit de remarquer que :

$$o_1c_1 = \frac{R}{\sin \varphi} = \sqrt{3} \quad (\text{n° } 99).$$

[1] La construction par la perspective axonométrique se ferait ainsi qu'il a été expliqué au n° 77.

Rapprochant ce résultat de celui du n° 110, on voit que *l'axe de l'ellipse d'ombre portée, parallèle à la projection des rayons lumineux, est le triple de l'axe de l'ellipse d'ombre propre, dirigé suivant la même droite.*

122. Ombre sur le mur d'une surface de révolution à axe vertical. — Il y a lieu de refaire ici l'observation par laquelle débute le n° 121 (¹).

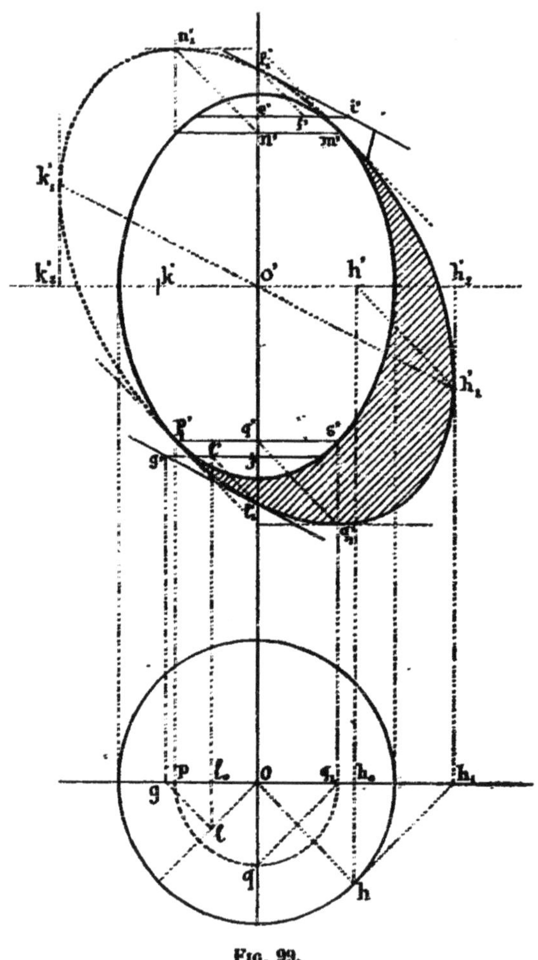

Fig. 99.

Nous allons voir tout d'abord qu'il est facile d'obtenir immédiatement plusieurs points remarquables de la courbe d'ombre portée avec les tangentes en ces points.

Cherchons pour cela les ombres des points remarquables de la courbe d'ombre propre, définis au n° 113.

Afin de simplifier la figure, nous supposerons que le plan du mur passe par l'axe de la surface (*fig.* 99). S'il n'en était pas ainsi, il faudrait, en appelant o_1 l'ombre du centre $(o.o')$ de l'équateur de la surface, donner à tous les points qui vont être construits des translations équipollentes à $o'o_1$.

1° Puisque la courbe d'ombre propre (non tracée sur la figure)

(¹) La construction par la perspective axonométrique se ferait ainsi qu'il a été expliqué au n° 83.

rencontre le plan du mur aux points m' et p' où les tangentes à la méridienne de contour apparent sont inclinées à 45° sur la ligne de terre, la courbe d'ombre portée part de ces points tangentiellement à cette méridienne (n° 97).

2° Le point $(h.h')$ de la courbe d'ombre propre, situé sur l'équateur, donne le point $(h_1.h'_1)$. Or, le triangle ohh_1 ayant ses angles en o et en h_1 égaux à 45°, le point h_0 est le milieu de oh_1. Donc h' est le milieu de $o'h'_2$. D'autre part, l'angle $h'_1h'h'_2$ étant de 45°, on voit que

$$h'_2h'_1 = h'h'_2.$$

Donc, pour avoir le point h'_1, il suffit de prolonger $o'h'$ d'une quantité égale $h'h'_2$ et de porter sur la perpendiculaire élevée en h'_2 à $o'h'_2$, vers le bas, une quantité encore égale $h'.h'_1$.

Puisque le plan tangent en $(h.h')$ à la surface, qui contient le rayon lumineux correspondant, est vertical, sa trace sur le mur, qui est la tangente correspondante à la courbe d'ombre propre, est verticale. Ainsi, la courbe d'ombre propre est tangente en h'_1 à $h'_1h'_2$.

3° Le point $(q.q')$, situé sur le parallèle de 45°, porte ombre, en $(q_1.q'_1)$, et, puisque $oq_1 = oq$, rayon de ce parallèle, le point q_1 coïncide avec la projection horizontale du point s'. En outre, $s'q'_1 = q's'$.

Le plan tangent en $(q.q')$ contenant la tangente au parallèle passant par ce point, tangente qui est parallèle à la ligne de terre, sa trace sur le mur est aussi parallèle à cette ligne, c'est-à-dire horizontale. Ainsi, la courbe d'ombre a, au point q'_1, une tangente horizontale.

4° Le point $(l.l')$ situé sur le parallèle limite porte ombre en $(o.l'_1)$ sur l'axe de la surface.

Le plan tangent en $(l.l')$ contient la tangente $(lg.l'g')$ au parallèle de ce point. La tangente en l'_1 à la courbe d'ombre propre est donc tangente en l'_1 à l'_1g'. D'ailleurs, on a

$$jg' = og = 2ol_0,$$

puisque les angles en o et en g de olg sont égaux à 45°. Donc

$$jg' = 2jl.$$

En résumé, nous avons immédiatement les points suivants de la courbe d'ombre propre avec leurs tangentes :

m' sur le contour apparent ; tangente à 45° ;

h'_1 tel que $h'_1h'_2 = h'h'_2 = oh'$; tangente verticale ;

q'_1 tel que $s'q'_1 = q's'$; tangente horizontale ;

l'_1 sur l'axe avec $jl'_1 = l'j'$; tangente l'_1g' telle que $l'g' = j'l'$;

p' sur le contour apparent ; tangente à 45°.

Ces points avec leurs tangentes suffiront, en général, pour le tracé de la courbe. S'il n'en était pas ainsi, on pourrait, comme il a été dit au n° **111**, construire d'autres points de la courbe d'ombre propre et prendre leur ombre, ou procéder comme il sera dit plus loin (n° **123**).

Première remarque. — Pour la position du mur telle que nous l'avons adoptée, la courbe d'ombre portée ne comprend que la projection oblique, faite parallèlement aux rayons lumineux, de la partie *vue* de la courbe d'ombre propre.

On peut tout aussi facilement construire la projection oblique de la partie cachée de cette courbe d'ombre propre, projection qui est marquée en pointillé sur la figure 99.

S'il s'agit d'obtenir l'ombre portée sur un mur situé en arrière de la surface sans la rencontrer, il faut donner à la courbe *tout entière* une translation équipollente à $o'o_1$, o_1 étant l'ombre de $(o.o')$.

Si le mur rencontre la surface, la courbe d'ombre est limitée à la courbe d'intersection de la surface et du mur, à laquelle elle est tangente (n° 97). Ces points d'intersection ne sont vus, bien entendu, que si le mur est en avant de l'axe de la surface.

Deuxième remarque. — Si nous prenions l'ombre portée sur un plan vertical π perpendiculaire aux plans projetant horizontalement les rayons lumineux, par exemple sur le plan vertical de trace horizontale oh, nous aurions une courbe symétrique par rapport à l'axe. Or, les horizontales du plan π, projetées obliquement sur le mur par des rayons lumineux, donnent des droites parallèles à $o'h'_1$ (dont le coefficient angulaire par rapport à $o'h'_2$ est $1/2$).

Donc, si nous considérons la courbe d'ombre portée complète, nous voyons que ses points sont deux à deux symétriques par rapport à la verticale du point o' sur des droites parallèles à $h'_1k'_1$.

123. Afin de montrer l'application de la méthode générale du n° **116** au cas actuel, proposons-nous d'obtenir le point limite inférieur dans la direction de la projection verticale des rayons lumineux, c'est-à-dire le point de la partie $m'h'_1q'_1p'$ de la courbe (*fig.* 99) où la tangente est perpendiculaire à cette direction.

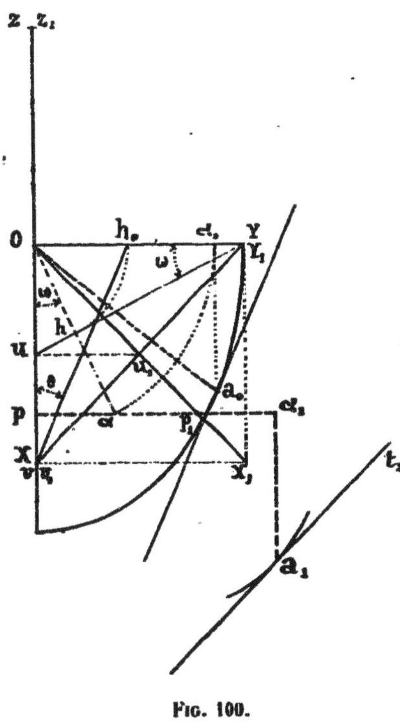

FIG. 100.

Considérons donc la trace d'un plan de raccourci total parallèle à cette tangente, par exemple $Y_1u_1v_1$ (*fig.* 100). Reportons les traces de ce plan sur OXY et OYZ. Puisque OZ_1Y_1 coïncide avec OZY, la trace Yv coïncide avec Y_1v_1 ou YX. La coordonnée Ou_1 étant reportée sur OX par la parallèle u_1u à X_1X, on a en Yu la trace sur OXY.

Il faut maintenant mener à la surface un plan tangent parallèle au plan uYv. Pour cela, faisons tourner ce plan autour de OZ pour l'amener à être perpendiculaire à OYZ. Le point h, pied de la perpendiculaire abaissée de O sur uY, vient en h_0, et comme le point v ne varie pas, la trace sur OYZ du plan, après rotation, est vh_0. Le point a_0 où la tangente à la méridienne est parallèle à vh_0 donne la position du point de contact cherché, après rotation. Ramenant la projection α_0 de ce point sur OY en α sur Oh, on a la projection sur OXY du point A de l'espace. Les coordonnées de ce point sont

$$X = Op, \qquad Y = p\alpha, \qquad Z = \alpha_0 a_0.$$

Portons l'abscisse en Op_1 sur OX_1 en menant pp_1 parallèle à XX_1; prenons ensuite $p_1\alpha_1$ égal à $p\alpha$, et $\alpha_1 a_1$ équipollent à $\alpha_0 a_0$. Nous avons ainsi le point a de la courbe d'ombre où la tangente a_1t_1 est perpendiculaire à OX_1.

Remarque. — Calculons l'angle θ (indépendant de la surface) que la tangente en a_0 au méridien fait avec l'axe, c'est-à-dire l'angle OXh_0. Nous avons, en appelant ω l'angle OYu,

$$\operatorname{tg}\theta = \frac{oh_0}{oX} = \frac{oh}{oY} = \sin\omega.$$

Or

$$\operatorname{tg}\omega = \frac{ou}{oY} = \frac{1}{2}.$$

Donc

$$\operatorname{tg}\theta = \frac{1}{\sqrt{5}}.$$

L'angle θ étant ainsi défini, proposons-nous de trouver à quelle condition le point a_1 se trouve sur OX_1. Il faut pour cela que

$$p_1\alpha_1 = \alpha_1 a_1.$$

Or

$$p_1\alpha_1 = p\alpha = O\alpha \sin\omega = O\alpha_0 \operatorname{tg}\theta,$$

et

$$\alpha_1 a_1 = \alpha_0 a_0.$$

La condition précédente devient donc

$$O\alpha_0 \operatorname{tg}\theta = \alpha_0 a_0.$$

En d'autres termes, il faut que l'angle $\alpha_0 O a_0$ soit égal à θ. Mais alors Oa_0 est perpendiculaire à Xh_0, c'est-à-dire à la tangente en a_0. D'où cette conclusion : *le point a_1 se trouve sur* OX_1 *lorsque la méridienne coupe normalement la droite passant par le point* O *et faisant avec* OY, *en dessous de cet axe, un angle égal à* θ.

124. Ombres sur le sol. — Pour les ombres sur le sol, il n'y a qu'à répéter tout ce qui vient d'être dit à propos des ombres sur le mur en permutant les rôles des axes OX et OZ, c'est-à-dire en substituant, pour l'ombre du trièdre fondamental, la figure 101 à la figure 92 *bis*.

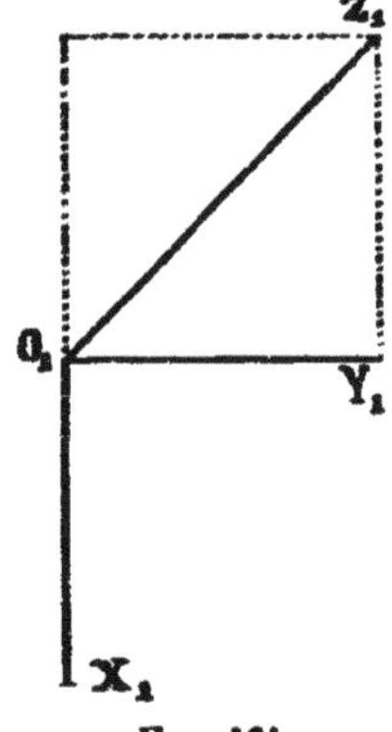

Fig. 101.

Nous nous contenterons d'ajouter à ce qui précède une simple remarque relative à l'ombre sur le sol des surfaces de révolution à axe vertical. Cette remarque, d'où découle, comme on va voir, une sensible simplification de tracé, est la suivante : *La tangente en chaque point de la courbe d'ombre portée est parallèle à la tangente au parallèle passant par le point correspondant de la courbe d'ombre propre.*

Ces deux tangentes sont, en effet, les intersections de deux plans parallèles (celui du sol et celui du parallèle) par un même plan (le plan tangent au cylindre projetant) le long de la génératrice qui unit les deux points considérés.

Cette remarque montre qu'aux points m_1 et p_1, ombre de $(m.m')$ et de $(p.p')$ (*fig.* 102), la tangente est parallèle aux lignes de rappel;

en n_1 et en q_1, parallèle à la ligne de terre ; en l_1 et en f_1, perpendiculaire à la projection horizontale des rayons lumineux.

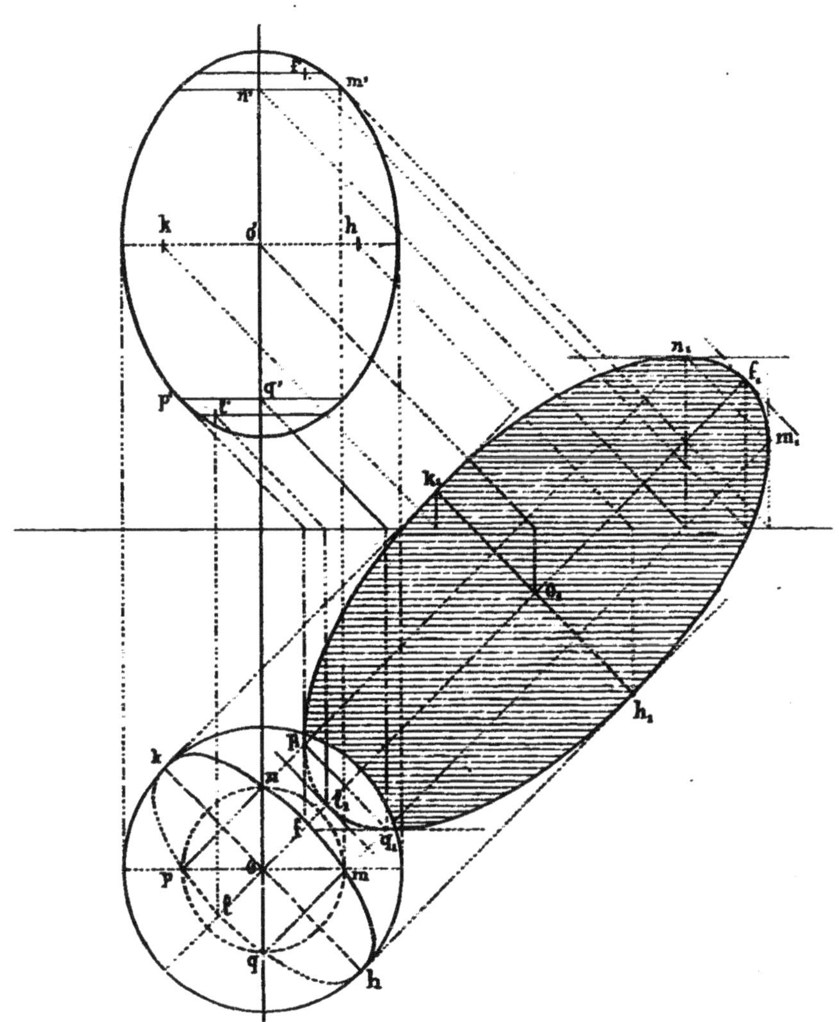

Fig. 102.

125. Pour trouver les points où la tangente est parallèle à une direction donnée, on pourrait procéder comme on vient de le faire au n° **123**, en se fondant sur ce qui a été dit à propos de la perspective axonométrique. Mais on peut ici recourir à un moyen plus simple.

En effet, d'après la remarque précédente, tout revient à trouver le parallèle sur lequel la tangente, au point de la ligne d'ombre, est parallèle à la direction donnée.

Reportons-nous à la construction donnée au n° **111**, et construisons par un cercle ab, pris arbitrairement (*fig.* 103), un cône semblable au cône circonscrit le long du parallèle cherché.

Menons au cercle ab la tangente ts_0, parallèle à la direction donnée. Le point s_0 devant se trouver sur la droite os_0 inclinée à 45° sur Oa, est immédiatement obtenu. De ce point s_0 nous déduisons le sommet s du cône.

Le point cherché de la courbe d'ombre portée est donc celui qui correspond à l'homologue de $(t.t')$ sur le parallèle de la surface, le long duquel le plan tangent fait avec l'horizon un angle égal à oas.

D'ailleurs, en projection verticale, ce point divise le rayon du parallèle correspondant comme t' divise oa.

B. — *Ombres portées sur les plans quelconques*

126. Méthode générale. — La recherche des projections de l'ombre d'un corps sur un plan quelconque revient à celle des projections de l'intersection par ce plan du cylindre circonscrit au corps parallèlement aux rayons lumineux, c'est-à-dire du cylindre parallèle aux rayons lumineux et passant par la courbe d'ombre propre du corps.

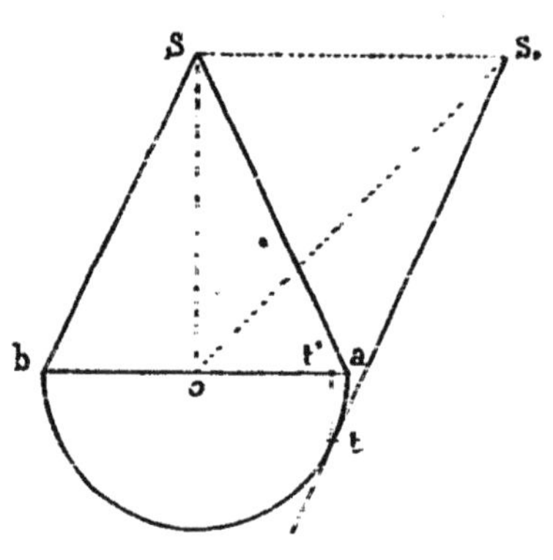

Fig. 103.

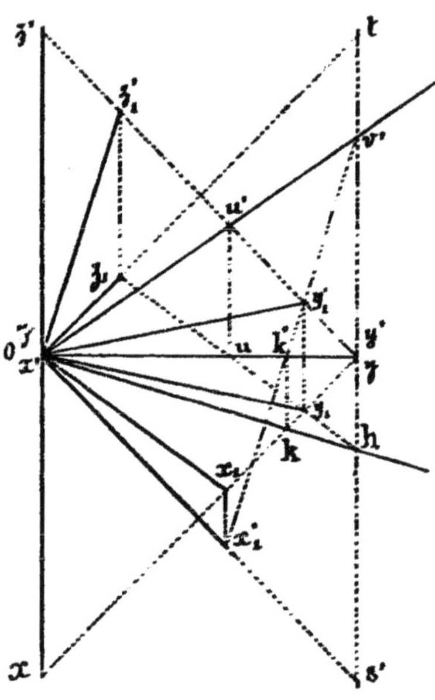

Fig. 104.

Mais ici encore on peut, cela se voit aisément, ramener le problème à une construction de perspective axonométrique, pourvu que l'on ait obtenu les projections de l'ombre, sur le plan, du trièdre fondamental précédemment défini (n° 115).

127. Projections de l'ombre du trièdre fondamental sur un plan quelconque. — Remarquons tout d'abord que nous pouvons, en conservant au plan son orientation, le faire passer par un point quelconque, le point O par exemple. Peu importe, d'ailleurs, que, pour cette position du plan, les ombres des axes OX, OY, OZ, soient réelles ou virtuelles. Ce qu'il nous faut, c'est la projection oblique du tièdre fondamental sur ce plan.

Soient Oh et Ov' les traces du plan donné sur le sol et sur le mur, la ligne de terre coïncidant, comme au n° 115, avec OY (*fig.* 104).

Le plan projetant horizontalement à la fois le rayon passant par $(x.x')$ et celui passant par $(y.y')$ est le plan xyv'. Sa trace horizontale coupant la trace oh du plan donné en $(k.k')$, la projection verticale de l'intersection de ces deux plans est la droite $k'v'$, qui coupe en x'_1 et en y'_1 les projections verticales $x's'$ et $y'z'$ des rayons lumineux passant par $(x.x')$ et $(y.y')$. Ces points x'_1 et y'_1 sont donc les projections verticales des ombres sur le plan donné des points $(x.x')$ et $(y.y')$. On en déduit immédiatement par des lignes de rappel les projections horizontales x_1 et y_1 de ces points sur xy.

De même, le plan $hy'z'$ projetant verticalement à la fois le rayon passant par $(y.y')$ et celui passant par $(z.z')$ coupe le plan donné suivant la droite $(hu.y'u')$. Les points y_1 et z_1 où hu rencontre les projections horizontales yx et zt des rayons passant par $(y.y')$ et $(z.z')$ sont les projections horizontales des ombres

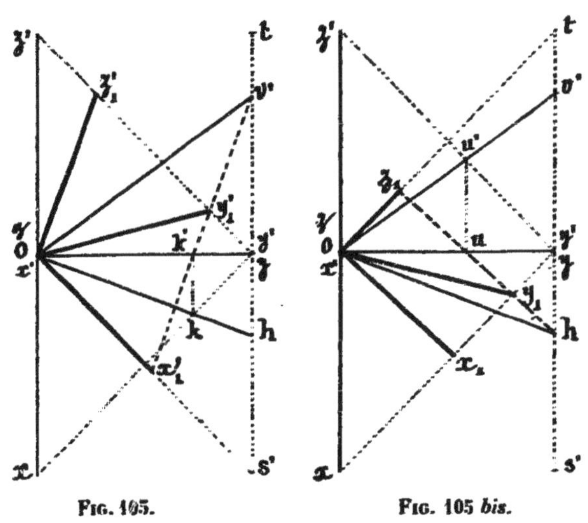

Fig. 105.

Fig. 105 *bis*.

de ces points. Le point y_1 ayant déjà été précédemment obtenu, on a là une vérification. Du point z_1 on déduit la projection verticale z'_1.

Observation. — Nous venons d'apprendre à construire les projections de l'ombre portée par un corps sur un plan quelconque. Si on voulait avoir cette ombre elle-même, il n'y aurait qu'à effectuer le rabattement du plan hov' sur l'un des plans de projection. Les points X_1, Y_1, Z_1 de l'espace se rabattraient en X_2, Y_2, Z_2, et on serait ramené à une construction de perspective axonométrique, en prenant $OX_2Y_2Z_2$ pour la perspective du trièdre fondamental OXYZ.

128. Constructions séparées. — Les droites Oz_1 et x_1y_1 sont parallèles, mais, d'autre part, le rayon lumineux passant par $(y.y')$ passe aussi par le point $(x.z')$, dont la projection horizontale coïncide avec le point x et dont la hauteur au-dessus du sol est égale à Oz'; on voit donc, en considérant y_1 comme la projection horizontale de l'ombre de $(x.z')$, que $Oz_1 = x_1y_1$. Ainsi, la figure $Ox_1y_1z_1$ est un parallélogramme.

Le même mode de raisonnement prouve que ce résultat s'étend aussi à la figure $Ox'_1y'_1z'_1$.

On peut dès lors construire très simplement, et séparément l'une de l'autre, les projections, soit sur le mur, soit sur le sol, de l'ombre du trièdre fondamental sur le plan.

Pour avoir l'ombre sur le mur (*fig.* 105), on projette en k' sur Oy le point de rencontre k de Oh et de xy; on tire $v'k'$ qui coupe $x's'$ en x'_1 et $y'z'$ en y'_1; enfin, on tire Oz'_1 parallèle à $x'_1y'_1$, jusqu'en sa rencontre z'_1 avec $z'y'$. $Ox'_1y'_1z'_1$ est l'ombre cherchée.

Pour avoir l'ombre sur le sol (*fig.* 105), on projette en u sur Oy le point de rencontre u' de Ov' et de $z'y'$; on tire uh qui coupe xy en y_1 et zt en z_1; enfin, on tire Ox_1, parallèle à y_1z_1, jusqu'à sa rencontre x_1 avec xy. $Ox_1y_1z_1$ est l'ombre cherchée.

Nous allons, dans ce qui suit, faire quelques applications de ces principes généraux.

129. Ombre sur un plan vertical. — Pour avoir la projection sur le mur de l'ombre portée sur un plan vertical, nous n'avons

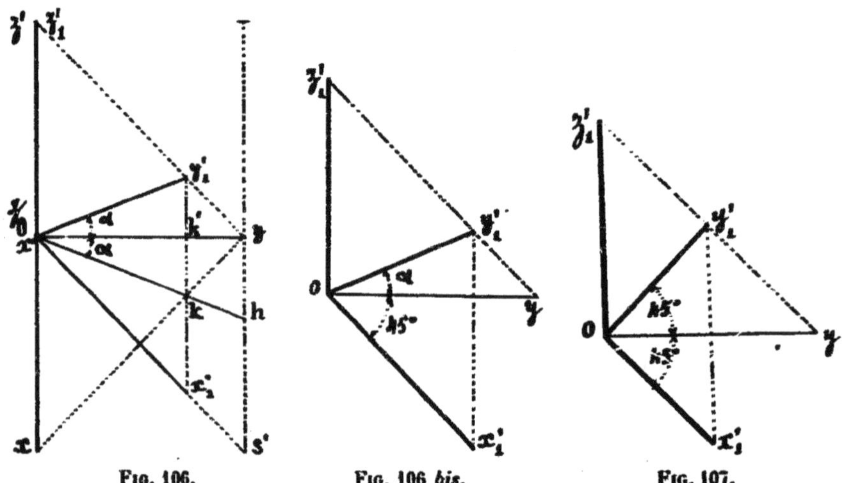

FIG. 106. FIG. 106 *bis*. FIG. 107.

qu'à prendre les points d'intersection $(k.x'_1)$ et $(k.y'_1)$ des rayons lumineux passant respectivement par $(x.x')$ et par $(y.y')$ avec ce plan hOz' (*fig.* 106). Le point $(z.z')$ étant dans ce plan est son ombre à lui-même.

Les triangles rectangles $yk'y'_1$ et $yk'h$ sont égaux, puisqu'ils ont chacun en y un angle de 45°. Donc

$$k'y'_1 = k'k,$$

et l'angle $k'oy'_1$ est égal à l'angle hoy ou α. Ainsi, *les projections verticales des ombres des horizontales de front font avec la ligne de terre un angle égal à celui que fait avec le mur le plan vertical sur lequel l'ombre est portée.*

La construction de la projection de l'ombre du trièdre fondamental se réduit donc à ceci (*fig.* 106 *bis*) :

Le point z'_1 se confond avec z';

Le point y'_1 est à la rencontre de yz' et de la droite faisant avec O*y un angle égal à l'angle que le plan vertical donné fait avec le mur ;*

Le point x'_1 est à la rencontre de la parallèle à O*z' menée par y'_1 et de la parallèle yz'_1 menée par* O.

130. Ombre sur un plan vertical perpendiculaire aux plans verticaux passant par les rayons lumineux. — Ici l'angle α de la figure précédente étant égal à 45°, la figure 106 *bis* donne naissance à la figure 107 où le triangle $O_1x'_1y'_1$ est rectangle et isocèle. On a d'ailleurs

$$Ox' = Oy'_1 = \frac{Oy}{\sqrt{2}}.$$

Ainsi, dans ce cas, les longueurs verticales sont conservées en vraie grandeur, et les figures situées dans des plans horizontaux ont pour ombres des figures semblables, le rapport de similitude étant $\frac{1}{\sqrt{2}}$ et l'orientation changée d'un angle de 45° dans le sens direct.

131. Prenons dès lors un cylindre surmonté d'un cône (*fig.* 108) et cherchons la projection verticale de cet ensemble sur le plan vertical qui vient d'être défini.

Soit o'_1 la projection verticale de l'ombre de (oo').

Nous n'avons qu'à mener le segment $o'p'_1$ équipollent à $o'p'$ et $p'_1s'_1$ équipollent à $p's'$ pour avoir les projections verticales des ombres de $(p.p')$ et de $(s.s')$.

Le cercle de base $(ab.a'b')$, situé dans un plan horizontal, donne le cercle $a'_1b'_1$ dont le rayon est égal à $\frac{o'a'}{\sqrt{2}}$. Ce rayon $o'_1a'_1$ s'obtient en projetant sur la ligne $o'_1a'_1$, à 45°, le segment $o'_1a'_0$ égal au rayon $o'a'$ et porté sur une horizontale.

De même, le cercle de base du cône donne le cercle de centre p'_1 dont le rayon $p'_1m'_1$ est égal à $\frac{p'm'}{\sqrt{2}}$.

Il n'y a qu'à mener au cercle $a'_1b'_1$ les tangentes verticales, et au cercle $m'_1n'_1$ les tangentes issues de s'_1 pour avoir la projection verticale cherchée.

132. Prenons maintenant une sphère. On voit immédiatement que son ombre sur le plan vertical à 45° est une ellipse dont le demi-axe horizontal est égal à R, et le demi-axe vertical à $\frac{R}{\cos\varphi}$. La projection du premier sur le mur est égale à $\frac{R}{\sqrt{2}}$. Le second se projette en vraie grandeur.

De là, la construction suivante (*fig.* 109) : ayant tracé du point o'_1 (projection verticale de l'ombre du centre) comme centre un cercle égal au grand cercle de la sphère, je prends le rayon à 45° o'_1u, qui se projette en $o'_1a'_1$ sur le diamètre horizontal du cercle ; la

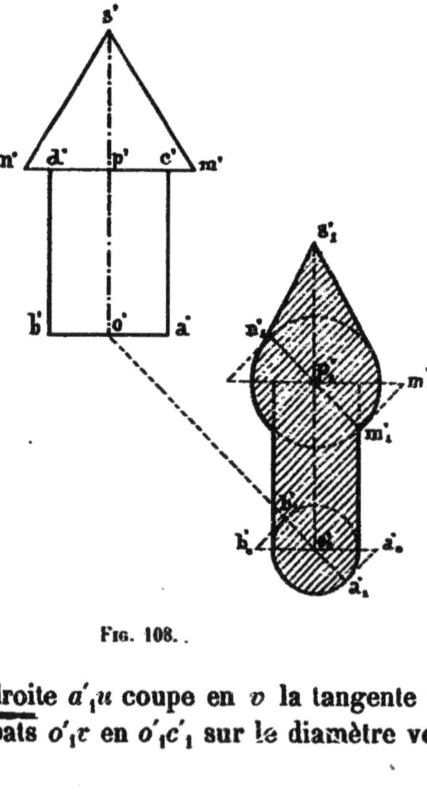

Fig. 108.

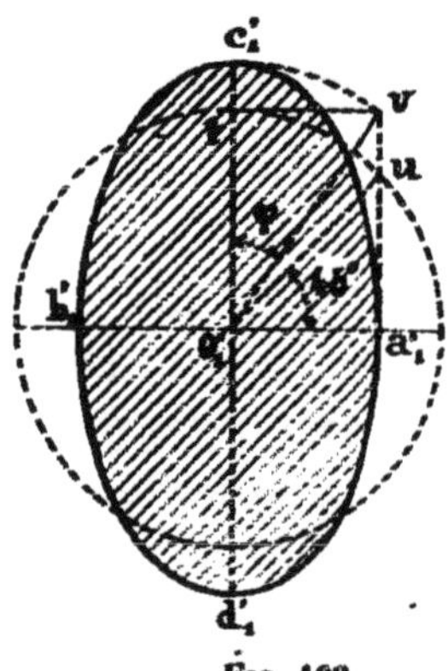

Fig. 109.

droite a'_1u coupe en v la tangente horizontale tv au cercle. Je rabats o'_1t en $o'_1c'_1$ sur le diamètre vertical du cercle.

L'ellipse cherchée est alors complètement déterminée par ses axes $a'_1b'_1$ et $c'_1d'_1$.

133. Ombre sur un plan parallèle à la ligne de terre. — Ici, les traces du plan mené par o parallèlement au plan donné se confondant toutes deux avec OY, la construction donnée au n° 128 devient illusoire.

Effectuons dès lors directement la construction de la projection oblique du trièdre OXYZ sur le plan donné P, passant par OY et faisant l'angle θ avec le sol, dans le sens d'avant en arrière.

D'abord OY coïncidant avec la ligne de terre qui est contenue dans le plan P, Y_1 coïncidera avec Y (*fig.* 110).

Cherchons maintenant sur le plan P les projections z_1 et z'_1 de l'ombre Z_1 de Z dont les projections sont z et z'.

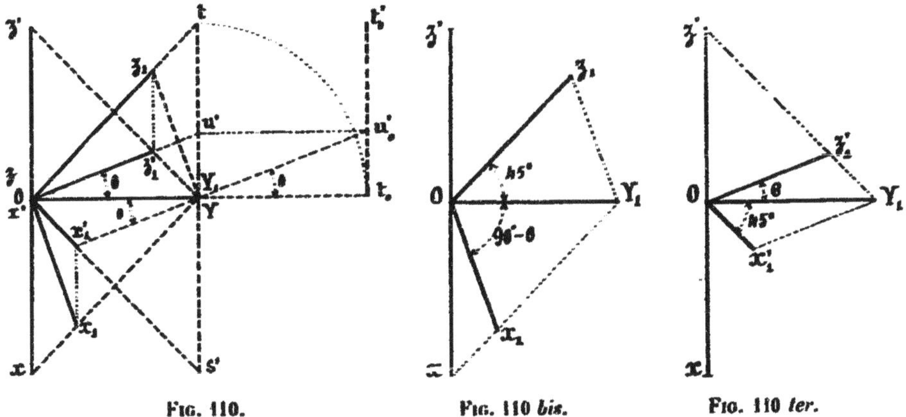

FIG. 110. FIG. 110 *bis*. FIG. 110 *ter*.

Pour cela, cherchons l'intersection du plan projetant horizontalement OZ_1 avec le plan P. Le point O appartient à cette intersection. Pour en avoir un second, coupons les deux plans par le plan de profil passant en Y.

La trace horizontale zt du plan projetant coupe la trace du plan de profil de Y au point t. L'intersection de ces deux plans verticaux est la verticale projetée horizontalement en t. Faisons un rabattement sur le mur. Le point t vient sur la ligne de terre en t_0, et la droite verticale d'intersection vient en $t_0t'_0$.

L'intersection du plan P et du plan de profil de Y se rabat suivant la droite Yu'_0 faisant avec Yt_0 l'angle θ.

Ces deux droites rabattues se rencontrent en u'_0, dont la projection verticale, après relèvement, est u'.

Mais puisque,

$$u'u'_0 = Yt_0 = Yt = OY,$$

la figure OYu'_0u' est un parallélogramme, et l'angle $u'OY$ est égal à θ.

Cette droite Ou' donne en z'_1 sur $z'Y$ la projection verticale de l'ombre de $(z.z')$ sur le plan P. On en déduit immédiatement la projection horizontale z_1 sur zt.

On voit donc que *la projection verticale de l'ombre d'une verticale sur le plan* P *fait avec la ligne de terre un angle égal à celui que le plan* P *fait avec le sol.*

Le plan projetant horizontalement le rayon lumineux de $(x.x')$, plan dont la trace horizontale est xY, coupera le plan P suivant une droite dont la projection verticale Ox'_1 sera parallèle à Oz'_1.

Nous obtenons ainsi x'_1 sur $x's'$. Nous en déduisons x_1 sur xY.

Remarquons que

$$x'_1Y = x'_1x = Ox_1.$$

Comme, d'autre part,

$$OY = Ox$$

et

$$\widehat{YOx'_1} = \widehat{Oxx_1} = 45°,$$

on voit que

$$\widehat{xOx_1} = \widehat{OYx'_1} = \theta.$$

Par suite,

$$\widehat{x_1OY} = 90° - \theta.$$

De même, pour l'angle OYz_1.

Nous pouvons dès lors obtenir séparément les projections $Ox_1Y_1z_1$ et $Ox'_1Y_1z'_1$.

Pour $Ox_1Y_1z_1$ (*fig.* 110 *bis*), tirer Ox_1, incliné à $90° - \theta$ sur OY_1 jusqu'à sa rencontre x_1 avec xY_1 ; puis mener Oz_1 parallèle à xY_1

et Y_1z_1 parallèle à Ox_1. Pour $Ox'_1Y_1z'_1$ (*fig.* 110 *ter*), tirer Oz'_1 incliné à θ° sur OY jusqu'à sa rencontre z'_1 avec $z'Y_1$; puis, mener Ox'_1 parallèle à $z'Y_1$ et $Y_1x'_1$ parallèle à Oz'_1.

Remarque. — Supposons une droite de l'espace rapportée au trièdre fondamental OXYZ. Si nous faisons varier l'angle θ, le plan P continuant à passer par OY, le point où l'ombre de la droite coupera OY_1 sera un point fixe, intersection de OY et du plan mené par la droite considérée parallèlement aux rayons lumineux.

134. Cherchons par exemple la projection verticale de l'ombre sur le plan P (incliné à θ°) du cylindre surmonté d'un cône déjà envisagé au n° 131.

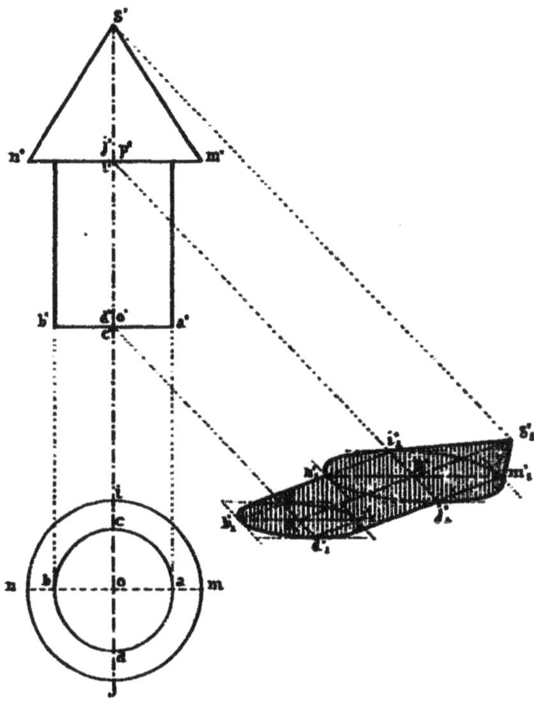

FIG. 111.

C'est ici à la figure 110 *ter* qu'il nous faut nous référer.

Nous obtenons d'abord immédiatement en projection verticale les ombres o'_1, p'_1, s'_1 de $(o.o')$ [1], $(p.p')$, $(s.s')$ (*fig.* 111).

Pour avoir la projection de l'ombre du cercle de base, nous n'avons qu'à remarquer que le diamètre $(ab.a'b')$ donne une projection $a'_1b'_1$ en vraie grandeur et que (toujours d'après la figure 110 *ter*) le diamètre $(cd.c'd')$ donne une projection inclinée à 45° sur la première et telle que $a'_1d'_1$ et $b'_1c'_1$ font l'angle θ avec $a'_1b'_1$, c'est-à-dire sont parallèles à $o'_1p'_1$. L'ellipse $a'_1b'_1c'_1d'_1$ est ainsi complètement déterminée par ses diamètres conjugués $a'_1b'_1$ et $c'_1d'_1$.

(1) On s'est donné arbitrairement o'_1 sur la figure 111. Il serait très facile d'en déduire la position de la ligne de terre correspondante.

De même, l'ellipse, projection de l'ombre du cercle de base du cône, se détermine par ses diamètres conjugués $m'_1n'_1$ et $i'_1j'_1$. Il ne reste plus qu'à mener à la première ellipse les tangentes parallèles à $o'_1p'_1$ et à la seconde les tangentes issues de s'_1.

Si on voulait construire ces diverses tangentes avec plus de précision, il suffirait de remarquer que les premières sont les projections des ombres des génératrices d'ombre propre du cylindre, les secondes, les projections des ombres des génératrices d'ombre propre du cône.

135. Ombre sur un plan incliné à 45° à la fois sur le sol et sur le mur. — C'est le cas particulier du problème précédent pour $\theta = 45°$. Les figures 110 *bis* et 110 *ter* deviennent alors identiques entre elles (c'est-à-dire que les projections de l'ombre sur le mur et sur le sol sont identiques). Elles se réduisent à la figure unique ci-contre (*fig.* 112).

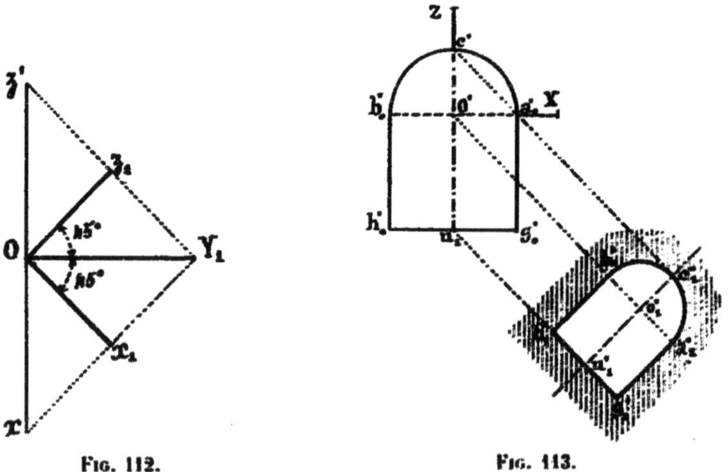

Fig. 112. Fig. 113.

Puisqu'ici l'angle x_1Oz_1 est droit et que $Ox_1 = Oz_1$, les figures situées dans les plans de profil ont pour projections, soit horizontales, soit verticales de leurs ombres, des figures qui leur sont semblables, le rapport de similitude étant $\frac{1}{\sqrt{2}}$.

Reprenons par exemple la fenêtre cintrée de la figure 95 et cherchons la projection verticale de son ombre sur un plan parallèle à la ligne de terre, incliné à 45° d'avant en arrière sur le sol.

Nous représenterons cette fenêtre rabattue en $a'_0c'b'_0h'_0g'_0$ sur le plan de front passant par son axe (*fig.* 113).

Ayant construit la projection verticale o'_1 de l'ombre de $(o.o')$, on en déduit immédiatement u'_1 et c'_1 sur la droite $u'_1c'_1$ inclinée à 45° sur la ligne de terre.

On n'a plus qu'à décrire de o'_1 comme centre le demi-cercle $a'_1c'_1b'_1$ de rayon $o'_1a'_1$ et à compléter le rectangle $a'_1b'_1h'_1g'_1$.

136. Pour construire les projections de l'ombre d'une sphère, il est inutile de recourir à la perspective axonométrique. Il suffit de faire la remarque suivante :

Dans le cube qui nous a servi au n° 98 à définir la direction AB du rayon lumineux (*fig.* 114) menons le plan MNPQ parallèle à

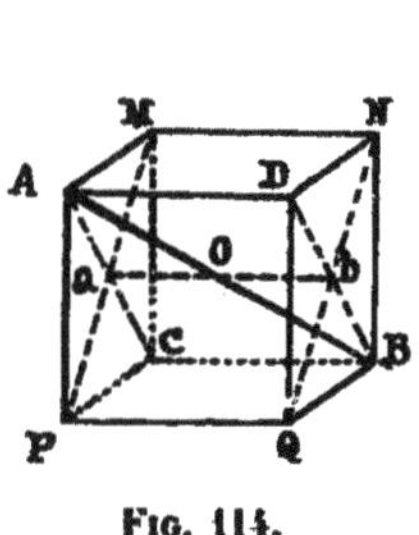

FIG. 114.

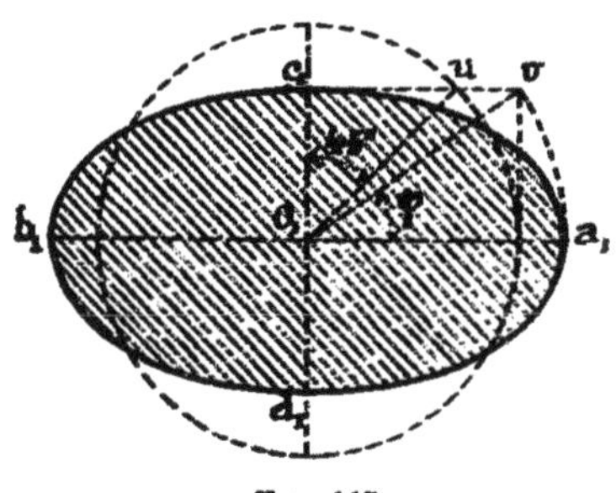

FIG. 115.

celui qui nous occupe. La projection *ab* du rayon AB sur ce plan est parallèle à la ligne de terre BC ; en outre, l'angle *a*OA que le rayon fait avec ce plan est le complément de celui que ce rayon fait avec AC, c'est-à-dire de l'angle φ, les angles faits par la diagonale AB avec les diverses faces du cube étant tous égaux entre eux.

Si donc nous prenons l'intersection du cylindre d'ombre de la sphère avec le plan MNPQ, nous obtenons une ellipse ayant un axe parallèle à MP, égal au diamètre D de la sphère, et un axe parallèle à MN, égal à $\frac{D}{\cos\varphi}$.

Le premier axe a une projection horizontale ou verticale égale à $\frac{D}{\sqrt{2}}$; le second se projette parallèlement à la ligne de terre et en vraie grandeur.

On a donc pour axes de la projection, soit horizontale, soit verticale,

$$a_1b_2 = \frac{D}{\cos\varphi} \quad \text{et} \quad c_1d_2 = \frac{D}{\sqrt{2}}$$

(*fig.* 115). Il n'y a, dès lors, qu'à répéter la construction donnée par la figure 109, après rotation de 90° autour du centre.

137. Ombres sur les polyèdres. — Sachant construire les ombres portées sur les plans quelconques, nous pouvons en déduire les ombres sur les polyèdres.

Supposons, par exemple, qu'un mur de profil arrêté au plan P (*fig.* 116) et rabattu sur le plan vertical en *mnpz* porte ombre sur une série de gradins inclinés dont les arêtes sont parallèles à la ligne de terre et dont le profil est rabattu en $a_1b_1a_2b_2\ldots\ldots z$, la droite a_4z étant supposée dans le plan vertical de projection.

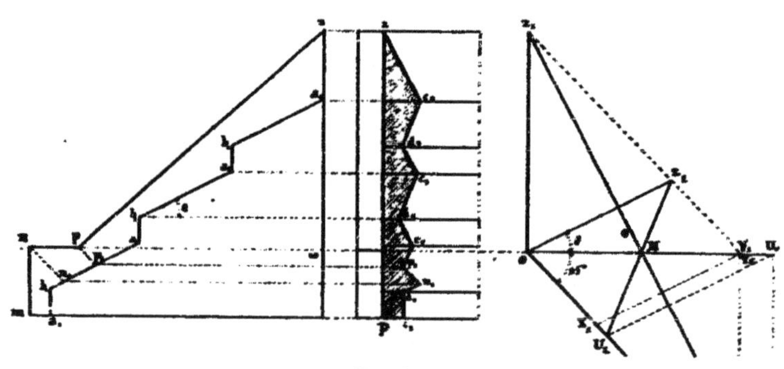

Fig. 116.

Pour les ombres portées sur les parties verticales a_1b_1, $a_2b_2\ldots$, prenons les directions OX_1, OY_1, OZ_1 correspondant aux trois directions principales (n° 115, *fig.* 92 *bis*), en adoptant le segment ωz, pris sur le plan de profil rabattu, comme unité de longueur.

De même, pour les ombres portées sur les parties b_1a_2, b_2a_3, b_3a_4, inclinées à l'angle θ sur l'horizon, prenons les directions OX_2, OY_2, OZ_2 (n° 133, *fig.* 110 *ter*).

Pour avoir, en projection, la direction de l'ombre de *pz* sur les parties inclinées, portons $OU_0 = \omega p$, et tirons U_0U_2 parallèle à X_2Y_2. U_2Z_2 est la direction cherchée. Cette droite coupant OY en M, on aura en Z_1M la direction de la projection de l'ombre de *pz* sur les parties verticales, en vertu de la remarque qui termine le n° 133.

L'ombre commence au point c_1 tel que $PC_1 = ma_1$. Sur la partie verticale a_1b_1 la verticale mn donne c_1d_1 parallèle à OZ_1, c'est-à-dire verticale, et sur la partie inclinée b_1a_2, l'ombre d_1n_1 parallèle à OZ_2, c'est-à-dire inclinée à $\theta°$ sur l'arête b_1d_1. Cette ombre d_1n_1 s'arrête, d'ailleurs, sur l'horizontale du point n_0 où la projection rabattue du rayon lumineux de n sur le plan de profil P coupe a_1b_2. On voit aisément que cette projection nn_0 est à 45° sur mn.

L'élément horizontal np donne l'ombre n_1p_1 parallèle à OX_2, c'est-à-dire à 45° sur p_0p_1.

Les ombres p_1c_2, d_2c_3, d_3c_4, données par pz sur les parties inclinées, sont parallèles à MZ_2 ; de même, c_2d_2, c_3d_3, c_4z, données par la même droite pz sur les parties verticales, sont parallèles à MZ_1.

§ 4. — Ombres portées sur des surfaces

138. Méthode générale. — La méthode la plus générale pour obtenir les ombres portées sur une surface S est celle des projections obliques, exposée au n° 93. La seule précaution à prendre dans l'application de cette méthode consiste à choisir avec discernement les sections de cette surface S dont on prendra les projections obliques. Il va de soi que si cette surface est réglée on prendra ses génératrices. Si les plans parallèles à un des plans de projection la coupent suivant des cercles, on choisira ces cercles.

A. — *Cylindres*

a. — Généralités

139. Cylindres parallèles aux trois directions principales. — Nous ne considérons ici que des cylindres parallèles aux trois directions principales [1] (verticale, perpendiculaire au mur, parallèle à la ligne de terre), et nous appellerons pour plus de simplicité les cylindres correspondants des cylindres *verticaux*, des cylindres *de bout* et des cylindres *de front*.

Il convient de remarquer tout d'abord qu'on peut se borner à étu-

[1] S'il s'agissait de trouver les ombres sur un cylindre de direction quelconque, la méthode resterait la même ; on projetterait le corps portant ombre et les génératrices du cylindre parallèlement aux rayons lumineux, sur un des plans de projection.

dier les ombres pour une seule de ces espèces de cylindres, les cylindres verticaux par exemple.

Pour ceux-ci, la disposition par rapport au rayon lumineux est celle indiquée par la figure 117.

Pour les cylindres de bout, on a la figure 118, mais il suffit de prendre la projection sur le mur comme projection horizontale et celle sur le sol comme projection verticale pour obtenir la disposition

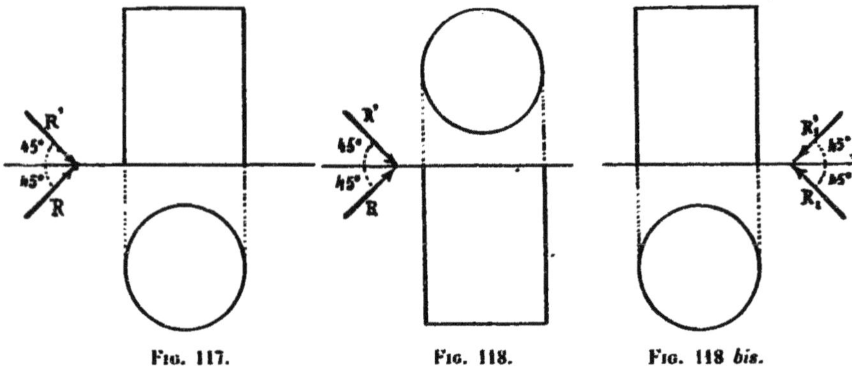

FIG. 117. FIG. 118. FIG. 118 *bis*.

représentée par la figure 118 *bis* où R a donné R'_1, et R', R_1. On voit que cette disposition ne diffère de celle de la figure 117 que par le changement du côté d'où vient la lumière.

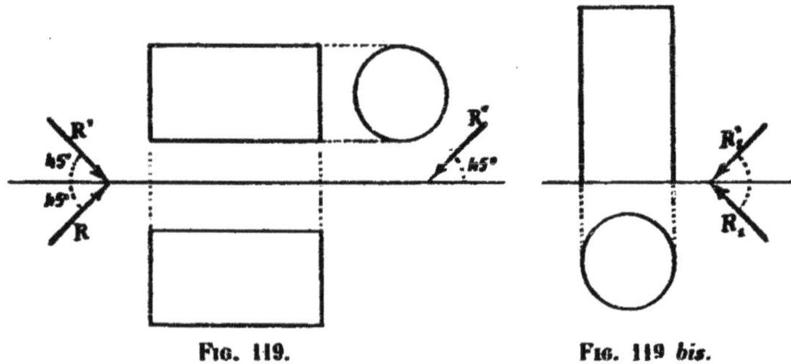

FIG. 119. FIG. 119 *bis*.

Pour les cylindres de front, on a la figure 119 sur laquelle on a représenté la section droite rabattue sur le mur avec la projection R″ du rayon lumineux sur le plan de cette section[1]. Si donc on prend

[1] Si, en effet, on se reporte à la figure 114, on voit que la projection du rayon lumineux sur le plan de profil BNDQ est DB, qui, après rabattement à droite de ce plan de profil sur le mur, devient parallèle à NC.

ce plan de section droite pour plan horizontal en conservant le même plan vertical, on obtient la figure 119 *bis* qui reproduit encore la disposition de la figure 117 après changement du côté d'où vient la lumière.

Nous pouvons donc nous borner à étudier les ombres portées sur des cylindres verticaux.

140. Ombre portée par un point ou par une ligne sur un cylindre vertical. — Soit à prendre l'ombre du point $(m.m')$ sur le cylindre $(ab.a'b')$ (*fig.* 120). Remarquons d'abord que, pour que ce point porte une ombre qui soit vue en projection verticale, il faut que sa projection horizontale m soit comprise entre les projections de rayons lumineux passant l'une en b, l'autre tangente à la base, qu'elle touche au point c.

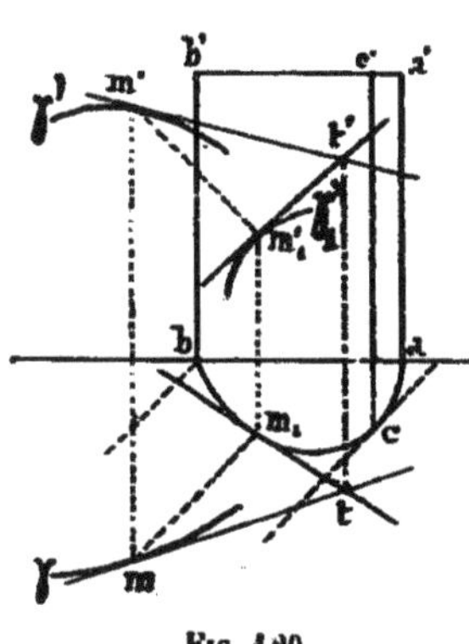

Fig. 120.

Le plan projetant horizontalement le rayon lumineux du point $(m.m')$ coupe le cylindre suivant la génératrice du point m_1, dont la projection verticale rencontre en m'_1 la projection verticale de ce rayon.

Si le point $(m.m')$ décrit une courbe $(\gamma.\gamma')$, on obtient pour chaque position de ce point une ombre m'_1 en projection verticale. Le lieu de ces points est la projection verticale γ'_1 de l'ombre portée sur le cylindre par la courbe $(\gamma.\gamma')$ que décrit le point $(m.m')$.

141. Construction de la tangente. — Proposons-nous d'obtenir la tangente en m'_1 à la courbe γ'_1, connaissant les tangentes mt et $m't'$, en m et en m', aux courbes γ et γ'. Il nous suffit pour cela de prendre le point $(t.t')$ où la tangente $(mt.m't')$ coupe le plan tangent au cylindre en $(m.m')$ (c'est-à-dire le plan vertical dont la trace horizontale m_1t est tangente en m_1 à la base du cylindre) et de tirer m_1t_1 (n° 91, remarque).

La tangente cherchée est donc m'_1t'.

142. Ombres portées par des droites parallèles aux directions principales. — Soient, par le point $(o.o')$ qui donne, en projection verticale, l'ombre o'_1, trois droites $(ox.o'x')$, $(oy.o'y')$, $(oz.o'z')$ parallèles aux directions principales (*fig.* 121).

On voit que l'ombre $o_1'z'_1$ de la dernière est équipollente à $o'z'$, que celle $o_1'x'_1$ de la première est une droite à 45° sur la ligne de terre, *mais sur laquelle les rapports segmentaires ne se conservent pas.*

Cherchons maintenant l'ombre $o'_1y'_1$.

Le point $(m.m')$ de $(oy.o'y')$ donne le point m'_1, et comme les triangles $mm_1\mu$ et $m'm'_1\mu'$ sont à la fois rectangles et isocèles, on a

$$\mu m_1 = \mu' m'_1.$$

On conclut de là que l'ombre $o'_1y'_1$ cherchée n'est autre que la courbe symétrique de bo_1m_1ca par rapport à ab, déplacée verticalement de manière à passer par o'_1. En d'autres termes, la courbe $o'_1m'_1y'_1$ n'est autre que le rabattement de la section droite du cylindre sur le plan du mur, fait en *amenant en haut la partie antérieure de cette courbe.*

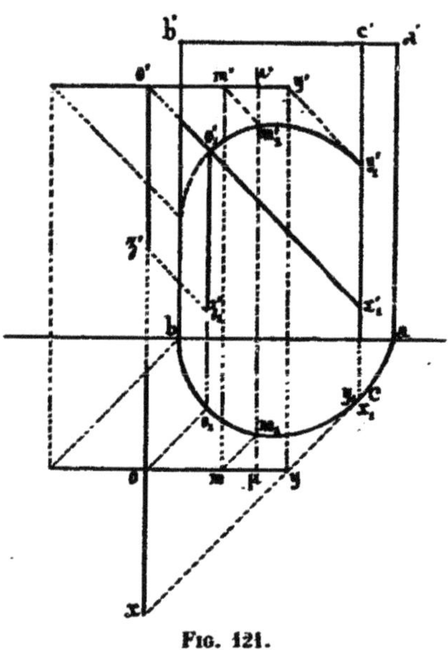

Fig. 121.

Remarquons qu'au point de perte y'_1 de cette ombre portée dans la génératrice d'ombre propre cc' du cylindre, la tangente, étant symétrique de la tangente en c à la base par rapport à la direction de la ligne de terre, est, comme cette tangente yc, inclinée à 45° sur cette direction, ce qui est bien conforme au théorème général du n° 96.

143. Décrochement et ressaut des ombres. — Si nous considérons un cylindre tel que celui qui est représenté sur la figure 122, nous voyons que les parties de ce cylindre comprises entre les génératrices a et c, ou d et f, sont dans l'ombre, parce que de a en b, ou de d en e, la partie correspondante du cylindre est dans l'ombre propre, de b en c, ou de e en f, elle est dans l'ombre portée par la partie voisine du même cylindre, et qu'on appelle de l'ombre *auto-portée.*

Dès lors, si nous prenons l'ombre d'une droite $(oy.o'y')$ sur ce cylindre, nous voyons que cette ombre $o'_1a'c'$..... ne sera vue que de o'_1 en a', de c' en d' et de f' en g'. On est dans l'habitude de dire que l'ombre *ressaute* de a' en c', et de d' en f'.

Les points c' et f' sont dits des *points de brisure*.

Aux points de perte a', d', g', la tangente, ainsi que le veut le théorème du n° 96, est inclinée à 45° sur la ligne de terre. Cela résulte immédiatement de l'examen de la figure, la courbe $o'_1a'c'$... étant symétrique de o_1ac... par rapport à une parallèle à la ligne de terre.

Si on suppose que la droite $(oy. o'y')$ est le bord antérieur d'un plan opaque posé sur le cylindre, on a l'ombre indiquée par les hachures de la figure 122.

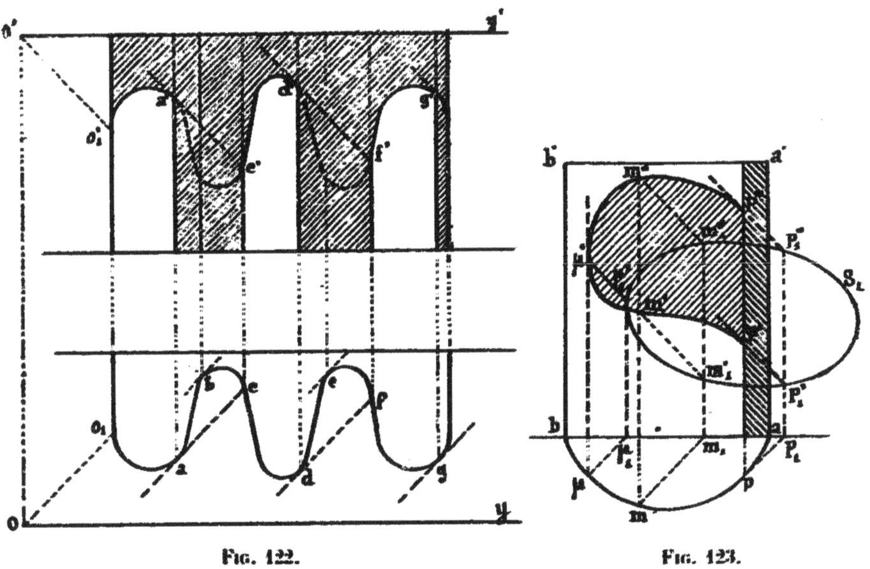

Fig. 122. Fig. 123.

Les architectes appellent dans ce cas la courbe $o'_1a'c'$..... le *décrochement* de l'ombre.

144. Ombre portée par une surface. — Nous allons appliquer la méthode des projections obliques (n° 93), en prenant pour plan de projection le plan du mur.

Commençons donc par construire l'ombre S_1 portée sur le mur par le corps S donné (*fig.* 123). Cela fait, projetons une génératrice quelconque, celle du point m par exemple ; nous obtenons ainsi la droite $m_1m'_1m''_1$ qui coupe S_1 en m'_1 et m''_1. Ces points, par le retour inverse du rayon. donnent les points m' et m'' de la courbe cherchée sur la génératrice du point m.

La génératrice p d'ombre propre du cylindre donne par projection les points p'_1 et p''_1 sur S_1, d'où se déduisent les points de perte p' et p'' où, d'après le théorème du n° 96, la courbe cherchée est tangente respectivement à $p'p'_1$ et $p''p''_1$.

La verticale $\mu_1\mu'_1$ tangente à S_1 donne le point limite μ' de la courbe d'ombre portée, c'est-à-dire le point de cette ombre où la tangente est verticale.

Remarque. — Si la courbe S_1 coupait la génératrice bb', la courbe d'ombre portée couperait évidemment cette génératrice aux mêmes points. On pourrait être tenté de croire, en vertu du théorème du n° 95, que cette courbe d'ombre portée serait tangente en ces points, à bb', mais il faut remarquer que le théorème en question ne s'appliquerait *que si le plan tangent au cylindre le long de bb' était perpendiculaire au plan vertical,* ce qui n'est pas le cas notamment sur la figure 123.

145. Construction de la tangente. — Si l'on veut la tangente en un point quelconque m' de la courbe d'ombre, il n'y a qu'à prendre le point $(m_0.m'_0)$ correspondant de la courbe d'ombre propre du corps S. Si $(m_0t.m'_0t')$ est la tangente à cette courbe en ce point, on en déduit la tangente en m' par la construction donnée au n° 141. Mais on peut varier cette construction. En effet, le plan tangent au cylindre d'ombre de la surface S en $(m_0.m'_0)$ étant également tangent à cette surface contient non seulement la tangente à la courbe d'ombre propre mais encore celle de toute autre courbe tracée sur la surface en ce point, en particulier celle $(m_0\theta.m'_0\theta')$ de la section horizontale (*fig.* 124).

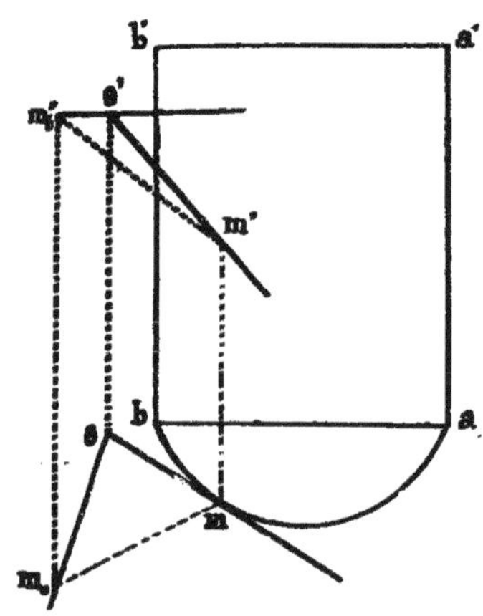

Fig. 124.

Répétons la construction du n° 141 avec cette tangente. La tangente en m à la base du cylindre coupe en θ la tangente $m_0\theta$. Prenons sur l'horizontale de m' la projection verticale θ' de ce point; $m'\theta'$ est la tangente cherchée.

Si $m_0\theta$ est parallèle à $m\theta$, le point θ est rejeté à l'infini ; il en est donc de même de θ' sur $m_0\theta'$, et la tangente en m' est horizontale. Comme la projection $m_0\theta$ est parallèle à la tangente menée dans l'espace à la section horizontale en $(m_0.m'_0)$, on voit qu'*on a les points m' où la tangente est horizontale en prenant sur la courbe d'ombre propre de* S *les points $(m_0.m'_0)$ où la tangente à la section horizontale de la surface est parallèle au plan tangent correspondant du cylindre sur lequel l'ombre est portée.*

b. — Cylindres de révolution en relief

146. Ombres des droites parallèles aux directions principales. — Nous pouvons, d'après ce qui a été dit au n° 129, nous borner à considérer les cylindres de révolution en relief verticaux (*colonnes*).

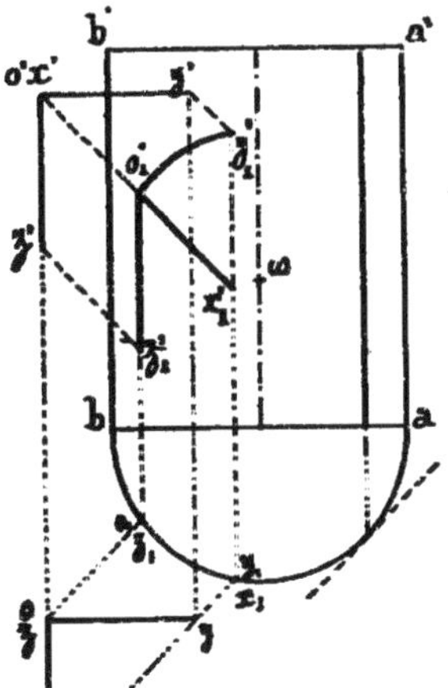

Nous ne reprendrons pas, à propos de ce cas particulier, toutes les solutions qui viennent d'être exposées dans le cas général. Nous nous contenterons d'en faire l'application à quelques exemples empruntés à la pratique courante et donnant lieu à des remarques spéciales.

Fig. 125.

Considérons en premier lieu trois droites OX, OY, OZ, parallèles aux trois directions principales [1] (*fig.* 125).

OZ donne l'ombre verticale $o'_1z'_1$; OX l'ombre, rectiligne à 45°, $o'_1x'_1$; et OY, l'arc $o'_1y'_1$ de la section droite relevée sur le mur. Ayant construit l'ombre o'_1 du point $(o.o')$ on a le centre du cercle $o'_1y'_1$ en prenant sur l'axe, *en dessous de* o_1, le point ω tel que la distance $o'\omega$ soit égale au rayon du cylindre.

[1] On voit que l'écartement des plans verticaux entre lesquels sont compris les points portant ombre sur le cylindre est égal à $R\left(1+\frac{1}{\sqrt{2}}\right)$. Les ombres de ces points sont distribuées en projection verticale sur une bande large également de $R\left(1+\frac{1}{\sqrt{2}}\right)$.

147. Ombre d'un cercle horizontal ayant son centre sur l'axe du cylindre. — Soit le cercle $(cd.c'd')$ portant ombre sur le cylindre $(ab.a'b')$ (*fig.* 126).

Prenons, conformément à ce qui a été dit au n° 140, l'ombre d'un point quelconque $(m.m')$ du cercle ; nous obtenons m'_1.

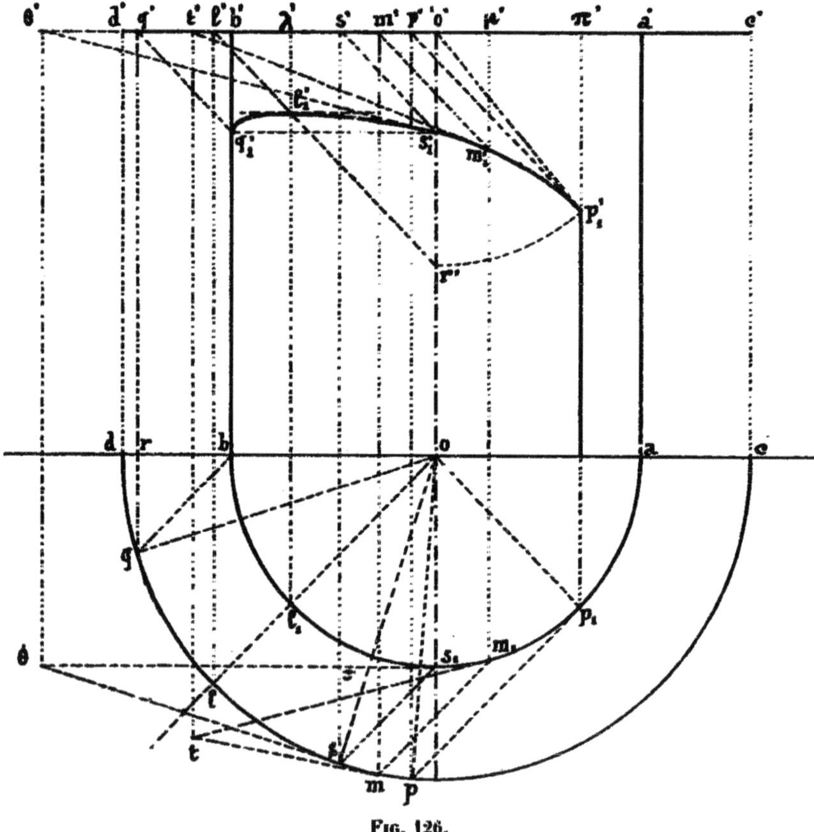

FIG. 126.

D'après le n° 141, la tangente m'_1t' en ce point s'obtient en projetant en t' sur $c'd'$ le point de rencontre t des tangentes en m et en m_1 aux cercles ab et cd.

Remarquons, en outre, que l'on a pour la distance $m'_1\mu'$ du point m'_1 à $c'd'$

$$m'_1\mu' = \frac{m'm'_1}{\sqrt{2}} = \frac{mm_1}{\sqrt{2}}.$$

On conclut de là qu'à deux points m_1 symétriques par rapport à la bissectrice ol de l'angle bos_1 correspondent deux points m'_1 sur une même horizontale.

En particulier, les points b et s_1 étant symétriques par rapport à ol_1, les points q'_1 sur le contour apparent (où la courbe d'ombre portée est tangente à bb') et s'_1 sur l'axe sont sur une même horizontale.

On déduit encore de là que le point l'_1 correspondant à l_1 est le point le plus haut de la courbe d'ombre portée. Cela résulte aussi, d'ailleurs, de la construction donnée ci-dessus pour la tangente.

Quant au point de perte p'_1, il est donné par la tangente pp_1 au cercle ab, parallèle à ol_1. On sait, en outre, que la courbe d'ombre portée est tangente en ce point à $p'p'_1$.

Remarquons que l'on a

$$
\begin{aligned}
o'p'_1 &= \sqrt{\overline{o'\pi'}^2 + \overline{p'_1\pi'}^2} \\
&= \sqrt{\overline{\frac{op_1}{2}}^2 + \overline{\frac{pp_1}{2}}^2} \\
&= \frac{op}{\sqrt{2}} = \frac{ol}{\sqrt{2}} \\
&= o'l' = o'r',
\end{aligned}
$$

ce qui permet d'obtenir le point p'_1 par l'intersection de la génératrice d'ombre propre $p'_1\pi'$ et du cercle de centre o' et de rayon $o'r'$.

On voit donc qu'on a immédiatement les points $q'_1 l'_1$, s'_1 et p'_1 de la courbe cherchée ainsi que les tangentes en trois d'entre eux ; cherchons la tangente au quatrième s'_1.

La construction générale du n° 141 nous montre que, si nous projetons en θ' sur $c'd'$ le point de rencontre θ des tangentes en s et en s_1 aux cercles cd et ab, la tangente en s'_1 est $s'_1\theta'$. Nous allons simplifier le tracé de cette tangente. Pour cela, remarquons que, les points s et q étant symétriques par rapport à ol, on a

$$\widehat{sos_1} = \widehat{qor}$$

ou

$$\widehat{s\theta s} = \widehat{qor}.$$

D'autre part

$$s\sigma = \frac{ss_1}{\sqrt{2}} = \frac{bq}{\sqrt{2}} = qr.$$

Il en résulte que les triangles rectangles $s\theta\sigma$ et qor sont égaux et, par conséquent, que

$$\sigma\theta = or.$$

Donc

$$o'\theta' = s_1\theta = s_1\sigma + \sigma\theta = br + or.$$

Mais on a aussi

$$o'\theta' = o'q' + q'\theta' = or + q'\theta'.$$

Il vient finalement

$$q'\theta' = b'q',$$

D'où cette construction pour le point θ' : *prolonger $b'q'$ d'une longueur égale $q'\theta'$.*

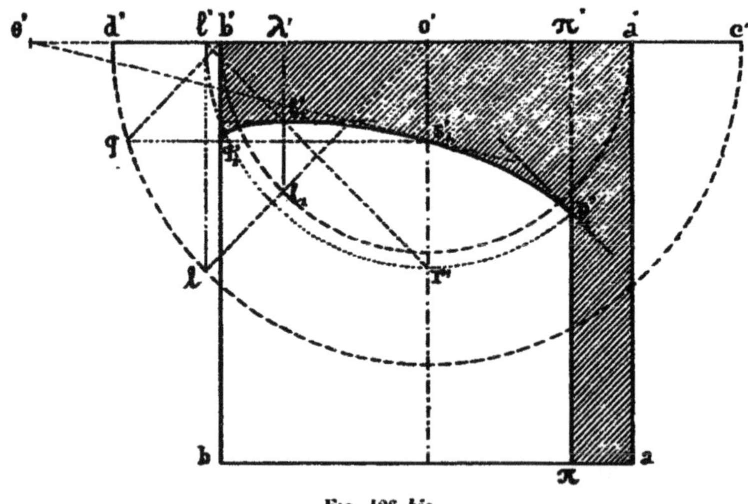

Fig. 126 *bis*.

Résumé. — Dégageant la figure de toutes les lignes qui ne servent qu'à la démonstration et nous bornant à la construction des quatre points q'_1, l'_1, s'_1, p'_1, qui suffisent, avec leurs tangentes, pour le tracé de la courbe, nous obtenons la construction suivante (*fig.* 126 *bis*), le plan du cercle ($cd.c'd'$) étant pris pour plan horizontal.

1° Tirant la droite $b'q$ à 45° sur $b'd'$, on projette le point q en q'_1 sur bb' et en s'_1 sur l'axe.

La tangente en q'_1 est bb' ; celle en s'_1, la droite $s'\theta'$ telle que $b'\theta' = 2b'q'_1$.

2° Tirant la droite $o'll_1$ à 45° sur $o'b'$, on projette l et l_1 en l' et λ' sur $c'd'$ et on prend le symétrique π' de λ' par rapport à o', ce qui donne la génératrice d'ombre propre $\pi\pi'$. On décrit ensuite le cercle de centre o' et de rayon $o'l'$. Il coupe $\pi\pi'$ en p'_1 et l'axe en r'. La droite $l'r'$ coupe $l_1\lambda'$ en l'_1.

La tangente en l'_1 est horizontale, celle en p'_1 parallèle à $l'r'$.

148. Ombre d'une surface de révolution ayant même axe que le cylindre. — Sur la figure 127, nous avons représenté, pour la plus grande facilité du dessin, une sphère ayant son centre sur l'axe du cylindre, mais rien, dans ce que nous allons dire, n'étant spécial à la sphère, nous donnerons les explications comme s'il s'agissait d'une surface de révolution quelconque d'axe oo'.

Nous allons appliquer la méthode indiquée au n° 144. Construisons donc d'abord l'ombre portée S'_1 par la surface sur le mur (¹).

Pour un point quelconque m' de la courbe cherchée, nous n'avons rien à ajouter à ce qui a été dit au n° 144, non plus que pour la tangente en ce point, qu'on obtiendra conformément à ce qui a été dit au n° 145, en se servant de la tangente au parallèle horizontal de la surface passant au point correspondant de la courbe d'ombre propre.

Bornons-nous donc à dire quelques mots des points remarquables de la courbe cherchée, qui s'obtiennent immédiatement et dont la connaissance suffit pour le tracé de cette courbe :

1° Le point g' où la courbe S'_1 rencontre la génératrice bb' de contour apparent appartient à la courbe cherchée, qui est angente en ce point à bb' ;

2° On voit immédiatement, en remarquant que le cylindre vertical et le cylindre d'ombre ont pour plan de symétrie commun celui

(¹) Dans le cas de la sphère, cette courbe est l'ellipse dont la construction est indiquée au n° 121. Dans le cas d'une surface de révolution, c'est la courbe dont la construction est indiquée au n° 122.

qui est mené par l'axe parallèlement à la direction des rayons lumineux, c'est-à-dire le plan vertical de trace oh, que les points de l'ombre portée, situés sur deux génératrices symétriques par rapport

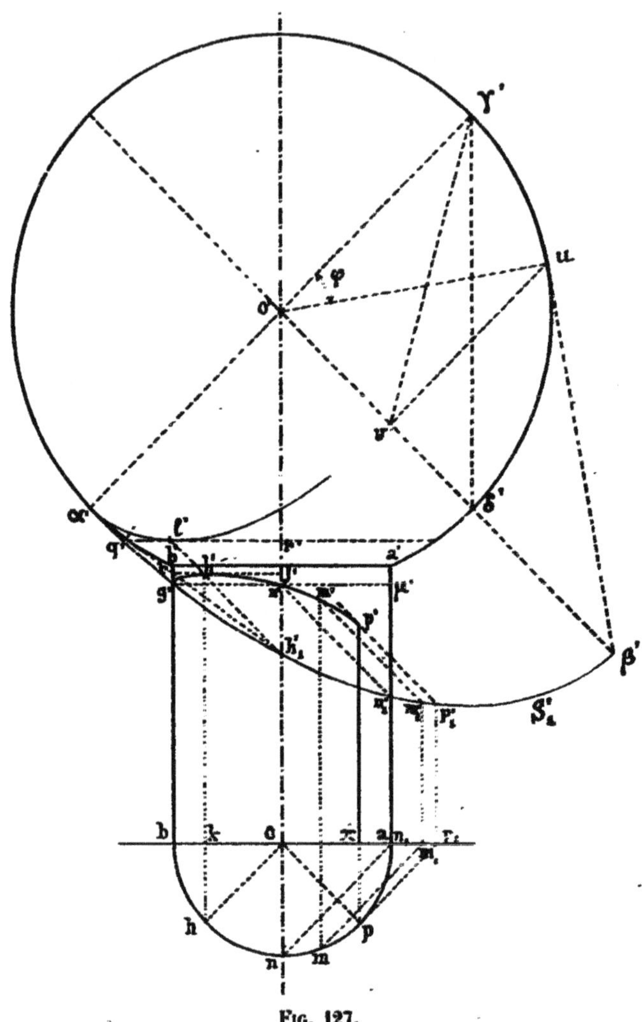

Fig. 127.

à ce plan, sont à la même hauteur au-dessus du sol. Il en résulte que le point n' où l'horizontale de g' rencontre oo' appartient aussi à la courbe d'ombre portée.

A titre de vérification, projetons obliquement, pour avoir ce point, la génératrice du point n. Cette projection oblique est la génératrice aa'. Or, d'après l'observation faite au n° 122 (deuxième remarque) le point n'_1 où S'_1 coupe aa' s'obtient en portant

$$\mu n'_1 = n'\mu.$$

Le rayon passant en n'_1 donne donc bien le point n' précédemment obtenu ;

3° Puisque deux génératrices symétriques par rapport au plan vertical passant par oh donnent des points à la même hauteur, le point le plus haut h' sera sur la génératrice projetée en h.

Remarquons que ce point h' est l'ombre portée par le point le plus bas l' de la courbe d'ombre propre de la surface, c'est-à-dire par le point de cette courbe situé sur le parallèle limite $q'r'$ le long duquel les plans tangents font l'angle φ avec l'horizon ;

4° La génératrice d'ombre propre pp' du cylindre donne, par le point de rencontre p'_1 de sa projection oblique avec S'_1 et le retour inverse du rayon p'_1p' le point de perte p', où la courbe d'ombre propre est tangente à $p'p'_1$.

On peut remarquer que le triangle rectangle isocèle opp_1 donne

$$op_1 = 2\,o\pi.$$

149. Remarques spéciales relatives au cas de la sphère. — Tout ce qui vient d'être dit subsisterait intégralement si, sur la figure 127, on avait substitué à la sphère qui a été dessinée une surface de révolution quelconque d'axe oo'.

Voici maintenant quelques remarques spéciales pour le cas de la sphère.

La courbe S'_1 est alors l'ellipse définie au n° 121, dont les demi-axes sont

$$o'\alpha' = \mathrm{R}, \qquad \text{et:} \qquad o'\beta' = \frac{\mathrm{R}}{\sin\varphi}.$$

Pour trouver les points g', $h'_1p'_1$ nous avons à prendre l'intersection de cette ellipse avec des droites verticales. Pour déterminer ces points d'intersection, nous pouvons considérer le cercle $\alpha'\delta'$ comme une projection de l'ellipse $\alpha\beta'$. Cherchons dès lors la direction des droites du plan du cercle correspondant aux droites du plan de l'ellipse parallèles à oo'.

Par exemple, à la droite $\gamma'\delta'$ parallèle à oo' correspondra la droite $\gamma'v$ telle que :

$$\frac{o'v}{o'\delta'} = \frac{o'\delta'}{o'\beta'}, \qquad \text{ou} \qquad o'v.o'\beta' = \overline{o'\delta'}^2.$$

Cela montre que le point v est le pied de la perpendiculaire abaissée sur $o'\delta'$ du point de contact u de la tangente menée de β' au cercle. Or, d'après ce qui a été dit au n° 121, ce point u est tel que :

$$\widehat{\gamma' o' u} = \varphi.$$

Appliquons cette remarque. Par l'extrémité s (*fig.* 128) du rayon horizontal, menons la parallèle st à $o'\gamma'$ jusqu'en sa rencontre t avec la tangente

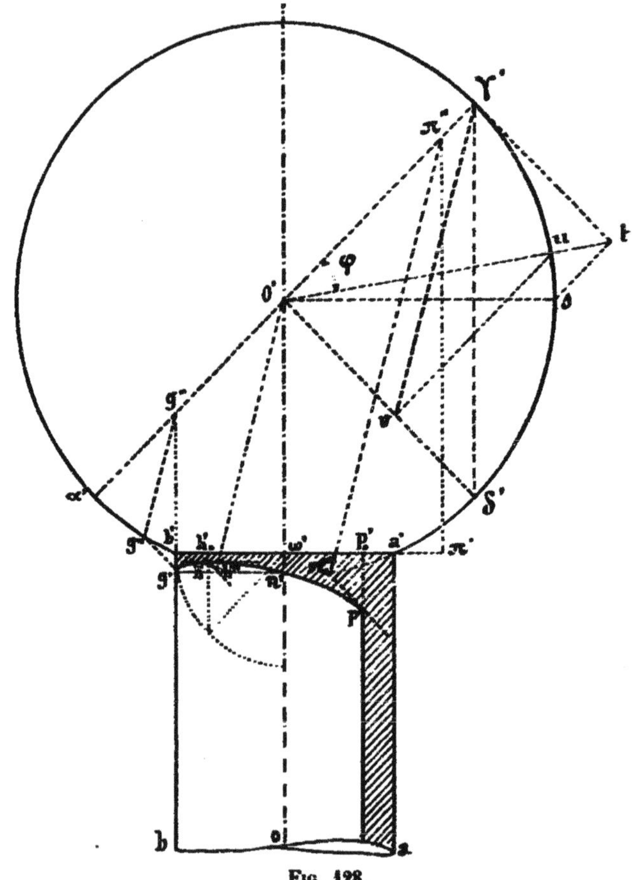

Fig. 128.

en γ'; tirons ot qui coupe le cercle en u, et projetons u en v sur $o'\delta'$. La droite $\gamma'v$ donne la direction cherchée.

Cela fait, reprenons la construction dans ce cas spécial des points g', h', et p' :

1° Par le point g'' où la génératrice bb' coupe $o'\alpha$ menons $g''g'''$ parallèle à $\gamma'v$, et par g''' une perpendiculaire à $o'\alpha$, qui donne sur bb' le point g' où la courbe d'ombre portée est tangente à bb';

2° Abaissons de g' la perpendiculaire $g'n'$ sur oo' ; nous avons ainsi le point n';

3° Ayant construit la parallèle $h'h'_0$ à oo' telle que

$$\omega' h'_0 = \frac{\omega' b'}{\sqrt{2}},$$

menons par o' à $\gamma' v$ une parallèle qui coupe le cercle en h'''. La perpendiculaire à $o'\alpha'$ menée par h''' coupe $h'h'_0$ en h' où la courbe d'ombre portée a une tangente horizontale.

4° Ayant pris

$$\omega' p'_0 = \omega' h'_0,$$

ce qui donne un point de la génératrice d'ombre propre du cylindre, et

$$p'_0 \pi' = \omega' p'_0,$$

ce qui donne un point de la projection oblique sur le mur de cette génératrice, on mène, par le point π'' où cette projection oblique rencontre $o'\gamma'$, une parallèle $\pi''\pi'''$ à $\gamma' v$ qui coupe le cercle en π'''. La perpendiculaire à $o'\alpha'$ menée par π''' coupe la génératrice d'ombre propre au point p' où la courbe d'ombre portée est tangente à $\pi''' p'$.

c. — Cylindres de révolution en creux

150. Ombre des droites parallèles aux directions principales [1]. — La seule différence existant entre ce cas et celui qui a été examiné au n° 146 consiste en ce que la projection verticale $o'_1 y'_1$ (*fig.* 129) de l'ombre d'une droite ($oy.o'y'$) parallèle à la ligne de terre est un arc d'un demi-cercle égal à la section du cylindre, mais rabattu cette fois *vers le bas*.

151. Ombre du cercle complétant la base supérieure du cylindre. — Ce cercle appartenant au cylindre sur lequel les ombres sont portées, le cylindre formé par les rayons lumineux qui rencontrent ce cercle coupera, d'après un théorème bien connu, le premier cylindre suivant une ellipse. La projection de la courbe d'ombre portée sera donc elle-même une ellipse.

[1] Ici, l'écartement des plans verticaux entre lesquels sont compris les points portant ombre sur le cylindre est égal à $R\sqrt{2}$, et les ombres de ces points sont distribuées en projection verticale sur une bande de largeur R.

Il est très facile de déterminer cette ellipse, dont le centre est d'ailleurs, bien évidemment, le point o' milieu de $a'b'$ (*fig.* 130).

Le point $(n.n')$, où le plan vertical contenant le rayon lumineux est tangent au cylindre, donne n'.

Le point $(b.b')$ donne b'_1 sur l'axe, tel que

$$o'b'_1 = o'b'.$$

Le point $(q.q')$, dans le plan vertical incliné à 45° sur ob, donne q'_1, où la tangente est horizontale.

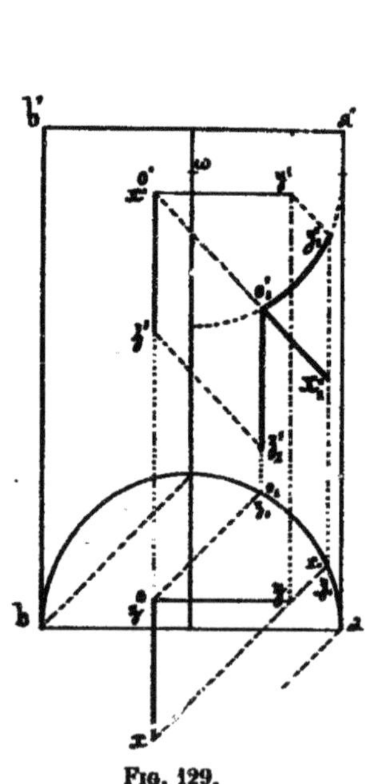

Fig. 129.

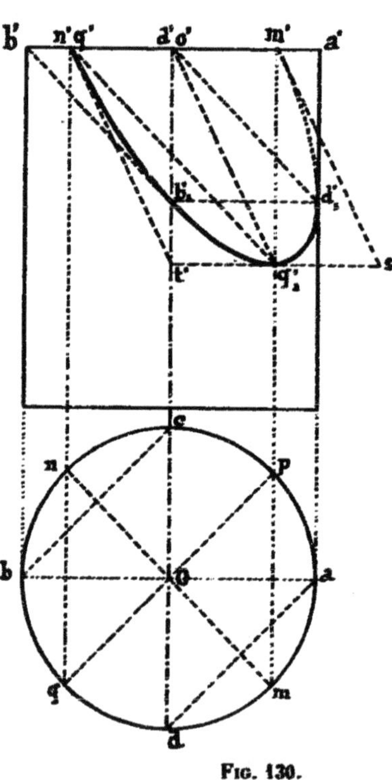

Fig. 130.

Enfin, le point $(d.d')$, dans le plan de profil de l'axe, donne d'_1 sur la génératrice de contour apparent, où l'ellipse est tangente à cette génératrice.

Puisque la tangente en q'_1 est parallèle à $o'q'$, $o'q'_1$ et $o'q'$ constituent un système de demi-diamètres conjugués, et la tangente $q't'$ en q' est parallèle à $o'q'_1$.

Remarquons que

$$m'q'_1 = q'm' = 2\,o'm'.$$

Donc la droite $o'q'_1$ a un coefficient angulaire, compté au-dessous de $o'a'$, égal à 2.

De même, la tangente en d'_1 étant parallèle à $o'b'_1$, $o'b'_1$ et $o'd'_1$ constituent un autre système de diamètres conjugués, et la tangente en b'_1 est parallèle à $o'd'_1$, c'est-à-dire confondue avec $b'b'_1$.

152. Ombre d'une demi-arche circulaire. — Par application de la remarque faite au n° 139 et se rapportant à la figure 119, nous pouvons déduire immédiatement de là l'ombre autoportée d'une demi-arche circulaire dont le profil est rabattu en ab (*fig.* 131).

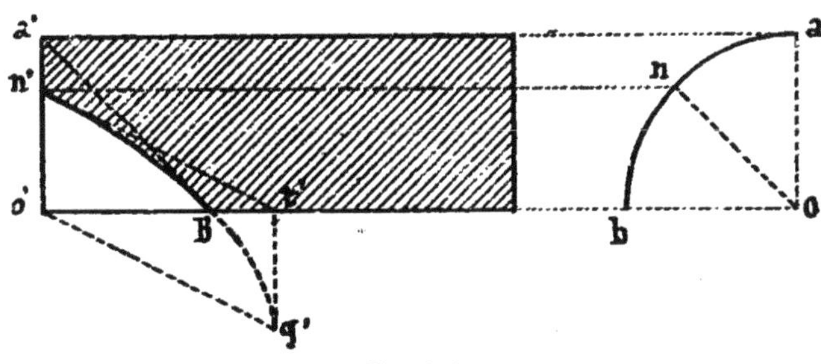

Fig. 131.

Le rayon à 45° *on* donne le point n'. Portons sur l'axe la longueur $o't' = 2o'n'$ et élevons en t' à $o't'$ la perpendiculaire $t'q'$ égale à $o'n'$.

La courbe d'ombre est un arc de l'ellipse dont $o'q'$ et $o'n'$ sont des diamètres conjugués, cet arc commençant au point n', où il est tangent à $n't'$, et finissant au point b', tel que $a'b' = o'a'$, où il est tangent à $a'b'$.

153. Ombre d'un cercle de front obtenu en faisant tourner une section du cylindre complet autour de son diamètre horizontal. — L'ombre du diamètre $a'b'$ (*fig.* 132) est le quart de cercle $a'b'_1$ (n° 150). Prenons sur ce cercle l'ombre m'_1 du point m' du diamètre $a'b'$, obtenue en menant le rayon $m'm'_1$ à 45°. Les ordonnées $m'p'$ et $m'q'$ portent ombre en vraie grandeur en $m'_1p'_1$ et $m'_1q'_1$. Nous obtiendrons ainsi autant de points que nous voudrons de la courbe d'ombre cherchée.

Remarquons tout de suite que cette ombre est tangente en b'_1 à oo' et en a' à aa'. Elle touche, en outre, les tangentes lumineuses $c'c'_1$

et $d'd'_1$ au cercle (n° 95) aux points c'_1 et d'_1 déduits de c' et d' comme p'_1 l'a été de p'.

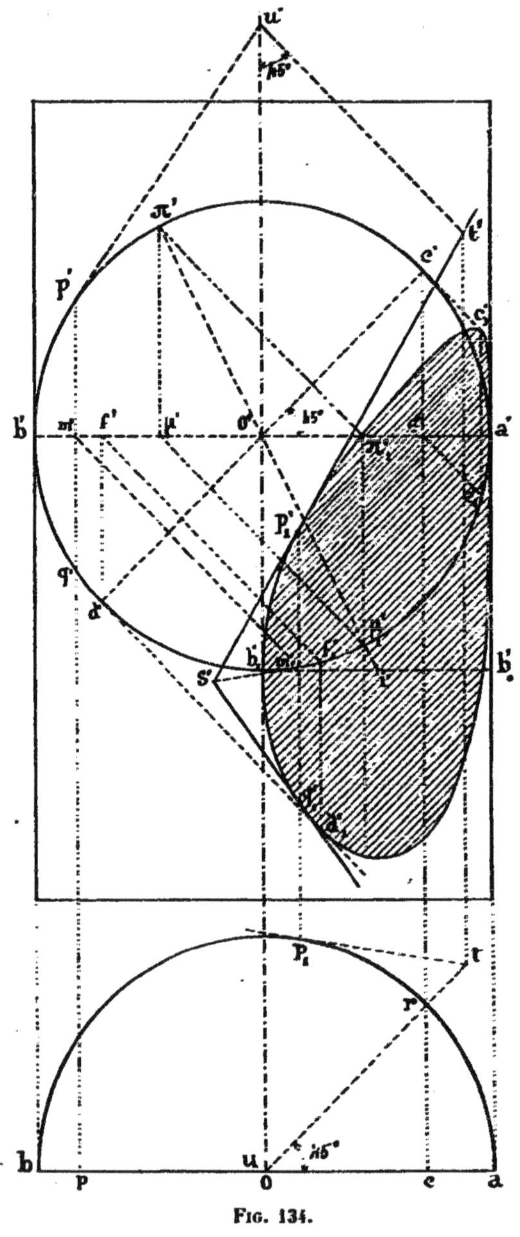

Fig. 134.

Cherchons la tangente au point p'_1. Pour cela, prenons l'intersection du plan tangent au cylindre vertical le long de la génératrice $p_1p'_1$, plan dont la trace est p_1t avec le plan tangent au cylindre d'ombre le long de $(pp_1.p'p'_1)$, déterminé par cette droite et la tangente $(pu.p'u')$ au cercle.

Coupons ces deux plans par le plan vertical de trace or, mené par l'axe et la direction des rayons lumineux.

Le premier donne comme intersection la verticale t ; le second, la droite $u't'$ parallèle aux rayons lumineux. Ces droites d'intersection se coupent en t'. La tangente cherchée est p'_1t'.

Puisque q'_1 est symétrique de p'_1 par rapport à m'_1, la tangente en q'_1 passe par le point de rencontre s'_1 de la tangente p'_1t' et de la tangente menée en m'_1 au cercle.

Pour avoir le point π'_1 où la courbe cherchée coupe $a'b'$, remarquons que, puisque

$$\mu'_1\pi'_1 = \mu'\pi',$$

la droite $\pi'\mu'_1$ est alors un diamètre. Mais $\pi\pi'_1$ étant à 45° sur $o'b'$, on a

$$\mu'\pi'_1 = \mu'_1\pi'_1,$$

ou

$$o'\pi' = \frac{\mu'_1\pi'_1}{2}.$$

Donc, le coefficient angulaire de $o'\mu'_1$ par rapport à $o'a'$ est égal à 2, et, par suite, $o'\mu'_1$ passe par le milieu i' du rayon $b'_1b'_0$.

154. Ombre d'une sphère inscrite dans le cylindre. — Il serait facile de trouver l'ombre sur le cylindre d'une surface de révolution quelconque en appliquant, comme au n° 148, la méthode indiquée au n° 144. Il est donc inutile d'insister sur ce point.

Mais ici se présente un cas particulier intéressant, celui de la sphère inscrite dans le cylindre. Nous allons nous y arrêter.

Dans ce cas, le cylindre sur lequel les ombres sont portées et le cylindre d'ombre, étant circonscrits à une même sphère, se coupent, d'après un théorème connu, suivant deux ellipses.

La projection de la courbe d'ombre est donc une ellipse.

Pour construire cette ellipse, donnons à la figure une rotation de 45° dans le sens de la flèche autour de la verticale oo' (*fig.* 133).

Le cylindre d'ombre est alors parallèle au mur, ses génératrices étant inclinées à l'angle φ sur l'horizon. Pour avoir la direction de ces génératrices, il suffit de mener par l'extrémité u' du rayon $o'u'$ à 45° sur $o'a'$ l'horizontale $u'v'$ qui coupe aa' en v'. La droite $o'v'$ donne la direction cherchée.

Menons donc au cercle o' la tangente $\alpha' l'_0$ parallèle à $o'v'$. Nous avons en $o'l'_0$ la projection verticale de l'ombre cherchée, *après rotation.* Il suffit donc de remettre ses points en place par une rotation inverse de la précédente.

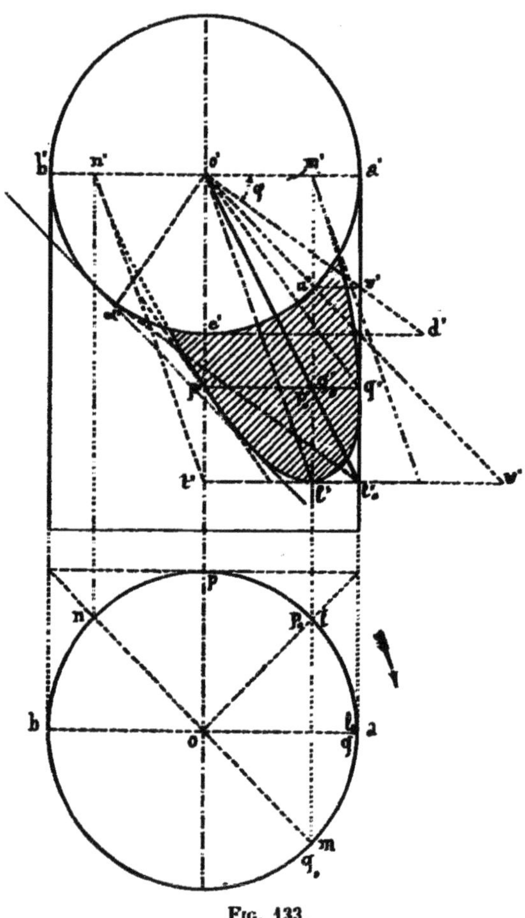

Fig. 133.

Le point $(l_0.l'_0)$ donne ainsi $(l.l')$ où la tangente est horizontale.

Les deux points projetés verticalement en o' donnent $(m.m')$ et $(n.n')$.

Les points $(p_0.p'_0)$ et $(q_0.q'_0)$ donnent $(p.p')$ et $(q.q')$.

Au point q' l'ellipse d'ombre est tangente au contour apparent.

Par le même raisonnement qu'au n° 151, on voit que $o'n'$ et $o'l'$ d'une part, $o'p'$ et $o'q'$ de l'autre, constituent deux systèmes de diamètres conjugués de l'ellipse cherchée.

Donc la tangente $n't'$ en n' est parallèle à $o'l'$, et la tangente en p' parallèle à $o'q'$.

A titre de vérification on doit trouver que l'ellipse tracée et le cercle o' ont même tangente parallèle à $o'u'$.

Remarque. — Il est facile de calculer les longueurs $m'l'$ et $a'q'$. En effet, l'angle $a'l'_0t'$ étant égal à φ, on a

$$\widehat{o'l'a'} = \frac{90^\circ - \varphi}{2} = 45^\circ - \frac{\varphi}{2}.$$

Donc, en appelant R le rayon de la sphère, qui est aussi celui du cylindre,

$$m'l' = a'l'_0 = R \operatorname{cotg}\left(45^\circ - \frac{\varphi}{2}\right),$$

et

$$a'q' = m'q'_0 = \frac{R}{\sqrt{2}}\left(\operatorname{cotg} 45^\circ - \frac{\varphi}{2}\right).$$

Pour trouver la valeur de $\operatorname{cotg}\left(45^\circ - \frac{\varphi}{2}\right)$, remarquons que

$$\operatorname{cotg}\left(45^\circ - \frac{\varphi}{2}\right) = \frac{1 + \operatorname{tg}\frac{\varphi}{2}}{1 - \operatorname{tg}\frac{\varphi}{2}},$$

Or,

$$\operatorname{tg}\frac{\varphi}{2} = \sqrt{\frac{1 - \cos\varphi}{1 + \cos\varphi}} = \sqrt{\frac{1 - \sqrt{\frac{2}{3}}}{1 + \sqrt{\frac{2}{3}}}},$$

ou en multipliant haut et bas sous le radical par $1 - \sqrt{\frac{2}{3}}$,

$$\operatorname{tg}\frac{\varphi}{2} = \frac{1 - \sqrt{\frac{2}{3}}}{\sqrt{\frac{1}{2}}} = \sqrt{3} - \sqrt{2}.$$

Dès lors

$$\operatorname{cotg}\left(45^\circ - \frac{\varphi}{2}\right) = \frac{1 + \sqrt{3} - \sqrt{2}}{1 - \sqrt{3} + \sqrt{2}}.$$

Multipliant haut et bas par $1 + \sqrt{3} - \sqrt{2}$, on a

$$\operatorname{cotg}\left(45^\circ - \frac{\varphi}{2}\right) = \frac{3 + \sqrt{3} - \sqrt{2} - \sqrt{6}}{\sqrt{6} - 2},$$

et, multipliant encore haut et bas par $\sqrt{6}+2$

$$\operatorname{cotg}\left(45^\circ-\frac{\varphi}{2}\right)=\frac{\sqrt{6}+\sqrt{2}}{2}=1{,}9313\ldots$$

Ainsi $a'l_0$ *est un peu inférieur au double du rayon.*

Remarquons encore que, si nous prolongeons $o'u'$ jusqu'en w', nous avons

$$a'l_0=\frac{o'w'}{\sqrt{2}}=\frac{R+u'w'}{\sqrt{2}}.$$

Donc

$$u'w'=R\sqrt{3}=\frac{R}{\sin\varphi}$$

(longueur du grand axe de l'ellipse d'ombre portée de la sphère sur le mur).

Par suite, si la tangente horizontale $c'd'$ au cercle coupe $o'v'$ en d', on a

$$u'w'=o'd'.$$

B. — *Cônes*

a. — Généralités

155. Ombre portée par un point ou par une ligne sur un cône. — L'ombre du point $(m.m')$ sur le cône *sab* (*fig.* 134), c'est le premier point de rencontre de ce cône et du rayon lumineux passant par $(m.m')$. La détermination de ce point est un problème connu de Géométrie descriptive. Rappelons-en la solution en quelques mots.

Le plan passant par le sommet du cône et le rayon lumineux du point $(m.m')$ a pour trace horizontale la droite joignant la trace horizontale h de ce rayon lumineux à la trace horizontale k de la droite $(sm.s'm')$. Par suite, μ étant le point où hk rencontre la base du cône, $s\mu$ est la projection de la génératrice du cône contenue dans le plan qui vient d'être mené, et le point m_1, où $s\mu$ rencontre mh, est la projection horizontale de l'ombre cherchée, dont une ligne de rappel donne en m'_1 la projection verticale. A titre de vérification, on doit trouver que le point m'_1 est sur la projection verticale $s'\mu'$ de la génératrice d'intersection.

S'il s'agit de construire l'ombre d'une ligne, on n'a qu'à construire par ce procédé les ombres d'un certain nombre de ses points.

Pour déduire des projections $(mt.m't')$ de la tangente en $(m.m')$ à la courbe, qui porte ombre, celles de la tangente en $(m_1.m'_1)$ à la courbe d'ombre portée on n'a qu'à prendre, comme dans le cas du cylindre, le point de rencontre $(t.t')$

de la tangente donnée avec le plan tangent au cône le long de la génératrice $(sm_1 . s'm'_1)$.

Le plan projetant horizontalement la tangente a pour trace mt, qui coupe en u la tangente en μ à la base du cône, et en v la projection horizontale $s\mu$ de la génératrice. Prenons les projections verticales u' et v' de ces points. La

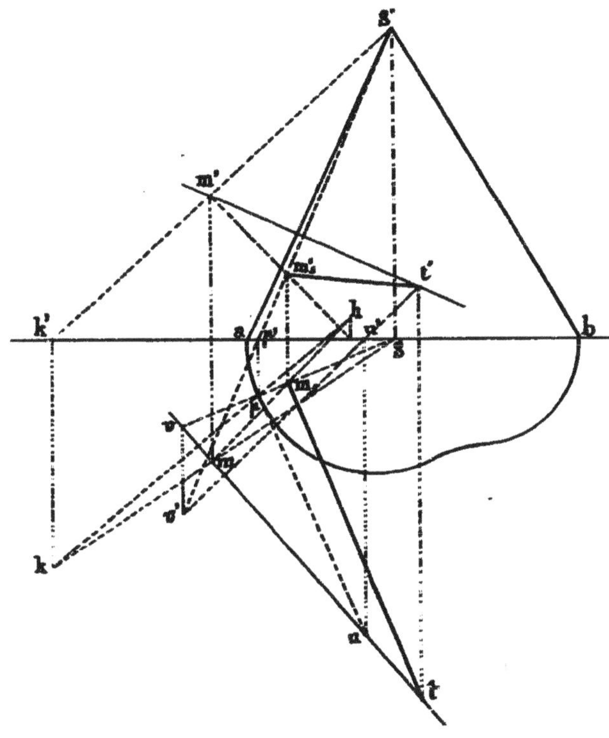

Fig. 134.

droite $u'v'$ donne sur $m't'$ le point t' cherché, dont la projection horizontale est en t. Les projections de la tangente cherchée sont m_1t et m'_1t'.

Remarque. — On peut encore obtenir l'ombre portée par une ligne sur un cône en employant la méthode des projections obliques, exposée dans le numéro suivant pour le cas des surfaces.

156. Ombre portée par une surface sur un cône. — Nous allons employer la méthode des projections obliques en prenant comme plan de projection le mur supposé mené par la verticale du sommet du cône (*fig.* 135) et comme sections du cône ses génératrices.

Donnons-nous donc la projection oblique C'_1 du corps portant ombre, c'est-à-dire son ombre portée sur le mur, supposée obtenue comme il a été dit précédemment (§ 3, A).

L'ombre portée sur le mur par le pied $(m.m')$ d'une génératrice quelconque est le point m'_1 obtenu en élevant en m à mm' la perpendiculaire mm'_1 égale à mm' (n° 115).

L'ombre $s'm'_1$ de cette génératrice coupe la courbe C'_1 aux points μ'_1 et μ''_1 qui, par le retour inverse du rayon, donnent sur $s'm'$ en projection verticale les points μ' et μ'' où la courbe d'ombre portée rencontre cette génératrice.

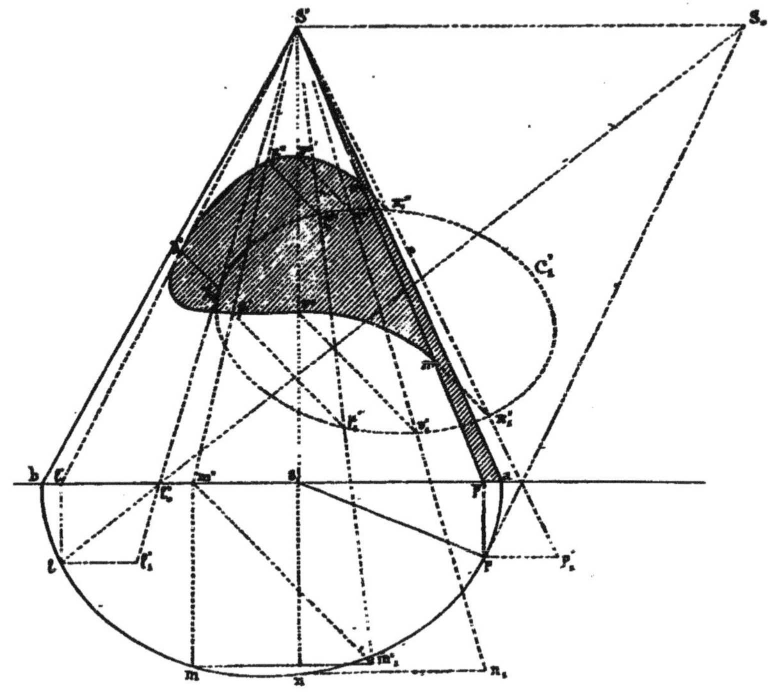

Fig. 135.

Les projections horizontales correspondantes s'obtiendraient immédiatement sur sm. Mais, pour plus de clarté dans la figure, nous nous bornons ici à construire la projection verticale.

En faisant varier la génératrice ($sm.s'm'$) nous obtenons, par ce procédé, autant de points que nous voulons, par exemple les points v' et v'' dans le plan de profil du sommet, les points de perte π' et π'' sur la génératrice d'ombre propre du cône, génératrice obtenue par la construction du n° 107 (¹).

En ces points de perte π' et π'' les tangentes à la courbe cherchée sont $\pi'\pi'_1$ et $\pi''\pi''_1$ (n° 96).

Cherchons le point limite λ' de la courbe d'ombre portée, c'est-à-dire le point de contact de cette courbe et de la tangente qui lui est menée du point s'. La projection oblique correspondante $s'l'_1$ est tangente à C'_1. Il est donc facile de la mener, ce qui détermine le point λ'_1. Le point λ' sera sur le rayon lumineux

(¹) Rappelons en deux mots cette construction : sur la perpendiculaire élevée à ss' en s' porter $s's'_0 = ss'$ et mener du point s_0 à la courbe de base la tangente s_0p, puis projeter p en p' sur ab.

du point λ'_1. Pour achever de le déterminer, il faut connaître le pied $(l.l')$ de la génératrice correspondante.

Considérons les points s', l'_0 et l'_1 du plan du mur; les rayons lumineux passant par ces points coupent le sol aux points l (cherché), l'_0 et s_0, trace sur le sol du rayon lumineux de s'_1 qui nous a servi à construire la génératrice d'ombre propre du cône. Il en résulte que les points s_0, l'_0 et l sont en ligne droite. Il suffit donc de tirer la droite $s_0 l'_0$ pour obtenir le point l qui, projeté en l', donne la génératrice $s'l'$ sur laquelle est λ'.

b. — Cônes de révolution

157. Nous pourrions, comme nous l'avons fait dans le cas du cylindre, traiter des exemples variés de l'application de ces principes généraux au cas des cônes de révolution, mais, outre qu'aucune difficulté nouvelle ne vient s'ajouter à ce qui a été vu pour les cylindres, il y a lieu d'observer que les ombres portées sur des cônes se présentent, dans la pratique, bien plus rarement que celles portées sur des cylindres. Nous ne croyons donc pas nécessaire d'insister sur ce point.

Nous dirons néanmoins quelques mots des ombres portées sur un cône de révolution à axe vertical par des droites parallèles aux directions principales.

158. Ombre portée par une perpendiculaire au mur ou une parallèle à la ligne de terre. — L'ombre portée par une per-

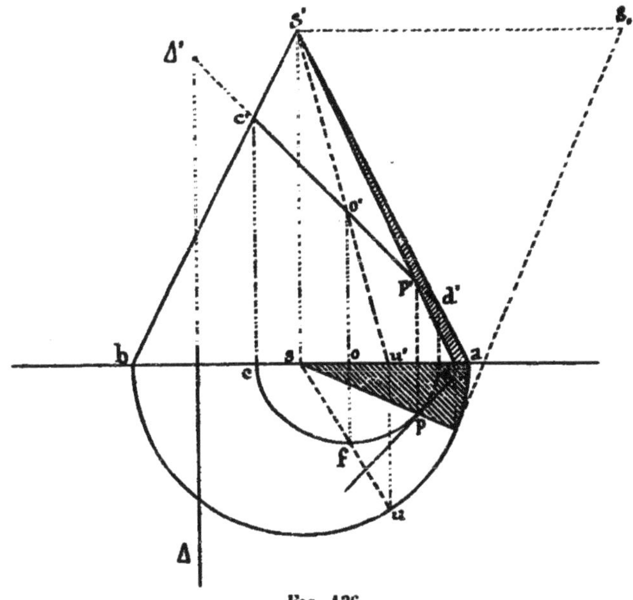

Fig. 136.

pendiculaire au mur a pour projection verticale une droite à 45°, $c'd'$, qui se perd en p', dans la génératrice d'ombre propre du cône. En projection horizontale, on a une ellipse dont un axe a pour extrémités les projections c et d de c' et d' (*fig.* 136). Le centre o est la projection du milieu o' de $c'd'$. Pour avoir l'axe of perpendiculaire cd, il n'y a qu'à prendre la génératrice $(su.s'u')$, dont la projection verticale $s'u'$ passe par o', puisque l'axe perpendiculaire à $(cd.c'd')$ se projette verticalement tout entier en o'. La droite su coupe oo' au point f cherché.

On a, sur la projection horizontale st de la génératrice d'ombre, le point de perte p par la ligne de rappel de p'. En p la tangente est à 45° sur a (n° 96).

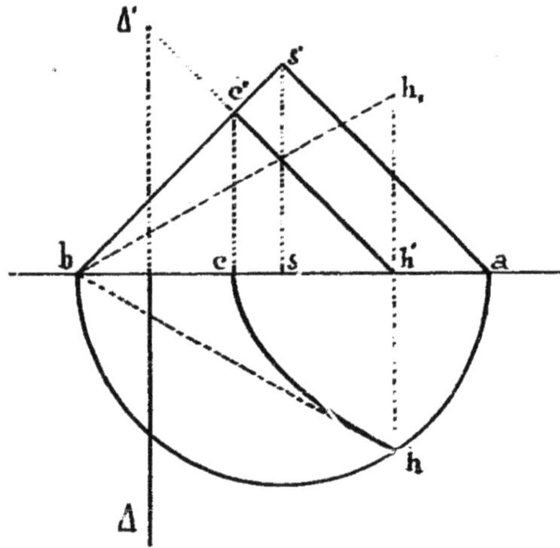

FIG. 137.

Si l'angle au sommet du cône est de 90°, c'est-à-dire si ses génératrices sont inclinées à 45° sur l'horizon, le plan mené par la droite $(\Delta.\ \Delta')$ et la direction des rayons lumineux coupe le cône suivant une parabole (*fig.* 137)

Le point c est le sommet de cette parabole qui a son axe dirigé suivant ab et coupe le plan de la base au point $(h.\ h')$. Le point c étant le milieu de bh', on voit, d'après une propriété bien connue de la parabole, que bh est tangente à cette courbe au point h.

Si on veut appliquer la construction de la parabole donnée au n° 59, il n'y a qu'à prendre la seconde extrémité h_1 de la corde hh', avec la tangente bh_1 en ce point.

Pour avoir l'ombre portée par une parallèle à la ligne de terre, il n'y a qu'à faire tourner la figure précédente d'un angle droit dans le sens direct.

159. Ombre portée par une verticale. — Cette ombre, qui est l'intersection du cône par le plan vertical mené par la droite donnée et la direction des rayons lumineux, plan dont la trace horizontale est Δf (*fig.* 138), est une hyperbole.

Faisons tourner le plan sécant autour de ss' pour l'amener à être de profil. Le point h vient en h_1, et la verticale menée par ce point coupe $s'u$ en h_1, qui, ramené en arrière, d'une rotation égale, donne le sommet h' de l'hyperbole en projection verticale.

Le centre o' de cette hyperbole est le pied de la perpendiculaire abaissée de s' sur hh'.

Les asymptotes sont parallèles aux génératrices contenues dans le plan mené par l'axe parallèlement au plan sécant, c'est-à-dire au plan mené par l'axe et dont la trace horizontale sm est parallèle à fh.

Donc $o'\mu'$ parallèle à $s'm$ est une asymptote de la projection verticale. La seconde asymptote est symétrique de la précédente par rapport à $o'h'$.

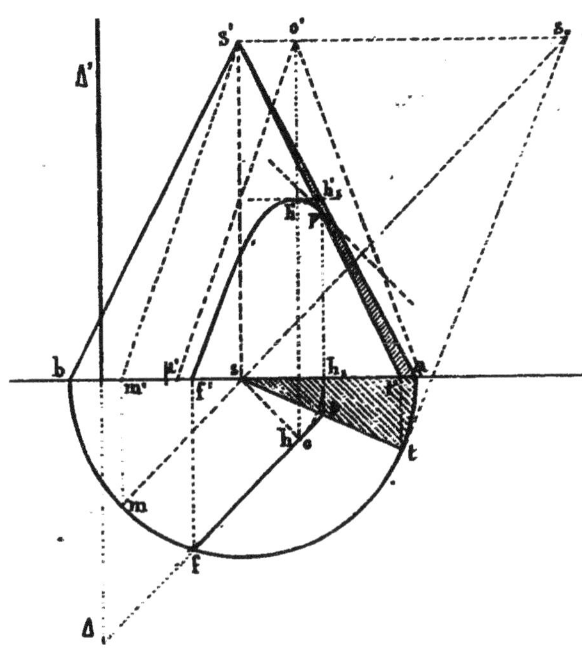

Fig. 138.

Ayant le sommet h' et les asymptotes de l'hyperbole cherchée, on n'a qu'à appliquer la construction du n° 57.

Remarquons, toutefois, qu'on connaît immédiatement d'autres points obligés de cette hyperbole : le point f' sur la base et le point de perte p' sur la génératrice d'ombre propre $s't'$, donné par la ligne de rappel du point de rencontre p de st et de fh.

C. — *Sphères*

160. Ombre portée par un point ou par une ligne. — Pour avoir l'ombre du point $(m.m')$ sur la sphère $(o.o')$ (*fig.* 139), c'est-à-dire l'intersection de la sphère et du rayon lumineux $(mr.m'r')$ de ce point, considérons le petit cercle de la sphère contenu dans le plan projetant horizontalement le rayon et rabattons ce plan sur l'équateur de la sphère. Le petit cercle d'intersection se rabat suivant

vant cm_2d ; le point $(m.m')$ se rabat en m_0, tel que $mm_0 = \mu'm'$; le point $(r.r')$ ne bouge pas.

Le rayon lumineux rabattu en m_0r (qui fait, on le vérifie immédiatement, l'angle φ avec mr) coupe le petit cercle au point m_2, rabattement du point cherché. Ce point se relève en $(m_1.m'_1)$.

Si on veut construire l'ombre d'une ligne, on peut, par le procédé qui vient d'être indiqué, déterminer les ombres d'un certain nombre de points de cette ligne.

Pour avoir les projections de la tangente en $(m_1.m'_1)$ à la courbe d'ombre portée, connaissant les projections de la tangente en $(m.m')$ à la courbe donnée, il suffit de prendre le point de rencontre $(t.t')$ de cette dernière tangente avec le plan tangent à la sphère en $(m_1.m'_1)$ (n°91, *Rem.*).

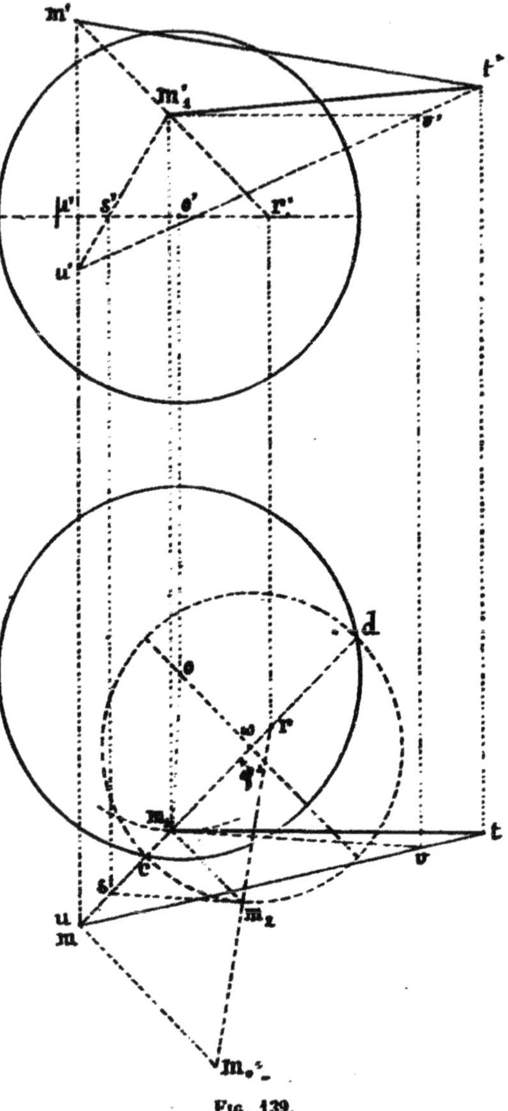

FIG. 139.

Ce plan tangent est déterminé par la tangente $(m_1v.m'_1v')$ au parallèle horizontal passant en ce point et la tangente $(m_1s.m'_1s')$ au petit cercle.

Le plan projetant horizontalement mt coupe $(m_1v.m'_1v')$ en $(v.v')$ et $(m_1s.m'_1s')$ en $(u.u')$. Il coupe donc le plan tangent en $(m_1.m'_1)$ suivant la droite $(uv.u'v')$ qui coupe $(mt.m't')$ en $(t.t')$.

Les projections cherchées sont donc m_1t et m'_1t'.

161. Ombres portées par des droites parallèles aux directions principales. — Nous allons chercher l'ombre portée par une droite verticale. Pour avoir l'ombre portée par une droite perpendiculaire au mur, la construction serait la même en intervertissant les rôles des deux projections, et pour avoir l'ombre portée par une parallèle à la ligne de terre il n'y aurait qu'à imprimer à la dernière figure une rotation de 90° dans le sens direct.

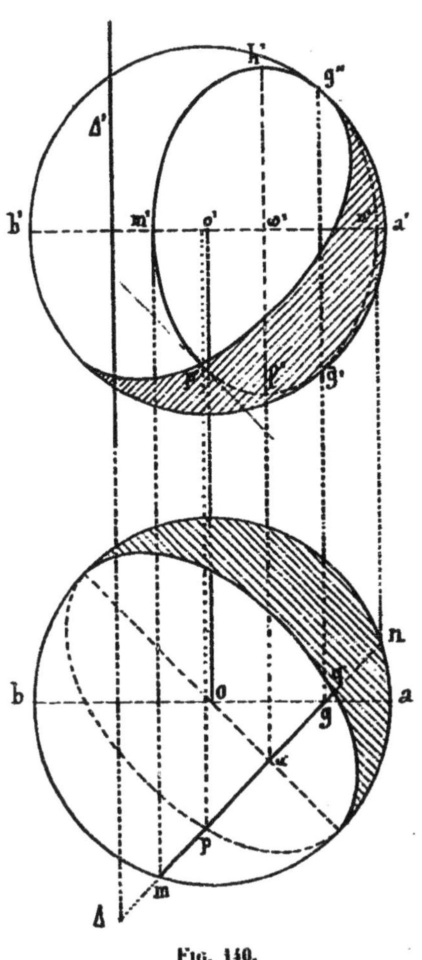

FIG. 140.

Soit donc (Δ, Δ') la verticale dont nous cherchons l'ombre portée (*fig.* 140).

Le plan mené par cette verticale et la direction des rayons lumineux coupe la sphère suivant un petit cercle dont la projection horizontale est la corde mn, et la projection verticale une ellipse facile à tracer.

Les sommets de l'axe horizontal de cette ellipse sont m' et n' sur l'horizontale de o'. L'axe vertical $h'l'$ de cette ellipse, étant la projection du diamètre vertical du cercle décrit sur mn comme diamètre, est égal à mn.

Connaissant les axes $m'n'$ et $h'l'$ de cette ellipse, on n'a plus qu'à la tracer (n° 52).

Les points g' et g'' sur le contour apparent de la sphère, c'est-à-dire sur son grand cercle de front, sont sur la ligne de rappel du point g où mn coupe la projection horizontale ab de ce grand cercle.

Les points p et q, où mn coupe l'ellipse d'ombre propre, en projection horizontale, donnent les points de perte p' et q' en projection verticale.

Dans le cas de la figure 139, le point q étant en arrière de ab, seul le point p' est vu en projection verticale.

162. Ombre auto-portée par une demi-sphère. — Supposons le grand cercle qui limite cette demi-sphère placé dans un plan de front (*fig.* 141).

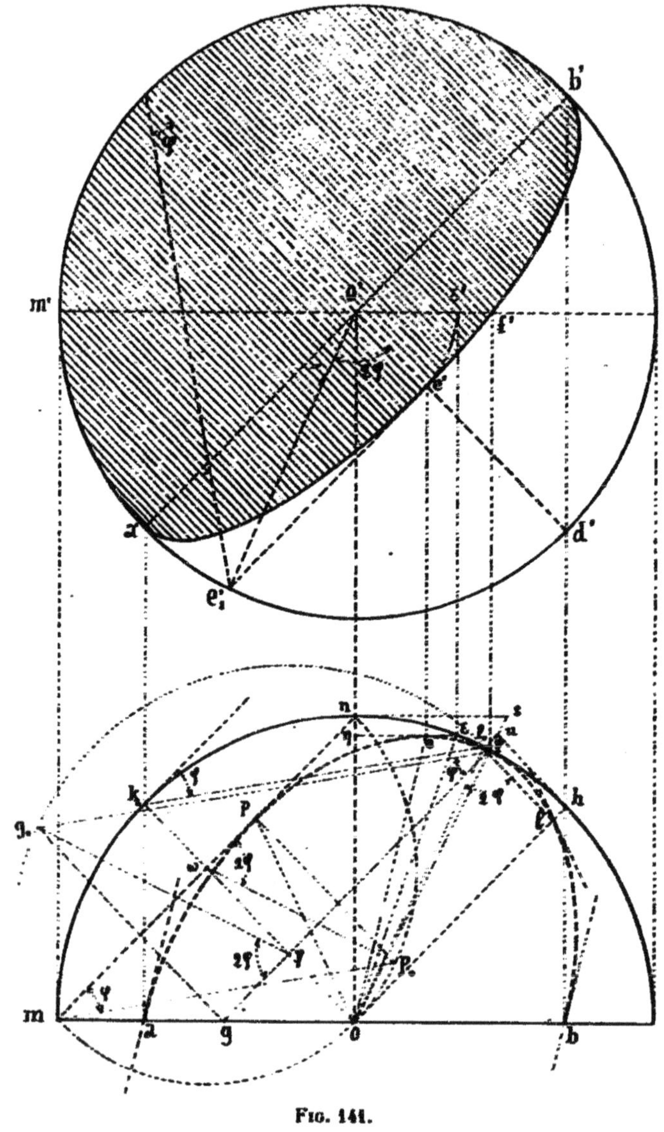

Fig. 141.

Le cylindre d'ombre qui passe par ce grand cercle va couper la sphère, d'après un théorème connu, suivant un autre grand cercle ayant en commun avec le premier le diamètre $a'b'$ perpendiculaire aux projections des génératrices du cylindre sur le plan de ce grand cercle, c'est-à-dire incliné à 45° sur la ligne de terre, dans le sens direct.

La projection verticale de la courbe d'ombre sera donc une ellipse ayant $a'b'$ pour grand axe. Cherchons le sommet du petit axe situé sur $o'd'$. Pour cela, rabattons sur le plan du grand cercle d'entrée le grand cercle projeté verticalement en $c'd'$.

Le rayon lumineux mené par c' se rabat suivant $c'e'_1$ faisant l'angle φ avec $c'o'$. Le point d'intersection rabattu e'_1 de ce rayon et de la sphère se relève en e', point cherché.

Remarquons que, puisque

$$\widehat{e'_1c'd'} = \varphi,$$

on a

$$\widehat{e'_1o'a'} = 2\varphi.$$

Donc

$$o'e' = \text{R} \cos 2\varphi = \frac{\text{R}}{3} \ (\text{n}^\circ\ 99).$$

Il suffit donc, pour déterminer complètement l'ellipse cherchée, après avoir tracé le diamètre $a'b'$, de prendre le point e' au tiers du rayon $o'd'$ (¹).

(¹) On peut déterminer le point e' ainsi qu'il suit :

Le point e' est sur la droite qui joint le point a' au milieu β de la perpendiculaire $o'\alpha$ abaissée de o' sur $a'd'$.

En effet :

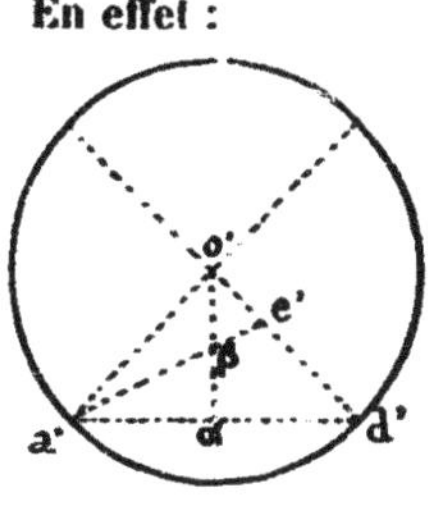

$$o'e' = \text{R}.\ \text{tg}\,\widehat{o'a'e'} = \text{R}\ \text{tg}\,(45^\circ - \widehat{\alpha a'\beta})$$

$$= \text{R}\,\frac{1 - \text{tg}\,\widehat{\alpha a'\beta}}{1 + \text{tg}\,\widehat{\alpha a'\beta}}.$$

Mais

$$\text{tg}\,\widehat{\alpha a'\beta} = \frac{\alpha\beta}{a'\alpha} = \frac{\alpha\beta}{\alpha o'} = \frac{1}{2}.$$

Donc

$$o'e' = \text{R}\,\frac{1 - \frac{1}{2}}{1 + \frac{1}{2}} = \frac{\text{R}}{3}.$$

C. Q. F. D.

La projection horizontale de l'ellipse $a'e'b'$ n'est pas vue en projection horizontale, puisqu'elle est à l'*intérieur* de la sphère. Construisons-la néanmoins parce que, jointe à la projection verticale, elle résume tous les cas usuels d'ombre auto-portée de la sphère.

Les points a' et b' sur le grand cercle d'entrée donnent en projection horizontale a et b. Ayant en ab un diamètre de l'ellipse cherchée, déterminons le diamètre conjugué, qui est évidemment la projection horizontale correspondant à $o'e'$, puisqu'en projection verticale $o'e'$ est conjugué de $a'b'$.

Le point $(e.\, e')$ est sur le petit cercle de front dont le rayon $o'e'$ est égal à $\frac{R}{3}$. La projection horizontale de ce petit cercle est la droite perpendiculaire à oo', telle que $\eta_1\varepsilon = \frac{R}{3}$. Nous n'avon. plus qu'à prendre le point e sur cette droite.

Les diamètres ab et oe étant conjugués, la tangente en e est parallèle à ab, c'est-à-dire confondue avec $\eta_1\varepsilon$, et les tangentes en a et b, parallèles à oe.

Calculons le coefficient angulaire de cette direction oe.

Nous avons

$$\eta_1 e = \frac{o'e'}{\sqrt{2}} = \frac{R}{3\sqrt{2}}.$$

et

$$o\eta_1 = o\varepsilon.\ \sin o\varepsilon\eta_1.$$

Or, puisque

$$\cos o\varepsilon\eta_1 = \frac{\eta_1\varepsilon}{o\varepsilon} = \frac{1}{3},$$

on a

$$o\varepsilon\eta_1 = 2\varphi.$$

Donc

$$o\eta_1 = R.\ \sin 2\varphi = \frac{R2\sqrt{2}}{3}\ (\text{n}^\circ\ 99).$$

Par suite

$$\frac{o\eta_1}{\eta_1 e} = 4.$$

Autrement dit, *le coefficient angulaire de oe ou des tangentes en a et b par rapport à ob est égal à 4.*

163. Points remarquables de l'ombre précédente. — Les diamètres conjugués ab et oe suffisent pour construire l'ellipse cherchée. Toutefois, il est bon de déterminer directement certains points faciles à obtenir avec leurs tangentes.

1° Soit f le point sur le contour apparent horizontal de la sphère, point qui est un sommet de l'ellipse cherchée, puisque la tangente y est perpendiculaire au diamètre of. Ce point est sur la ligne de rappel du point f' où l'ellipse $a'e'b'$ est rencontrée par le diamètre horizontal $o'm'$, sur lequel se projette l'équateur de la sphère.

Mais il est facile d'obtenir directement ce point f sur la projection horizontale. En effet, rabattons sur l'équateur le plan vertical gf contenant le rayon lumineux qui passe en ce point. Ce rayon lumineux se rabat suivant g_0f. Puisque $gfg_0 = \varphi$, on voit, comme précédemment, que $g\gamma g_0 = 2\varphi$, γ étant le centre du petit cercle rabattu.

Donc

$$\gamma g = \gamma g_0 \cos 2\varphi = \frac{\gamma g_0}{3},$$

ou

$$o\gamma = \frac{\gamma f}{3}.$$

Cela montre que si, sur la tangente au point h, extrémité du rayon oh à 45°, on porte $hu = \frac{R}{3}$, le point f est sur ou.

Remarquons aussi que, si of coupe en s la tangente en n, on a

$$ns = R \operatorname{tang} nos = R \operatorname{tg} (45° - hos),$$

$$= R\,\frac{1 - \frac{1}{3}}{1 + \frac{1}{3}} = \frac{R}{2}.$$

2° L'ellipse doit toucher aussi, en un point p, la génératrice de contour apparent mn du cylindre d'ombre.

Rabattons encore sur l'équateur le plan vertical passant par mn. Le rayon lumineux du point m rabattu coupe le petit cercle décrit sur mn comme diamètre au point p_0, rabattement du point p cherché.

On a encore ici

$$\widehat{nmp_0} = \varphi,$$

et, par suite, en appelant ω le centre du petit cercle (milieu de mn),

$$\widehat{n\omega p_0} = 2\varphi.$$

Donc

$$\omega p = \omega p_0 \cos 2\varphi = \frac{\omega p_0}{3} = \frac{\omega n}{3},$$

ce qui montre que p *est au tiers de* nm *à partir du point* n.

3° Cherchons, enfin, le point l situé sur oh parallèle à mn, c'est-à-dire l'extrémité du diamètre conjugué de op. Pour cela, rabattons sur l'équateur le grand cercle projeté horizontalement suivant oh. Le point de ce grand cercle projeté en o se rabat en k_0, et le rayon lumineux passant en ce point, en $k_0 l_0$, faisant l'angle φ avec oh ou la tangente au cercle en k_0. Donc l'angle $l_0 o k_0$ est égal à 2φ, et, si l_0 relevé se projette en l, on a

$$ll_0 = R \cos 2\varphi = \frac{R}{3}.$$

Par suite, hu étant égal, comme nous l'avons vu précédemment, à $\frac{R}{3}$, ul_0 est parallèle à oh.

Le diamètre ol étant conjugué de op, la tangente en l est parallèle à op.

Remarque. — Puisque $ll_0 = \frac{R}{3} = \tau\varepsilon$, on a $ol = on$.

164. Résumé des constructions précédentes. — Dégageant les constructions précédentes de toutes les lignes accessoires qui ne sont intervenues que dans les démonstrations, nous voyons qu'elles peuvent se résumer ainsi (*fig.* 141 *bis*) :

1° Tirer le rayon oh à 45° qui, par la perpendiculaire hb au diamètre ab, donne *le point* b et par symétrie *le point* a ;

2° Porter sur la tangente en n la longueur $ns = \frac{R}{2}$ et tirer ns qui donne sur le cercle *le point* f;

3° Mener la tangente hu qui coupe os en u, puis la parallèle ul_0 à oh, et abaisser de l_0 sur oh la perpendiculaire l_0l qui donne *le point* l.

4° Prendre $n\pi = hu$ $\left(\text{qui est égal à } \frac{R}{3}\right)$ et tirer la parallèle πp à ab ; on a ainsi *le point* p ;

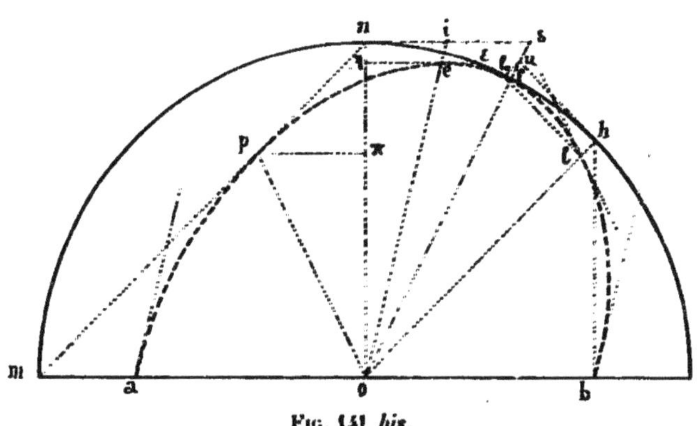

Fig. 141 *bis*.

5° Prendre $o\tau_1 = oh$ et mener $\tau_1\varepsilon$ parallèle à ns. Prendre le milieu i de ns et tirer oi qui, par sa rencontre avec $\varepsilon\tau_1$, donne le point e.

En outre :

Les tangentes en a et b sont parallèles à oe;

La tangente en e est $\varepsilon\tau_1$;

La tangente en f est la tangente au cercle en ce point ;

La tangente en l est parallèle à op ;

La tangente en p est mn.

165. Ombre de la niche. — I. Prenons une niche vue de face et cherchons son ombre auto-portée (*fig.* 142).

Cette ombre auto-portée se compose de trois parties qui se raccordent :

1° De q' en p' obtenu en partant $o'p'$ égal au rayon de la niche, elle comprend la portion $q'p'$ de l'axe ;

2° De p' en n', sur l'horizontale $a'b'$, nous avons une portion de l'ombre portée sur le cylindre par le cercle $a'h'b'$. Cette portion n'est autre que l'arc $b'\pi'$ de la courbe d'ombre obtenue sur la figure 132, arc qui est tangent en p' à l'axe $p'q'$. D'après ce que nous avons vu (n° 153), le point n' est la projection sur $o'a'$ du point l' situé sur la droite qui joint le point o' au milieu i' du segment $h'h'_0$ de la tangente au cercle en h' ;

3° De n' en c' sur le diamètre $o'c'$, à 45° sur $o'a'$, nous avons une portion de l'ombre auto-portée de la sphère, constituée par l'arc $f'b'$ de l'ellipse obtenue en projection verticale sur la figure 141.

Pour avoir la tangente au point de raccordement, appliquons la construction du n° 153, en faisant coïncider la projection horizontale du cylindre avec le cercle $a'h'b'$, et remarquant que la tangente au cercle $a'h'b'$, menée par le point n'_0 qui porte ombre en n', coupe $o'h'$ au même point u' que la tangente en l' à ce cercle, puisque les points n'_0 et l' sont symétriques par rapport à $o'h'$. Nous avons ainsi le tracé suivant : *Mener par le point u' la droite $u't'$ à 45° sur $o'u'$, qui coupe en t' la verticale passant par le point de rencontre t de $l'u'$ et du diamètre $o'c'$. La tangente en n' est $n't'$.*

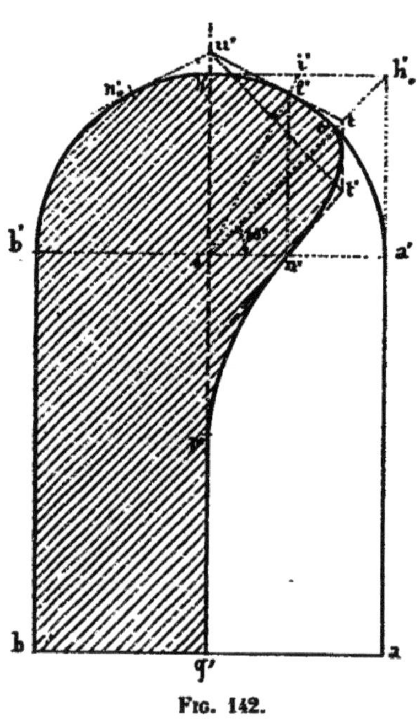

FIG. 142.

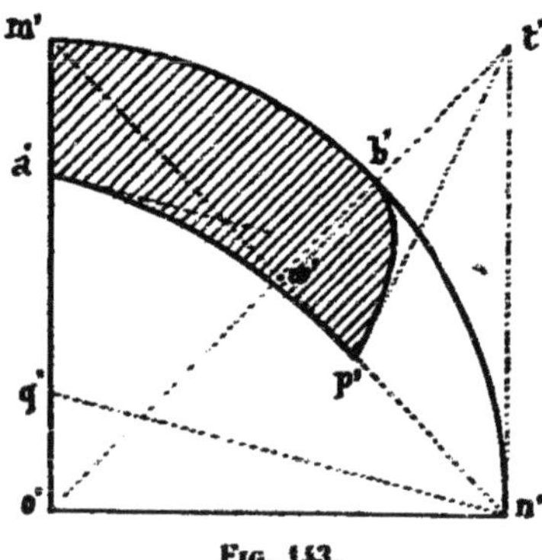

FIG. 143.

II. Prenons maintenant une niche vue en coupe. Il n'y a pas d'ombre portée dans la partie cylindrique. Bornons-nous donc à étudier l'ombre portée dans la partie sphérique (*fig.* 143).

De a' en p' obtenu en portant $n'p' = \frac{n'm'}{3}$, nous avons l'arc correspondant $a'p'$ de l'ellipse précédemment obtenue en projection horizontale (*fig.* 141 ou 141 *bis*). La tangente en a' est donc parallèle à $n'q'$ telle que $o'q' = \frac{R}{4}$.

De b' en p' nous avons un arc de l'ellipse obtenue en projection verticale sur la figure 141.

Puisque cette ellipse est surbaissée au 1/3 et que $\omega'p' = \frac{\omega'n'}{3}$, la tangente en p' est $p't'$.

166. Ombre portée par une surface sur la sphère. — Nous appliquerons encore ici la méthode des projections obliques, faites parallèlement aux rayons lumineux, en prenant pour plan du mur le plan de front du centre de la sphère et choisissant comme sections de celle-ci ses petits cercles de front. Ces petits cercles se projettent, en effet, sans altération sur le plan.

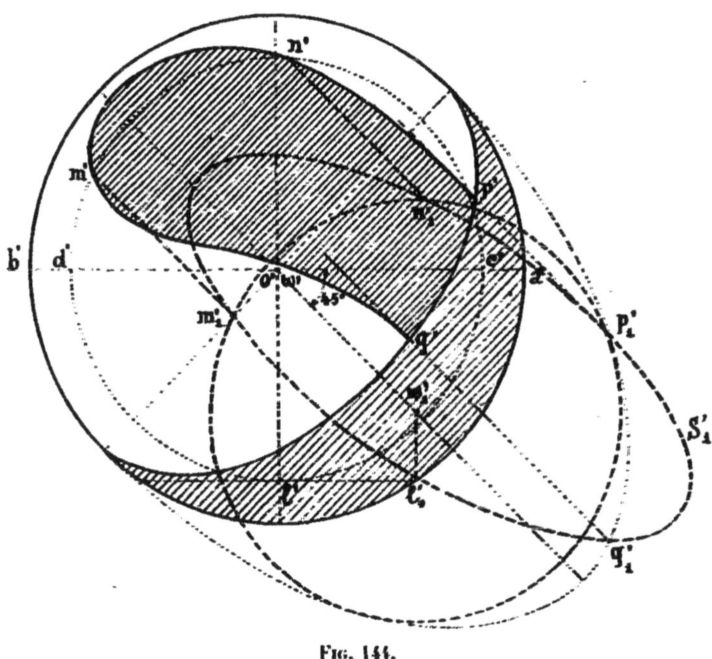

FIG. 144.

Soit S'_1 l'ombre portée par la surface donnée sur le mur (*fig.* 144).

Cherchons les points situés sur le cercle de front $c'd'$ de centre ω. La distance de ce centre ω' au centre o' de la sphère est donnée par la longueur de la demi-corde de $l'l'_0$ tangente en l' à ce petit cercle, comme on le voit en opérant une rotation de 90°.

L'ombre ω'_1 de ω' sur le mur est donc à la rencontre de la verticale de l'_0 et de la droite $o'\omega'_1$, menée par o' à 45° sur $o'a'$ (n° 115).

Du point ω'_1 comme centre décrivons un cercle de rayon $o'l'$. Nous avons ainsi la projection oblique du cercle $c'd'$, qui coupe la courbe S'_1 en m'_1 et n'_1.

Le retour inverse des rayons donne m' et n' sur le cercle $c'd'$.

On construit ainsi autant de points m' et n' qu'il est nécessaire.

Les points p'_1 et q'_1 où la courbe S'_1 coupe l'ellipse d'ombre portée de la sphère (n° 121) donnent sur l'ellipse d'ombre propre (n° 110) les points de perte p' et q' (n° 93).

Remarque. — Dans le cas d'un cylindre parallèle à une des directions principales, il est inutile de recourir au procédé qui vient d'être indiqué, puisque la courbe d'ombre portée se compose alors des ombres portées par les génératrices d'ombre propre, ce qui ramène le problème à celui qui a été traité au n° 161.

D. — *Surfaces de révolution* (1)

167. Ombre portée par une verticale sur une surface de révolution à axe vertical. — En projection horizontale, l'ombre est la droite hf (*fig.* 145). Pour en déduire la projection verticale, cherchons, par exemple, les points projetés horizontalement en m. Les parallèles de ces points ayant pour rayon om ou om_0 sont $\omega'm'_0$ et $\omega''m''_0$. La ligne de rappel du point m donne sur ces parallèles les points m' et m'' cherchés.

On voit qu'au point h' sur l'équateur $o'h'_0$ la tangente est verticale.

Le point de rencontre f de hf et oh_0 donne le point f' sur le contour apparent où l'ombre portée est tangente à ce contour (n° 95).

Le point p, situé entre h et f, où la droite hf coupe en projection horizontale la courbe d'ombre propre de la surface (nos 112 et 113), donne le point de perte p' sur la projection verticale.

En p' la tangente est à 45° sur l'axe (n° 96).

168. Ombre portée par une horizontale. — Supposons d'abord la droite perpendiculaire au mur (*fig.* 146).

L'ombre est alors en projection verticale une droite $f'h'$. On n'a

(1) Nous ne considérons ici que des surfaces de révolution à axe vertical, parce que ce sont celles qui se rencontrent le plus fréquemment dans la pratique. S'il s'agissait d'une surface de révolution à axe perpendiculaire au mur, il n'y aurait qu'à intervertir les rôles joués ici par le plan horizontal et le plan vertical.

qu'à reporter les points d'intersection de la surface et du plan perpendiculaire au mur mené par $f'h'$ sur la projection horizontale. Ainsi, le point m' sur le parallèle de rayon $m'm'_0$, projeté horizontalement en om_0, donne le point m.

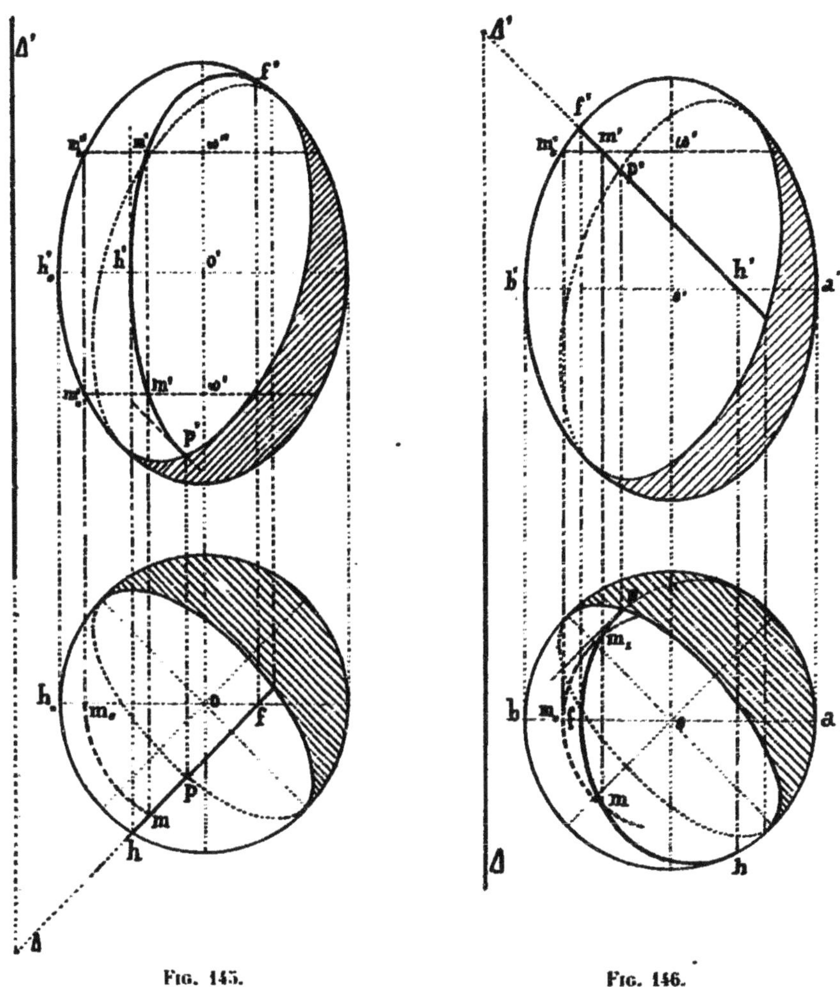

Fig. 145. Fig. 146.

Le point f' sur le contour apparent vertical donne le point f sur le diamètre de front ab. Le point p' sur la partie non vue de la courbe d'ombre propre donne le point de perte p. Le point h' sur l'équateur $a'b'$ donne le point h sur le contour apparent horizontal.

Si la droite horizontale portant ombre n'est pas perpendiculaire au mur, la solution se ramène à la précédente au moyen d'une rotation.

La figure 147 donne, à titre d'exemple, l'ombre portée sur un tore par une horizontale de front située dans le plan de l'équateur de ce tore.

Par une rotation de 90° amenant le point h en h_0, on rend la droite $(\Delta.\Delta')$ perpendiculaire au mur. Son ombre se projette alors verticalement suivant $a'_0b'_0$ (car le rayon lumineux se projette aussi à 45° sur le plan de profil oh). Les points m_0 et n_0, projetés verticalement

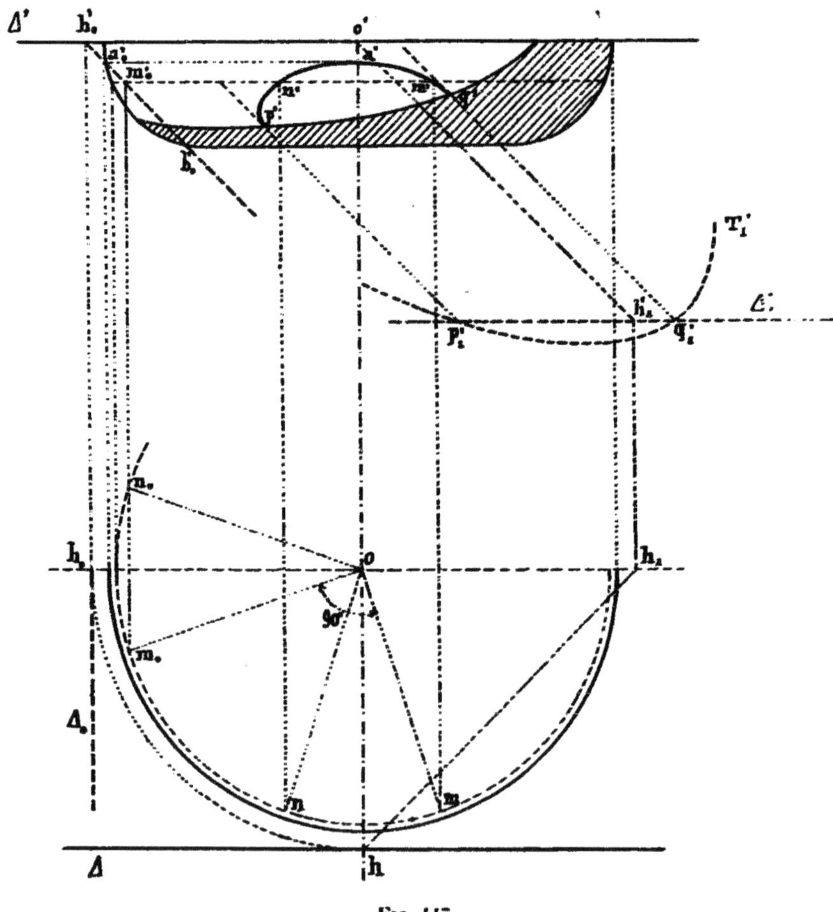

Fig. 147.

tous deux en m_0, se ramènent en $(m.m')$ et $(n.n')$. On voit que sur chaque projection la courbe d'ombre propre est symétrique par rapport à oo'.

Pour avoir les points de perte p' et q', projetons la droite et le tore parallèlement aux rayons lumineux sur le mur mené par oo'. La droite a pour projection oblique Δ_1 ; le tore, la courbe T'_1 dont la construction a été donnée au n° 122.

169. Ombre portée par une ligne ou une surface. — Pour avoir l'ombre portée par une ligne ou une surface quelconque sur une surface de révolution Σ à axe vertical, on emploiera la méthode des projections obliques (n° 93) en projetant sur le sol et prenant pour sections de la surface Σ ses parallèles. Ces cercles horizontaux se projettent, en effet, sans altération sur le sol.

On pourra répéter ici, à propos des ombres portées par les cylindres verticaux, la remarque qui termine le n° 166, la solution étant alors ramenée à celle du n° 167.

Conclusions

170. Nous avons, dans ce qui précède, exposé d'une façon à la fois aussi méthodique et aussi complète que possible les principes géométriques qui conduisent au tracé des ombres usuelles. Mais il va sans dire que, dans la pratique ordinaire du dessin géométrique, appliqué soit à l'architecture, soit aux machines, on ne s'astreint pas toujours à la rigueur que comporterait la stricte application de ces principes. Il convient, toutefois, de respecter l'allure générale des courbes données par cette application directe, ainsi que leurs particularités essentielles (points et tangentes obligés). Le mieux est donc de faire une fois pour toutes, avec le plus grand soin et en employant les méthodes qui viennent d'être décrites, l'épure de l'ombre pour les principaux motifs d'architecture ou organes de machines qui reviennent le plus fréquemment dans la pratique, et de conserver ces modèles pour les reproduire, sans avoir à recommencer le tracé géométrique chaque fois que l'occasion s'en présentera.

Cette exécution de modèles d'ombres est un des meilleurs exercices de Géométrie descriptive qui puisse être proposé à des élèves.

CHAPITRE IV

PERSPECTIVE LINÉAIRE

§ 1. — Généralités

A. — *But, définition et caractère de la perspective*

171. Imaginons un œil placé d'une manière quelconque dans l'espace et regardant un objet placé devant lui. Chaque point A de cet objet donne, sur la rétine de l'œil, une image *a* qui se trouve sur la ligne droite joignant ce point A au centre O de la pupille, droite que nous appellerons le *rayon* du point A, pour le point O.

Grâce à cette image, l'observateur a la notion de la direction dans laquelle se trouve le point A, mais il n'a pas conscience de l'éloignement plus ou moins grand de ce point. Si celui-ci se déplace sur le rayon OA pour venir successivement en A′, en A″, etc..., son image se fait toujours en *a*, et la seule notion que l'observateur possède relativement à lui, savoir celle de sa direction, ne varie pas.

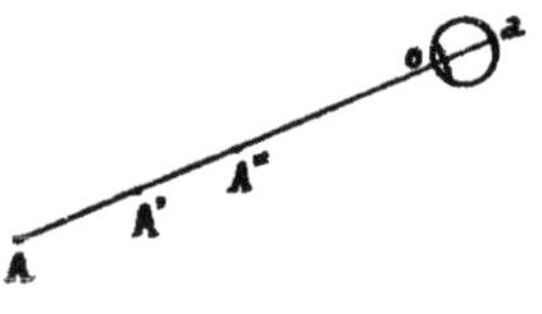

Fig. 118.

Ainsi donc, dans le cas de la vision simple, c'est-à-dire au moyen d'un seul œil, nous ne pouvons juger que des directions des points que nous regardons. Lorsque la vision s'applique à des objets qui nous sont familiers, la connaissance que nous avons de leur forme et de leurs dimensions s'ajoute à la notion qui nous est fournie par la rétine pour nous renseigner d'une façon complète sur la situation qu'ils occupent dans l'espace; mais s'il n'en est pas ainsi, nous ne pouvons, sans déplacer l'œil, avoir notion que de la seule direction dans laquelle se trouve chaque point de l'espace.

Imaginons l'expérience suivante : un œil, regardant par un petit trou percé dans un écran (de façon à assurer sa fixité dans l'espace), observe une figure, par exemple un triangle dessiné en blanc sur un tableau noir orienté d'une façon quelconque, mais vu à travers un cadre fixe qui, en dissimulant ses bords, prive l'œil de l'observateur de toute indication sur l'exacte position de ce tableau.

Il sera dès lors impossible à l'observateur de juger de la forme vraie du triangle ABC exposé à sa vue (si toutefois l'éclairement est tel qu'il n'y ait point d'ombre portée apparente du cadre sur le tableau). Cet observateur pourra se figurer voir l'un quelconque des triangles de l'espace dont les sommets sont situés sur les rayons allant du point O, centre du petit trou pratiqué dans l'écran, aux points observés A, B, C.

Fig. 149.

Cette imperfection de la vision simple est corrigée par le phénomène de la double vision. Chacun de nos yeux, en effet, nous donne pour un même point A (*fig.* 149) notion de deux rayons de direction différente, OA et O'A. Notre cerveau, grâce aux impressions reçues en a et en a' sur l'une et l'autre rétines, a notion simultanément des directions OA et O'A' et acquiert ainsi celle de l'éloignement du point A [1].

[1] Dès lors, si, par un procédé quelconque, on peut produire simultanément sur les deux rétines les images constituées, d'une part, par l'ensemble des points a, de l'autre, par celui des points a', l'impression sera exactement la même que si on avait une vue directe des points A de l'espace.

Le problème qui consiste à donner l'illusion du relief se réduit donc à ceci : construire la perspective de l'objet à représenter séparément pour chaque œil et regarder l'ensemble de ces deux perspectives de façon que chaque œil n'aperçoive que celle qui lui correspond.

Ce résultat peut être obtenu au moyen du système optique bien connu sous le nom de *stéréoscope*. Un inventeur, M. Ducos du Hauron, l'a atteint plus simplement en mettant en œuvre l'ingénieuse idée que voici : Supposons la perspective correspondant à l'œil droit dessinée en rouge, la perspective correspondant à l'œil gauche en bleu sur un même tableau, et regardons ce tableau à l'aide d'un binocle ayant à droite un verre bleu, à gauche un verre rouge. L'œil droit placé derrière le verre bleu ne verra pas la perspective dessinée en bleu ; la perspective dessinée en rouge donnera sur la rétine l'image (a) que l'œil droit percevrait dans la vision directe, et cette image sera colorée en violet. De même, le verre rouge placé devant l'œil gauche éteindra pour cet œil la perspective rouge et transmettra l'image, colorée en violet, de la perspective bleue qui est celle (a') correspondant précisément à l'œil gauche.

La coexistence de ces deux images (a) et (a') respectivement sur les deux rétines fournit, ainsi que nous l'avons expliqué plus haut, l'impression du relief (A).

La *perspective* a pour but de fixer, *pour un œil* occupant une position déterminée dans l'espace, les *directions* des rayons unissant le centre de la rétine de cet œil aux divers points d'un ensemble d'objets exposés à la vue.

Reportons-nous à ce que nous venons de dire au sujet de la façon dont ces directions sont déterminées. Puisque le point A peut occuper une position quelconque sur le rayon OA, amenons-le au point de rencontre de ce rayon et d'une surface quelconque S, et supposons que son image se fixe en ce point. Faisons la même opération pour tous les points observés. L'ensemble des points ainsi obtenus, *vu du point* O, présentera à l'œil le même aspect que l'ensemble primitif. Dès lors, si l'image obtenue sur la surface S reste à demeure sur cette surface, *chaque fois que le centre de la pupille se replacera au point* O l'impression reçue par l'œil sera exactement la même que si les objets primitivement observés occupaient encore la position où ils se trouvaient.

La figure ainsi obtenue sur la surface S est dite la *perspective* sur cette surface, pour le *point de vue* O, des objets représentés.

Il résulte de cette définition même que la perspective n'existe *que pour ce seul point de vue*. Si on place le centre de la pupille partout ailleurs qu'au point O, l'image dessinée sur la surface S cesse de donner d'une façon rigoureuse l'aspect des objets correspondants [1].

172. L'habitude que nous avons de nous représenter les objets dessinés sur un tableau plan fera choisir de préférence pour surface S un plan. Ce n'est là, on le voit, qu'une simple affaire de convention. Un tel choix se justifie, d'ailleurs, par la considération suivante : si le point de vue est suffisamment éloigné du tableau, l'image reçue par l'œil, lorsqu'il se déplace dans une région assez étendue autour

[1] Nous ne parlons ici, bien entendu, que de la perspective géométrique. Lorsqu'il s'agit d'une représentation *artistique* la question se modifie. Le peintre ne se préoccupe pas — et il aurait tort de le faire — de donner une image qui soit une perspective géométrique exacte *pour un seul point de vue*, mais une image qui se rapproche suffisamment des perspectives exactes correspondant à tous les points de la région d'où le tableau doit être vu pour donner à tout observateur placé dans cette région une illusion suffisante, sans que son regard soit frappé par les déformations choquantes qui apparaissent lorsqu'on voit une perspective exacte de tout autre point que de son point de vue. En particulier, un peintre représentera toujours une sphère par un cercle, alors qu'une perspective exacte, *faite pour un seul point de vue*, conduirait à dessiner une ellipse, qui, vue de tout autre point, ne saurait donner l'impression d'une sphère. (Voir p. 208.)

du point de vue pour lequel la perspective a été tracée, diffère peu de la perspective qui conviendrait à ces différents points de vue, et notre cerveau peut aisément, d'après cette indication un peu faussée, reconstituer le véritable aspect qu'offriraient à la vue directe les objets représentés. En outre, on choisira généralement pour tableau un plan vertical, parce que, dans la plupart des cas usuels, les constructions sont alors plus simples; mais rien n'empêcherait, le cas échéant, d'adopter un autre plan.

Quoi qu'il en soit, une fois le tableau bien défini par rapport au point de vue, la perspective l'est aussi et peut être dessinée.

173. Ici se place une remarque importante sur laquelle, malgré son caractère d'absolue évidence lorsqu'on l'envisage au point de vue géométrique, il y a lieu d'insister, car sa méconnaissance engendre des idées fausses malheureusement assez répandues. Lorsque nous regardons avec un seul œil *supposé fixe*, toutes les directions visuelles n'ont pas pour nous la même importance. Celle qui l'emporte sur toutes les autres, autour de laquelle nous nous les figurons volontiers distribuées, est celle du point que, suivant l'expression vulgaire consacrée, nous regardons *droit devant nous* ou sur lequel se fixe notre regard. Cette direction n'est autre que celle de l'axe géométrique du cristallin.

Par une habitude instinctive, nous nous figurons les objets que nous regardons peints sur un tableau *perpendiculaire à cette direction*.

Qu'arrive-t-il, dès lors, si, conservant au centre de notre pupille une position invariable dans l'espace, nous déplaçons notre œil dans son orbite, de façon à fixer *successivement notre regard* sur divers points des objets qui s'offrent à notre vue? C'est qu'instinctivement, dans chacune de ces positions, nous prenons une perspective sur un plan perpendiculaire à l'axe du cristallin et, par suite, que cette perspective se modifie au fur et à mesure que nous faisons varier le point sur lequel se fixe notre regard (point que l'on appelle improprement parfois, dans la conversation, point de vue).

Les personnes qui se figurent que cet entraînement du tableau perspectif avec l'axe de l'œil est chose nécessaire remarquent tout naturellement que la perspective, faite pour une position particulière du tableau, par exemple pour une position verticale, devient fausse lorsque le regard se fixe dans une direction autre que celle de la perpendiculaire menée du point de vue au tableau, et ce besoin de voir toujours la figure en perspective *sur une surface normale à l'axe géométrique de l'œil* les amène à déclarer « qu'il n'y a d'*exacte* que la perspective faite sur une sphère ayant son centre au point de vue adopté ».

On aperçoit immédiatement, après les explications qui viennent d'être données, le non-sens qui est au fond d'une telle opinion. Une fois donnés l'ensemble des objets à représenter et le point de vue, on peut choisir *arbitrairement* le tableau, courbe ou plan, sur lequel se fait la perspective ; mais, une fois ce choix fait, il ne faut pas oublier que ce tableau reste invariable, *quelle que soit la direction donnée à l'axe de l'œil*, pourvu que le point de vue (centre de la pupille) reste fixe. On peut assimiler la perspective à une image vue à travers une vitre et reportée par la pensée dans le plan de cette vitre. Cette image ne varie pas quand, le centre de l'œil restant fixe, le regard se promène sur toute l'étendue de la vitre.

On trouvera peut-être que nous avons beaucoup insisté ici sur des choses bien évidentes. L'expérience prouve pourtant que les préjugés que nous avons voulu combattre sont assez répandus pour qu'il ne soit pas inutile d'arrêter quelque temps sur ce point l'attention des élèves.

174. Avant d'entrer dans l'étude de la perspective, nous ferons encore la remarque suivante : La construction d'une figure perspective revenant à prendre l'intersection des droites qui joignent un point fixe aux divers points d'un corps, avec une certaine surface, le problème ne diffère pas, géométriquement parlant, de celui qui consiste à tracer les ombres portées sur les surfaces, le point de vue jouant dans un cas le rôle que la source de lumière joue dans l'autre.

Effectivement il y a de l'un à l'autre problème la différence que, pour la perspective, la surface sécante est entre le corps et le centre du rayonnement, tandis que, pour les ombres, elle est en arrière du corps.

Quoi qu'il en soit, les problèmes de perspective pourraient, comme les problèmes d'ombres, être traités par les méthodes de la Géométrie descriptive ordinaire. Mais on substitue, aux tracés qui résulteraient de ces méthodes, d'autres tracés plus simples, plus expéditifs, effectués au moyen de lignes qui sont elles-mêmes les perspectives de lignes faciles à se figurer dans l'espace. C'est l'ensemble de ces procédés spéciaux qui porte le nom de *trait de perspective*.

B. — *Définitions relatives à la perspective plane*

175. Éléments fondamentaux. — Les points M de l'espace (*fig.* 150) étant supposés définis par leur projection m sur un plan horizontal de comparaison G dit le *géométral*, et leur hauteur Mm au-dessus de ce plan, on rapporte de même à ce plan le *point de vue* O le plan vertical T, ou *tableau*, sur lequel on veut dessiner la perspective. La trace LL′ de ce tableau sur le géométral est dite la *ligne de terre*.

La partie de ce tableau sur laquelle on se propose de dessiner la perspective est généralement limitée à un cadre rectangulaire dont on nomme *bord de droite* ou *bord de gauche*, le bord situé à *droite* ou *à gauche de l'observateur*.

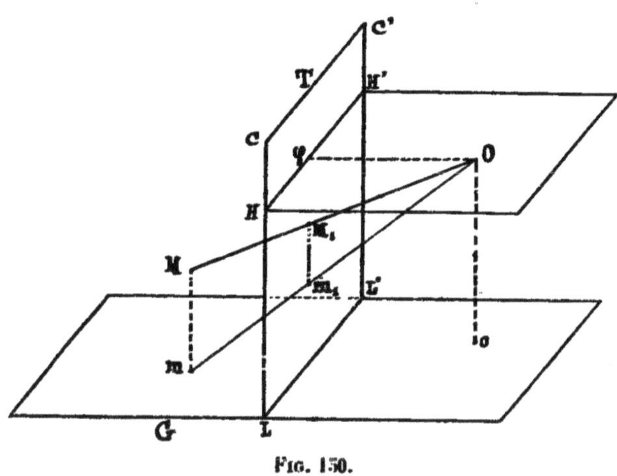

FIG. 150.

Un point M ne portera perspective sur le tableau que si le rayon OM tombe à l'intérieur du cadre, c'est-à-dire se trouve à l'intérieur de l'angle solide formé par les droites qui unissent le point O aux sommets L, L′, C, C′ de ce cadre. La région ainsi limitée est dite le *champ visuel* du point O.

Il y a lieu, en outre, de distinguer, à l'intérieur de ce champ visuel, l'*espace en arrière* et l'*espace en avant* du tableau. Suivant, en effet, que le point M appartient à l'un ou à l'autre de ces espaces, ce point est caché au point O par sa perpective, ou inversement.

Le plan mené par le point O parallèlement au tableau est dit le *plan neutre*. Les points situés en arrière de ce plan n'ont pas effectivement de perspective. Pourtant la droite qui joint chacun d'eux au point O rencontre le tableau en un point qui est dit une *perspective virtuelle*.

Quant aux points du plan neutre lui-même, leur perspective se fait à l'infini sur le tableau.

Si donc deux droites se coupent dans le plan neutre, leurs perspectives sont parallèles.

La trace du plan neutre sur le géométral est dite la *ligne neutre*.

Le plan horizontal mené par le point de vue est le *plan d'horizon*. Il coupe le tableau suivant une ligne horizontale HH' dite *ligne d'horizon* dont la hauteur au-dessus de la ligne de terre, dite *hauteur d'horizon*, est égale à la hauteur de l'œil au-dessus du géométral.

Le pied φ de la perpendiculaire abaissée du point de vue sur le tableau, point qui se trouve sur HH', est dit le *point principal de fuite*, et la distance $O\varphi$ du point de vue au tableau la *distance principale*. On saisira plus loin la raison de ces dénominations.

Lorsque le point de vue s'éloigne à l'infini dans une direction quelconque, on obtient la *perspective cavalière*, à laquelle nous avons été déjà amenés par une autre voie (n° 61).

176. Perspective du point. — D'après la définition même, la perspective M_1 du point M (*fig.* 150) est la trace de la droite OM sur le tableau.

A une même perspective M_1 correspondent, comme nous l'avons déjà observé, une infinité de points M de l'espace.

L'un quelconque de ces points sera complètement déterminé lorsqu'on connaîtra, par exemple, la perspective m_1 de sa projection m sur le géométral. On voit, d'ailleurs, que M_1m_1, parallèle à Mm, est perpendiculaire à la ligne de terre.

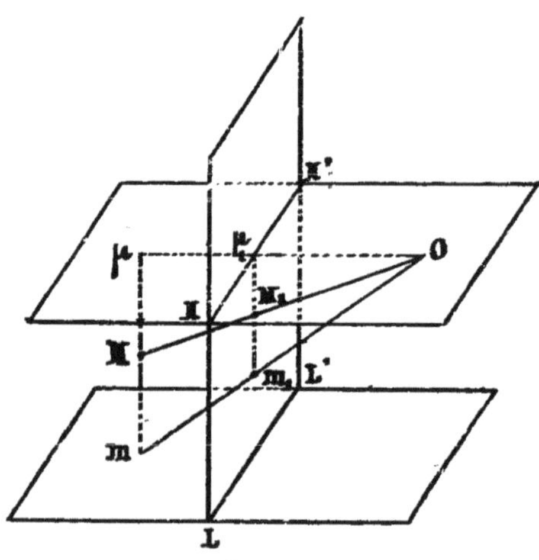

Fig. 151.

Si m_1 est connu, la droite Om_1 détermine m sur le géométral, et la verticale mM donne le point M correspondant sur OM.

Remarque. — Si on projette le point M en μ sur le plan d'horizon, la perspective μ_1 de μ est à la rencontre de M_1m_1 et de la ligne d'horizon (*fig.* 151).

Dès lors $O\mu_1$ donne la direction du plan vertical mené par OM. En outre, la cote μM du point M par rapport au plan d'horizon est donnée par

$$\mu M = M_1\mu_1 \frac{O\mu}{O\mu_1}.$$

177. Perspective de la droite. — La perspective d'une droite Δ étant le lieu des traces sur le tableau des rayons unissant le point de vue O aux divers points de la droite n'est autre que la trace Δ_1 sur le tableau du plan mené par la droite Δ et le point O (*fig.* 152).

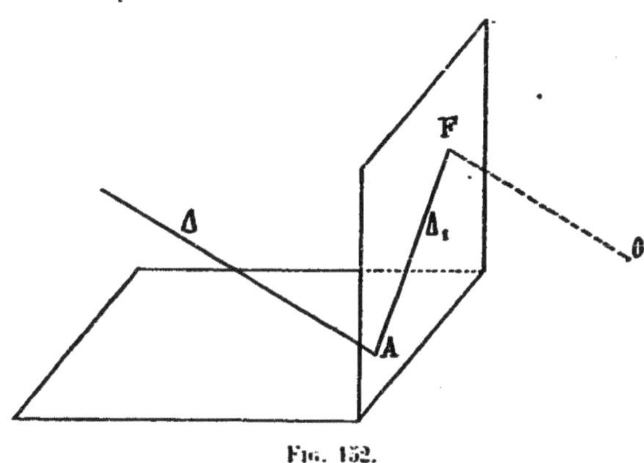

FIG. 152.

Cette trace Δ_1 étant rectiligne, il suffira, pour la tracer, de connaître deux de ses points.

La trace A de la droite Δ sur le tableau est à elle-même sa propre perspective, et si nous ne considérons que la portion de la droite Δ située en arrière du tableau, la perspective Δ_1 sera arrêtée au point A.

Prenons maintenant la perspective du point situé à l'infini sur la droite Δ. Ce point F s'obtient en menant par le point de vue O la parallèle OF à Δ.

La perspective Δ_1 s'arrête nécessairement au point F qui a reçu le nom de *point de fuite*. Elle sera donc constituée par le segment de droite AF.

Le point F restant le même lorsque la droite Δ varie en conservant une même direction, on voit que *les perspectives de toutes les droites parallèles à une même direction passent par un même point de fuite.*

Si cette direction est horizontale, la droite OF étant dans le plan d'horizon, *le point F est sur la ligne d'horizon.*

Si nous prenons la direction perpendiculaire au tableau, le point F vient coïncider avec le point φ de la figure 150. Ainsi, *le point φ est le point de fuite des perpendiculaires au tableau*, d'où son nom de *point de fuite principal.*

Si une droite passe par le point de vue, sa perspective se réduit à un seul point qui est le point de fuite correspondant à la direction de cette droite. Il y a alors *raccourci total.*

178. Projection et trace sur le géométral. — Pour avoir en perspective la projection de la droite AF (*fig.* 153) sur le géométral, remarquons d'abord que le point A étant sur le tableau, sa projection se trouve en *a* sur la ligne de terre LL'.

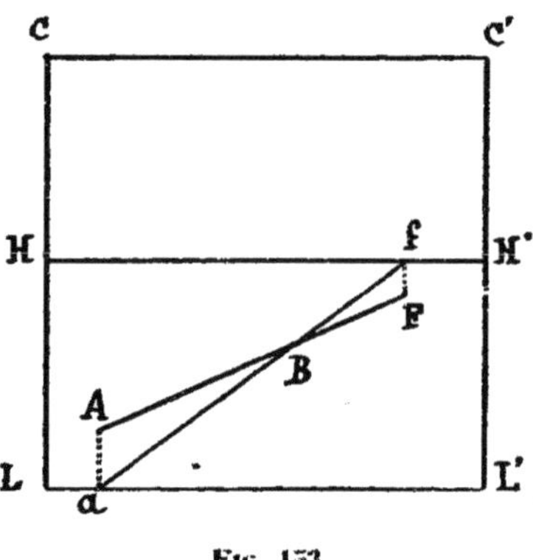

Fig. 153.

La projection cherchée étant horizontale aura son point de fuite *f* sur la ligne d'horizon (n° 177). En outre, ce point de fuite, perspective du point à l'infini sur la projection, sera sur la même verticale que le point de fuite F, perspective du point à l'infini sur la droite (n° 176). Le point *f* sera donc le pied de la perpendiculaire abaissée de F sur la ligne d'horizon HH'.

On n'a qu'à tirer *af* pour avoir la perspective de la projection cherchée.

Le point de rencontre B de AF et de *af* est évidemment la perspective de la trace de la droite considérée sur le géométral.

179. Figures de front. — Si la droite Δ est contenue dans un plan de front, sa trace sur le tableau A et son point de fuite F sont rejetés à l'infini, ainsi que les points *a* et *f*. La perspective *a* de la projection devient donc parallèle à LL', ce qui était évident *a priori.*

Quant au point B il reste à distance finie. C'est lui qui sert à fixer la situation de la droite de front considérée dans l'espace.

En particulier, une verticale sera complètement déterminée lorsqu'on connaîtra la perspective de sa trace sur le géométral.

Il est essentiel de remarquer, d'ailleurs, que les figures tracées dans un plan de front ont pour perspectives des figures qui leur sont semblables.

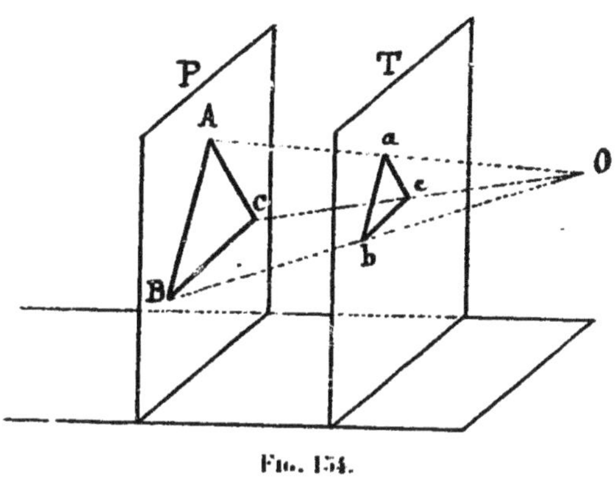

FIG. 154.

Si, par exemple, nous considérons le triangle ABC situé dans un plan de front P (*fig.* 154), sa perspective *abc* sur le tableau T sera un triangle semblable, et le rapport de similitude $\frac{ab}{AB}$ sera égal au rapport $\frac{D}{d}$ des distances du point de vue O au tableau et au plan P.

Autrement dit, si le plan de front P est à une distance du point O, double, triple etc..., de la distance principale, les figures contenues dans ce plan se perspectivent en conservant leur forme, mais avec des dimensions linéaires réduites à la moitié, au tiers, etc. [1].

180. Perspective du plan. — Toutes les droites contenues dans un plan P ont leurs traces au tableau distribuées sur une droite AA′ qui est la trace au tableau du plan P (*fig.* 155).

Chacune d'elles a son point de fuite situé sur une parallèle au plan P menée par O. Le lieu de ces points de fuite est donc la droite d'intersection FF′ du tableau et du plan parallèle au plan P, menée par le point O. Cette droite FF′, nécessairement parallèle à AA′, est dite la *ligne de fuite* du plan.

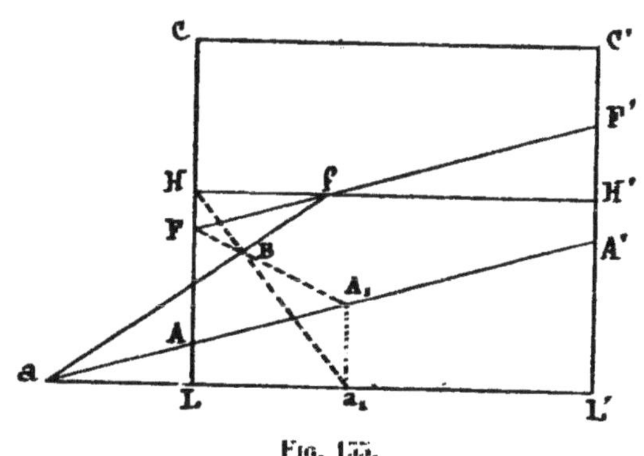

FIG. 155.

(1) On voit, d'après cela, qu'il est incorrect de parler de perspective d'un objet *en relief faite à une échelle donnée*, par exemple en demi-grandeur. Seules les parties de cet objet contenues dans le plan de front éloigné du point de vue du double de la distance principale seront représentées en demi-grandeur. La réduction sera plus ou moins grande pour les autres parties de l'objet représenté, suivant qu'elles se trouveront en arrière ou en avant de ce plan de front.

Si le plan est horizontal, sa ligne de fuite se confond avec la ligne d'horizon.

S'il est vertical, sa ligne de fuite est verticale; s'il est perpendiculaire au tableau, elle passe par le point de fuite principal; si donc il est de profil, cette ligne de fuite est verticale et passe par le point de fuite principal.

Si un plan passe par le point de vue, sa trace au tableau et sa ligne de fuite se confondent : il y a *raccourci total.*

181. Trace sur le géométral. — La trace du plan P sur le géométral rencontre le tableau à l'intersection *a* des traces AA′ et LL′ de ces deux plans; son point de fuite et à l'intersection *f* des lignes de fuite FF′ et HH′ de ces plans.

Si les points *a* et *f* se trouvaient hors des limites de la feuille où l'on dessine, on aurait la trace sur le géométral du plan P en joignant celles de deux droites quelconques de ce plan, une droite quelconque du plan étant déterminée, répétons-le, par ce fait que sa trace au tableau est sur AA′ et son point de fuite sur FF′.

Prenons, par exemple, la droite A_1F (*fig.* 155). Sa projection sur le géométral a sa trace au tableau en a_1 et son point de fuite H. Le point de rencontre B de A_1F et a_1H est la trace de A_1F sur le géométral. Ce point appartient donc à la trace *af* cherchée.

Pour un plan de front, AA′ et FF′ sont rejetées à l'infini, mais la trace sur le géométral, tout en devenant parallèle à la ligne de terre, reste à distance finie. Elle sert à déterminer le plan de front considéré.

§ 2. — Perspective du géométral

A. — *Mise en perspective*

182. Mise en perspective d'une droite du géométral [1]. — Occupons-nous d'abord de la mise en perspective du géométral, en commençant par nous occuper des droites contenues dans ce plan.

[1] Il va sans dire que tout ce qui est relatif à la perspective des figures tracées sur le géométral s'applique aussi bien à un plan horizontal quelconque. Il n'y a qu'à faire jouer à la trace de ce nouveau plan horizontal, sur le tableau, le rôle de ligne de terre.

Soient, en projection sur le géométral, O le point de vue, LL′ la ligne de terre, AM la droite donnée (*fig.* 156).

La droite ayant sa trace au tableau sur la ligne de terre, nous n'avons qu'à reporter la distance LA de cette trace au point L, sur le tableau.

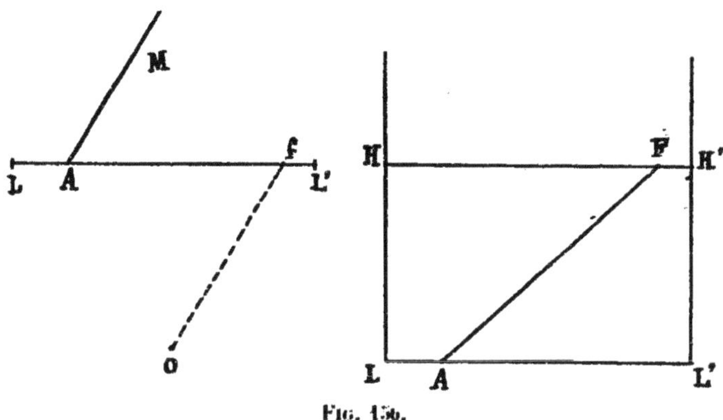

Fig. 156.

La projection horizontale du point de fuite est le point f obtenu en menant Of parallèle à AM.

Puisque la droite est dans le géométral, c'est-à-dire horizontale, son point de fuite est sur la ligne d'horizon (n° 177). Nous aurons donc ce point de fuite en portant sur HH′ le segment HF égal à Lf.

La perspective AF de la droite est ainsi obtenue.

183. Mise en perspective d'un point. — Méthode générale, dite des deux points de fuite. — La méthode la plus naturelle pour mettre en perspective un point M du géométral (*fig.* 157) consiste à mener par ce point M deux droites quelconques MA et MA_1 et à mettre ces droites en perspective comme il vient d'être dit au numéro précédent.

Si l'on a à mettre en perspective plusieurs points M, M′, M″,..... du géométral, on fera passer par chacun d'eux des parallèles à deux mêmes directions Of et Of_1, afin de se servir des mêmes points de fuite F et F_1 correspondant à ces directions.

Voici donc comment on procédera : ayant mené par les points M, M′, M″..... les parallèles MA, M′A′, M″A″..... à Of, et les parallèles MA_1, $M'A'_1$, $M''A''_1$..... à Of_1, on reporte (en une seule fois, en les marquant sur le bord rectiligne d'une feuille de papier) les points A, A′, A″,..... A_1, A'_1, A''_1,..... sur la ligne de terre du tableau. On joint les points du premier groupe au point F, ceux du second au point F_1. Les droites ainsi menées se coupent respectivement aux points M, M′, M″,..... cherchés.

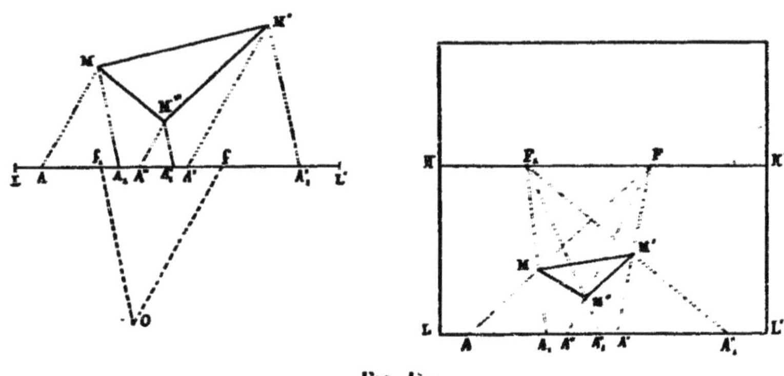

FIG. 157.

Telle est la méthode générale de mise en perspective des points du géométral. Comme elle repose essentiellement sur l'emploi des points F et F′, elle a reçu le nom de *méthode des deux points de fuite*.

184. Soit, par exemple, à mettre en perspective le carrelage hexagonal représenté sur la figure 158.

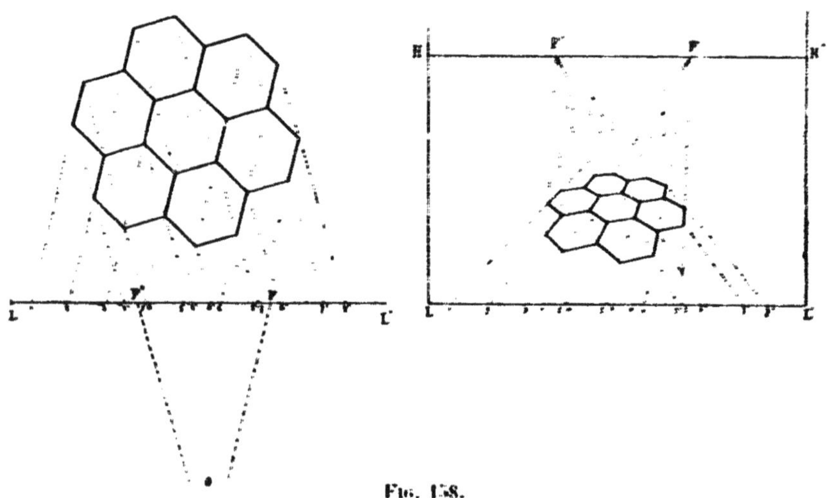

FIG. 158.

Les sommets de ce carrelage peuvent être considérés comme distribués d'une part sur les parallèles 1, 2, 3,..... de l'autre sur les parallèles 1′, 2′, 3′,.....

Construisant les points de fuite F et F′ correspondant à ces deux directions et reportant sur le tableau les points de division 1, 2, 3,..... 1′, 2′, 3′,..... déterminés sur la ligne de terre LL′, on a en F1, F2, F3, d'une part, en F′1′, F′2′, F′3′,..... de l'autre, les perspectives des parallèles tracées sur le géométral. Ces deux faisceaux de droites donnent par leurs recoupements les sommets de la perspective cherchée.

185. Points de distances. — Tout en conservant dans son essence la méthode précédente, on peut modifier, dans la pratique, la manière de l'appliquer en vue d'une plus grande commodité.

On est, en général, conduit à rapporter les points du géométral à deux axes de coordonnées, en prenant la ligne de terre LL′ pour axe des x et une droite Ly, menée par L parallèlement à une direction dominante de la figure, pour axe des y (*fig.* 159).

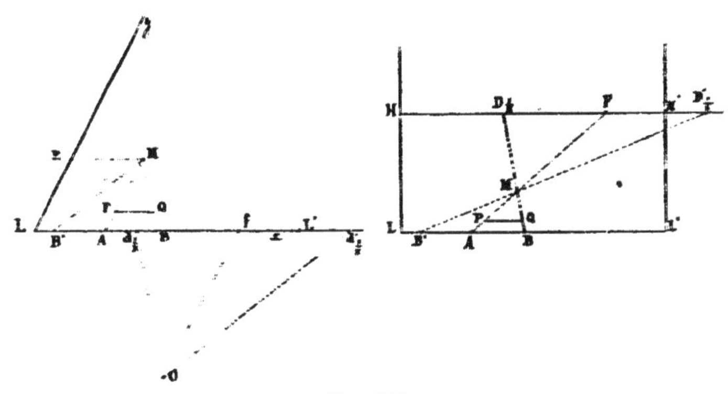

FIG. 159.

Chaque point M est alors déterminé par son abscisse LA, dite aussi sa *largeur* et son ordonnée LE, dite son *éloignement* ou sa *profondeur*.

Pour cette raison, on donne à l'axe Lx le nom d'*échelle des largeurs*, à l'axe Ly le nom d'*échelle des éloignements* ou *des profondeurs*.

Il s'agit, connaissant la largeur et l'éloignement, de mettre le point M en perspective en utilisant la méthode du numéro précédent.

Comme première direction, nous adopterons tout naturellement ici celle de Ly. Menant Of parallèle à Ly, nous n'avons qu'à porter sur la ligne d'horizon le segment HF égal à Lf pour avoir le point de fuite correspondant.

Comme seconde direction, nous prendrons celle de la droite MB telle que $\frac{AB}{MA} = \frac{1}{k}$, k étant une constante quelconque

Pour avoir le point de fuite correspondant, nous n'avons qu'à mener $Od_{\frac{1}{k}}$ parallèle à MB, et à porter sur la ligne d'horizon le segment $FD_{\frac{1}{k}}$ égal à $fd_{\frac{1}{k}}$. On a d'ailleurs.

$$\frac{fd_{\frac{1}{k}}}{of} = \frac{AB}{MA} = \frac{1}{k}.$$

Ainsi, *le segment* $FD_{\frac{1}{k}}$ *est égal au* $\frac{1}{k^{\text{ième}}}$ *de la distance du point de vue au point de fuite* F.

Pour cette raison, le point $D_{\frac{1}{k}}$ est dit le *point de distance réduite au* $\frac{1}{k^{\text{ième}}}$ *répondant au point de fuite* F.

Si $k = 1$, le point D_1 est simplement dit le *point de distance répondant au point* F.

Résumons le tracé de la perspective du point M donné par la largeur x et l'éloignement y:

Porter sur la ligne de terre IA $= x$ *et* AB $= \frac{y}{k}$ *et tirer les droites* AF et $BD_{\frac{1}{k}}$ *qui se coupent au point* M *cherché*.

Remarque I. — Nous aurions pu tout aussi bien porter $AB' = \frac{MA}{k}$ de A vers L. Nous aurions alors eu pour point de distance réduite le point $D'_{\frac{1}{k}}$ symétrique de $D_{\frac{1}{k}}$ par rapport à F. On se sert de l'un ou de l'autre de ces points de distance réduite, suivant la plus grande commodité qu'on y trouve, suivant, par exemple, que l'un d'eux se rapproche davantage du centre de la feuille ou que les divergentes qui en émanent coupent les droites AF sous des angles plus ou moins ouverts, etc.

Remarque II. — Si on prend, sur la perspective, un segment PQ d'une ligne de front quelconque du géométral et qu'on joigne les points P et Q respectivement à F et à $D_{\frac{1}{k}}$, on aura encore, dans l'espace, $PQ = \frac{MP}{k}$, comme on le voit en se reportant à la partie de gauche de la figure 159.

Remarque III. — On sera le plus souvent conduit à prendre pour droite Ly la perpendiculaire élevée en L à Lx. Le point F se confond alors avec le point de fuite principal φ, et les points de distance correspondants sont dits *points de distance principaux*.

186. Comparaison avec le trait de stéréotomie. — Afin de bien faire saisir la différence qui existe entre le trait de perspective, dont les éléments viennent d'être exposés, et le trait de stéréotomie, qui est celui de la Géométrie descriptive ordinaire, nous allons faire voir comment la construction précédente se déduirait de ce dernier.

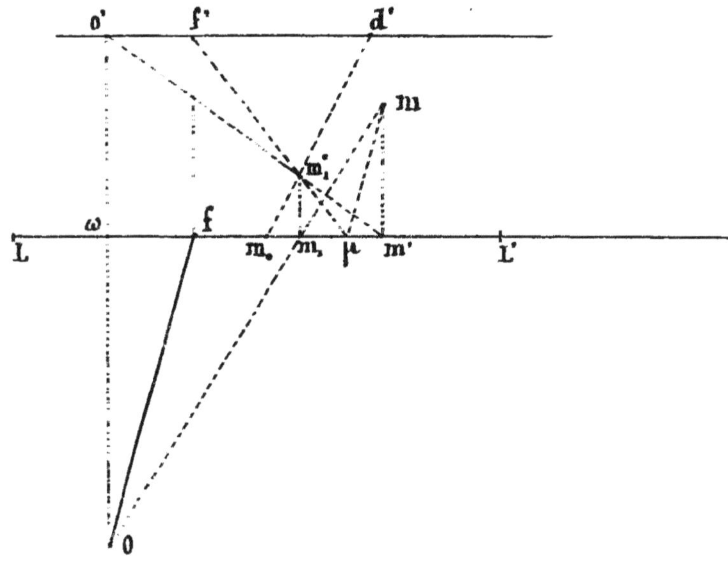

Fig. 160.

Soient $(o.o')$ le point de vue, $(m.m')$ le point du géométral à mettre en perspective (*fig.* 160). Le problème consiste à trouver la trace verticale de la droite $(om.o'm')$. Appliquant la construction ordinaire, on mène, par le point m_1, où om coupe la ligne de terre, une ligne de rappel qui donne sur $o'm'$ le point m'_1 cherché.

Le principal inconvénient de cette manière de procéder tiendrait, on le voit, à l'obligation de superposer les plans sur lesquels seraient dessinés, d'une part, la figure donnée, de l'autre, sa perspective.

Menons par le point $(o.o')$ une horizontale $(of.o'f')$ dont la trace est $(f.f')$ et tirons par le point m la parallèle $m\mu$ à of.

Je dis que les points f', m'_1 et μ sont en ligne droite. En effet, on a

$$\frac{m_1m'_1}{ff'} = \frac{m_1m'_1}{\omega o'} = \frac{m'm_1}{m'\omega} = \frac{mm_1}{mo} = \frac{\mu m_1}{\mu f}.$$

Portons maintenant sur la ligne de terre le segment μm_0 égal à $\frac{\mu m}{k}$, et tirons la droite $m_0m'_1$ qui coupe $o'f'$ en d'. Nous avons

$$\frac{f'd'}{\mu m_0} = \frac{\mu m'_1}{m'_1f'} = \frac{\mu m_1}{m_1f} = \frac{of}{\mu m}.$$

Donc

$$f'd' = of\frac{\mu m_0}{\mu m} = \frac{of}{k}.$$

Par suite, pour un même point f', le point d' est un point fixe.

Nous pouvons, sur un tableau différent de celui T, où se trace la perspective, déterminer les points μ et m pour les reporter ensuite sur le tableau T où on a marqué les points f' et d'. Il suffit alors de tirer les droites $f'\mu$ et $d'm_0$ pour avoir par leur rencontre le point m'_1 cherché.

On retrouve bien ainsi la construction donnée directement par le trait de perspective.

187. Construction des points de distance réduite correspondant à un point de fuite donné. — Le point de vue O étant défini par rapport au tableau par sa projection φ sur ce tableau et la distance principale $O\varphi = \delta$, il n'y a qu'à porter sur la ligne d'horizon, dans un sens ou dans l'autre, la longueur $\varphi\Delta_{\frac{1}{k}} = \frac{\delta}{k}$ pour avoir un point principal de distance réduite au $\frac{1}{k^{\text{ème}}}$ (*fig.* 161).

Prenons maintenant sur la ligne d'horizon un point de fuite quelconque F et cherchons un point de distance réduite au $\frac{1}{k^{\text{ème}}}$ correspondant.

Si nous supposons le plan d'horizon rabattu autour de la ligne d'horizon sur le plan du tableau (la partie antérieure du plan d'horizon venant sur la partie supérieure du plan du tableau), le point de vue se rabattra en O_1 sur la perpendiculaire élevée en φ à HH′, à la distance $O_1\varphi = \delta$ de ce point.

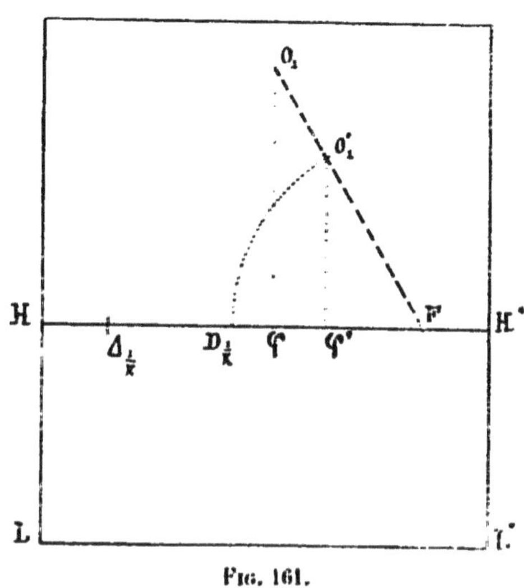

Fig. 161.

Donc, par définition même (n° 185), la distance correspondant au point F sera FO_1.

Dès lors, si nous prenons $F\varphi' = \frac{F\varphi}{k}$, nous aurons $FO'_1 = \frac{FO_1}{k}$, et nous n'aurons qu'à rabattre FO'_1 en $FD_{\frac{1}{k}}$ sur HH′ pour avoir le point $D_{\frac{1}{k}}$ cherché.

Remarquons que, sans passer par le point O_1, nous avons immédiatement le point O'_1 en portant sur la perpendiculaire élevée en φ' à HH′ la longueur

$$\varphi'O'_1 = \frac{\delta}{k} = \varphi\Delta_{\frac{1}{k}}.$$

188. Mise en perspective d'un ensemble de points. — Si on a à mettre en perspective tout un ensemble de points A, B, C, D, le mieux est de reporter en bloc du géométral sur le tableau tous les segments servant à cette mise en perspective, en procédant de la manière suivante (*fig.* 162).

Ayant choisi l'axe L*y* auquel correspond le point de fuite F, on mène par les points A, B, C, D du géométral des parallèles aux axes L*y* et LL′, ce qui donne sur ces axes les points *a*, *b*, *c*, *d*, et a', b', c', d'. Sur le bord bien nettement rectiligne d'une bande de papier dont on place exactement l'origine au point L, on reporte d'abord les points a, b, c, d, puis les points a', b', c', d'. Appliquant alors cette bande de papier le long de la ligne de terre LL′ du tableau, l'origine placée en L, on reporte sur cette ligne tous les points marqués sur cette bande.

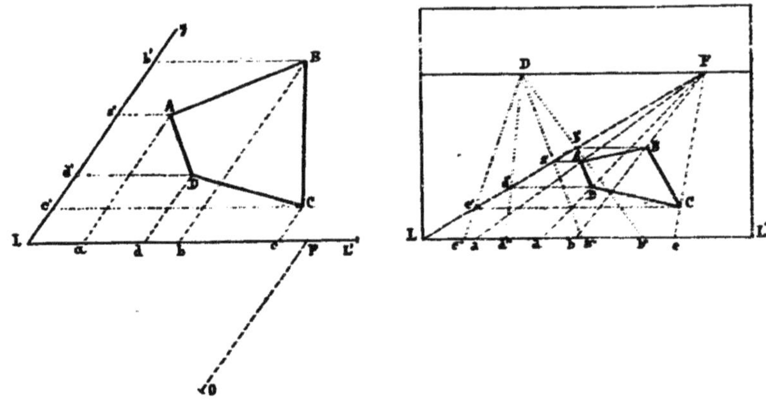

FIG. 162.

On obtient ainsi les points a, b, c, d, a'', b'', c'', d''.

A la droite Ly du géométral correspond la droite LF du tableau. Il suffit donc de joindre les points a'', b'', c'', d'' au point de distance D correspondant au point F (obtenu en portant sur HH′ la longueur FD égale à OF du géométral) pour avoir sur LF les perspectives a', b', c', d', des points de même nom du géométral.

Les droites Aa, Bb, Cc, Dd, parallèles à Ly, ont pour perspectives les droites Fa, Fb, Fc, Fd. Les parallèles Aa', Bb', Cc', Dd', à la ligne de terre restent, en perspective, parallèles à cette ligne. On a ainsi, en perspective, les points A, B, C, D.

189. Au surplus, on peut, dans chaque cas, faire varier la mise en œuvre des procédés exposés, en vue de la plus grande simplicité.

Soit, par exemple, à mettre en perspective le plan d'escalier ABB_1A_1 (*fig.* 163). Ici on prendra évidemment pour direction Ly celle de AA_1, mais il n'y aura aucun avantage, comme nous l'avons fait au n° 187, à projeter les points A, A_1...... parallèlement à LL′ sur Ly. On reportera, sur la ligne de terre du tableau, à partir du point a, les points A, A'_1,..... pris sur la droite aA_4 du géométral. On aura ainsi les points A', A'_1,..... qui, joints au point de distance D, donnent sur aF les perspectives A, A_1,..... cherchées.

En reportant le point M où AB coupe LL' sur le tableau, on a la perspective de AM qui coupe Fb au point B. Il suffit dès lors de joindre les points A_1, A_2,..... au point de fuite de AM pour avoir les perspectives de A_1B_1, A_2B_2..... Sur la figure 163, ce point de

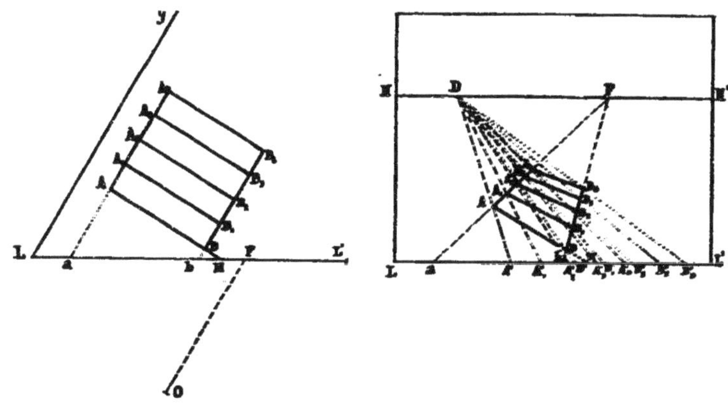

FIG. 163.

fuite serait en dehors des limites de l'épure. Nous verrons plus loin (n° 209) comment nous pourrions néanmoins tracer les droites A_1B_1, A_2B_2,..... Mais il est tout aussi simple de mettre directement les points B_1, B_2,..... en perspective sur Fb comme A_1, A_2,..... viennent d'y être mis sur Fa, en reportant les points b, B, B_1,..... du géométral en b, B', B'_1,..... sur la ligne de terre du tableau.

190. Mise en perspective du cercle. — Pour mettre en perspective une courbe quelconque, on n'a, par les procédés qui viennent d'être indiqués, qu'à mettre en perspective un nombre suffisant de points de cette courbe.

Remarquons que la perspective, étant l'intersection par le plan du tableau du cône ayant son sommet au point de vue et passant par la courbe, si cette courbe est plane et d'ordre n, sa perspective sera également une courbe d'ordre n.

En particulier, la perspective d'une conique est une conique.

Nous allons nous attacher particulièrement à la perspective du cercle, qui revient très fréquemment dans les applications.

Deux cas sont à considérer :

Premier cas. — Le centre Ω du cercle est en arrière du tableau (*fig.* 164).

Ayant marqué sur le tableau le point de fuite principal φ et un point de distance réduite correspondant, par exemple le point $\Delta_{\frac{1}{3}}$, nous mettons le centre Ω en perspective en portant sur la ligne de terre son abscisse en $L\omega$ et le tiers de son ordonnée $\omega\Omega$ en $\omega\omega_1$, et tirant les droites $\varphi\omega$ et $\Delta_{\frac{1}{3}}\omega_1$ qui se coupent en Ω.

Portant en ωa et ωb des segments égaux au rayon R du cercle

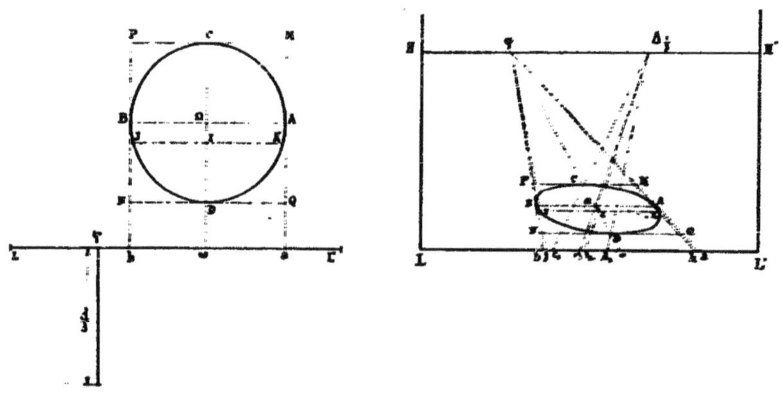

Fig. 164.

et tirant φa et φb, on a les perspectives de Aa et de Bb sur lesquelles on marque A et B en menant par Ω une parallèle à la ligne de terre.

Portant en $\omega_1 c_1$ et $\omega_1 d_1$ des segments égaux à $\frac{R}{3}$ et tirant $\Delta_{\frac{1}{3}} c_1$ et $\Delta_{\frac{1}{3}} d_1$, on a sur $\varphi\Omega$ les perspectives de C et D. Les parallèles à AB menées par ces points donnent les tangentes correspondantes MP et NQ.

L'ellipse perspective, tangente en A, B, C, D, aux droites MQ, PN, MP, NQ, est surabondamment déterminée. Nous donnerons plus loin (nº 191) un moyen simple de la construire.

Il serait facile, si on le désirait, de construire les axes de l'ellipse perspective. En effet, les tangentes en C et en D étant parallèles, CD est un diamètre, et le centre I de l'ellipse est le milieu de CD.

Le diamètre conjugué de CD sera dirigé suivant la parallèle à MP menée par I. Pour avoir la longueur de ce diamètre, cherchons la corde correspondante du cercle sur le géométral. Tirant $\Delta_{\frac{1}{3}}\mathrm{I}$ qui coupe LL′ en i_1 et reportant sur le géométral $\Omega\mathrm{I} = 3\omega_1 i_1$, on a le point I correspondant, et par suite la corde JK.

Il n'y a dès lors qu'à prendre sur la ligne de terre du tableau les segments ωj et ωk égaux à IJ ou IK et à tirer φj et φk pour avoir en perspective les extrémités du diamètre JK.

Connaissant les diamètres conjugués CD et JK, on peut construire les axes de l'ellipse (n° 53).

Deuxième cas. — Le centre du cercle est en avant du tableau (*fig.* 165).

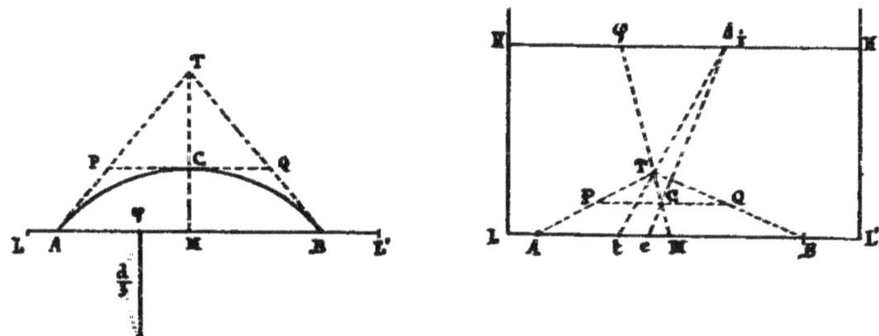

FIG. 165.

Prenons la flèche MC de l'arc ACB et menons les tangentes AT, BT, PQ en A, B, C.

Les points A, B, M, étant reportés sur la ligne de terre, joignons le dernier au point de fuite principal φ. Nous avons ainsi la perspective de la droite TM.

Pour reporter sur cette droite les points T et C, connaissant, par exemple, le point de distance réduite $\Delta_{\frac{1}{3}}$, nous prenons sur LL′ les segments $\mathrm{M}c = \frac{\mathrm{MC}}{3}$, et $\mathrm{M}t = \frac{\mathrm{MT}}{3}$, et nous tirons les droites $\Delta_{\frac{1}{3}}c$ et $\Delta_{\frac{1}{3}}t$ qui coupent $\mathrm{M}\varphi$ en C et en T.

Menant par le point C la parallèle PQ à AB, on a la tangente en ce point.

La conique perspective, tangente en A, B, C, aux droites AT, BT, PQ, est surabondamment déterminée. Nous la construirons par le procédé donné au n° 191.

Auparavant nous ferons la remarque suivante :

La conique perspective étant l'intersection par le plan du tableau du cône de sommet O passant par le cercle ACB, cette conique sera une ellipse, une parabole ou une hyperbole, selon que le plan mené par le sommet parallèlement au plan sécant, c'est-à-dire le plan parallèle au tableau mené par le point de vue, ou *plan neutre*, ne rencontrera pas le cône, ou lui sera tangent, ou le coupera suivant deux génératrices.

En d'autres termes, la perspective sera une ellipse, une parabole ou une hyperbole, suivant que la parallèle à la ligne de terre menée par la projection du point de vue géométral sera extérieure, tangente ou sécante au cercle ACB.

Mais, quel que soit le cas qui se présente, la construction de la conique perspective donnée ci-dessous reste la même.

Remarque. — On voit qu'il n'y aurait rien à changer aux tracés précédents si, au lieu d'un cercle, on avait une conique quelconque à mettre en perspective.

191. Construction des coniques perspectives. — Nous sommes, dans tous les cas, amenés à construire une conique, connaissant une corde AB, les tangentes AT et BT, aux extrémités de cette corde, et une extrémité C du diamètre CM conjugué de AB, où, par conséquent, la tangente PQ est parallèle à AB (*fig.* 166).

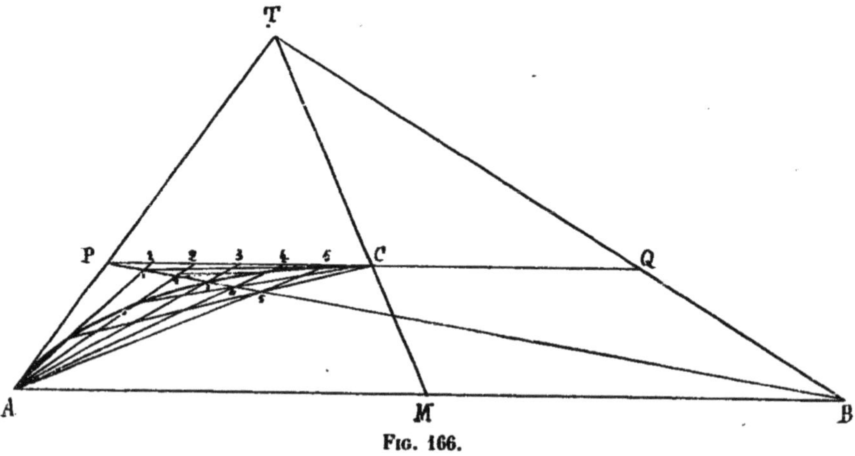

Fig. 166.

La construction reste la même que celle qui a été donnée au n° 53 pour l'ellipse dont on connaît deux diamètres conjugués, attendu que cette construction est projective.

On prend sur PC un nombre quelconque n de points de division, tels que les points numérotés 1 et $n-1$, 2 et $n-2$,... k et $n-k$,... soient symétriques par rapport au milieu de PC.

Pour cela, ayant marqué le milieu de PC (qui est sur la droite joignant le point T au point de rencontre des droites PM et AC), on prend, sur l'une des moitiés, des points autant que possible équidistants, et on reporte cette division en sens contraire sur l'autre moitié.

Cela fait, on tire la droite PB et on prend ses points de rencontre avec les droites A1, A2,......... An. On joint les points 1', 2',......... $(n-1)'$, n' ainsi obtenus au point C. Les droites

A1	et	Cn'
A2	et	C$(n-1)'$
. . . .	. . . .	. . . .
Ak	et	C$(n-k)'$
. . . .	. . . .	. . . .
An	et	C1'

se coupent sur la conique cherchée dont on obtient ainsi autant de points que l'on veut.

Prenant de même des points de division (toujours symétriques par rapport au milieu de PC) en dehors du segment FC, on pourrait achever le tracé complet de la conique ; mais il est préférable, pour avoir l'arc du point C au point B, de répéter la même construction en remplaçant le point A par le point B, le segment PC par QC, la droite PB par QA.

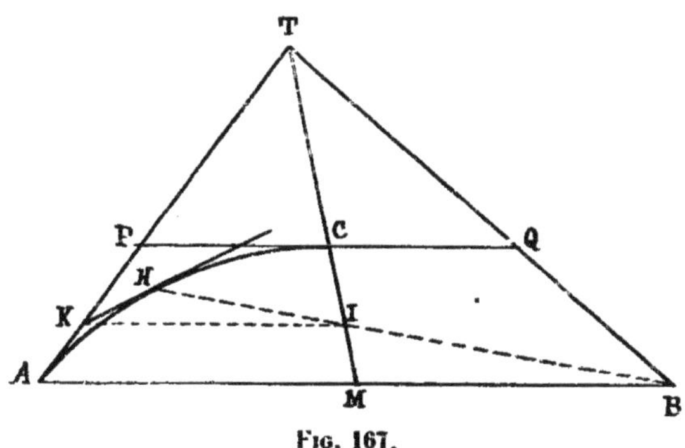

FIG. 167.

Pour avoir la tangente en un point H de la conique (*fig.* 167), il suffit de tirer HB qui coupe TM en I et de mener par I à AB la parallèle IK. HK est la tangente demandée.

Remarque. — La construction reste la même, quelle que soit la nature de la conique, et, en particulier, si le point C est au milieu de TM, auquel cas la conique est une parabole. Cette construction peut donc, dans ce cas, être substituée à celle du n° 59.

Elle subsiste même si les points A et B sont rejetés à l'infini sur TA et TB, auquel cas la conique est une hyperbole tangente en C à PQ et ayant TA et TB pour asymptotes. Elle peut alors être substituée à la construction du n° 56 [1].

192. Craticulage. — Lorsqu'on a à mettre en perspective une courbe ou un ensemble de courbes non définies géométriquement ou d'une définition géométrique compliquée, le mieux est de rapporter ces courbes à un quadrillage régulier que l'on met en perspective.

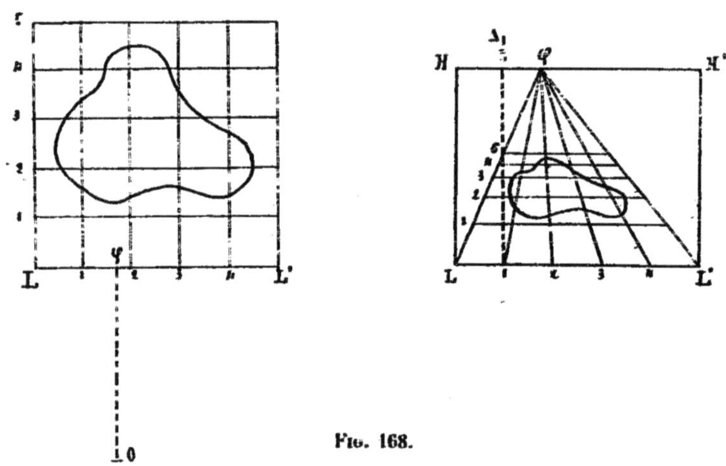

Fig. 168.

On reporte aisément sur ce quadrillage en perspective les points relevés sur le quadrillage régulier. Cela s'appelle *craticuler*.

Ayant construit le point de fuite principal φ sur la ligne d'horizon HH' (*fig.* 168), on porte sur LL' les points de division 1, 2, 3, 4, de la ligne de terre, et on tire les droites $\varphi 1$, $\varphi 2$, $\varphi 3$, $\varphi 4$.

Prenant sur HH' un point de distance réduite principal quelconque, $\Delta_{\frac{1}{5}}$ par exemple, on n'a qu'à le joindre au point 1 de LL' pour avoir le point 5 sur $L\varphi$. On pourrait de même construire

[1] Nous avons déduit ces constructions d'un mode de transformation spécial que nous avons étudié, en 1893, dans les *Nouvelles Annales de Mathématiques* (p. 350), mais on peut les justifier immédiatement par la considération des faisceaux homographiques A(1, 2, 3,...) et C(1', 2', 3',...).

les autres points de division sur $L\varphi$; mais il est plus expéditif, ayant le point 5, de recourir à un procédé qui sera donné plus loin (n° 199, 1°).

193. Changement d'échelle. — Nous avons supposé jusqu'ici que l'échelle adoptée pour le tableau était la même que celle du géométral. Voyons maintenant comment s'effectuera la mise en perspective lorsqu'on fera choix d'une échelle différente.

Ayant d'abord tracé la ligne de terre $L_1L'_1$ et la ligne d'horizon $H_1H'_1$ du tableau construit à la même échelle que le géométral, marquons sur $H_1H'_1$ le point de fuite F et le point de distance D_1 répondant à la direction Ly (*fig.* 169).

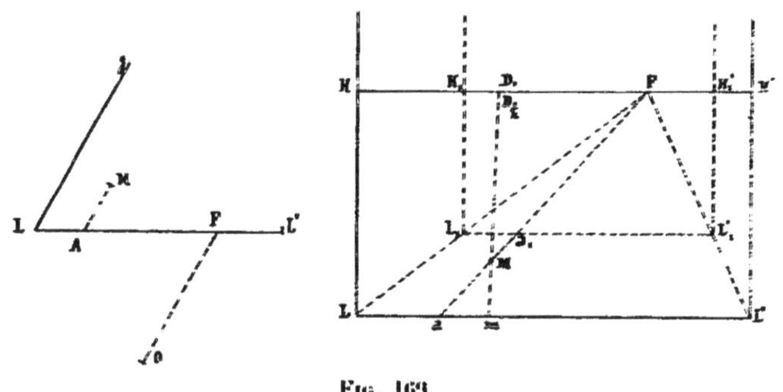

Fig. 169.

Cela fait, amplifions tout le tableau dans un rapport quelconque k, homothétiquement par rapport au point F. Nous n'avons pour cela, après avoir choisi arbitrairement le point L, par exemple, sur FL_1, qu'à tirer les parallèles LH, LL', L'H' à L_1H_1, $L_1L'_1$, $L'_1H'_1$.

Par rapport au nouveau tableau, le point de distance D_1 de l'ancien devient le point $D_{\frac{1}{k}}$.

Appliquons dès lors la règle formulée pour la mise en perspective à la fin du n° 185.

Nous prenons, à l'*échelle du tableau*, le segment La égal à la largeur du point M. Pour cela, nous portons cette largeur, à l'*échelle du géométral*, en L_1a_1 sur $L_1L'_1$, et nous tirons Fa_1.

Nous prenons ensuite, toujours à l'*échelle du tableau*, le segment am égal au $\frac{1}{k^{\text{ième}}}$ de l'éloignement. Mais, puisque le rapport d'amplification est précisément égal à k, le $\frac{1}{k^{\text{ième}}}$ de l'éloignement à l'échelle du tableau sera cet éloignement lui-même, à *l'échelle du géométral.* Nous n'avons donc qu'à reporter am, pris sur le géométral, sur LL' à la suite de La et à tirer $mD_{\frac{1}{k}}$, ce point $D_{\frac{1}{k}}$ n'étant autre que le point D_1 de tout à l'heure.

En résumé, la construction est la suivante: *porter sur* $L_1L'_1$ (*échelle des largeurs*) L_1a_1 *égal à la largeur prise sur le géométral; tirer* Fa_1 *qui coupe* LL' *en* a*; porter sur* LL', *en* am, *l'éloignement* AM *pris sur le géométral et tirer* $mD_{\frac{1}{k}}$ *qui coupe* Fa *au point* M *cherché.*

B. — *Constructions directes sur le tableau*

194. Constructions relatives aux angles. — Supposons que par le point A de la droite du géométral, dont la perspective est AF, on veuille mener une droite faisant avec celle-ci un angle α connu, et proposons-nous d'obtenir directement la perspective de cette droite.

Rabattons le plan d'horizon sur celui du tableau.

Le point de vue se rabat en O_1 sur la perpendiculaire élevée au point φ à la ligne d'horizon HH' (*fig.* 170), et à une distance de ce point φ égale à la distance principale δ.

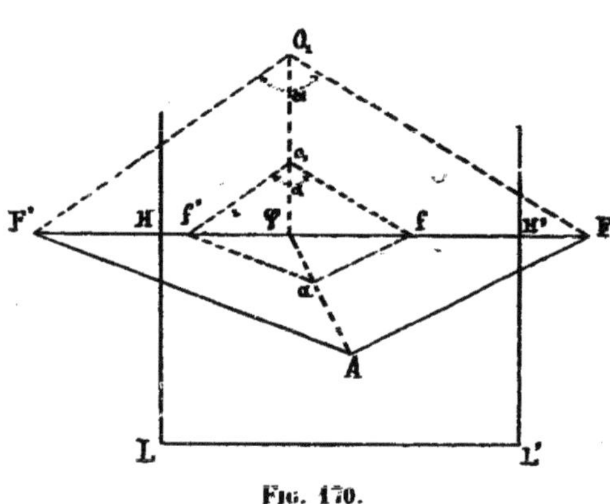

Fig. 170.

Le rayon OF étant rabattu en O_1F, il suffit de mener par le point O_1 la droite O_1F' faisant avec OF l'angle α pour avoir en F' le point de fuite de la direction cherchée.

Si l'angle α est droit, c'est-à-dire si les points de fuite F et F' correspondent à deux directions rectangulaires, on a $\varphi F \times \varphi F' = \delta^2$.

Il arrivera le plus souvent que la figure AFOF' sera trop grande et que les points F, O_1, F', sortiront des limites de l'épure. On pourra alors construire une figure homothétique par rapport au point φ.

Prenons, par exemple, sur φA le point a tel que $\varphi a = \frac{\varphi A}{k}$ et, sur la perpendiculaire élevée en φ à HH′ la longueur $\varphi o_1 = \frac{d}{k}$. Nous n'aurons qu'à mener par a la parallèle af à AF, à tirer fo_1, à faire en o_1 l'angle fo_1f' égal à α, enfin à mener par A une parallèle à af', pour avoir la perspective cherchée.

195. Constructions relatives aux longueurs. — Supposons que nous ayons à porter une longueur l à partir du point A sur la droite AF (*fig.* 171) :

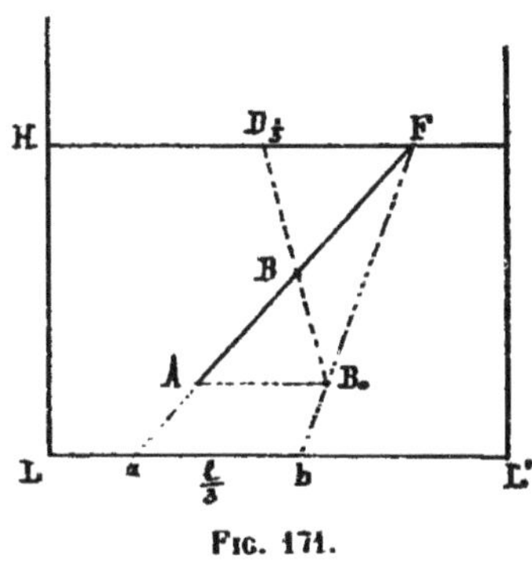

Fig. 171.

Nous commençons par déterminer (n° 186) un point de distance réduite, par exemple le point $D_{\frac{1}{3}}$, relatif au point F. Nous portons sur l'échelle des largeurs (supposée confondue ici avec la ligne de terre, ce qui revient à supposer l'échelle du tableau égale à celle du géométral) le segment $ab = \frac{l}{3}$; nous tirons ensuite la parallèle AB_0 à LL′ qui coupe Fb en B_0 ; le segment AB_0 du géométral est égal à ab, puisque FA et FB_0 sont les perspectives de deux droites parallèles. Il n'y a donc qu'à tirer la droite $B_0D_{\frac{1}{3}}$ pour avoir le point B cherché.

196. Milieu perspectif. — La perspective du milieu du segment AB considéré sur le géométral est dite le *milieu perspectif* du segment AB considéré sur la perspective.

Ayant joint le point B à un point F′ quelconque de la ligne d'horizon (*fig.* 172), nous n'avons qu'à mener la parallèle AB_0 à HH′, à prendre le milieu M_0 de ce segment et à tirer $F'M_0$ pour avoir le point M cherché sur AB. En effet, les droites MM_0 et BB_0, se rencontrant en un point de la ligne d'horizon, sont les perspectives de droites parallèles du géométral. Donc, *sur le géométral*, le point M divise AB comme M_0 divise AB_0, c'est-à-dire en est le milieu.

Pour n'avoir pas à prendre le milieu de AB_0, on n'a qu'à se donner arbitrairement AM_0, qu'on reporte en M_0B_0 ; à tirer BB_0, qui donne F′, puis $F'M_0$, qui donne M.

On peut encore remarquer que, si l'on mène par F une droite quelconque qui coupe en A′ et en B′ les parallèles à HH′ menées par A et B (*fig.* 173), la figure AA′B′B est la perspective d'un parallélogramme du géométral. Il n'y a donc, par le point de rencontre I des

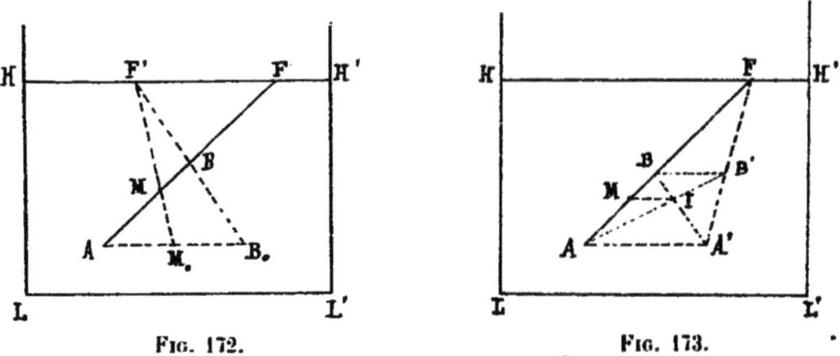

FIG. 172. FIG. 173.

diagonales AB′ et A′B, qu'à mener une parallèle à AA′ pour avoir le point M cherché.

L'une ou l'autre de ces constructions montre que *le point* M *est le conjugué harmonique du point de fuite* F *par rapport aux points* A *et* B.

En effet, la première, par exemple, montre que le faisceau (F′.AM_0B_0F) est harmonique. Donc, en coupant ce faisceau par la droite AF, on obtient une ponctuelle harmonique (AMBF).

197. Construction d'un cercle dont on connaît un diamètre en perspective. — Soit AB (*fig.* 174) le diamètre

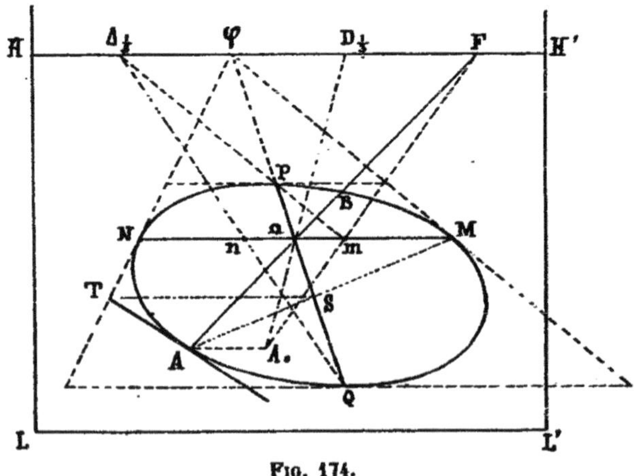

FIG. 174.

donné. Par l'une ou l'autre des constructions précédentes, on construit son milieu perspectif Ω, qui est le centre perspectif du cercle dont on cherche l'ellipse perspective.

Ayant construit (n° 187) le point de distance réduite $D_{\frac{1}{3}}$ correspondant au point F, nous n'avons qu'à tirer $D_{\frac{1}{3}}\Omega$ et à mener par A la parallèle AA_0 à LL′ pour avoir en AA_0, à l'échelle du plan de front de A, le tiers du rayon (n° 195). Tirons dès lors FA_0 qui coupe en m la parallèle à LL′ menée par Ω, et portons sur cette droite $\Omega M = \Omega N = 3\Omega m$. Nous avons ainsi la perspective MN du diamètre de front du cercle cherché. Prenant $\Omega n = \Omega m$, et joignant les points m et n au point de distance principale réduite au $\frac{1}{3}$, nous avons en P et en Q sur la droite $\Omega\varphi$ les perspectives des extrémités du diamètre perpendiculaire à MN sur le géométral.

Nous savons qu'en M et en N les tangentes à la perspective cherchée sont φM et φN, tandis qu'en P et en Q ce sont les parallèles à MN. Nous nous trouvons ainsi dans le même cas qu'au n° 190 (premier cas), et nous pouvons appliquer la construction du n° 191

Si, en particulier, nous voulons la tangente en un des points donnés, le point A, par exemple, sans avoir à construire, comme il a été dit au n° 194, la perpendiculaire en A à AB, nous n'avons qu'à appliquer la construction donnée au n° 191 : tirer AM qui coupe ΩQ au point S, et mener ST parallèlement à MN ; AT est la tangente demandée.

198. Division d'un segment de droite dans un rapport donné. — Échelles divergentes. — De même que le milieu perspectif M de AB s'obtient en prenant le milieu M_0 de AB_0 et tirant $F'M_0$ (*fig.* 175), F′ étant, d'ailleurs, un point quelconque de la ligne d'horizon H′H (n° 196), de même, si P_0 divise AB_0 dans un certain rapport $\frac{P_0A}{P_0B_0} = \lambda$, le point P où $F'P_0$ coupe AB est la perspective du point qui, sur le géométral, divise AB dans ce rapport λ.

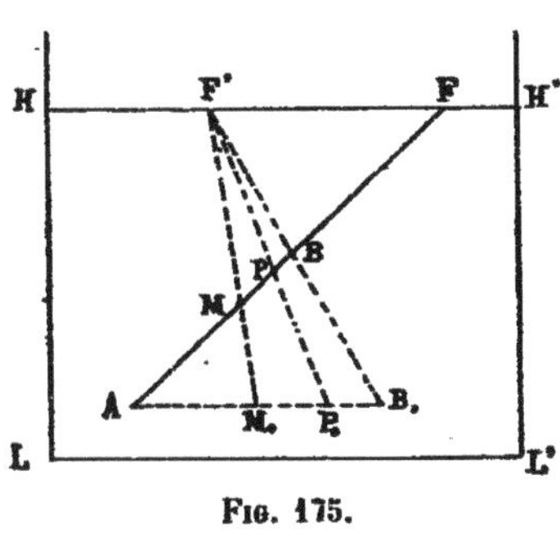

FIG. 175.

Le rapport anharmonique de la ponctuelle $AM_0P_0B_0$, égal à λ, est égal aussi à celui de la ponctuelle AMPB, puisque ces deux ponctuelles sont données par l'intersection de deux droites différentes avec un même faisceau (F'.AMPB), et ce rapport anharmonique λ est celui même du faisceau.

Prenons dès lors, en dehors de l'épure, un segment de droite *ab* quelconque (*fig.* 176) sur lequel nous marquons son milieu *m* et le point *p*, tel que $\frac{pa}{pb} = \lambda$, et joignons les points *a*, *m*, *p*, *b*, à un point S quelconque, de préférence sur la perpendiculaire élevée à *ab* en son milieu *m*.

Le rapport anharmonique de ce faisceau est égal à λ. Relevons alors en A_1, M_1, B_1, sur le bord bien nettement rectiligne d'une bande de papier, les points A, M et B du tableau et plaçons cette bande de papier sur le faisceau S de façon que le point A_1 tombe sur S*a*, B_1 sur S*b* et M_1 sur S*m*, ce qui se fait par un tâtonnement très rapide. Puis, marquons le point P_1 où le bord de la bande de papier rencontre S*p*. Le rapport anharmonique de la ponctuelle $A_1M_1P_1B_1$, égal à celui du faisceau (S.*ampb*), est égal à λ. Donc, si nous replaçons le segment A_1B_1 de la bande de report en coïncidence avec le segment AB, le point P_1 nous donnera sur AB le point P cherché.

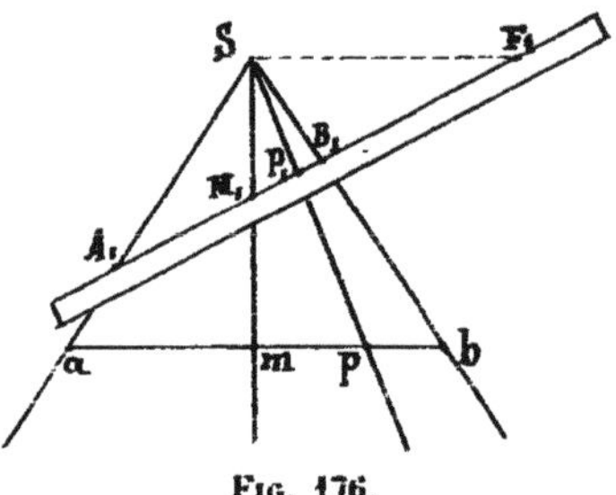

FIG. 176.

Le faisceau (S.*ampb*) est dit une *échelle divergente* pour le rapport λ. Une telle échelle, dont l'idée est due à M. Pillet, permet, quel que soit le segment AB pris sur la perspective, pourvu qu'on ait marqué son milieu perspectif M, d'obtenir immédiatement sur ce segment le point P tel que $\frac{PA}{PB} = \lambda$.

Remarque. — Pour repérer la position du segment AB, nous nous sommes servi de son milieu perspectif M, parce que, d'une part, ce point est très aisé à construire, et que, de l'autre, il se trouve entre A et B, ce qui est un avantage ; mais on pourrait aussi bien prendre tout autre pointdivisant AB dans un rapport connu, par exemple le point defuite F (*fig.* 175), perspectif de celui à l'infini.

Le rayon correspondant de l'échelle divergente, sur lequel on aurait à amener le point F_1 serait la parallèle à *ab* menée par S (*fig.* 176).

199. Applications diverses des échelles divergentes. — L'emploi des échelles divergentesperm et de résoudre immédiatement tous les problèmes qui se ramènent à la division d'un segment de droite dans un rapport donné. En voici quelques exemples :

1° *Division d'un segment de droite en parties égales.* — Si on construit une échelle divergente en joignant un point S à des points 1, 2, 3..., régulièrement espacés sur une droite, on peut, au moyen de cette échelle, diviser un segment de droite, donné en perspective, en un nombre de parties égales compris entre 3 et n.

Sur la figure 177, on a pris $n = 8$.

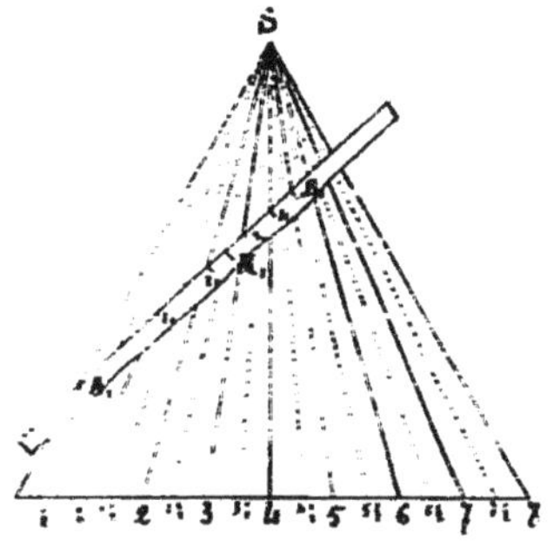

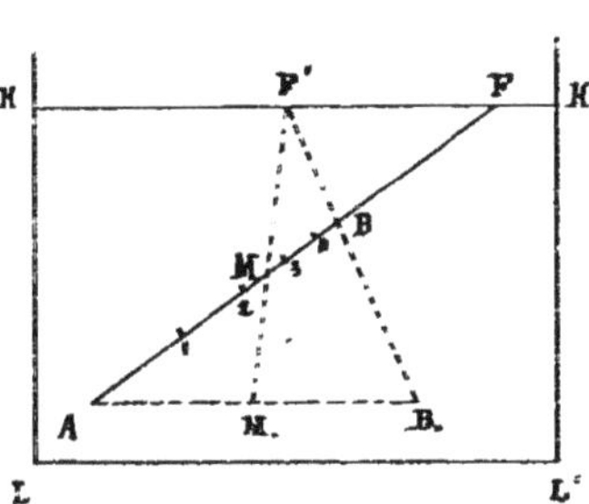

Fig. 177.

Soit dès lors à diviser AB, dont on a pris le milieu perspectif M, en cinq parties égales. Ayant relevé les points A, M, B, sur une bande de papier en A_1, M_1, B_1, reportons-nous sur l'échelle divergente en amenant le point A_1 sur SO, M_1 sur $S2\frac{1}{2}$ et B sur S5. Marquons sur la bande de papier les points 1_1, 2_1, 3_1, 4_1, aux points où le bord est coupé par les divergentes S_1, S_2, S_3, S_4. Nous n'avons plus qu'à reporter ces points en 1,2, 3, 4, sur la perspective.

2° *Inscription des polygones réguliers dans le cercle.* — Soit à inscrire dans un cercle un polygone régulier de $4n$ côtés. On peut toujours être ramené à ce cas en doublant ou quadruplant le nombre des côtés. Donnons-nous le sommet A et proposons-nous de construire les autres sommets de ce polygone régulier inscrit dans le cercle, dont les diamètres rectangulaires AB et CD ont été mis en perspective, ou, ce qui revient au même, pour lequel on a mis en perspective le carré circonscrit MNPQ (*fig.* 178).

On voit que les sommets projetés soit sur AB, soit sur CD,

donnent les mêmes ponctuelles composées des extrémités de ces diamètres et de $2n - 1$ points intermédiaires, dont le centre. Ces ponctuelles sont, d'ailleurs, encore les mêmes lorsqu'on projette les sommets sur un quelconque des côtés du carré MPNQ. Il suffit donc

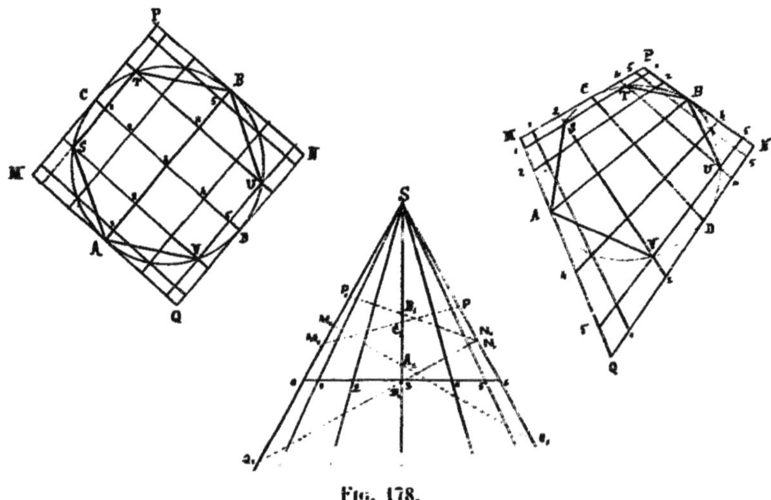

FIG. 178.

de construire l'échelle divergente correspondant à cette ponctuelle unique pour pouvoir reporter sur les côtés MPNQ en perspective les ponctuelles correspondantes.

Prenons, par exemple, l'hexagone régulier ASTBUV et, pour avoir à construire une seule échelle divergente, doublons le nombre des sommets, de manière à le rendre divisible par 4. Nous obtenons ainsi sur le diamètre AB la division A12345B que nous prenons pour base 0123456 d'une échelle divergente de sommet S, ce sommet étant sur la perpendiculaire élevée à la base par le point 3.

Reportant successivement sur l'échelle divergente les côtés du carré MQNP mis en perspective avec leurs milieux perspectifs A, D, B, C, en plaçant les extrémités de chaque côté sur S0 et S6, et leurs milieux perspectifs sur S3, on a les ponctuelles 12345 correspondant à chacun de ces côtés. Les intersections des droites joignant deux à deux les points correspondants des ponctuelles opposées donnent les sommets S, T, U, V, cherchés en perspective (¹).

(¹) Les côtés opposés de cet hexagone perspectif étant les perspectives de droites parallèles sur le géométral doivent se couper sur la ligne d'horizon. C'est là une vérification du théorème de Pascal.

3° *Construction des cercles concentriques à un cercle donné.* — Supposons que nous ayons construit la perspective d'un cercle de rayon R_0 et que nous voulions construire les perspectives de cercles concentriques à celui-ci et de rayons R_1, R_2, R_3,...

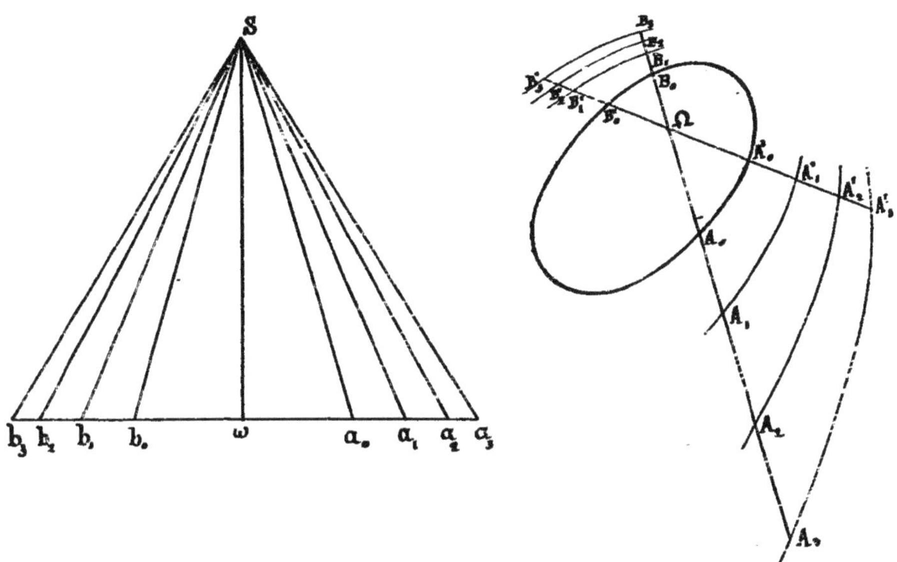

Fig. 179.

Construisons une échelle divergente (*fig.* 179) en portant sur sa base, de part et d'autre du point ω, les rayons R_0, R_1, R_2, R_3,..... ce qui donne les points a_0, a_1, a_2, a_3..... et b_0, b_1, b_2, b_3...

Cela fait, prenons un diamètre perspectif quelconque A_0B_0 du cercle perspectif tracé, reportons-le sur l'échelle divergente en amenant le centre perspectif Ω sur Sω, et les extrémités A_0B_0 respectivement sur Sa_0, Sb_0. Marquons les points où ce diamètre est coupé par les divergentes Sa_1, Sa_2, Sa_3,..... Sb_1, Sb_2, Sb_3,..... et rapportons ces points sur la perspective. Nous avons ainsi les points A_1, A_2, A_3,... B_1, B_2, B_3,..... appartenant aux perspectives cherchées.

C. — *Déplacement du géométral et du point de vue*

200. Abaissement du géométral. — Si, le point de vue restant fixe, on abaisse le géométral dans le sens de la verticale pour amener la ligne de terre de LL′ en $L_1L'_1$, chaque point M du géométral se déplace sur la verticale correspondante (*fig.* 180).

Joignons le point M à un point quelconque F de la ligne d'horizon. Nous avons ainsi la perspective d'une droite du géométral passant au point M. Le point A de cette droite s'abaisse en A_1 ; son point de fuite F ne varie pas, puisque le point de vue, d'une part, et la direction de la droite, de l'autre, restent invariables. La nouvelle perspective de la droite est donc A_1F, qui coupe la verticale MM_1 au point M_1 cherché.

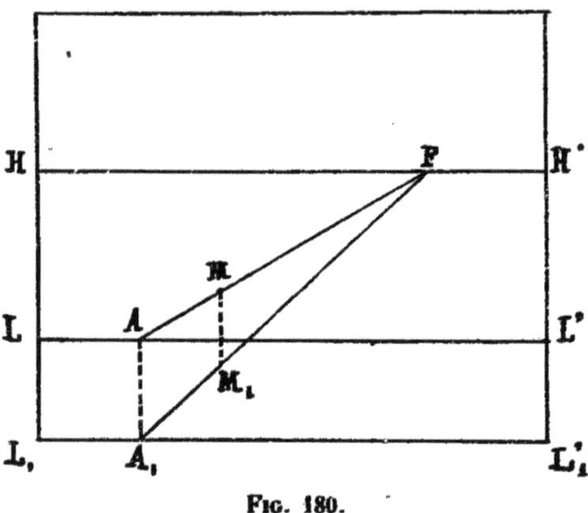

Fig. 180.

Puisque les points correspondants M et M_1 sont sur une même perpendiculaire à HH' et que les droites correspondantes AM et A_1M_1 se coupent sur HH', on voit que *la première et la seconde perspectives sont des figures homologiques*, HH' *étant l'axe d'homologie, et le centre d'homologie étant à l'infini dans la direction perpendiculaire* à HH'.

201. Relèvement de front du géométral. — Il est souvent commode, pour effectuer certaines constructions sur le géo-

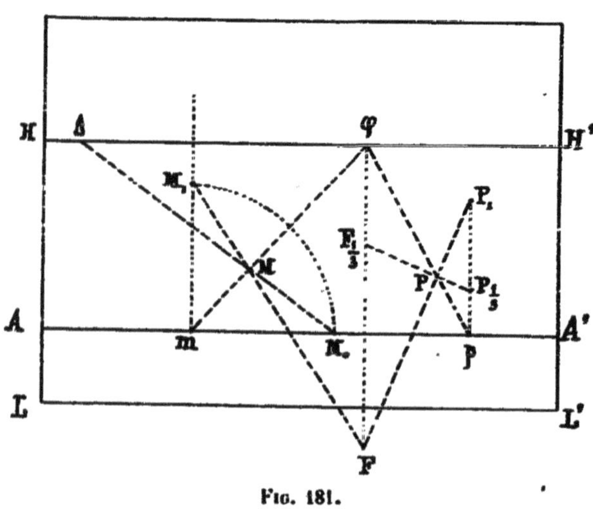

Fig. 181.

métral, de relever celui-ci, en le faisant tourner autour d'une de ses lignes de front, de manière à le rendre vertical, et de le ramener ensuite dans sa position primitive.

Soit AA′ la ligne de front du géométral, que nous prenons comme charnière (*fig.* 181).

La droite qui joint le point M au point de fuite principal φ étant perpendiculaire au tableau se relève suivant la perpendiculaire mM_1 à la charnière. Si, en outre, on joint le point M au point de distance principal Δ, on a en mM_{11} la vraie grandeur (à l'échelle du plan de front de trace AA′) de la distance mM. Il suffit donc de reporter mM_{11} en mM_1 pour avoir le point M_1, relèvement de M.

Dans l'espace, le triangle MmM_1, rectangle en m, est isocèle. La droite MM_1, située dans un plan de profil, est donc inclinée à 45° sur le géométral. Son point de fuite F s'obtient, par suite, en prenant sur la perpendiculaire élevée en φ à HH′ le segment φF égal à la distance principale $\varphi\Delta$.

L'emploi de ce point de fuite simplifie considérablement la construction. Soit, par exemple, le point P à relever. Le tracé se bornera au suivant : tirer φP qui coupe AA′ en p ; élever en p à AA′ une perpendiculaire qui coupe FP en P_1.

Cette construction, prise en sens inverse, permet de revenir du point P_1 au point P.

Si le point F se trouve trop éloigné pour que son emploi soit commode, on prend sur φF un point divisant ce segment dans un rapport simple, par exemple le point $F_{\frac{1}{3}}$, situé au tiers de φF. On tire $F_{\frac{1}{3}}P$ qui coupe pP_1 au point $P_{\frac{1}{3}}$, et on triple $PP_{\frac{1}{3}}$ pour avoir P_1.

On voit que les segments MM_1, PP_1 sont les cordes des arcs décrits pendant le relèvement par les points M et P. Pour cette raison, la méthode, dont on vient de donner un premier exemple, a reçu le nom de *méthode de la corde de l'arc*.

Remarque I. — Puisque les points situés sur la charnière AA′ restent fixes pendant le relèvement, une droite quelconque de la perspective et cette droite relevée se coupent sur AA′. D'autre part, un point quelconque M et son relèvement M_1 sont en ligne droite avec le point F. Donc la *figure en perspective et la figure relevée sont homologiques*, AA′ *étant l'axe, et* F *le centre d'homologie.*

Remarque II. — Des droites du géométral parallèles en perspective se coupent sur la ligne neutre (n° 175). Pour trouver le relèvement de cette ligne neutre, qui est nécessairement parallèle à AA', il suffit donc de chercher le relèvement du point dont la perspective est à l'infini du tableau dans une direction quelconque, par exemple dans la direction perpendiculaire à AA'.

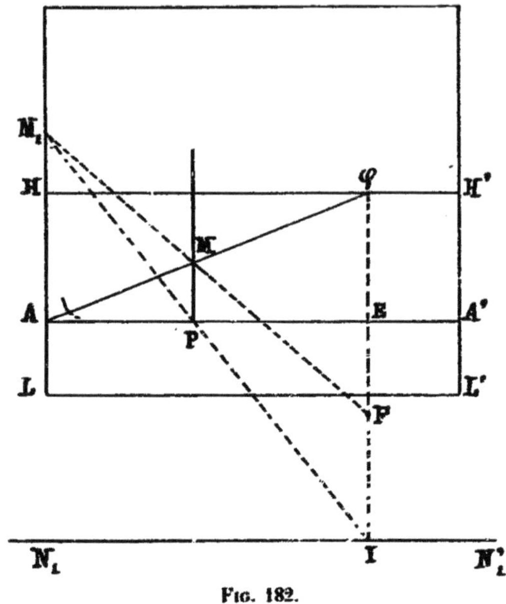

Fig. 182.

Prenons donc la droite MP perpendiculaire à AA' et cherchons le relèvement du point à l'infini sur cette droite (*fig.* 182). Ce relèvement I étant en ligne droite avec ce point à l'infini et le point F, sera sur Fφ.

Relevons maintenant un point quelconque de MP, par exemple le point M, situé sur φA. Le relèvement M_1 de ce point est, d'après ce qui précède, à la rencontre de FM et de AH.

M_1P, relèvement de MP, donne donc le point I sur Fφ. Il suffit de mener par I la parallèle $N_1N'_1$ à AA' pour avoir la droite neutre relevée. Comme on a

$$\frac{FI}{MP} = \frac{M_1I}{M_1P} = \frac{AE}{AP} = \frac{\varphi E}{MP},$$

on voit que FI = φE, ou que EI = φF, c'est-à-dire la distance principale. Donc *la ligne neutre relevée s'obtient en menant à la charnière* AA' *une parallèle qui en soit éloignée de la distance principale.*

Si une droite est, en perspective, parallèle à une direction donnée, son relèvement passe par le point de $N_1N'_1$ qui se trouve sur la parallèle à cette direction menée par le point F. De là le moyen de mener à une courbe perspective une tangente parallèle à une direction donnée.

202. Altération de la perspective produite par un déplacement quelconque de l'œil. — Supposons que l'œil se déplace d'une manière quelconque dans l'espace, devant le tableau où se fait la perspective. La ligne d'horizon $H_0H'_0$, le point de fuite principal φ_0 et le point de distance principal Δ_0 sont, après le déplacement de l'œil, remplacés respectivement par H_1, H'_1, φ_1 et Δ_1 (*fig.* 183).

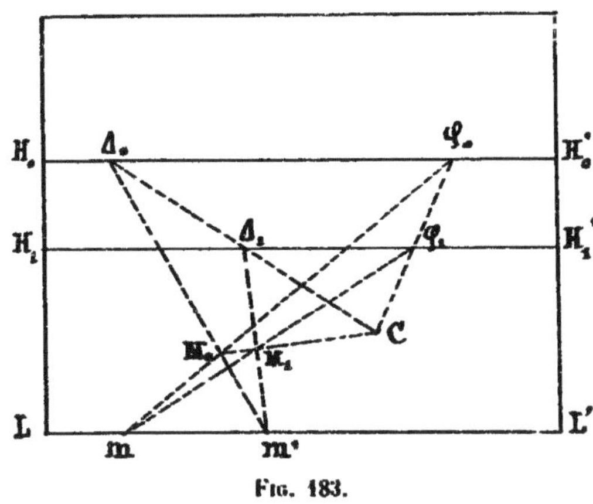

FIG. 183.

Pour avoir la perspective d'un certain point, nous avons, dans le premier cas, porté sur l'échelle des largeurs LL' sa largeur Lm et son éloignement mm', puis tiré $\varphi_0 m$ et $\Delta_0 m'$, dont la rencontre nous a donné le point M_0.

Dans le second cas, la largeur et l'éloignement du point n'ayant pas varié, les points m et m' sont les mêmes, et nous avons, en tirant $\varphi_1 m$ et $\Delta_1 m'$, le point M_1.

La remarque précédente, appliquée au point de rencontre C de $\Delta_0\Delta_1$ et de $\varphi_0\varphi_1$, montre que ce point reste invariable de la première à la seconde perspective. C'est donc la trace sur le tableau du rayon joignant la position initiale O_0 à la position finale O_1 de l'œil.

Figurons-nous dans l'espace les rayons O_0M_0 et O_1M_1 qui donnent les points M_0 et M_1. La droite M_0M_1, étant l'intersection du plan O_0O_1M et du plan du tableau, passe par le point C où la droite O_0O_1 rencontre ce tableau [1].

Dès lors, pour avoir la nouvelle perspective M_1 d'un point dont M_0 est la première perspective, il n'y a qu'à tirer φ_0M_0 qui donne m, puis $\varphi_1 m$ et CM_0 dont l'intersection est le point M_1.

On peut, d'ailleurs, au lieu du point de fuite principal φ_0, se servir de tout autre point de fuite F_0 pris sur $H_0H'_0$ en remarquant que le point F_1 correspondant est à la rencontre de $H_1H'_1$ et de CF_0.

On voit que le déplacement du point perspectif, nul au point C et

[1] Ce résultat peut également être établi par les considérations suivantes. Puisque les couples de droites φ_0M_0 et φ_1M_1, Δ_0M_0 et Δ_1M_1, $\Delta_0\varphi_0$ et $\Delta_1\varphi_1$ se coupent respectivement sur LL', les triangles $M_0\Delta_0\varphi_0$ et $M_1\Delta_1\varphi_1$ sont homologiques. Par conséquent, les droites $\varphi_0\varphi_1$, $\Delta_0\Delta_1$ et M_0M_1 joignant les sommets homologues concourent en un même point C.

sur la droite LL′, reste très petit dans le voisinage. C'est pourquoi la perspective tracée pour la position O_0 du point de vue donne à l'œil placé en O_1, dans le voisinage, à peu près la même impression que la perspective qui serait rigoureusement construite pour ce point.

D. — *Restitution perspective du géométral*

203. Problème général de la restitution perspective du géométral. — Le problème qui consiste à restituer le plan du géométral d'après la perspective supposée connue porte le nom de *restitution perspective*.

Une telle restitution s'effectue immédiatement lorsqu'on connaît les points principaux de fuite et de distance entière ou réduite, φ et $\Delta_{\frac{1}{k}}$ (*fig.* 184).

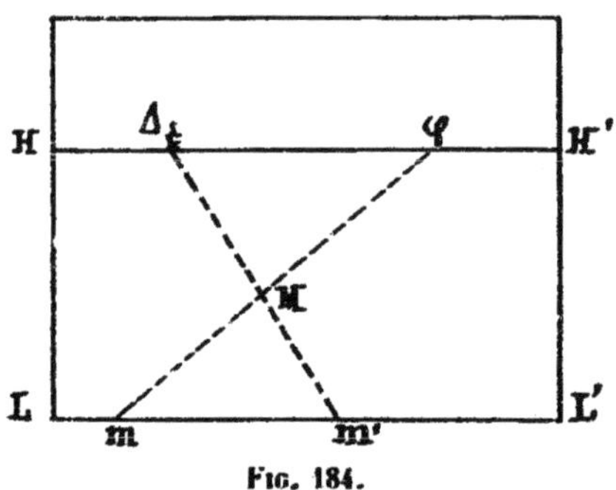

Fig. 184.

On sait, en effet (n° 184), que, si on tire φM et $\Delta_{\frac{1}{k}}$M qui coupent LL′ en m et en m', les coordonnées sur le géométral du point M, rapporté à LL′ et à la perpendiculaire Ly à cette droite, sont, à l'échelle du tableau

$$x = \mathrm{L}m, \quad y = k.mm'.$$

204. Restitution perspective connaissant deux points de fuite et deux points de distance correspondants. — Puisque le point de vue O est à une distance du point de fuite F égale à FD, si l'on rabat le plan d'horizon sur le tableau, le rabattement O_1 du point de vue sera à la fois sur le cercle de centre F et de rayon FD et sur le cercle de centre F′ et de rayon F′D′ (*fig.* 185). Ayant ce rabattement O_1, on n'a qu'à abaisser de ce point la perpendiculaire $O_1\Phi$ sur HH′ pour avoir à la fois le point de fuite principal Φ et la distance principale $O_1\Phi$.

Supposons maintenant que, les points D et D′ se trouvant hors des limites de l'épure, on ne dispose que des points de distance réduite $D_{\frac{1}{k}}$ et $D'_{\frac{1}{k}}$.

Formons la figure homothétique de la précédente par rapport à un

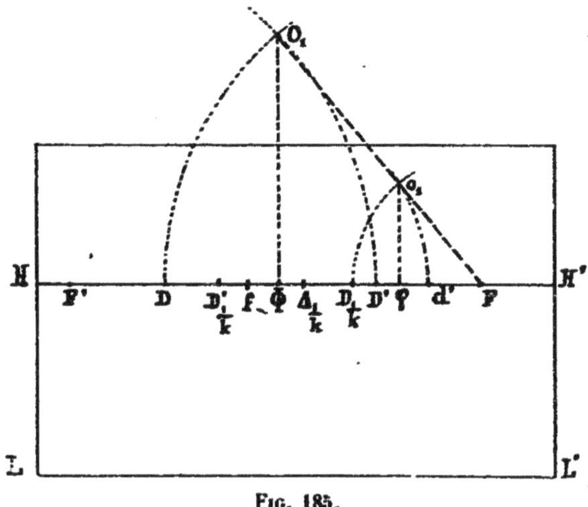

Fig. 185.

point quelconque, le point F par exemple, en prenant un rapport d'homothétie égale à $\frac{1}{k}$.

Le cercle de rayon FD sera remplacé par le cercle de rayon $FD_{\frac{1}{k}}$; le cercle de centre F' et de rayon F'D', par le cercle de centre f', tel que $Ff' = \frac{FF'}{k}$, et de rayon $f'd' = F'D'_{\frac{1}{k}}$. Le point de rencontre o_1 des deux nouveaux cercles se trouve sur FO_1, et on a $Fo_1 = \frac{FO_1}{k}$. Si donc on abaisse du point o_1 la perpendiculaire $o_1\varphi$ sur HH', on a le point de fuite principal Φ en prenant $F\Phi = k \times F\varphi$. En outre, $o_1\varphi = \frac{O_1\Phi}{k}$. Il suffit de porter sur HH', à partir de Φ, un segment $\Phi\Delta_{\frac{1}{k}}$ égal à $o_1\varphi$ pour avoir un point principal de distance réduite au $\frac{1}{k^{\text{ème}}}$. On est ainsi ramené au cas du numéro précédent.

205. Restitution perspective connaissant les perspectives de deux segments de droites de longueurs données. — Nous supposons connues les perspectives AB et A'B' de deux segments de droites dont les longueurs sur le géométral sont l et l'.

Si nous connaissons, en outre, la hauteur du point de vue au-dessus du géométral, nous pouvons tracer la ligne d'horizon HH' [1] et, par suite, avoir les points de fuite F et F' des droites AB et A'B' (*fig.* 186).

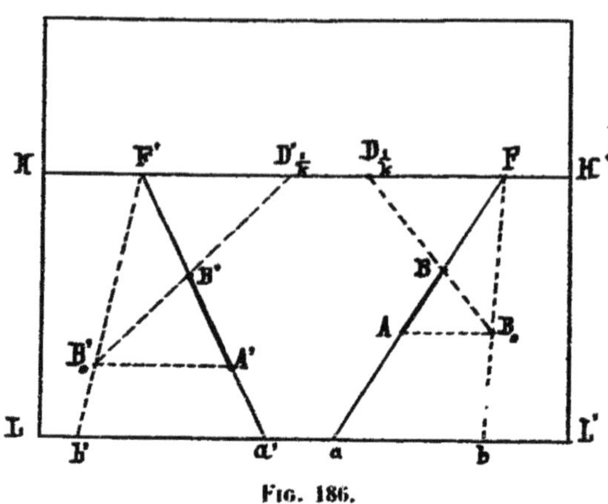

Fig. 186.

A partir du point a, où AB coupe LL', portons, à l'échelle du tableau, $ab = \frac{l}{k}$, k étant un entier quelconque, puis tirons Fb et AB_0 parallèle à LL'. Nous avons ainsi, à l'échelle du plan de front du point A,

$$AB_0 = \frac{l}{k}.$$

Si donc nous tirons BB_0, cette droite coupe HH' au point $D_{\frac{1}{k}}$ répondant à F.

De même, portant $a'b' = \frac{l'}{k}$, on déduit de là, par la même construction, le point $D'_{\frac{1}{k}}$ répondant à F'.

On est ainsi ramené au cas traité dans le numéro précédent.

206. Restitution perspective connaissant les perspectives de deux angles de grandeurs données. — Nous supposons toujours connue la ligne d'horizon HH'.

Soient FAG et F'A'G' les perspectives d'angles connus de grandeur α et α' (*fig.* 187).

D'après la construction même des points de fuite (n° 177), on voit

(1) La ligne d'horizon peut encore être tracée si on connaît la perspective de deux couples de droites parallèles, ces perspectives étant deux couples de droites concourantes sur la ligne d'horizon.

que, dans le plan d'horizon, les angles FOG et F'OG' sont respectivement égaux à α et à α'. Donc, si l'on rabat le plan d'horizon sur le tableau, le rabattement O_1 du point de vue se trouve à la fois sur le segment capable de l'angle α décrit sur FG et sur le segment capable de l'angle α' décrit sur F'G'. Connaissant ce point O_1, on n'a qu'à abaisser sur HH'

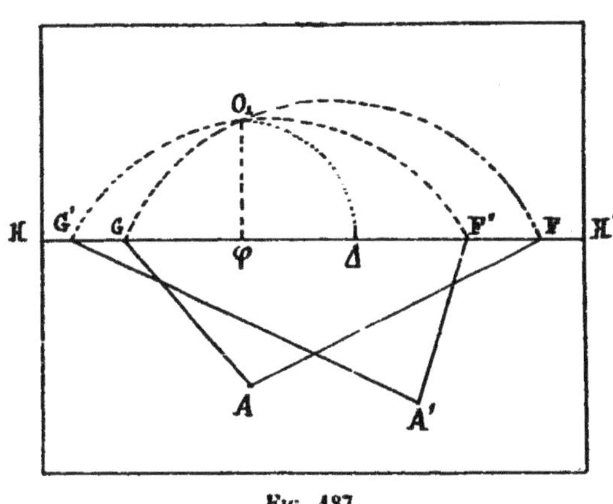

Fig. 187.

la perpendiculaire $O_1\varphi$ et à rabattre φO_1 en $\varphi\Delta$ pour avoir les points principaux de fuite et de distance φ et Δ.

Si les points F, F', G ou G', ou seulement plusieurs d'entre eux sont en dehors des limites de l'épure, on emploie le même artifice qu'au n° 204, c'est-à-dire qu'on prend les cercles homothétiques des précédents par rapport à un point ω quelconque de HH', le rapport d'homothétie étant $\frac{1}{k}$.

Si ces nouveaux cercles se coupent au point O'_1 qui se projette en φ' sur HH', on a les points principaux de fuite et de distance réduite au $\frac{1}{k^{\text{ième}}}$ en portant sur HH' les segments $\omega\varphi = k.\omega\varphi'$, et $\varphi\Delta_{\frac{1}{k}} = O'_1\varphi$.

207. Restitution perspective connaissant la perspective d'un carré. — En prolongeant les côtés opposés AD et BC, d'une part, AB et DC, de l'autre, on obtient des points F et G de la ligne d'horizon qu'on peut, par suite, tracer [1] (*fig.* 188).

Il suffit ensuite de remarquer que, puisque, d'une part, un quelconque des angles du carré est droit, de l'autre, l'angle BIC des

[1] Si les points F et G sont hors des limites de l'épure, il suffit de remarquer que le point H est conjugué harmonique du point I par rapport aux points A et C, ce qui permet de le construire aisément. On n'a plus ensuite qu'à joindre ce point au point de rencontre inaccessible de AB et CD (Voir n° 209).

diagonales est droit aussi, on est ramené au cas du numéro précédent avec cette simplification que, ici, les deux angles donnés étant droits, les segments capables seront des demi-cercles.

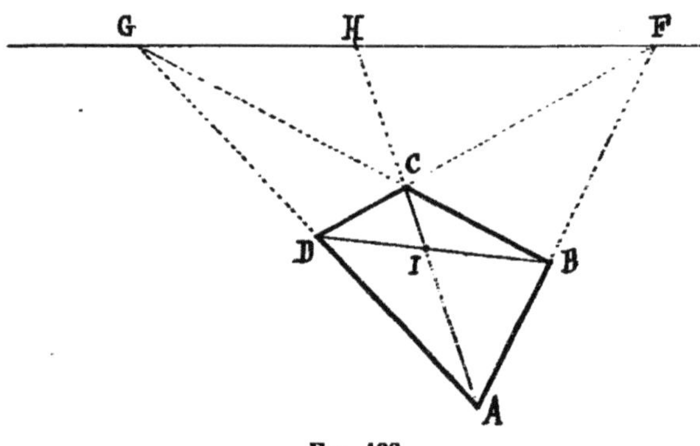

FIG. 188.

Dans le cas particulier où, sur la perspective, deux des côtés AD et BC sont parallèles (*fig.* 189), la construction se simplifie beaucoup. En effet, dans ce cas, les côtés AD et BC étant parallèles à la ligne d'horizon, les perspectives des deux autres côtés AB et CD passent par le point de fuite principal φ. En menant par le point φ une parallèle à AD on a la ligne d'horizon. En outre, puisque, sur le géométral, les côtés AD et CD sont égaux, il suffit de tirer AC pour avoir, sur la ligne d'horizon, le point de distance principal Δ. Connaissant φ et Δ, on est ramené au cas du n° 203.

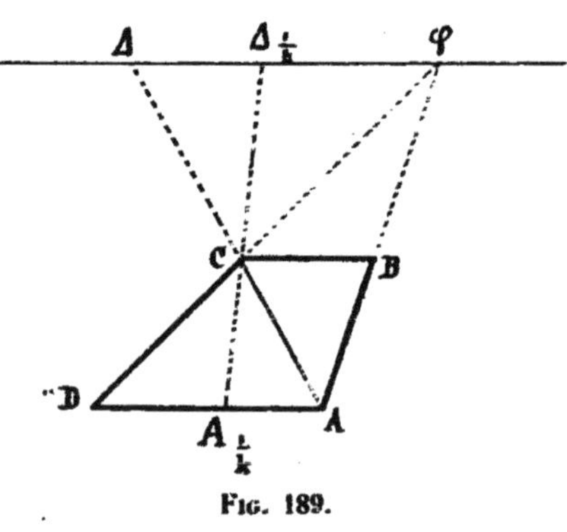

FIG. 189.

Si Δ est hors des limites de l'épure, on prend le point $A_{\frac{1}{k}}$ tel que

$$DA_{\frac{1}{k}} = \frac{DA}{k}$$

et on tire $CA_{\frac{1}{k}}$ qui donne sur la ligne d'horizon $\Delta_{\frac{1}{k}}$.

208. Restitution perspective connaissant la perspective d'un cercle avec son centre. — Si on se reporte à ce qui a été dit au n° 190, on voit que, si Ω est la perspective du centre du cercle et I le centre de l'ellipse (*fig.* 190), le point de fuite principale φ est sur le diamètre IΩ et que la direction de la

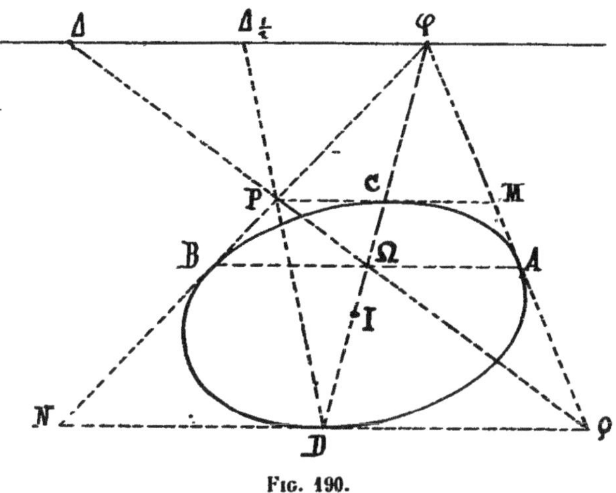

Fig. 190.

ligne d'horizon est celle du diamètre conjugué de IΩ, c'est-à-dire des tangentes à l'ellipse aux extrémités C et D du diamètre IΩ.

Traçons la corde AB par Ω parallèlement à ces tangentes. Les tangentes à l'ellipse en A et B passent aussi par le point de fuite principal φ. Ce point est ainsi déterminé, et en menant par φ une parallèle à AB on a la ligne d'horizon.

Puisque, sur le géométral, NP = NQ, il suffit de tirer PQ pour avoir sur cette ligne d'horizon un point principal de distance Δ.

De même, en tirant PD, on aurait un point principal de distance réduite à la moitié $\Delta_{\frac{1}{2}}$.

Notes annexes

SUR LE TRACÉ DES DROITES JOIGNANT DES POINTS DONNÉS AU POINT DE CONCOURS INACCESSIBLE DE DEUX DROITES DONNÉES

209. Constructions géométriques. — On peut donner un très grand nombre de constructions pour la droite joignant un point donné M au point de concours inaccessible de deux droites données d et d' [1].

[1] Voir à ce sujet une Note parue, en 1886, dans le *Journal de Mathématiques élémentaires* (p. 56).

Il suffit, par exemple, d'abaisser du point M les perpendiculaires MA et MA′ sur ces droites (*fig.* 191) et de prendre le point de rencontre de chacune de ces perpendiculaires avec l'autre droite. On a ainsi les points B et B′. En vertu du

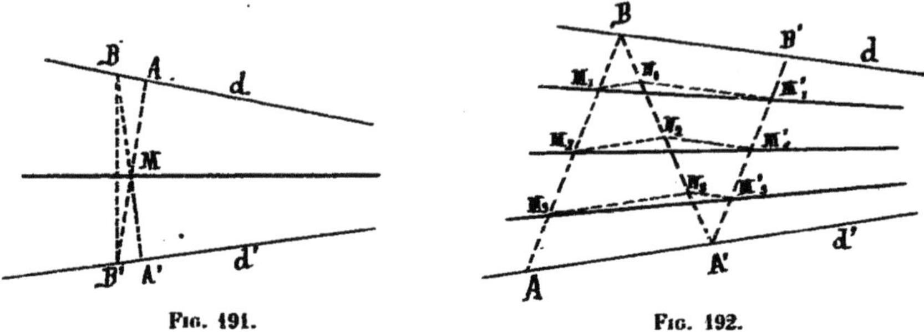

Fig. 191. Fig. 192.

théorème des trois hauteurs, la perpendiculaire abaissée de M sur BB′ passe par le point de rencontre de *d* et *d′*.

Si on a une série de points sur une ligne droite AB (*fig.* 192), il suffit, après avoir mené une parallèle quelconque A′B′ à cette droite, de tirer les parallèles M_1N_1, M_2N_2, M_3N_3 à *d′*, puis $N_1M'_1$, $N_2M'_2$, $N_3M'_3$ à *d*. Les droites $M_1M'_1$, M_1M_2', $M_3M'_3$ sont les droites cherchées.

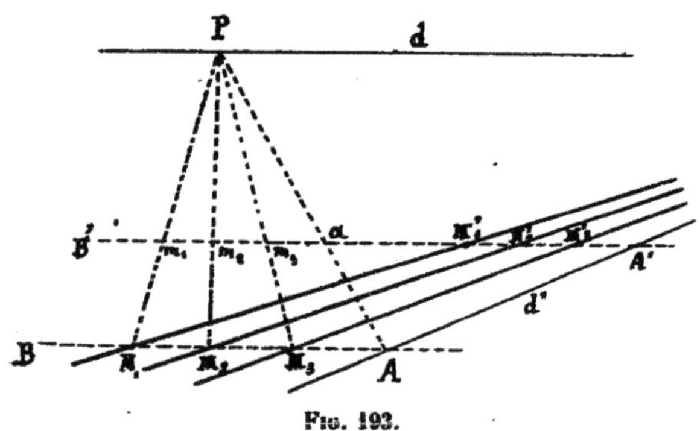

Fig. 193.

Si la droite AB est parallèle à une des droites données, *d* par exemple, la construction ne s'applique plus. Il suffit alors, ayant tracé une parallèle quelconque A′B′ à AB (*fig.* 193) de joindre les points A, M_1, M_2, M_3, à un point P quelconque de *d*, ce qui donne sur A′B′ les points *a*, m_1, m_2, m_3, et de reporter la ponctuelle $am_3m_2m_1$ en $A'M'_3M'_2M'_1$. Les droites $M_1M'_1$, $M_2M'_2$, $M_3M'_3$ sont les droites cherchées.

210. Emploi du té brisé. — On peut aussi, si on a un très grand nombre de points à joindre au point de concours inaccessible de *d* et de *d′*, recourir à l'emploi du té brisé, imaginé par M. Pillet.

Ce té se compose essentiellement d'un axe HC et de deux bords rectilignes HA et HB, également inclinés sur HC (*fig.* 194). Si l'angle que fait chacun de ces bords avec la perpendiculaire élevée en H à HC est égal à α, on dit que le té *est d'angle* α. Les droites HA, HB, HC seront découpées soit dans une feuille de papier un peu fort ou de celluloïd, soit dans une mince planchette de bois, comme le montre la figure 194. Mais, pour les explications qui vont suivre, nous réduirons le té au système des trois droites HA, HB, HC.

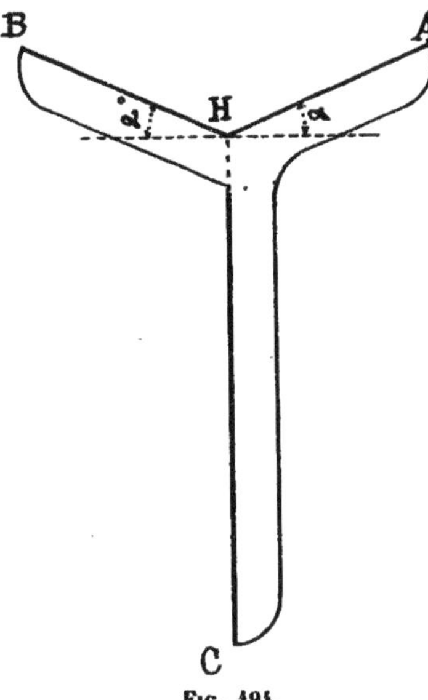

Fig. 194.

Plaçons l'axe du té le long de la droite *d* (*fig.* 195), son sommet H étant en un point quelconque de cette droite, et appelons I et J les points où les bords HA et HB coupent le cercle décrit sur HS comme diamètre, S étant le point de concours supposé inaccessible des droites *d* et *d'*.

Si nous déplaçons le té en astreignant ses bords à toujours passer par les points I et J (par exemple, en les appuyant contre des épingles fixées en ces points), l'angle IHJ étant constant, le point H décrira l'arc IHJ du cercle HS. En outre, la droite HC, étant la bissectrice de l'angle IHJ, passera constamment par le point S. Il suffira donc d'amener l'axe HC à passer par un point quelconque

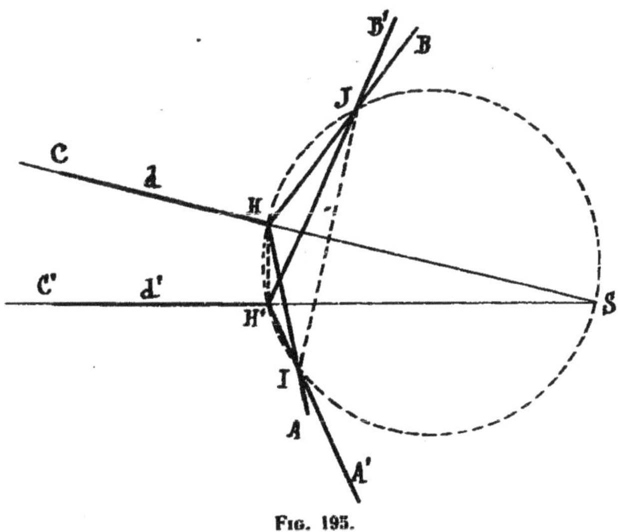

Fig. 195.

pour avoir la direction de la droite joignant ce point au point S. Tout revient, par suite, ayant tracé les directions primitives HA et HB des bords du té, à marquer sur ces droites les points I et J où elles rencontrent le cercle HS non tracé. Ces points I et J se trouveront sur les bords H'A' et H'B' du té lorsque l'axe de celui-ci coïncidera avec la seconde droite d'. Pour avoir cette seconde position du té, il suffira de connaître la position correspondante H' de son sommet. Or, l'angle HH'S étant inscrit dans une demi-circonférence est droit. Donc, le point H' est le pied de la perpendiculaire abaissée de H sur d'.

En résumé, ayant choisi arbitrairement le point H sur d et projeté ce point en H' sur d', il suffit de placer successivement l'axe du té en HC sur d et en H'C' sur d' et de tracer, dans chacune de ces positions, les directions HA et HB, H'A' et H'B' que prennent ses bords pour avoir les points I et J. Il suffit ensuite d'appuyer les bords du té contre ces points pour que son axe passe constamment par le point de rencontre des droites d et d'.

Le champ dans lequel peut se déplacer l'axe du té est limité aux droites SI et SJ. Pour franchir ces limites, il suffit de recommencer la même opération en prenant pour droite d, soit la droite SI, soit la droite SJ, et pour droite d' une des droites concourantes en S, précédemment tracées entre d et SI, ou d et SJ.

211. Il arrive, dans certaines applications, que, après avoir joint un premier ensemble de points au point inaccessible S, on a à en joindre un second au point de concours également inaccessible S_0 d'une droite d_0 (qu'on peut toujours supposer menée par le point H de la première figure, le choix de ce point étant arbitraire) et de la perpendiculaire élevée en S à d (*fig.* 196). Cherchons les points I_0 et J_0 correspondant à ce nouvel emploi du té brisé d'angle α.

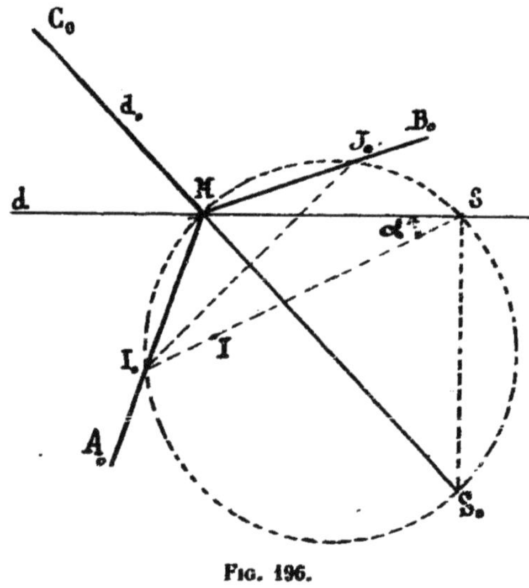

FIG. 196.

Figurons-nous le cercle décrit sur HS_0 comme diamètre, cercle qui passe par le point S, puisque l'angle HSS_0 est droit. Le point I_0 est à la rencontre de ce cercle et du bord HA_0 du té, lorsque l'axe HC_0 est appliqué sur d_0. Ainsi

$$\widehat{I_0HS_0} = 90° - \alpha.$$

Mais l'angle HSI, comme on le voit en se reportant à la figure 195, est égal à α. Donc on a aussi $\widehat{ISS_0} = 90° - \alpha$, ce qui montre que la droite SI passe par le point I_0 cherché.

On a donc le point I_0 par la rencontre de HA_0 et de SI. Pour avoir ensuite le point J_0, on n'a qu'à prendre le symétrique de I_0 par rapport à d_0.

§ 3. — Perspective de l'espace

A. — *Mise en hauteur*

212. Mise en hauteur d'un point. — Un point M est défini dans l'espace par sa projection m sur le géométral et sa hauteur $z = m\mathrm{M}$ au-dessus de ce géométral.

La projection m est elle-même déterminée par sa largeur x et son éloignement y compté parallèlement à une échelle $\mathrm{L}y$ dont la perspective est LF (*fig.* 197).

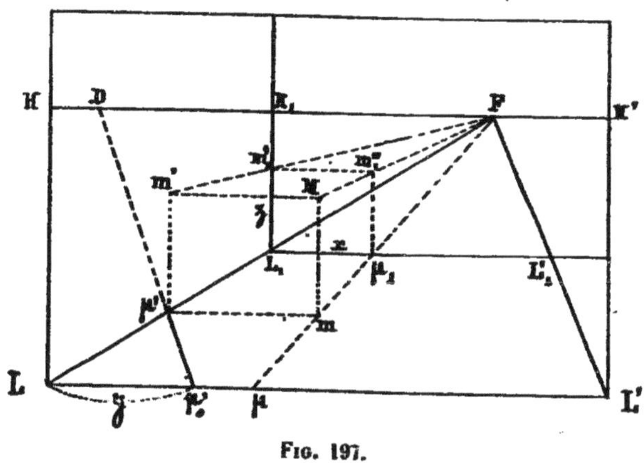

Fig. 197.

Admettons pour plus de généralité que l'échelle du tableau ne soit pas la même que celle du géométral, et cherchons à mettre le point M en perspective, connaissant x, y, z.

Nous commençons par tracer l'échelle $\mathrm{L}_1\mathrm{L}'_1$ des largeurs et à prendre le point de distance D répondant au point de fuite F pour le petit tableau $\mathrm{H}_1\mathrm{L}_1\mathrm{L}'_1$ (n° 193). Prenant, *à l'échelle du géométral*, $\mathrm{L}_1\mu_1 = x$, $\mathrm{L}\mu'_0 = y$, tirant $\mathrm{F}\mu_1$ et $\mathrm{D}\mu'_0$, et menant par μ' la parallèle $\mu' m$ à LL', on a la perspective m de la projection géométrale du point M.

Le point M est lui-même sur l'horizontale tracée dans le plan vertical $\mathrm{M}m\mu_1$ à une distance de $m\mu_1$ égale à la hauteur z du point M. Cette horizontale a pour perspective une droite passant au point F et coupant la verticale du point μ_1 du petit tableau en un point m''_1 tel que $\mu_1 m''_1$ soit égal à la hauteur z mesurée à l'échelle de ce petit tableau, c'est-à-dire à l'échelle du géométral. Portons donc $\mu_1 m''_1 = z$ et tirons Fm''_1. Cette droite coupe la verticale du point m au point M cherché.

Si nous projetons les points M et m''_1 en m' et en m'_1 sur le plan vertical mené par LF (*plan fuyant*), la droite $m'm'_1$ étant, dans l'espace, parallèle à Mm''_1, sa perspective passe aussi par le point F. De là, un second moyen d'achever la mise en perspective du point M, lorsque le point m a été déterminé : porter sur L_1H_1 (qui prend alors le nom d'*échelle des hauteurs*) le segment $L_1m'_1$ égal à z, et tirer Fm'_1 qui coupe en m' la verticale de μ'. La parallèle à HH' menée par m' donne M sur la verticale de m.

213. Perspective des polyèdres. — Pour avoir la perspective d'un polyèdre, il suffit de mettre en perspective, comme il vient d'être dit, chacun de ses sommets.

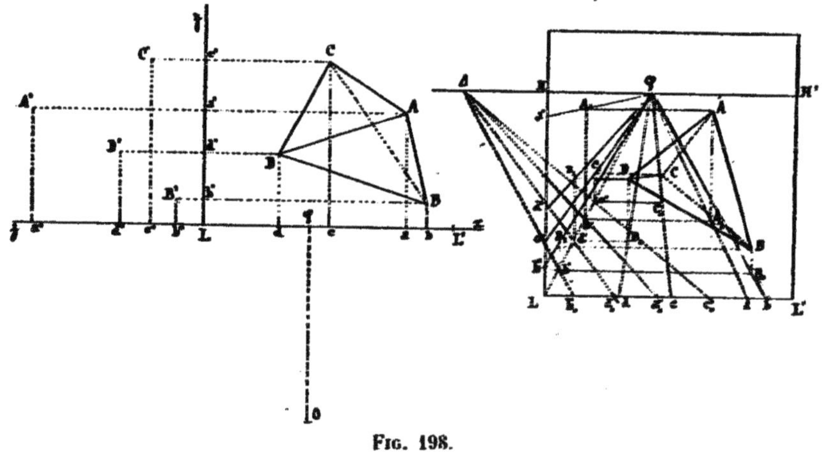

Fig. 198.

Construisons, par exemple, la perspective du tétraèdre ABCD défini sur le géométral par les projections horizontales de ses sommets et leurs hauteurs $a'A'$, $b'B'$, $c'C'$, $d'D'$ données sur une projection verticale faite avec Ly comme ligne de terre. Projetons ces hauteurs en La'', Lb'', Lc'', Ld'' sur Lz, prolongement de Lx (*fig.* 198).

Nous reportons sur l'échelle des largeurs du tableau (que nous supposons ici sans amplification) les points a, b, c, d définissant les largeurs et les points a', b', c', d' définissant les éloignements (pris ici normalement à LL') qui donnent les points a'_0, b'_0, c'_0, d'_0. Nous joignons les premiers au point principal de fuite φ, les seconds au point principal de distance Δ, ce qui nous donne sur $L\varphi$ les points a', b', c', d'. Menant enfin par ces derniers des parallèles à LL′, nous avons, sur les divergentes issues de φ correspondantes, les projections géométrales A_0, B_0, C_0, D_0 des sommets.

Ayant reporté les points a'', b'', c'', d'' sur LH, nous les joignons au point φ, ce qui nous donne, sur les verticales de a', b', c', d', les projections A_1, B_1, C_1, D_1 des sommets sur le plan fuyant de trace $L\varphi$. Les parallèles à LL′ menées par A_1, B_1, C_1, D_1 coupent les verticales de A_0, B_0, C_0, D_0 aux points, A, B, C, D cherchés.

214. Perspective des surfaces. — La perspective d'une surface est l'intersection par le plan du tableau du cône circonscrit à cette surface qui a pour sommet le point de vue O. On pourra, pour construire cette intersection dans le cas général, recourir, comme pour le tracé des ombres portées, soit à la *méthode des plans sécants* menés par le point O (n° 91), soit à la *méthode des projections obliques* faites sur le tableau à partir du point O (n° 93). Dans ce second cas, on remarquera que les projections obliques des sections planes faites dans la surface ne sont autres que les perspectives de ces sections.

Mais on peut traiter directement certains cas simples qui sont en même temps les plus usuels. C'est ce que nous allons faire dans ce qui suit.

215. Perspective d'un cône de révolution vertical. — Soit à mettre en perspective le cône de révolution défini par son cercle de base ABCD et sa hauteur h (*fig.* 199). Mettons le cercle de base en perspective comme il a été dit au n° 191, en remarquant qu'une fois les droites φa, φb, $\varphi\omega$ tracées, on a d'un seul coup, au moyen de la droite $\Delta\Omega_1$, les points M, N et Ω qui permettent d'achever la perspective.

Il faut maintenant reporter la hauteur sur la verticale du centre perspectif Ω. Pour cela, il suffit de porter cette hauteur en ωs sur la perpendiculaire élevée en ω à LL′ et de tirer φs qui donne le point S. On achève le contour apparent du cône en menant du point S les tangentes à l'ellipse ACBD.

Si l'on veut construire ces tangentes avec une grande précision, on n'a qu'à considérer le point S comme la perspective d'un point du géométral et effectuer le relèvement de ce géométral autour de AB.

Appliquons la construction du n° 201. Pour cela élevons, d'abord, à HH' la perpendiculaire φF égale à $\varphi\Delta$. Pour relever le point S

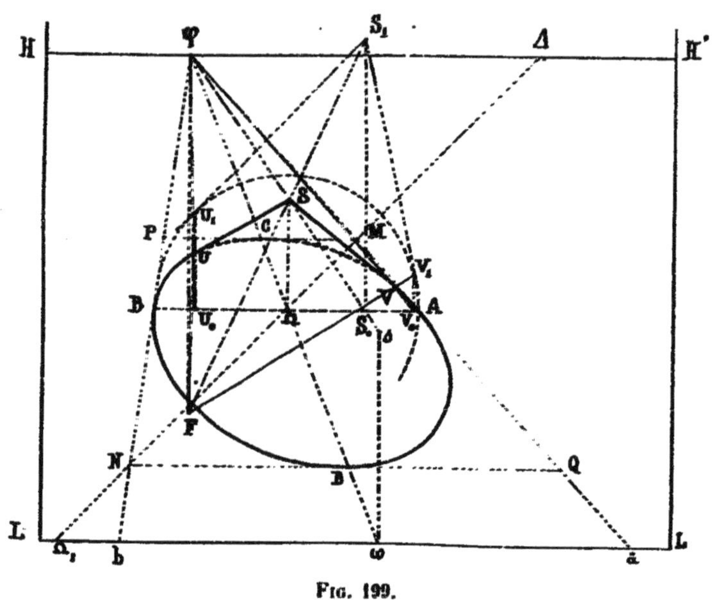

FIG. 199.

en S_1, nous n'avons qu'à tirer φS qui coupe AB en S_0 et FS qui coupe en S_1 la perpendiculaire élevée en S_0 à AB. Quant à la base du cône, elle se relève suivant le cercle de diamètre AB; menons du point S_1 les tangentes S_1U_1 et S_1V_1 à ce cercle, et rabattons les points U_1 et V_1 en U et V sur le géométral, en abaissant de ces points les perpendiculaires U_1U_0 et V_1V_0 sur AB, et tirant les droites φU_0 et FU_1 qui se coupent en U, φV_0 et FV_1 qui se coupent en V. U et V sont les points de contact cherchés, et, par suite, SU et SV les génératrices de contour apparent du cône.

216. Perspective d'un cylindre de révolution vertical. — On met, comme au numéro précédent, le cercle de base ABCD en perspective. Élevant en ω à LL' la perpendiculaire $\omega\omega'$ égale à la hauteur du cylindre, on n'a qu'à tirer $\varphi\omega'$, perspective de l'horizontale située à cette hauteur dans le plan fuyant $\varphi\omega\omega'$, pour avoir sur les verticales des points Ω, c et D le centre perspectif Ω' et les extrémités du diamètre $c'D'$ de la base supérieure.

L'horizontale de front A'B' passant par Ω' donne sur les verticales de A et de B les extrémités du diamètre perspectif de front de la base supérieure. L'ellipse, perspective de cette base, est tangente en C' et en D' à M'P' et à N'Q', en A' et en B' à φA' et à φB'. On peut donc tracer cette base comme on l'a fait pour la base inférieure.

Les génératrices de contour apparent du cylindre sont les tangentes communes extérieures aux ellipses inférieure et supérieure, tangentes qui sont nécessairement verticales.

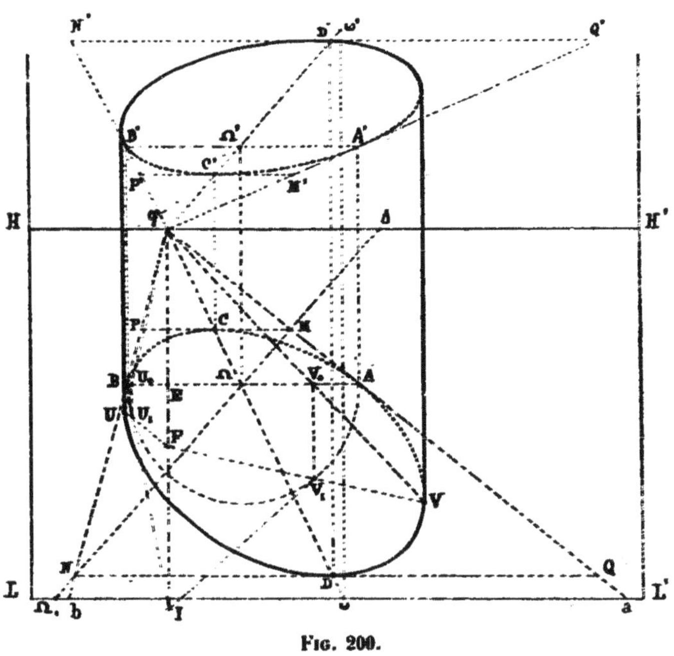

Fig. 200.

Pour les tracer avec précision, nous n'avons qu'à les considérer comme les perspectives de droites du géométral et à recourir à un relèvement de front de ce géométral autour de AB, en utilisant la remarque faite au sujet des droites qui, en perspective, sont parallèles à une direction donnée, ici perpendiculaire à HH' (n° 201, *Remarque II*).

Sur la perpendiculaire élevée en φ à HH' nous portons, à partir du point E où elle rencontre AB, la longueur EI égale à la distance principale φδ. Les droites du géométral, qui, en perspective, sont perpendiculaires à AB, passent, après relèvement, par le point I. D'autre part, la base se relève suivant le cercle de diamètre AB. Nous n'avons donc qu'à mener du point I à ce cercle les tangentes IU_1 et IV_1, puis à ramener les points de contact U_1 et V_1 dans le géométral en abaissant de ces points les perpendiculaires U_1U_0 et V_1V_0 sur AB et tirant les droites FU_1 et φU_0 qui se coupent en U, FV_1 et φV_0 qui se coupent en V.

Les perpendiculaires à AB menées par U et V sont les génératrices de contour apparent cherchées.

217. Perspective d'une sphère. — La perspective d'une sphère étant l'intersection par le plan du tableau du cône de sommet O circonscrit à la sphère est une ellipse. Il nous suffira de construire deux diamètres conjugués de cette ellipse.

Nous prendrons comme géométral auxiliaire le plan de l'équateur de la sphère dont la trace sur le tableau est EE′ (*fig.* 201).

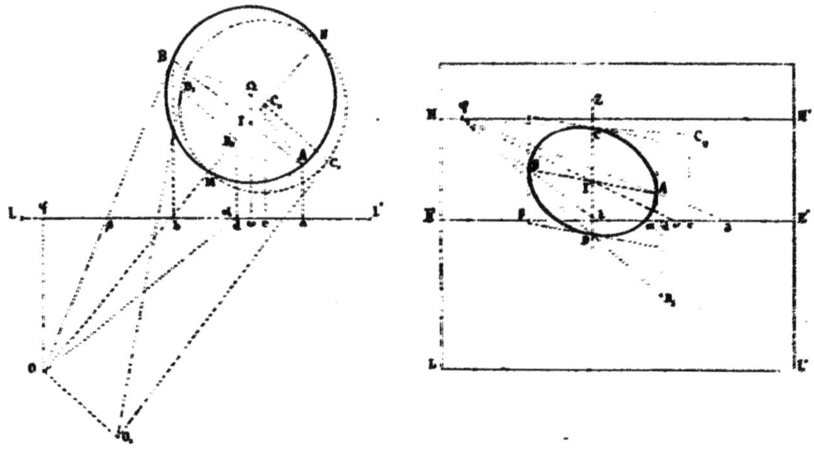

Fig. 201.

Faisons une remarque préliminaire. Si nous appliquons la méthode des projections obliques en coupant la sphère par une série de plans de front, les cercles de front ainsi obtenus auront pour perspectives des cercles dont les centres seront sur la droite $\varphi\omega$ perspective du diamètre $\Omega\omega$ de la sphère perpendiculaire au tableau. L'ellipse perspective de la sphère étant l'enveloppe de ces cercles, il en résulte que cette ellipse aura un axe dirigé suivant $\varphi\omega$.

Considérons maintenant les plans tangents à la sphère menés par la verticale du point de vue. Leurs points de contact A et B sont situés sur l'équateur, et les droites OA et OB de l'espace appartiennent au cône circonscrit. Les perspectives de ces points appartiennent donc au contour apparent de la sphère. En outre, puisque les traces de ces plans sur le tableau sont les verticales des points α et β, le contour apparent sera tangent à ces verticales.

Reportons donc les points α et β sur l'horizontale EE′ du tableau ; puis, ayant pris en Ea et Eb les largeurs des points A et B, tirons φa et φb. Nous avons en A et B, sur les verticales de α et β, les points cherchés. Puisque l'ellipse de contour apparent doit être tangente en A et B à $A\alpha$ et Bb, AB est un diamètre. Donc, son milieu I est le centre de l'ellipse ; or, nous venons de voir qu'un axe de l'ellipse doit être dirigé suivant $\varphi\omega$; le point I doit donc se trouver sur cette droite, ce qui constitue une vérification.

Le diamètre conjugué de AB sera dirigé suivant la verticale IZ du point I. Pour avoir les extrémités C et D de ce diamètre conjugué, coupons la sphère par le plan sécant vertical qui se perspective suivant IZ, c'est-à-dire qui passe par IZ et le point de vue O.

Le point I étant, sur le tableau, à la rencontre de AB et de $\varphi\omega$, se trouve, sur le géométral, à la rencontre de AB et de $\Omega\omega$. Ce point I étant marqué, coupons la sphère par le plan vertical dont la trace est OI et rabattons ce plan sécant sur le plan de l'équateur. La section de la sphère rabattue est le cercle de diamètre MN. Le point de vue se rabat sur la perpendiculaire élevée en O à OI à une distance OO_1 égale à la hauteur de ce point de vue au-dessus du plan de l'équateur, c'est-à-dire à EH.

Menant de O_1 au cercle MN les tangentes O_1C_1 et O_1D_1, nous avons les rabattements des génératrices du cône circonscrit, contenues dans le plan vertical de OI.

Les points de contact relevés se projettent sur l'équateur en C_0 et D_0 ; leurs distances à ce plan sont égales respectivement à C_0C_1 en dessus et à D_0D_1 en dessous.

Prenons les largeurs Ld et Lc de ces points et portons-les en Ec et en Ed sur le tableau. Portons, en outre, sur les perpendiculaires élevées en c et en d à EE', les hauteurs $cC_2 = C_0C_1$ et $dD_2 = D_0D_1$ de ces points. Les points cherchés se trouveront sur φC_2 et φD_2 ; il suffit donc, pour les obtenir, de prendre les intersections C et D de ces droites avec la verticale IZ.

On connaît alors deux diamètres conjugués AB et CD de l'ellipse demandée ; il est donc facile de la tracer. On peut se rappeler, d'ailleurs, pour une plus grande régularité du tracé, que cette ellipse a un axe dirigé suivant $\varphi\omega$ (1).

Remarque. — La méthode des plans sécants, qui vient de nous servir à construire la perspective d'une sphère, pourrait également être appliquée pour une surface de révolution à axe vertical quelconque. On aurait les points de contour apparent, sur chaque section située dans un plan passant par la verticale du point de vue, au moyen d'un rabattement. Mais il est préférable de recourir à la méthode donnée plus loin (n° 229).

(1) Afin de mieux accuser la forme de l'ellipse perspective, nous avons pris le point de vue et la sphère assez voisins du plan du tableau. Si peu qu'ils s'en éloignent, l'ellipse perspective se rapproche de la forme circulaire. Il n'y a donc aucun inconvénient, dans le dessin à main levée, à représenter la sphère par un cercle. On y trouve, d'autre part, l'avantage suivant : la forme circulaire, par suite d'une habitude de notre œil, donne, pour tous les points de vue situés dans une région assez étendue en avant du tableau, l'impression de la sphère, tandis que l'ellipse cesse de fournir l'illusion cherchée dès qu'on s'écarte tant soit peu du point de vue pour lequel elle constitue une perspective exacte.

B. — *Constructions directes*

218. Sachant mettre en hauteur un point quelconque de l'espace, on peut, par les procédés qui précèdent, effectuer la perspective de toute figure de l'espace, à la condition que l'on se procure les trois coordonnées (largeur, éloignement et hauteur) de chaque point de cette figure. Cette détermination pourrait se faire au moyen d'une épure auxiliaire, exécutée par les méthodes de la Géométrie descriptive ordinaire, et d'où les points seraient reportés sur la perspective. C'est pour éviter l'emploi de cette épure auxiliaire que vont être maintenant exposées les constructions directes qui permettent de rattacher à divers points ou lignes, mis en perspective par la méthode générale, d'autres points ou d'autres lignes qui leur soient liés par des conditions géométriques connues.

a. — Points en ligne droite

219. Mise de front d'une droite quelconque. — Pour déterminer sur une droite des points se rattachant à des points déjà marqués sur cette droite, amenons celle-ci à être de front en la faisant tourner autour de la verticale d'un de ses points.

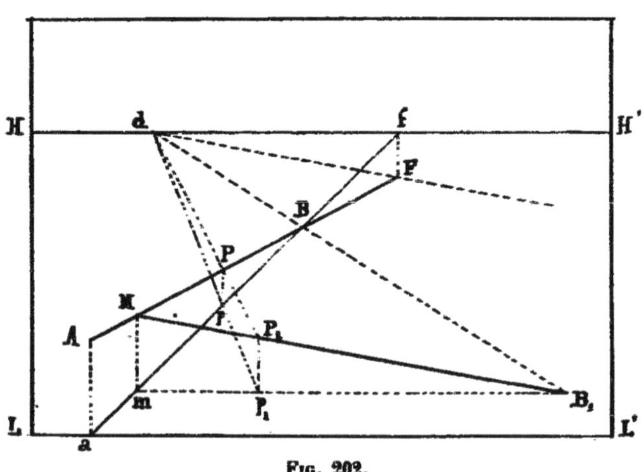

Fig. 202.

Soit, par exemple, la droite AF que nous ferons tourner autour de la verticale M*m* de son point M pour l'amener dans le plan de front de cette verticale (*fig.* 202).

En projetant la trace au tableau A en a sur LL', et le point de fuite F en f sur HH', nous avons la projection géométrale af de la droite AF (n° 178). Prenons un point quelconque P de la droite et sa projection p. Lorsque la droite est mise de front, le point p est venu en p_1, sur la parallèle à LL' menée par m à une distance mp_1 de ce point égale à la vraie grandeur de mp, à l'échelle du plan de front de Mm. Il suffit donc de prendre le point de distance d correspondant au point de fuite f et de tirer dp pour avoir le point p_1.

Le point P est venu en P_1 sur la verticale de p et puisque, dans l'espace, PP_1 est parallèle à pp_1, sur la perspective PP_1 passe par le point de fuite d de pp_1. Nous avons ainsi la position de front MP_1 de la droite MP.

Si, au lieu du point P quelconque, nous avions pris la trace géométrale B, nous n'aurions eu qu'à tirer dB pour avoir le point B_1 sur la parallèle à LL' menée par m.

Si nous avions pris le point de fuite F, nous n'aurions eu, ce point étant la perspective du point à l'infini sur la droite, qu'à mener par le point M une parallèle à dF (1).

220. Problèmes sur les longueurs. — Ayant amené la droite à être de front en tirant par le point M une parallèle MM' à la droite qui joint le point de fuite F de cette droite au point de distance d correspondant à sa projection géométrale (*fig.* 203), nous n'avons, pour porter sur la droite un segment MP de longueur connue, qu'à prendre, à l'échelle du plan de front de M, le segment MP_1 ayant la longueur donnée et à tirer dP_1.

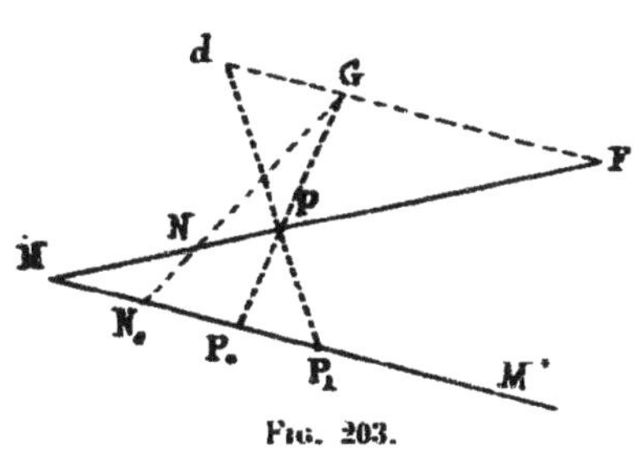

Fig. 203.

Réciproquement, pour avoir la longueur de MP, nous n'avons qu'à tirer dP qui nous donne sur MM' le point P_1 et à mesurer MP_1 à l'échelle du plan de front de M.

(1) Il est facile de vérifier que la droite MB_1 est parallèle à Fd. On a, en effet,

$$\frac{FB}{MB} = \frac{fB}{mB} = \frac{dB}{B_1B}$$

221. Problèmes de segmentation. — Le point d étant le point de fuite de PP_1 et F celui de MP, la droite dF est la ligne de fuite du plan MPP_1. Si donc par un point G de dF on tire les droites PP_0 et NN_0, ces droites sont parallèles dans l'espace et l'on a, toujours dans l'espace,

$$\frac{N_0M}{N_0P_0} = \frac{NM}{NP}.$$

Il suffit, en particulier, de prendre le milieu N_0 de MP_0 et de tirer GN_0 pour avoir en N le milieu perspectif de MP.

On voit que tout ce qui a été dit au n° 198 peut être répété ici (à cette seule différence près qu'ici la ligne dF remplace la ligne d'horizon) et, par suite, qu'ayant pris comme point de repère soit le milieu perspectif d'un segment de droite, soit son point de fuite, on pourra, au moyen des échelles divergentes, résoudre tous les problèmes de segmentation aussi bien pour les droites de l'espace que pour celles du géométral.

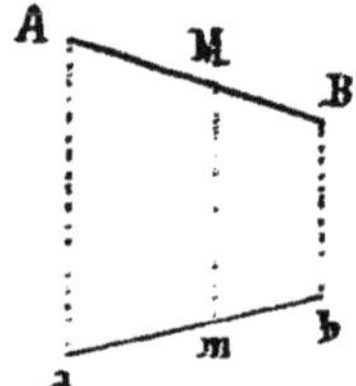

Fig. 204.

Remarque. — Pour déterminer le milieu perspectif d'un segment AB (*fig.* 204) généralement choisi comme point de repère de ce segment, on pourra, si on le préfère, prendre le milieu perspectif m de la projection géométrale de ce segment et prendre le point M sur la verticale de m.

b. — Figures planes

222. Droites remarquables d'un plan. — Un plan est généralement donné, en perspective, par trois de ses points ou par deux de ses droites, ce qui revient au même, puisqu'il suffit, dans le premier cas, de tirer deux des droites unissant deux à deux les trois points donnés. Soient les droites M_1M_2 et M_1M_3 (*fig.* 205), dont les projections géométrales sont m_1m_2 et m_1m_3.

Pour avoir la trace sur le tableau, la trace sur le géométral ou la ligne de fuite du plan $M_1M_2M_3$, il suffit de joindre par une droite les traces sur le tableau A_2 et A_3, ou les traces sur le géométral B_2 et B_3, ou les points de fuite F_2 et F_3 des droites M_1M_2 et M_1M_3.

Il faut remarquer, d'ailleurs, que les droites A_2A_3 et B_2B_3 doivent se couper en un point T de la ligne de terre, que les droites B_2B_3 et F_2F_3 doivent se couper sur la ligne d'horizon en un point θ qui est le

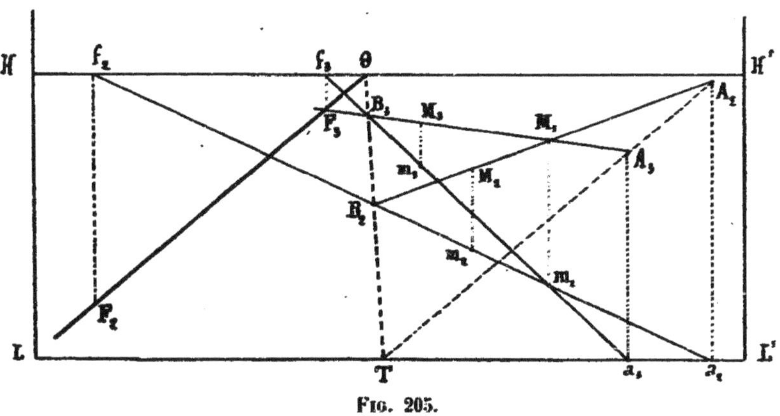

Fig. 205.

point de fuite de la trace géométrale B_2B_3, enfin que les droites A_2A_3 et F_2F_3 doivent être parallèles (n° 180). Ces remarques entraînent des simplifications évidentes lorsque, au lieu d'obtenir isolément ces trois droites, on se propose de les construire ensemble. On voit qu'il suffit de déterminer, par exemple, les points B_2,B_3 et A_3. On tire B_2B_3 qui donne T et θ : puis, on joint TA_3 et par θ on mène une parallèle à cette dernière droite.

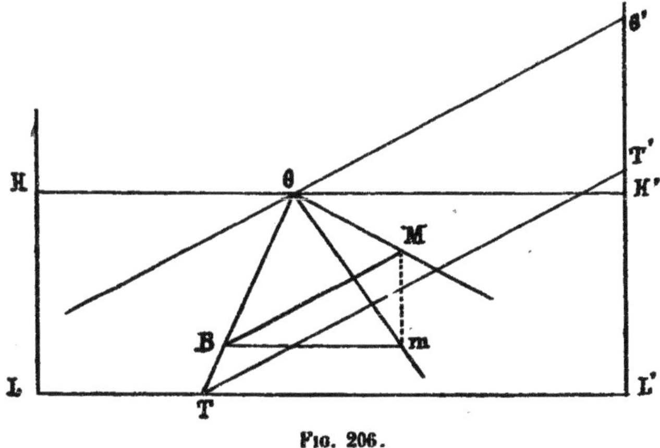

Fig. 206.

Les *horizontales* du plan θM passent, en perspective, ainsi que leurs projections géométrales θm, par le point de fuite θ de $T\theta$ (*fig.* 206), puisque, dans l'espace, les unes et les autres sont parallèles à cette trace géométrale.

Les *lignes de front* du plan MB sont parallèles à la trace au tableau TT' ou, ce qui revient au même, à la ligne de fuite $\theta\theta'$. Leurs projections géométrales mB les rencontrent en B sur la trace géométrale Tθ.

On voit donc que, pour avoir la projection horizontale m d'un point M du plan dont on connaît la perspective, il suffit de tirer la ligne de front MB parallèle à TT' et la projection Bm de cette ligne de front, parallèle à LL'.

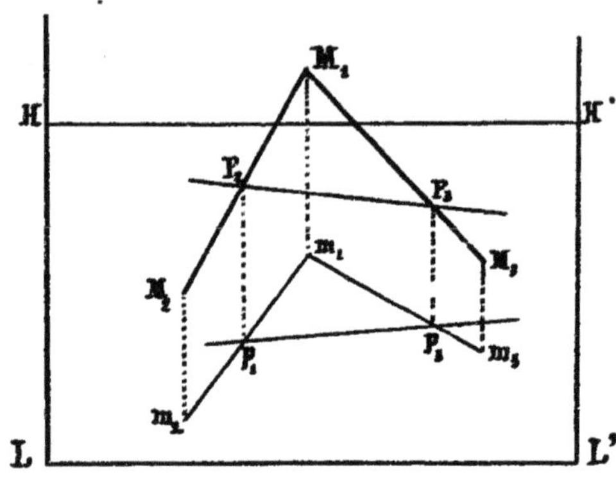

Fig. 207.

Remarque. — Il est d'ailleurs inutile, pour déterminer la direction des lignes de front, de recourir soit à la trace sur le tableau, soit à la ligne de fuite. Si, en effet, nous coupons le plan des droites M_1M_2 et M_1M_3 par le plan de front, dont la trace est p_2p_3 (*fig*. 207), nous n'avons qu'à prendre sur M_1M_2 et M_1M_3 les points P_2 et P_3 dont p_2 et p_3 sont les projections, pour avoir en P_2P_3 la direction des lignes de front et, par suite, aussi celle de la ligne de fuite.

223. Relèvement de front d'un plan vertical. — Lorsqu'on veut effectuer certaine construction dans un plan donné en perspective, la méthode générale consiste à amener ce plan à être de front, ce qui constitue ce qu'on appelle un *relèvement de front*, à faire la construction voulue dans ce plan relevé, puis à reporter les points ou les lignes obtenus sur la perspective. C'est ce que nous avons fait au n° 201 pour le géométral. Nous allons maintenant traiter la question pour un plan vertical.

Soit le plan vertical de trace XF qu'on fait tourner autour de la verticale XY pour l'amener à être de front (*fig*. 208).

Considérons d'abord le point m sur la trace géométrale du plan; il se relève en un point m_1 de la parallèle menée par X à LL' et à une distance Xm_1 de ce plan égale à la vraie longueur de mX, mesurée à l'échelle du plan de front de XY. Il suffit donc, pour avoir le point m_1 de joindre le point m au point de distance D correspondant au point de fuite F.

Si nous prenons maintenant un point M sur la verticale de m, ce point se relèvera en un point M_1 de la verticale de m_1, et comme, dans l'espace, MM_1 est parallèle à mm_1, en perspective MM_1 passera par le point de fuite D de mm_1.

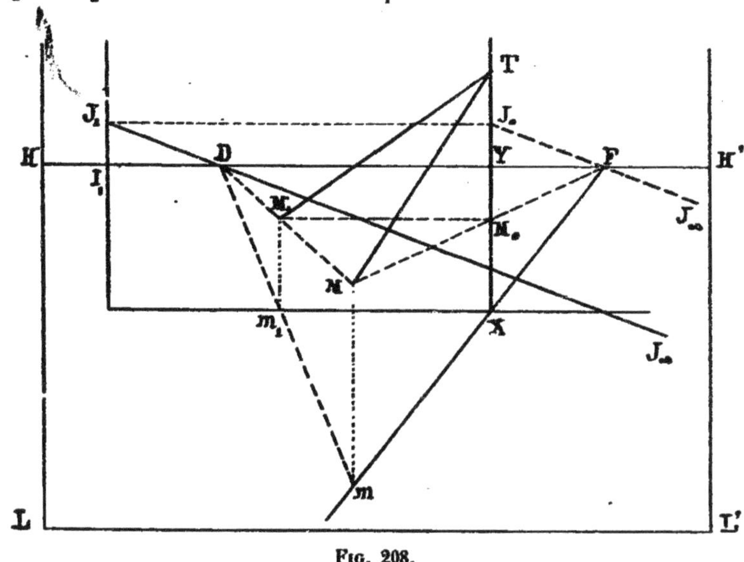

Fig. 208.

On peut modifier la construction de M_1 en remarquant que la droite FM, perspective de l'horizontale du plan mXY passant en m, coupe la charnière XY en un point M_0 qui ne bouge pas. Puisque, après relèvement de front, cette droite est parallèle à m_1X, il suffit de mener par M_0 la parallèle M_0M_1 à DF pour avoir sur DM le point P_1 (¹).

En résumé, pour avoir le point M_1, il suffit de tirer DM et FM et de mener par M_0 la parallèle M_0M_1 à FD. Toutefois, lorsque le point M est très voisin de la droite DF, les droites DM et M_0M_1 se coupant sous un angle très petit, il vaut mieux revenir à la première construction utilisant les projections géométrales.

Pour relever de front une droite quelconque MT passant au point M, il suffit de joindre M_1 au point T où la droite coupe la charnière XY.

(¹) Nous avons cru préférable de donner l'interprétation de ce tracé dans l'espace, mais il eût été tout aussi simple de démontrer, sur la figure, le parallélisme de M_1M_0 et de DF. Il suffit, en effet de remarquer que

$$\frac{DM_1}{DM} = \frac{Dm_1}{Dm} = \frac{FX}{Fm} = \frac{FM_0}{FM}.$$

Cherchons où se relève le point J du plan vertical, dont la perspective est à l'infini dans une direction quelconque, la direction DJ_∞ par exemple.

Appliquons le tracé précédent : la droite FJ_∞, c'est-à-dire la droite parallèle à DJ_∞, menée par F, coupe XY en J_0, et la parallèle à FD, menée par J_0, donne sur DJ_∞ le point J_1 cherché.

Remarquons que, la figure DFJ_0J_1 étant un parallélogramme, on a $J_0J_1 = FD$. Donc, le lieu du point J_1 est la parallèle à XY menée par le point I_1 tel que $YI_1 = FD$.

Ainsi, le relèvement du point du plan FYX, dont la perspective est à l'infini dans la direction HH', est le point I_1.

Remarque. — La droite MM_1, dans l'espace, est la corde de l'arc décrit par le point M pour venir en M_1. C'est donc là une nouvelle application de la méthode de la corde de l'arc (voir n° 201).

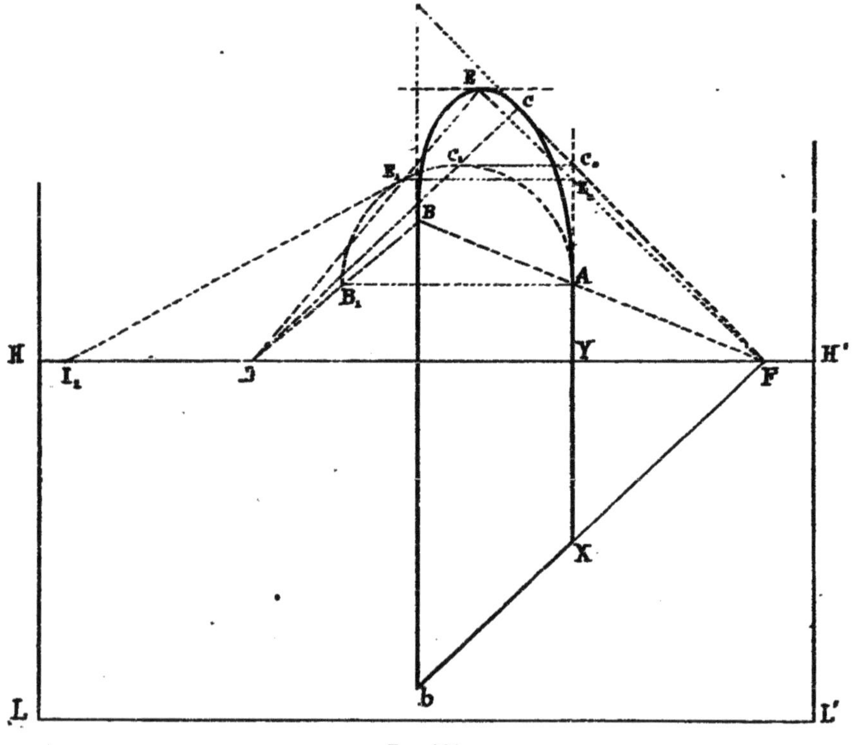

FIG. 209.

En outre, puisque les points correspondants M et M_1 sont en ligne droite avec le point D, et que les droites correspondantes MT et

M_1T se coupent sur la charnière XY, la figure perspective et la figure relevée de front sont homologiques l'une de l'autre, le point D étant le centre et la droite XY l'axe d'homologie.

224. Application à la perspective du plein cintre fuyant. — Soit AB le diamètre horizontal fuyant au point F, sur lequel on veut construire le plein cintre (*fig.* 209).

Opérons un relèvement de front, en prenant le point de distance D correspondant à F. Le relèvement du point B se fait au point B_1, intersection de DB et de la parallèle à FD menée par A.

Sur AB_1 comme diamètre, décrivons le demi-cercle AC_1B_1, et ramenons ce demi-cercle dans le plan vertical XAB. Prenons, par exemple, le point C_1 où la tangente C_1C_0 est parallèle à AB_1. Il nous suffit de tirer DC_1 et FC_0 pour avoir le point C.

L'ellipse cherchée, tangente en A à AX et en B à Bb, sera aussi tangente en C à CC_0. Cette ellipse peut donc être construite par le procédé indiqué au n° 192.

Pour avoir le point le plus haut E, c'est-à-dire le point où la tangente est parallèle à DF, nous n'avons qu'à prendre le point I_1, relèvement du point du plan XAB, dont la perspective est à l'infini, sur DF, point qui s'obtient, comme nous l'avons vu au numéro précédent, en prenant $DI_1 = YF$; le point de contact de la tangente menée au cercle AC_1B_1 par le point I_1 est le relèvement E_1 du point E cherché. Pour avoir ce point E, on n'a qu'à prendre l'intersection de DE_1 et de la droite qui joint le point F au point E_0 donné sur XA par la parallèle E_1E_0 à DF.

225. Relèvement de front d'un plan quelconque. — Le plan étant défini d'une manière quelconque, nous pouvons toujours tracer son intersection XY (*fig.* 210) avec le plan de front, de trace géométrale Xy, sur lequel s'opère le relèvement (n° 222).

Cherchons, dès lors, le relèvement d'un point M du plan, extérieur à XY. Pour plus de facilité, figurons à part (*fig.* 210 *bis*) la construction à effectuer dans l'espace. Il faut : 1° Abaisser du point M sur le plan où s'effectue le rabattement la perpendiculaire MM'; 2° abaisser du point M' sur la charnière la perpendiculaire $M'M_0$; 3° porter sur M_0M' la longueur M_0M_1 égale à M_0M, c'est-à-dire à l'hypoténuse d'un triangle rectangle dont les côtés sont MM' et M_0M'.

Effectuons ces trois opérations sur le tableau perspectif.

1° La perpendiculaire abaissée du point M sur le plan de front étant aussi perpendiculaire au tableau a pour point de fuite le point de fuite principal φ.

Cette perpendiculaire a donc pour perspective φM ; sa projection géométrale φm rencontre la trace géométrale du plan de front yXY au point m'. Menant donc la verticale du point m', on a, sur φM, le pied M' de la perpendiculaire cherchée.

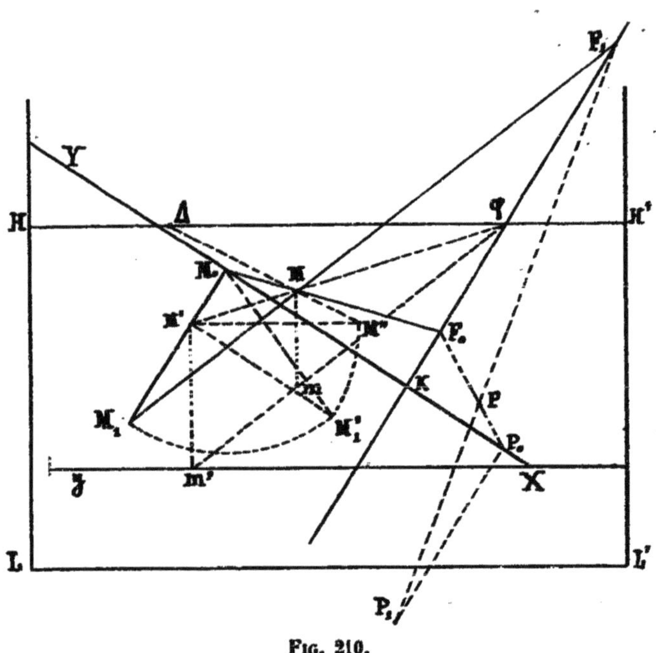

Fig. 210.

2° La perpendiculaire abaissée de M' sur XY étant dans le plan de front yXY, il n'y a, pour avoir M_0, qu'à mener effectivement une perpendiculaire du point M' à XY.

3° Pour avoir la vraie longueur de M'M à l'échelle du plan de front yXY, nous n'avons (n° 220) qu'à mener M'M" parallèle à HH' et à joindre le point M au point principal de distance Δ. Reportant la longueur M'M" en $M'M'_1$ sur la perpendiculaire élevée en M' à M_0M', de manière à former le triangle rectangle $M_0M'M'_1$, on n'a plus qu'à rabattre l'hypoténuse $M_0M'_1$ de ce triangle en M_0M_1 sur M_0M' pour avoir le point M_1 cherché.

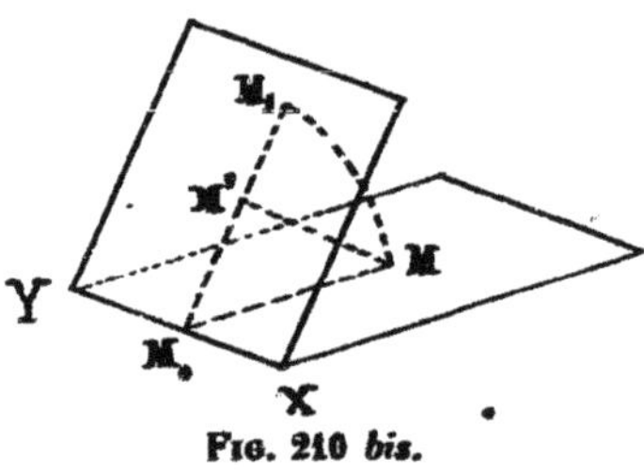

Fig. 210 *bis*.

Ayant de cette façon relevé un point quelconque M du plan donné, nous allons voir combien la construction peut être simplifiée pour tout autre point de ce plan.

Remarquons d'abord que, quel que soit le point M choisi, les droites MM_0 et MM_1 ont, dans l'espace, des directions invariables. Donc, sur la perspective toutes les droites telles que MM_1, d'une part, toutes les droites telles que MM_0, de l'autre, ont même point de fuite.

Or, on voit immédiatement que, si le point M est pris sur la perpendiculaire φK abaissée du point φ sur XY, les points M', M_0, et, par suite, M_1 sont

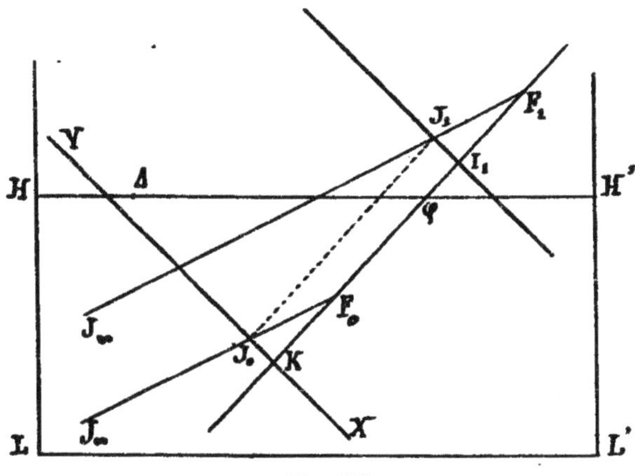

Fig. 211.

aussi sur cette droite. Cette droite contient donc les points de fuite F_0 et F_1 des droites telles que MM_0 et MM_1. Ayant obtenu ces droites MM_1 et MM_0 pour une seule position du point M, on n'a, par suite, qu'à prendre leurs points de rencontre avec φK pour avoir F_0 et F_1.

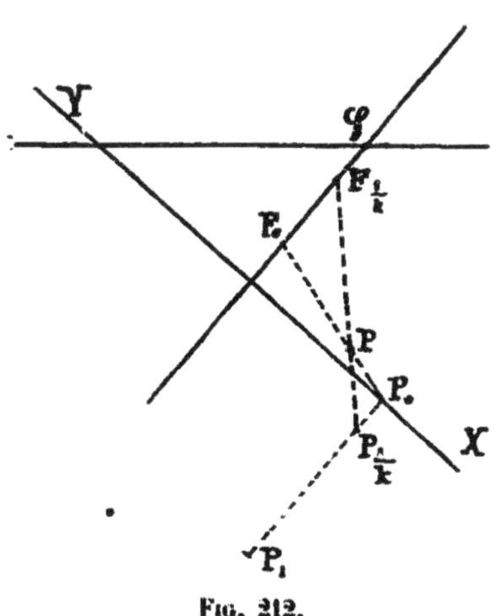

Fig. 212.

Cela fait, si on veut le relèvement de quelque autre point P du plan, il suffit de tirer F_0P et F_1P et d'élever en P_0 à XY la perpendiculaire P_0P_1.

La marche inverse permet de revenir de P_1 à P.

Cherchons en particulier le relèvement du point J, dont la perspective sur le plan considéré est à l'infini dans une direction quelconque F_1J_∞ (*fig.* 211). Tirons F_0J_∞, c'est-à-dire menons par F_0 la parallèle F_0J_0 à F_1J_∞ et élevons en J_0 à XY la perpendiculaire J_0J_1 qui coupe F_1J_∞ au point J_1 cherché. La figure $F_0F_1J_1J_0$ étant un parallélogramme, $J_0J_1 = F_0F_1$. Donc le lieu du point J_1 est la parallèle à XY menée par le point I_1 tel que $KI_1 = F_0F_1$.

Observons encore ici que la figure en perspective et la figure relevée de front sont homologiques, F_1 étant le centre, et XY l'axe d'homologie.

Remarque I. — Si l'on se reporte aux cas particuliers du problème précédent, qui ont été traités précédemment, on voit que, au n° 201 (*fig.* 181), c'est le point φ qui joue le rôle de F_0, et F celui de F_1, et que, au n° 223, c'est le point F qui joue le rôle de F_0 et D celui de F_1 :

Remarque II. — Si le point F_1 est hors des limites de l'épure, on peut (*fig.* 212) joindre le point P au point $F_{\frac{1}{k}}$ tel que $KF_{\frac{1}{k}} = \frac{KF_1}{k}$, ce qui donne sur P_0P_1 le point $P_{\frac{1}{k}}$, et prendre ensuite $P_0P_1 = k.P_0P_{\frac{1}{k}}$.

226. Mise en perspective dans un plan quelconque. — Supposons que, par un procédé quelconque, par exemple en ayant recours à un relèvement de front (n° 225), nous ayons mis en perspective sur un plan un rectangle $A_1A_2A_3A_4$ avec les milieux M_1, M_2, M_3, M_4 de ses côtés (*fig.* 213). Soit, ensuite, P un point quel-

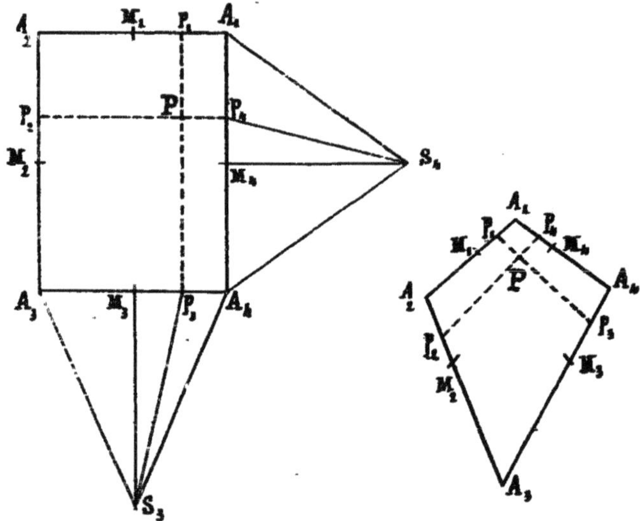

Fig. 213.

conque du plan à mettre en perspective. Menons par le point P les parallèles p_1p_3 et p_2p_4 aux côtés du rectangle. D'après ce qui a été vu au n° 221, les points p_1, p_3, p_2, p_4 peuvent être reportés sur les côtés du rectangle perspectif par le procédé des échelles divergentes (n° 198), les milieux M_1, M_2, M_3, M_4 des côtés étant pris pour points de repère.

Il suffit d'ailleurs, évidemment, de construire une seule échelle divergente pour deux côtés opposés. S_3 pour A_1A_2 et A_3A_4, S_4 pour A_2A_3 et A_1A_4.

Ayant ainsi reporté les points p_1, p_2, p_3, p_4 sur la perspective, on n'a plus qu'à tirer les droites p_1p_3 et p_2p_4 pour avoir le point P.

On peut remarquer que P_1P_3 étant, sur le plan considéré, parallèle à A_1A_4 et A_2A_3 passe, en perspective, par le point de rencontre de ces deux droites. Si donc ce point de rencontre est facilement accessible, il suffit de reporter p_3 sur A_3A_4 et de joindre ce point au point de rencontre de A_1A_4 et A_2A_3 pour avoir p_1p_3.

De même, si, sur la perspective, A_2A_3 et A_1A_4 sont parallèles, il suffit, après avoir déterminé p_3, de mener par ce point une parallèle à ces côtés.

On peut, bien entendu, répéter la même observation à l'égard de p_2p_4 pris avec les côtés A_1A_2 et A_3A_4.

Si on a une ligne à mettre en perspective, on aura recours à la méthode du craticulage (nº 192), en mettant les lignes du quadrillage en perspective comme on vient de le faire pour p_1p_3 et p_2p_4. On se servira, pour cela, de l'échelle divergente régulière représentée par la figure 177.

227. Mise en perspective du cercle. — S'il s'agit de mettre en perspective un grand nombre de fois une même courbe, on peut construire des échelles divergentes spéciales donnant un nombre suffisant de points de cette courbe.

Par exemple, l'échelle représentée par la figure 178, qui donne les projections sur un diamètre d'un cercle des points divisant chaque demi-cercle en six parties égales, permet d'obtenir, en dehors des milieux des côtés du carré circonscrit où le cercle touche ces côtés, huit autres points de ce cercle. Ces douze points sont, en général, largement suffisants pour tracer l'ellipse perspective d'un cercle donné ; mais on pourrait multiplier, comme on voudrait, le nombre des points obtenus en construisant l'échelle divergente correspondante avec un plus grand nombre de rayons.

228. Application à la mise en perspective des moulures. — Prenons un certain profil de moulure $a''abcdd'$ dessiné à l'intérieur du rectangle ABCE, qui est dit son épannelage (*fig.* 214). Projetons les points principaux a, b (point d'inflexion de la doucine), c, d, sur les côtés BC et CE du rectangle d'épannelage dont les milieux sont M′ et M″, et construisons les échelles divergentes S′ ($Ca'b'M'c'd'B$) et S″ ($Ea''b''M''c''C$). Elles vont nous permettre de reporter ce profil de moulure le long de toute arête droite ou courbe que nous nous donnerons.

Premier exemple. — Donnons-nous une arête droite horizontale AA_1 dont le point de fuite est F (*fig.* 215) et commençons par mettre en perspective le profil de la moulure en A.

Pour élever en A une perpendiculaire à l'horizontale AA_1 (dont le plan peut toujours être pris pour géométral), nous n'avons (n° 194) qu'à prendre le point de fuite F' de la direction perpendiculaire à AF et à joindre AF'. Pour porter sur cette droite la longueur AE, nous commençons par la porter en vraie grandeur (à l'échelle du plan de front de A) en

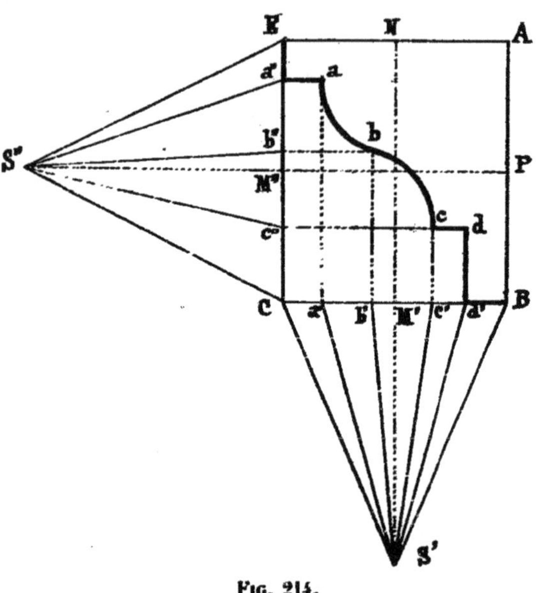

Fig. 214.

AE_0, sur la parallèle à la ligne d'horizon menée par A, et à joindre E_0 au point de distance D' correspondant à F'.

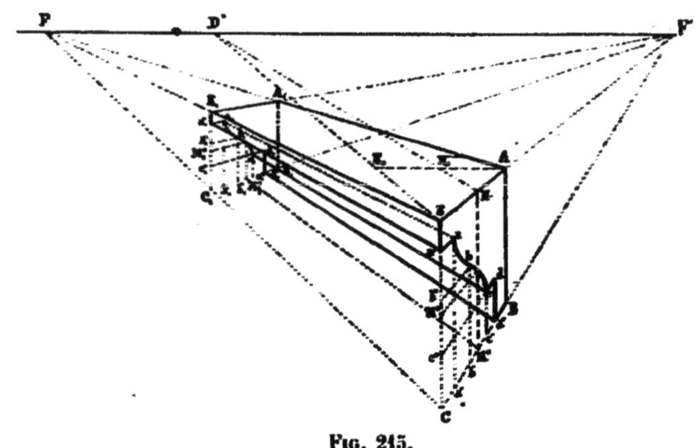

Fig. 215.

Nous prenons de même, à l'échelle du plan de front de A, le côté vertical AB en vraie grandeur, et nous achevons la perspective du rectangle ABCE en tirant la droite BF' et la verticale EC.

Les fuyantes menées des points A, B, C, E au point F donnent ensuite A_1, B_1, C_1, D_1.

Pour avoir le milieu perspectif N de AE, nous n'avons qu'à tirer la droite $D'N_0$, N_0 étant le milieu de AE_0. La verticale du point N donne le milieu perspectif M' de BC.

Le milieu perspectif M″ de EC se confond avec son milieu vrai, puisque cette droite est de front.

Par des fuyantes en F on reporte ces points en M'_1 et M''_1 sur le plan du second profil.

Cela fait, en se servant des milieux comme de points de repère, on n'a plus qu'à prendre, sur les échelles S′ et S″ de la figure 214, les ponctuelles *a′b′c′d′* et *a″b″c″* et à les porter sur les droites CB et CE de la perspective.

On peut ensuite soit reporter ces points sur le second profil par des fuyantes en F, soit prendre de même sur les échelles divergentes les ponctuelles à marquer sur C_1B_1 et C_1E_1.

Il ne reste qu'à joindre les points *a″b″c″* au point F′ et à mener des verticales par les points *a′b′c′* pour avoir les points *a*, *b*, *c*, *d*, du premier profil. De même, pour les points a_1, b_1, c_1, d_1 du second profil. Les droites aa_1, bb_1, cc_1, dd_1 doivent d'ailleurs concourir au point F.

Deuxième exemple. — Cherchons maintenant à déterminer une moulure le long de l'arête d'un plein cintre. Pour cela, nous mettrons en perspective le profil de la moulure dans le plan perpendiculaire au plan de tête mené par la normale en un point B de l'arête considérée.

Ayant mis de front en XB_1Y_1 (*fig.* 216) le demi-cercle formant le plein cintre, au moyen du point de distance D correspondant au point de fuite F du diamètre horizontal de ce plein cintre (n° 224), nous reportons sur le plan de tête le centre Ω_1 en Ω, le point B_1 en B.

Pour construire le rectangle d'épannelage, tirons la perspective ΩB de la normale au cercle sur laquelle nous allons porter la longueur du côté BA du rectangle. Pour cela, portons sur le relèvement de front cette longueur en B_1A_1 sur Ω_1B_1, à l'échelle du plan de front de XYV, et tirons DA_1 qui donne A sur ΩB.

Le côté BC du rectangle d'épannelage est, dans l'espace, horizontal et perpendiculaire à la parallèle BF à XY menée par B. Prenant le plan de ces deux droites comme géométral auxiliaire, on voit que, en perspective, BC passe par le point de fuite F′ de la direction perpendiculaire à XF (n° 194). De même pour AE.

Pour porter la longueur des côtés BC et AE sur F′B et F′C, prenons cette longueur en X*x* sur le prolongement de XY_1, à l'échelle du plan de front de cette ligne, et tirons Fx, qui nous donne en ae_0 et bc_0 cette même longueur aux échelles des plans de front de A et de B. Reportons ces segments parallèlement à eux-mêmes en AE_0 et BC_0. D'après le n° 220, il nous suffira, D' étant le point de distance correspondant à F', de tirer $D'E_0$ et $D'C_0$ pour avoir sur F'A et F'B les points E et C. Remarquons, d'ailleurs, que la droite CE étant dans un plan vertical parallèle à celui de AB, c'est-à-dire ayant même ligne de fuite FV, les droites AB et CE doivent se couper sur FV.

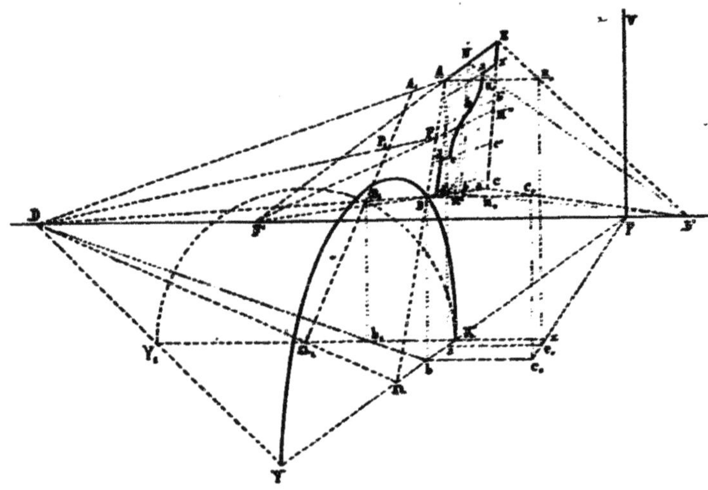

FIG. 216.

Le rectangle d'épannelage ABCE est ainsi complètement mis en perspective. Il est facile d'avoir les perspectives des milieux de ses côtés. Pour AE et BC, on n'a qu'à prendre les milieux N_0 et M_0 de AE_0 et de AC_0, et à tirer les droites $D'N_0$ et $D'M_0$, qui donnent N et M'. Pour le côté AB, on joint le point D au milieu P_1 de A_1B_1, ce qui donne le point P. Il suffit, enfin, de tirer F'P pour avoir sur CE le milieu M'' de ce côté.

Il ne reste plus qu'à mettre le profil de la moulure en perspective à l'intérieur de ABCE en se servant des échelles divergentes de la figure 214. C'est toujours le même tracé ; il est inutile d'y insister.

En construisant de cette façon un certain nombre de profils de la moulure, on n'a plus qu'à joindre par des ellipses les points correspondants de ces divers profils pour avoir la perspective de la moulure elle-même.

229. Application à la mise en perspective d'une surface de révolution. — Formons (*fig.* 217) le rectangle d'épannelage abTR de la méridienne APBQ de la surface considérée supposée à axe vertical ([1]). Prenons les traces des plans d'un cer-

(1) Nous supposons l'axe vertical, parce que c'est généralement ce qui se présente dans la pratique, mais la méthode pourrait encore être appliquée pour une position quelconque de l'axe.

tain nombre de parallèles, en les choisissant, pour plus de simplicité, deux à deux de même rayon, par exemple A_1B_1 et A_3B_3, A_2B_2 et A_4B_4. Projetons tous les points de la méridienne ainsi déterminés sur ab et sur Ra. Nous obtenons ainsi les ponctuelles $aa_1a_2Qb_2b_1b$ et $a\alpha_4\alpha_3A\alpha_1\alpha_2R_2$, que nous prenons pour bases des échelles divergentes S et Σ.

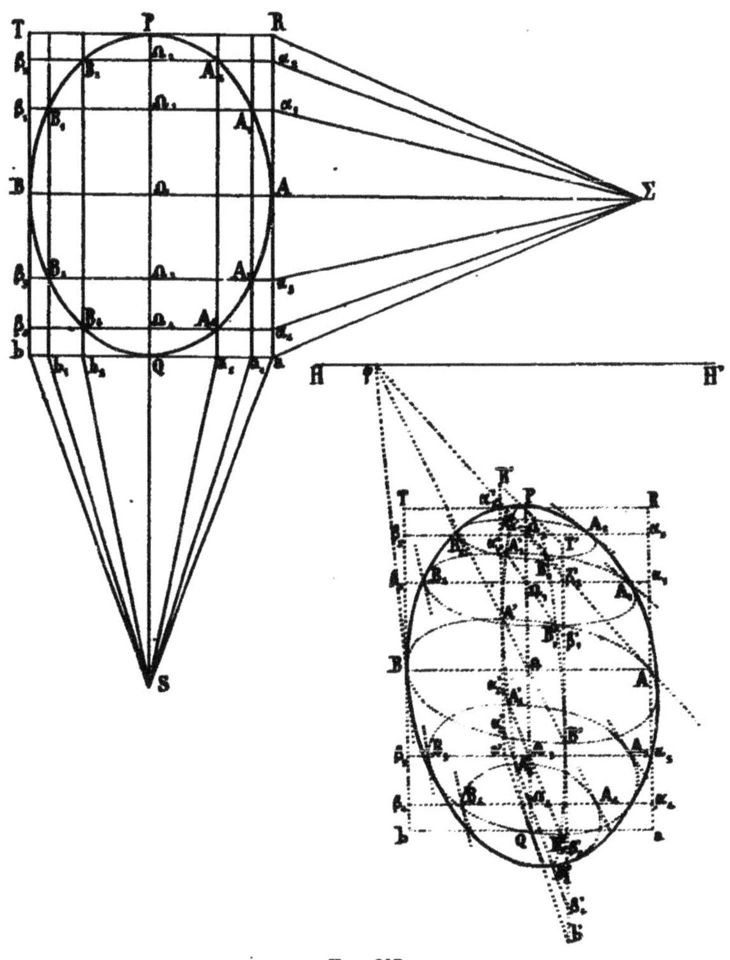

Fig. 217.

Cela fait, mettons en perspective le cercle AA'BB' d'équateur de la surface et le rectangle d'épannelage de la méridienne de front, qui se reproduit semblable à lui-même et nous donne les points A_1, B_1, A_2, B_2, A_3, B_3, A_4, B_4, P, Q de cette méridienne.

Pour avoir les points de la méridienne contenue dans un plan vertical quelconque, par exemple celui qui passe par le diamètre A'B' fuyant au point φ, construisons le rectangle d'épannelage correspondant. Nous n'avons pour cela qu'à mener par les points A' et B' des verticales et à joindre les points P et Q au point φ. Nous avons ainsi le rectangle perspectif R'T'b'a'.

Joignant les points Ω_1, Ω_2,..... au point φ, nous avons les perspectives $\alpha'_1\beta'_1$, $\alpha'_2\beta'_2$,..... des droites suivant lesquelles sont dirigés les diamètres correspondants des sections Ω_1, Ω_2,..... Pour avoir le diamètre d'une de ces sections, par exemple Ω_1, nous n'avons qu'à reporter le segment $\alpha'_1\beta'_1$ avec son milieu perspectif Ω_1 sur l'échelle divergente S, de façon que α'_1 soit sur Sa, β'_1 sur Sb et Ω_1 sur SQ, à marquer les points qui se trouvent alors sur les rayons Sa_1 et Sb_1 de l'échelle et à les reporter sur la perspective; nous avons ainsi les points A'_1 et B'_1.

Nous faisons la même opération pour les autres sections Ω_2, Ω_3, Ω_4, puis nous recommençons cette série d'opérations pour autant de plans méridiens que nous voulons.

Nous n'avons plus ensuite qu'à joindre par des courbes continues les points A', A'_1, A'_2, P, B'_2..., pour avoir les perspectives des sections méridiennes, ou A_1, B_1, A'_1,...., pour avoir les perspectives des sections parallèles. Le contour apparent de la surface est l'enveloppe à la fois des unes et des autres.

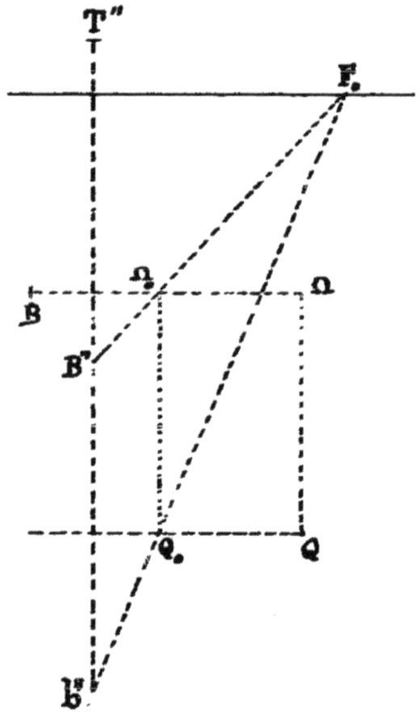

Remarque I. — Si le point de fuite d'un diamètre perspectif A"B" est hors des limites de l'épure, on peut joindre les points P_1, Ω_2, Ω_1, Ω_3, Ω_4, Q à ce point de fuite inaccessible, ainsi qu'il a été dit au n° 209, mais il est plus simple de se servir de l'échelle divergente Σ, ainsi qu'il va être expliqué :

Fig. 218.

D'abord, pour avoir le point b'', il suffit de déplacer ΩQ parallèlement à la ligne d'horizon pour l'amener pans la position Ω_0Q_0 qui donne un point de fuite F_0 accessible, et de tirer F_0Q_0, qui donne b'' (*fig.* 218).

En effet, F étant le point de fuite inaccessible, on a bien

$$\frac{B''b''}{\Omega Q} = \frac{B''b''}{\Omega_0 Q_0} = \frac{B''F_0}{\Omega_0 F_0} = \frac{B''F}{\Omega F}.$$

Prenant alors le symétrique de b'' par rapport à B'', on a T''. Il suffit ensuite de reporter le segment b''B''T'' sur l'échelle divergente Σ (en remarquant qu'il est alors parallèle à aR) pour marquer les points β''_1, β''_2, β''_3, β''_4 on n'a plus qu'à joindre ceux-ci à Ω_1, Ω_2, Ω_3, Ω_4 pour avoir sur la verticale de A'' les points α''_1, α''_2, α''_3, α''_4.

Remarque II. — Nous avons supposé, sur la figure 217, que la surface représentée avait toutes ses courbures de même sens. Si elle avait des courbures opposées, la perspective offrirait l'aspect de la figure 219. Les points p et p' où s'arrête la perspective du contour

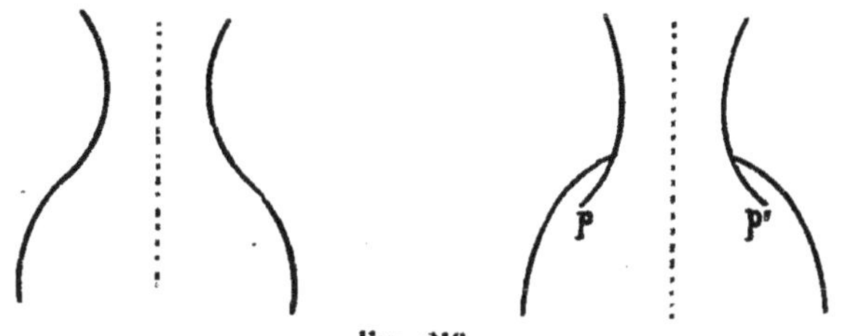

Fig. 219.

de la partie rentrante de la surface sont dits des *points de passage.* Ces points pourraient être définis géométriquement, mais on se borne, dans la pratique, à les déterminer par tâtonnement, en cherchant à partir duquel d'entre eux les parallèles cessent d'avoir une enveloppe, c'est-à-dire cessent de se recouper lorsqu'ils sont extrêmement voisins, de façon que l'un devienne intérieur à l'autre.

c. — Figures dans l'espace

230. Droites parallèles. — Rappelons que, si deux droites sont parallèles, ces droites d'une part, leurs projections géométrales de l'autre, ont, en perspective, même point de fuite. Donc, pour mener par le point M, dont la projection géométrale est m (*fig.* 220), une parallèle à la droite AF, dont le point de fuite est F et dont la projection géométrale est af, il suffit de tirer MF. En outre, mf est la projection géométrale de cette droite.

231. Plans parallèles. — Si nous nous reportons au n° 222, nous voyons qu'en menant par M (*fig.* 221) une parallèle MM_0 à la

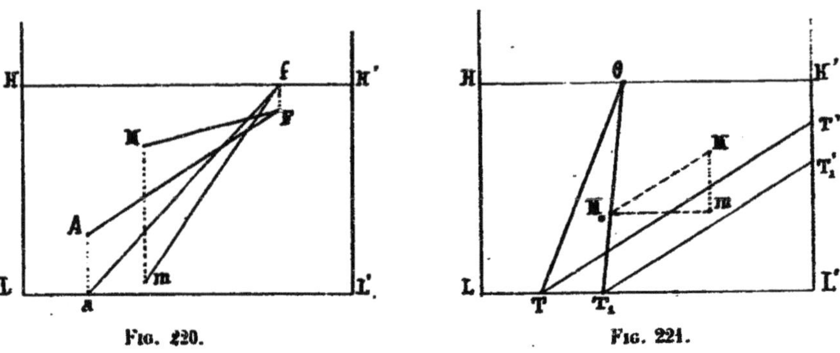

Fig. 220. Fig. 221.

trace sur le tableau du plan donné, nous avons une ligne de front du plan parallèle à celui-ci, mené par M. La trace géométrale M_0 de cette ligne de front appartient à la trace géométrale du plan cherché, et, comme cette trace est parallèle à celle du plan donné, elle a en perspective même point de fuite θ. On a donc en θM_0 la trace du plan cherché; il suffit ensuite de tirer le parallèle $T_1T'_1$ à TT' pour avoir la trace de ce plan sur le tableau.

232. Intersection de deux plans. — Supposons, en vue de la plus grande généralité, que chacun des plans soit défini par

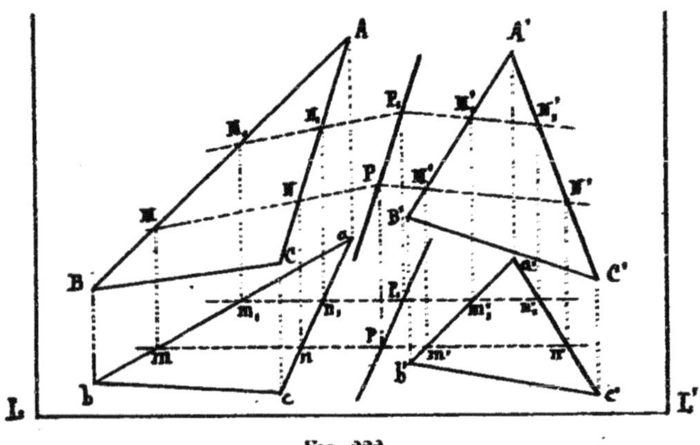

Fig. 222.

trois de ses points A, B, C, et A', B', C', et leurs projections géométrales *a*, *b*, *c*, et *a'*, *b'*, *c'* (*fig.* 222). Coupons les deux plans par un plan de front de trace *mnm'n'*. Les verticales des points *m*, *n*, *m'*, *n'*, donnent les points M, N, M', N', où ce plan de front rencontre les droites AB, AC, A'B', A'C'. Donc il coupe le plan ABC suivant la droite MN et le plan A'B'C' suivant la droite M'N'. Le point d'intersection P de ces droites appartient à la droite commune aux deux plans. Un second plan de front $m_1n_1m'_1n'_1$ donne de même le point P_1. Il suffit de joindre les points P et P_1 pour avoir la droite d'intersection cherchée.

On peut de même tracer sa projection géométrale en joignant les projections géométrales p et p_1 des points P et P_1, respectivement situées sur mm' et $m_1m'_1$.

233. Intersection d'une droite et d'un plan. — Soit la droite D, dont la projection géométrale est d.

Supposons, d'abord, qu'on ait à prendre son intersection avec le plan vertical dont la trace géométrale est Tθ (*fig.* 223). Ce plan vertical est coupé par le plan projetant la droite D, suivant la verticale pP qui donne le point P cherché.

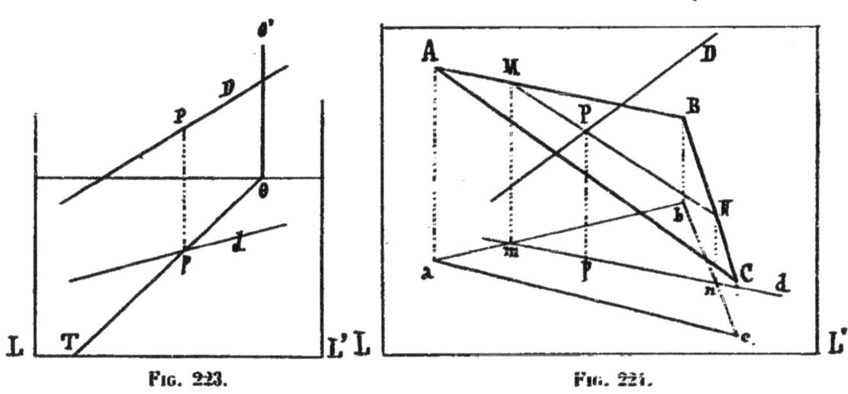

FIG. 223. FIG. 224.

S'il s'agit d'un plan non vertical, tel que ABC (*fig.* 224), il suffit de remarquer que le plan projetant défini par les droites D et d coupe le plan vertical ABab suivant Mm, le plan vertical BCbc suivant Nn, et, par suite, le plan ABC suivant MN, qui rencontre la droite D au point P cherché.

Lorsque le plan est horizontal, il peut être défini, en outre de la ligne d'horizon HH' (*fig.* 225), par une de ses lignes de front AA', dont aa' est la projection géométrale. La solution précédente s'applique encore. La projection d ccupant HH' en F et aa' en m auquel correspond M sur AA', FM est l'intersection du plan (D*d*) et du plan horizontal HH'AA' et donne le point P sur D.

Remarque. — La solution précédente tombe en défaut, lorsque la

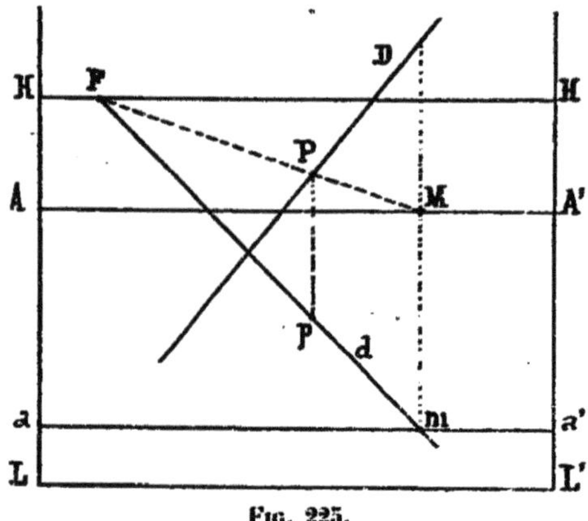

Fig. 225.

droite D est verticale, parce qu'alors sa projection géométrale se réduit à un seul point *d*. On prend alors comme plan auxiliaire un plan vertical quelconque, par exemple, dans le cas général (*fig.* 226),

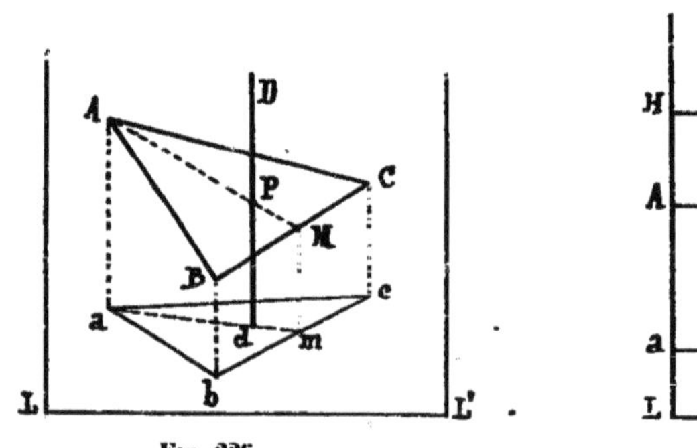

Fig. 226.

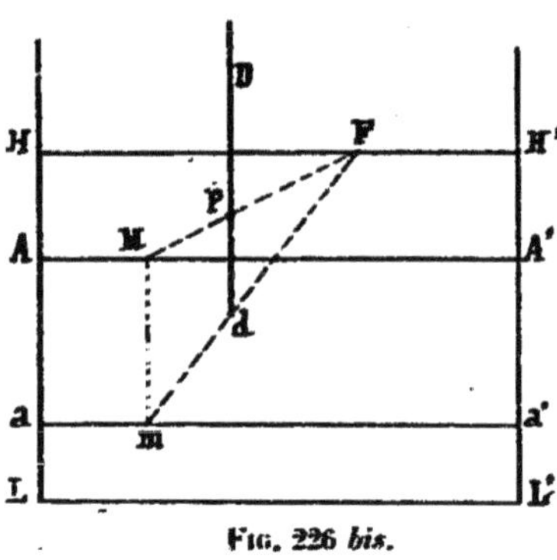

Fig. 226 *bis*.

le plan passant par D et A*a* qui coupe le plan BC*bc* suivant M*m*, et, dans le cas du plan horizontal (*fig.* 226 *bis*), le plan passant par D et un point F quelconque de la ligne d'horizon, plan qui coupe le plan de front AA'*aa'* suivant M*m*.

234. Droites et plans perpendiculaires. — Soit *ff'* (*fig.* 227) la ligne de fuite d'un plan. Cherchons le point de fuite V des perpendiculaires à ce plan.

Pour cela supposons que, sans changer la position du point de vue et du tableau et, par suite, celle du point de fuite principal φ, nous fassions un changement de plan d'horizon, de manière à le rendre perpendiculaire au plan donné. La ligne d'horizon sera alors perpendiculaire à la ligne de fuite $\theta\theta'$ du plan (n° 180), et, comme le point φ n'a pas changé, ce sera la perpendiculaire φK abaissée de φ sur $\theta\theta'$.

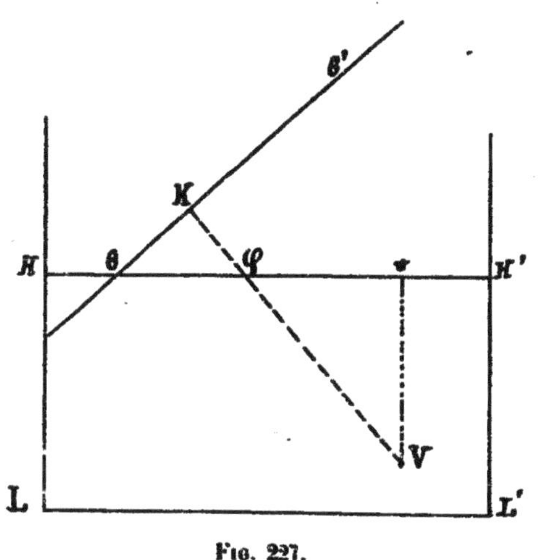

Fig. 227.

Toutes les perpendiculaires au plan considéré ayant même point de fuite, nous pouvons prendre une de ces perpendiculaires situées dans le nouveau géométral. Son point de fuite V est sur la nouvelle ligne d'horizon φK. En outre, comme elle est perpendiculaire à la trace du plan sur le nouveau géométral, trace dont le point de fuite est K, on a (n° 194)

$$\varphi K . \varphi V = \delta^2$$

On a donc le point de fuite V des perpendiculaires aux plans dont la ligne de fuite est $\theta\theta'$, en abaissant du point φ la perpendiculaire φK sur $\theta\theta'$ et prenant sur cette perpendiculaire, de l'autre côté du point φ, le point V tel que la relation précédente soit satisfaite.

Cette construction prise à l'inverse permet de déduire la ligne $\theta\theta'$ du point V.

Remarque. — Le pied v de la perpendiculaire abaissée de V sur HH' est le point de fuite des projections géométrales des perpendiculaires considérées. Or, la similitude des triangles $\varphi K\theta$ et φvV donne

$$\varphi\theta . \varphi v = \varphi K . \varphi V = \delta^2,$$

ce qui montre que la projection géométrale de toute perpendiculaire au plan considéré est perpendiculaire à la trace géométrale de ce plan, dont θ est, en effet, le point de fuite ; c'est une vérification d'un théorème bien connu.

235. Perpendiculaire abaissée d'un point donné sur un plan donné. — Soit à mener, par le point A, dont la projection géométrale est *a*, une perpendiculaire au plan dont la ligne de fuite est θθ' et la trace géométrale θT (*fig.* 228). De la ligne de fuite θθ'

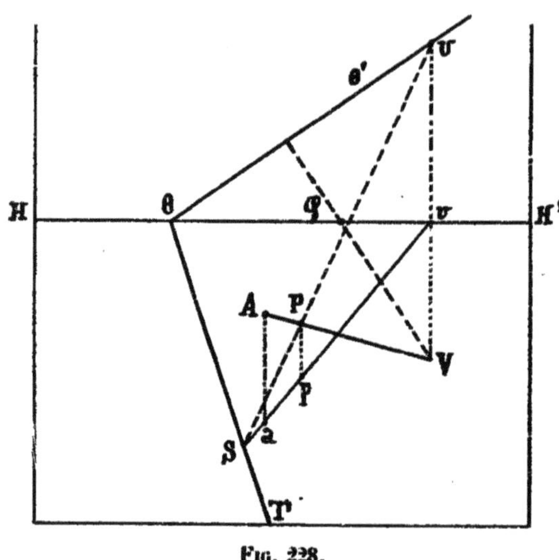

Fig. 228.

nous déduisons, comme il a été dit au numéro précédent, le point de fuite V des perpendiculaires au plan. Nous n'avons donc qu'à tirer AV pour avoir la perspective de la perpendiculaire demandée, dont la projection géométrale est *av*. Pour avoir le pied P de cette perpendiculaire, prenons son point d'intersection avec le plan Tθθ', comme il a été dit au n° 223. Le plan projetant AV coupe la trace géométrale θT au point S, la droite à l'infini du plan θθ' au point U. La droite SU coupe AV au point P cherché.

236. Plan mené par un point donné perpendiculairement à un plan donné. — Soit MV, projetée sur le géométral en *mv* (*fig.* 229), la droite à laquelle on veut mener un plan perpendiculaire par le point A. Du point V on déduit la ligne de fuite θθ' du plan cherché, ainsi qu'il a été dit au n° 234. Reste à construire la trace géométrale du plan déterminé par cette ligne de fuite et le point A. Pour cela, menons la ligne de front AB passant en ce point. Elle est parallèle à $\theta\theta'$, et sa projection géométrale est parallèle à HH'. Il suffit de joindre la trace B de cette ligne de front au point θ pour avoir la trace du plan demandé. Pour avoir l'intersection de ce plan avec la droite MV, prenons les points de

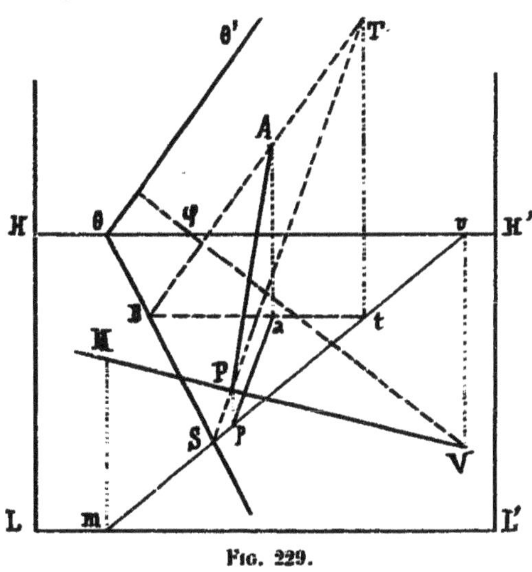

Fig. 229.

rencontre S et T du plan projetant MV avec la trace θB et avec la ligne de front AB du plan. TS donne sur MV le point P cherché.

La droite AP est, dans l'espace, la perpendiculaire menée du point A à la droite MV.

237. Changement de géométral. — Il est avantageux, en certains cas, de prendre comme géométral auxiliaire un plan perpendiculaire au tableau et parallèle à certaine droite figurant sur l'épure. Il faut alors déterminer les nouvelles projections géométrales des points qui interviennent dans les tracés. Ce problème est un cas particulier de celui du n° 235.

Soit F le point de fuite de la droite *d* parallèlement à laquelle on peut prendre le nouveau géométral (*fig.* 230). La ligne de fuite de ce nouveau géométral devra donc passer par le point F. Ce nouveau géométral étant, en outre, perpendiculaire au tableau, sa ligne de fuite devra passer par le point de fuite principal φ. Cette ligne de fuite, prise pour nouvelle ligne d'horizon $H_1H'_1$, est donc la droite φF. Pour définir complètement le nouveau géométral, donnons-nous, d'une manière absolument arbitraire, sa trace φT sur l'ancien [1]. Il s'agit de trouver la projection sur le géométral $TH_1H'_1$ du point A, projeté en a sur le géométral THH'.

Appliquons la construction du n° 235, en remarquant que les points V, v et U de la figure 228 sont ici rejetés à l'infini respectivement dans la direction perpendiculaire à $H_1H'_1$, sur HH' et sur $H_1H'_1$. Le tracé se réduit dès lors à ceci : mener $a\alpha$ parallèle à LL', puis Aa_1 perpendiculaire à $H_1H'_1$, et αa_1 parallèle à $H_1H'_1$, qui se coupent au point a_1 cherché.

La distance du point de vue au tableau n'ayant pas varié, on a le nouveau point principal de distance Δ_1 en portant sur $H_1H'_1$ le segment $\varphi\Delta_1$ égal à $\varphi\Delta$.

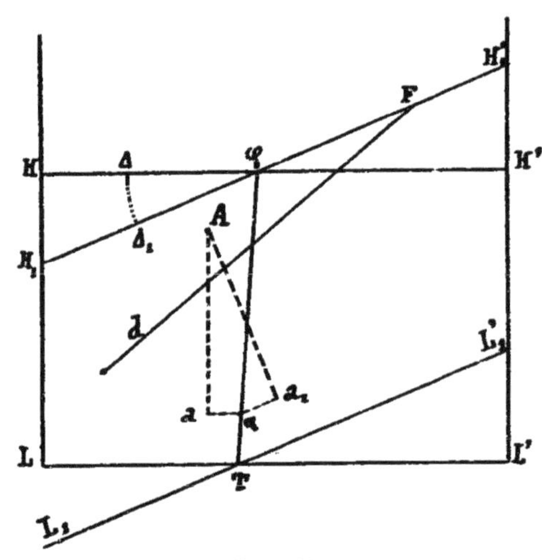

Fig. 230.

Remarque. — Le plan $Aa\alpha a_1$ est un plan de front. En outre, Aa_1, perpendiculaire au plan $TH_1H'_1$, est perpendiculaire à la droite d, parallèle à ce plan. Donc, les droites perpendiculaires au nouveau géométral sont les droites de front perpendiculaires à d.

Si, par exemple, on avait à mettre en perspective un cube construit sur une arête d donnée en perspective, et dont une autre arête d' fût de front, on prendrait un géométral auxiliaire parallèle à d. Comme l'arête d' serait perpendiculaire à ce nouveau géométral, on se trouverait amené à mettre simplement en perspective, par rapport à celui-ci, un cube vertical connaissant une de ses arêtes horizontales, problème bien facile à résoudre.

238. Résumé. — Ayant appris à effectuer directement sur le tableau perspectif toutes les constructions élémentaires en lesquelles se décompose une épure quelconque, nous pourrions reprendre, par ce moyen, les divers problèmes de construction dans l'espace qu'on a

[1] Si on voulait que la droite d fût dans le nouveau géométral, il suffirait que la nouvelle ligne de terre passât par la trace de d sur le tableau. On aurait donc alors le point T en menant par cette trace une parallèle à $H_1H'_1$.

l'habitude de traiter par les méthodes de la Géométrie descriptive ordinaire (trait de stéréotomie). Il n'y aurait à cela aucune utilité. Les élèves pourront s'exercer par eux-mêmes à résoudre un certain nombre de ces problèmes. Nous nous bornerons à traiter ci-dessous quelques exemples spéciaux plus particulièrement intéressants pour la perspective.

C. — *Applications diverses*

a. — Images dans des miroirs

239. Images par réflexion sur des plans. — On sait que l'image par réflexion d'un point sur un miroir plan est la même que celle que donnerait la vision directe du symétrique de ce point par rapport à ce plan. Par suite, construire la perspective de l'image par

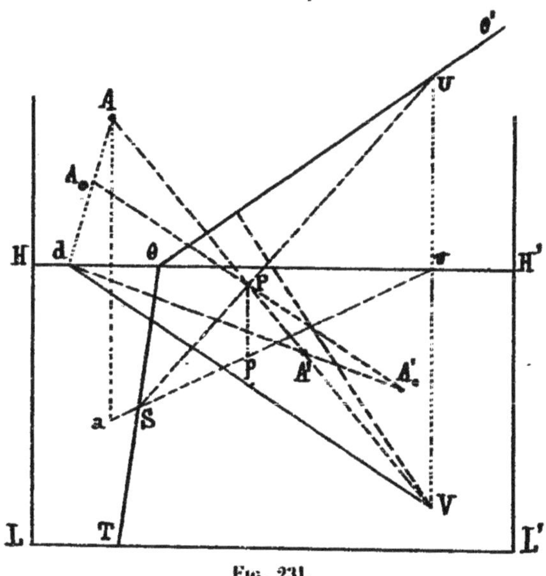

Fig. 231.

réflexion d'une figure sur un miroir plan revient à construire la perspective de la figure symétrique de la figure donnée par rapport à ce plan.

Soit à trouver, par exemple, l'image par réflexion A′ du point A sur un miroir plan défini par sa trace géométrale θT et sa ligne de fuite $\mathfrak{V}'$ (1) (*fig.* 231). Nous construisons, comme il a été dit au n° 235, le pied P de la perpendiculaire abaissée du point A sur le plan T$\mathfrak{V}'$. Il s'agit maintenant de prendre sur la droite AP le segment PA′ égal à AP. Pour cela, ainsi qu'on l'a vu au n° 220, il suffit, ayant pris le point de distance d correspondant au point de fuite v de la projection géométrale de AP, de mener par P une parallèle à Vd qui coupe Ad en A_0, puis, ayant porté sur cette parallèle le segment PA'_0 égal à A_0P, de tirer dA'_0 qui coupe AP au point A′ cherché.

Remarque. — Si on a à construire de cette façon les images d'un certain nombre de points, il faudra joindre les projections de tous ces points au point v, puis chacun d'eux au point V. On a indiqué, pour le cas où les points v et V sont inaccessibles, la manière d'effectuer cette double construction au moyen du té brisé (n° 211).

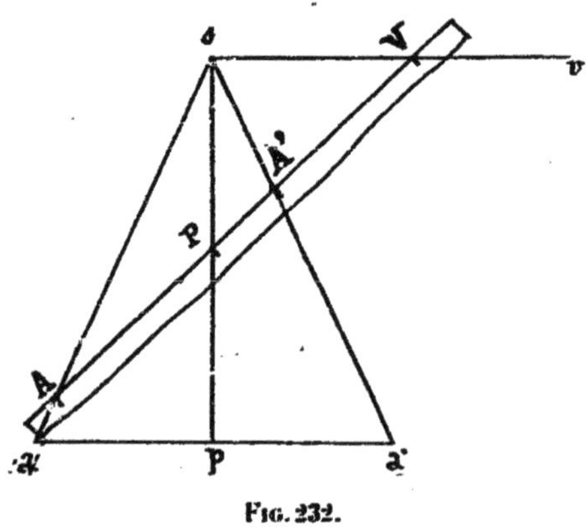

Fig. 232.

En outre, afin de n'avoir pas à répéter, pour chacune des droites AP, la construction qui vient d'être indiquée pour le point A′, on peut, en remarquant que le point A′ est le conjugué harmonique du point A par rapport aux points V et P, recourir à l'emploi de l'échelle divergente représentée sur la figure 232. Cette échelle se compose d'un triangle isocèle Saa' avec les bissectrices intérieure et extérieure Sp et Sv de l'angle au sommet. Il suffit d'amener les points A, P et V, reportés sur le bord d'une bande de papier, respectivement sur sa, sp, sv, pour avoir sur sa' le point A′.

240. Cas particuliers. — Si le plan du miroir est perpendiculaire au tableau (*fig.* 233), on a le pied P de la perpendiculaire abaissée de A sur ce plan, comme il a été dit au n° 237, c'est-à-dire en menant aS parallèle à HH′, SP parallèle à $\mathfrak{h}'$, AP perpendiculaire à SP. En outre, la droite AP étant de front, on a le point A′ en prenant simplement le symétrique de A par rapport à P.

(1) On pourrait remplacer cette ligne de fuite par toute autre ligne de front du plan du miroir.

Si le plan du miroir est horizontal, ce qui est le cas pour la réflexion sur une nappe d'eau, on définit ce plan, en outre de la ligne d'horizon HH', par une de ses lignes de front EE', dont la pro-

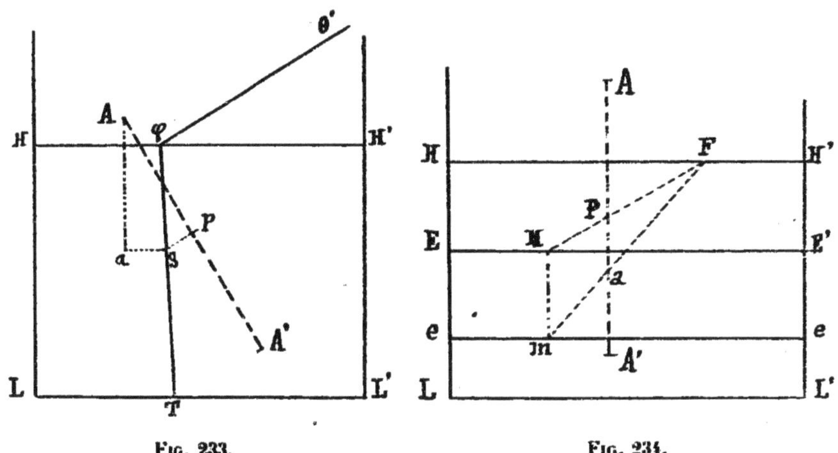

Fig. 233. Fig. 234.

jection géométrale est ee' (*fig.* 234). On détermine, comme il a été dit plus haut (n° 233, *Remarque*), le point de rencontre P de la verticale du point A et du plan HH'EE', et on prend le symétrique A' du point A par rapport au point P.

b. — Intersection des cônes et cylindres

241. Intersection des cônes et cylindres. — Il n'y a pas, au point de vue des constructions perspectives, de différence entre les cylindres et les cônes, le point de fuite des génératrices jouant, pour les uns, le même rôle que le point perspectif du sommet pour les autres.

Considérons donc le cas général de deux cônes définis par leurs sommets S et S' et des sections planes C et C' (*fig.* 235). Appelons D la droite d'intersection des plans des sections C et C', Σ et Σ' les points d'intersection de ces plans avec la droite SS'.

Coupons les deux cônes par un plan quelconque passant par SS'. Pour cela menons par Σ et Σ' deux droites se coupant en un point X quelconque de la droite D. Le plan auxiliaire XΣΣ' coupe les bases C et C' aux points A et A'. Les génératrices SA et S'A' contenues dans ce plan se coupent au point M, qui appartient à l'intersection.

La tangente en M est l'intersection des plans tangents SAU et S'A'U' aux deux cônes le long des génératrices SA et S'A'. Ces deux plans tangents peuvent être considérés comme des cônes de sommets S et S' ayant pour directrices les tangentes AU et A'U' à C et C'. Nous pouvons donc, par le même procédé, avoir un second point de leur intersection ; tirons donc ΣY et Σ'Y qui coupent AU et A'U' en U et U'; SU et S'U' donnent le point T qui appartient à la tangente en M à la courbe d'intersection.

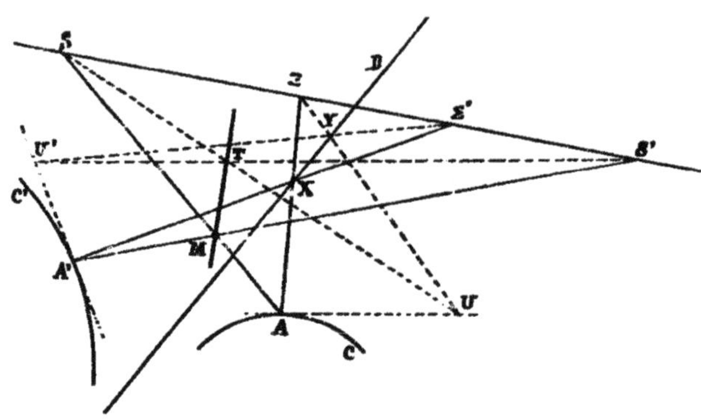

Fig. 235.

Observons, d'ailleurs, que, tout en faisant varier le point X sur la droite D pour avoir d'autres points M, on pourra toujours se servir du même point Y pour avoir les points T correspondants.

Remarque. — Si les courbes C et C' sont dans un même plan, Σ et Σ' se confondent. On n'a plus qu'à faire pivoter autour de ce point Σ une droite auxiliaire coupant C en A, C' en A', et à prendre le point de rencontre M de SA et S'A'.

Quant à la tangente en M, elle passe alors simplement par le point de rencontre des tangentes à C et à C', menées en A et A'.

On trouvera au n° 244 une application de cette méthode.

c. — Les ombres en perspective

242. Diverses positions de la source lumineuse. — La source lumineuse étant supposée réduite à un point S, on peut, si ce point est vu par l'observateur, le représenter en perspective. L'ombre portée par un point A sur une surface étant l'intersection de la droite SA et de cette surface, on est amené à résoudre un problème connu pour lequel la construction sera effectuée directement sur le tableau, grâce aux principes exposés ci-dessus.

Il semble, au premier abord, que cette solution cesse d'être valable lorsque la source lumineuse S est en arrière de l'observateur, parce qu'elle n'a pas alors de perspective réelle. Mais, si on convient comme il a été dit au n° 175, de représenter encore un tel point par l'intersection de la droite OS avec le tableau, intersection qui est dite une *perspective virtuelle*, la solution subsiste encore, car, *au point de vue purement géométrique*, il n'y a pas de différence d'un cas à l'autre.

Remarquons simplement que ce qui distingue géométriquement une perspective virtuelle d'une perspective réelle, c'est que, pour la première, la perspective de la projection géométrale est *au-dessus* de la ligne d'horizon, tandis que, pour la seconde, elle est *au dessous*.

Si, comme cela a lieu généralement, *on ne considère que des points au-dessus du géométral*, lo perspective réelle est au-dessus de sa projection géométrale, la perspective virtuelle est au-dessous.

Enfin, dans le cas de la perspective réelle, la perspective d'un point *à gauche* de l'observateur se fait *à gauche* de la verticale du point φ; tandis que, dans le cas de la perspective virtuelle, la perspective d'un point *à gauche* de l'observateur (supposé toujours la face tournée vers le tableau) se fait *à droite* de la verticale du point φ.

Si on se rappelle, en outre, que la perspective de tout point du plan neutre se fait à l'infini du tableau perspectif (n° 175), on voit

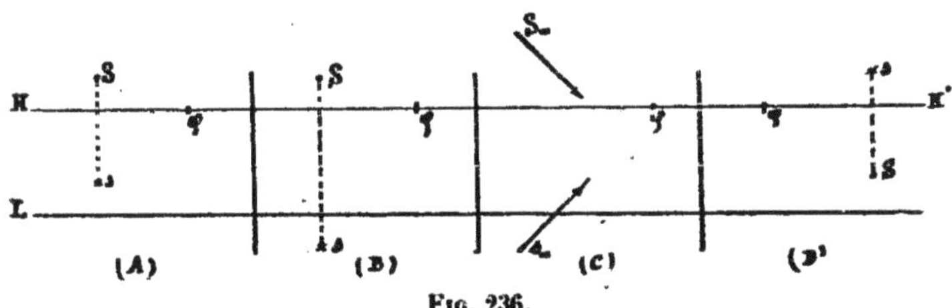

FIG. 236.

que les diverses positions *d'une source lumineuse supposée toujours à gauche de l'observateur et à distance finie* (flambeau) sont les suivantes :

1° En arrière du tableau (*fig.* 236, A);

2° Entre le tableau et le plan neutre (*fig.* 236, B);

3° Dans le plan neutre (*fig.* 236, C) :

4° En arrière du plan neutre (*fig.* 236, D).

Si la source lumineuse est à l'infini dans une direction donnée, auquel cas on lui donne le nom de *soleil,* la projection géométrale *s* est sur la ligne d'horizon, et on a les trois dispositions suivantes :

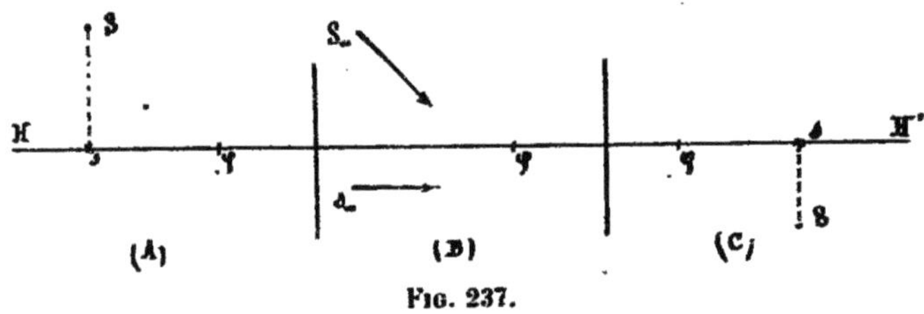

Fig. 237.

1° En arrière du tableau (*fig.* 237, A);

2° Dans une direction parallèle au tableau (*fig.* 237, B);

3° En arrière du plan neutre (*fig.* 237, C).

C'est cette dernière position de la source lumineuse qui est généralement adoptée pour le dessin.

Quelle que soit, d'ailleurs, la position donnée à la source lumineuse S, le tracé reste le même. En particulier, l'ombre portée par un point A sur le géométral est toujours la trace géométrale du rayon AS, c'est-à-dire le point d'intersection de la droite AS et de sa projection géométrale.

Nous nous bornerons à traiter ici quelques exemples particuliers.

243. Ombre propre et ombre portée sur le géométral d'un cône ou d'un cylindre vertical. — Pour le cône, il suffit de prendre la trace géométrale A_1 du rayon joignant le sommet A à la source lumineuse (*fig.* 238) et de mener de ce point A_1 des tangentes à la base B. Les points de contact de ces tangentes déterminent, en outre, les génératrices d'ombre propre du cône.

Pour le cylindre, employons des plans sécants verticaux, passant par la source lumineuse, c'est-à-dire dont les traces géométrales passent par la projection géométrale *s* de la source lumineuse. Ceux de ces plans qui sont tangents au cylindre, c'est-à-dire dont les traces sont les tangentes *sa* et *sb* menées du point *s* à la base sur le géométral (*fig.* 239) donnent les génératrices d'ombre propre A*a* et B*b*, dont les ombres portées aA_1 et bB_1 sur le géométral limitent l'ombre portée du cylindre.

Pour achever de déterminer celle-ci, cherchons l'ombre portée par la base supérieure. Cette ombre est une ellipse tangente en A et en B_1 à aA_1 et à bB_1. Prenons une génératrice quelconque cC. L'ombre du point C se fait en C_1. En outre, les tangentes à l'ellipse

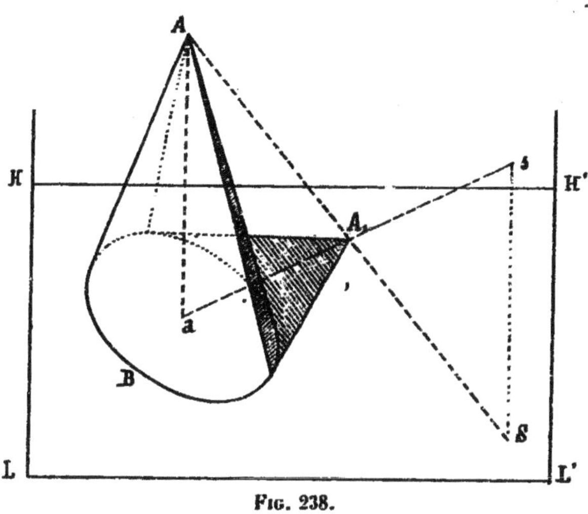

FIG. 238.

ACB en C et à l'ellipse $A_1C_1B_1$ en C_1 étant parallèles dans l'es-

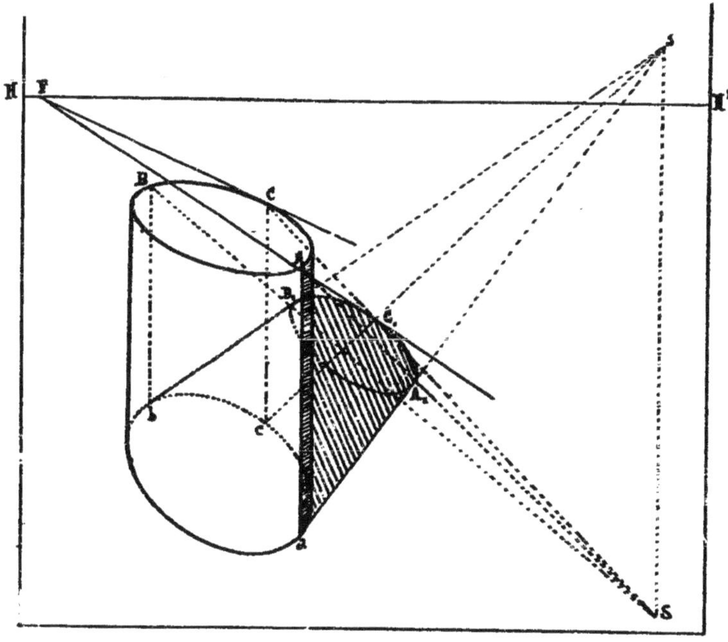

FIG. 239.

pace, et horizontales (puisque ce sont les intersections par deux plans horizontaux du plan tangent au cône SABC le long de SC) se coupent, en perspective, en un point F de la ligne d'horizon, qui est également le point de fuite de la tangente en C à la base.

On peut ainsi construire autant de points que l'on veut de l'ellipse $A_1C_1B_1$ avec les tangentes en ces points.

244. Ombre autoportée d'un berceau en plein cintre éclairé par le soleil. — L'ombre autoportée par le berceau en plein cintre est l'intersection du cylindre qui le constitue et du cylindre formé par les rayons lumineux s'appuyant sur le cercle de tête.

Le premier de ces cylindres a pour base le demi-cercle perspectif $A_1A'B$ (*fig.* 240), et pour point de fuite de ses génératrices le point F de la ligne d'horizon ; le second a pour base le même cercle $A_1A'B$, et pour point de fuite de ses génératrices la perspective (virtuelle dans le cas de la figure 240) du soleil S.

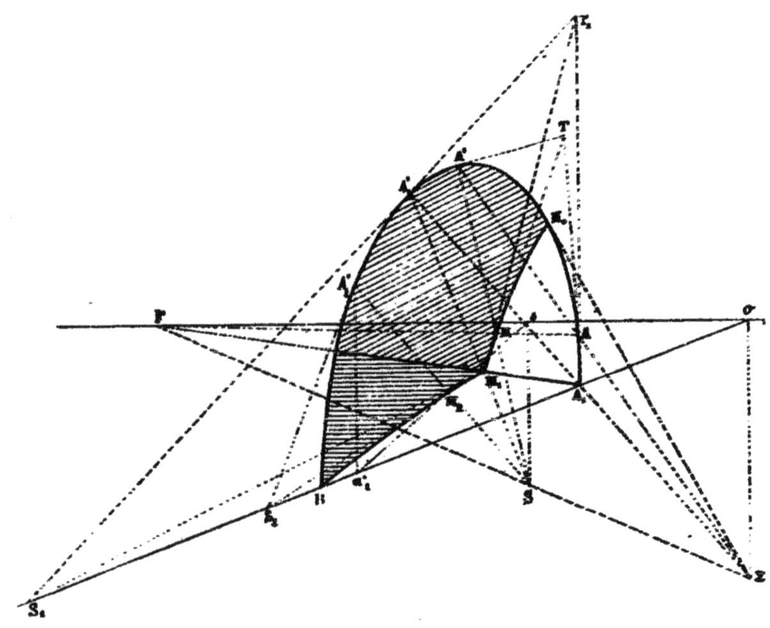

FIG. 240.

Puisque ces deux cylindres ont en commun le cercle $A_1A'B$, le complément de leur intersection sera une ellipse. Pour trouver cette ellipse, appliquons la méthode du n° 241 (*Remarque*). La ligne FS des points de fuite coupe le plan de la base au point Σ. Coupons par un plan auxiliaire quelconque passant par FSΣ, celui, par exemple, dont la trace sur le plan de base est ΣAA'. Les génératrices FA et SA' se coupent au point M, qui appartient à l'ellipse d'intersection. Si les tangentes à la base en A et en A' se coupent en T, NT est la tangente en M à cette ellipse.

En particulier, la droite $\Sigma A_1A'_1$ donne le point M_1 sur la génératrice de naissance FA_1.

La tangente menée de Σ au cercle de base donne le point M_0 où ce cercle est rencontré par l'ellipse d'ombre. En ce point, la construction de la tangente précédemment indiquée devient illusoire, puisque les droites AT et A'T se confondent ; mais on peut obtenir cette tangente par la remarque suivante : la courbe étant plane, la tangente en chacun de ses points est l'intersection de son plan avec le plan tangent au cylindre d'ombre en ce point. Donc la tangente en M_0 est l'intersection du plan tangent au cylindre d'ombre le long de M_0S et du plan de l'ellipse d'ombre. Celui-ci est défini par les droites M_0M_1 et M_1T_1, celui du plan tangent au cylindre d'ombre en M_0 par M_0S et $M_0\Sigma$. Il est facile d'avoir un second point de l'intersection de ces deux plans (n° 232) ; joint à M_0, il donne la tangente cherchée.

Si l'on suppose le plan des naissances opaque (c'est le cas de la perspective de l'entrée d'un tunnel) et qu'on veuille l'ombre portée sur ce plan par le cercle d'entrée, on n'a qu'à prendre le rayon A'_2S passant par chaque point A'_2 de ce cercle, et sa projection géométrale a'_2s. Ces deux droites se coupent au point M_2, ombre portée de A'_2 sur le plan de naissance. On a, de plus, la tangente en M_2 à l'ellipse BM_2M_1 en joignant ce point à U_2, où la tangente en A'_2 au cercle d'entrée coupe la trace A_1B du plan de ce cercle.

Au point B, la tangente, intersection du géométral et du plan tangent en B au cylindre d'ombre, est B*s*.

D. — *Restitution perspective de l'espace*
Application à la topographie

245. Restitution perspective des édifices. — Nous envisagerons le cas qui se présente le plus fréquemment dans les applications, celui où on connaît les perspectives de trois segments de *longueur donnée*, l'un MN vertical, les deux autres AB et A'B' pris sur des horizontales différentes (*fig.* 241). Ce cas se présente lorsqu'on veut faire la restitution d'un édifice.

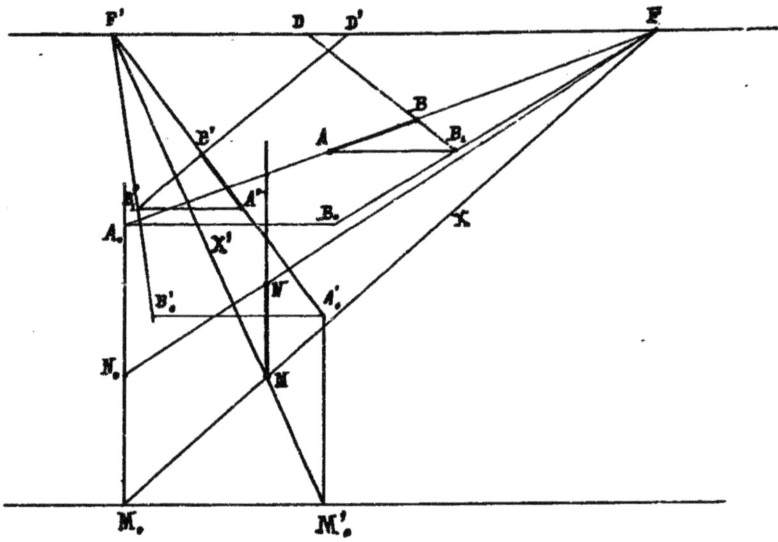

Fig. 241.

Remarquons d'abord que l'on rencontre toujours sur la perspective d'un édifice au moins deux couples d'horizontales parallèles dans l'espace, telles que AB et MX, A'B' et M'X', qui donnent deux points de fuite F et F' et, par suite, la ligne d'horizon.

Connaissant la vraie grandeur de la verticale MN, on a, sur la perspective, l'échelle du plan de front de cette verticale. Mais cette échelle ne répondant généralement pas à un rapport de réduction simple, il vaut mieux se servir d'un autre plan de front présentant ce caractère. Si, par exemple, on insère entre les droites FM et FN le segment vertical M_0N_0 égal à une fraction simple $\frac{1}{5}, \frac{1}{10}, \frac{1}{20}, \ldots$ de la grandeur du segment MN *dans l'espace*, on détermine ainsi un plan de front dont l'échelle est définie par ce rapport simple.

Les horizontales AB et A'B' rencontrent ce plan de front aux points A_0 et A'_0 sur les verticales des points M_0 et M'_0. Il suffit de porter sur les parallèles à $M_0M'_0$ menées par A_0 et A'_0 les vraies grandeurs de AB et de A'B', à l'échelle du plan de front $N_0M'_0A_0A'_0$, e de tirer A_0F et A'_0F' pour avoir sur les horizontales de front menées par A et A' les segments AB_1 et $A'B'_1$ égaux aux longueurs de AB et de A'B' de l'espace, aux échelles respectives des plans de front de A et de A'. Donc, en tirant BB_1 et $B'B'_1$, on obtient sur la ligne d'horizon les points de distance D et D' répondant respectivement aux points de fuite F et F'. On est ainsi ramené au cas du n° 204.

Si les points D et D' se trouvaient rejetés hors des limites de l'épure, on aurait recours aux points de distance réduite dans un rapport convenable.

246. Restitution des points de l'espace au moyen de deux perspectives. Méthode de levé topographique du colonel Laussedat. — Supposons les perspectives d'un ensemble de points de l'espace prises successivement de deux points de vue O et O_1. On aura, en chacune de ces stations, déterminé avec précision sur le tableau perspectif, la ligne d'horizon HH' ou $H_1H'_1$, et le point de fuite principal φ ou φ_1 (*fig.* 242).

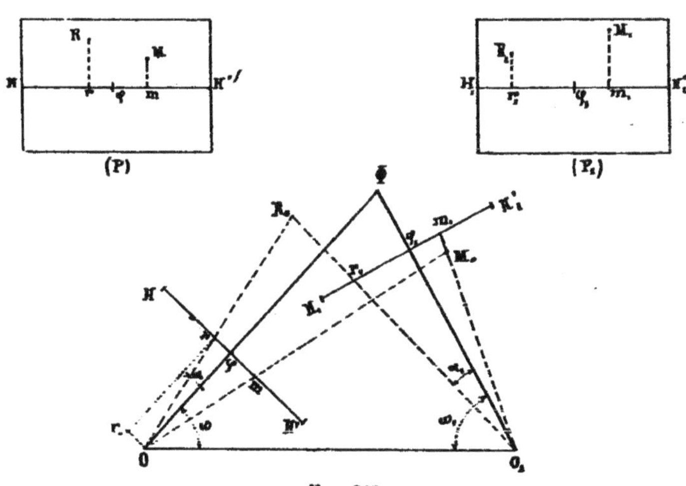

FIG. 242.

Nous désignons par (P) et (P_1) les perspectives ainsi obtenues.

Supposons connues pour le moment les distances principales $O\varphi$ et $O_1\varphi_1$. Nous pourrons alors, pourvu que nous ayons mesuré sur le terrain les angles $O_1O\varphi = \omega$ et $OO_1\varphi_1 = \omega_1$, construire à une échelle donnée la projection géométrale du triangle $O\Phi O_1$ formé par les droites $O\varphi$ et $O_1\varphi_1$ avec OO_1, puis porter sur $O\Phi$ et $O_1\Phi_1$ les longueurs $O\varphi$ et $O_1\varphi_1$. Élevant en φ et φ_1 à $O\varphi$ et $O_1\varphi_1$ les perpendiculaires HH' et $H_1H'_1$, sur lesquelles nous reporterons les projections $m, r, \ldots$ $m_1, r_1, \ldots$ des différents points considérés sur les lignes d'horizon, nous avons en $Or, Om, \ldots$ O_1r_1, $O_1m_1, \ldots$ les projections géométrales des droites unissant les points O et O_1 aux divers points M, R,... de l'espace (n° 176, *Remarque*).

Donc, les points de rencontre respectifs de Or et O_1r_1, Om et O_1m_1,..... nous donneront les projections géométrales M_0, R_0,..... des points M, R,..., le plan ainsi obtenu étant à une échelle définie par le rapport de la longueur de la droite OO_1 dessinée à la distance comptée horizontalement entre les stations O et O_1 sur le terrain.

Au lieu de mesurer $O\varphi$ et $O_1\varphi_1$, on peut, ayant choisi un point de repère R, mesurer les azimuts $\varphi OR = \alpha$, $\varphi_1 O_1 R_1 = \alpha_1$, de ce point R par rapport aux perpendiculaires $O\varphi$, $O_1\varphi_1$ menées de chaque point de vue au tableau perspectif correspondant. Il suffit, après avoir marqué les points, m, r,..... sur HH' de faire glisser cette droite en la maintenant perpendiculaire à $O\Phi$ et laissant le point φ sur $O\Phi$ jusqu'à ce que le point r vienne sur la direction OR définie par l'azimut α. On peut même déterminer avec plus de précision le point r en portant sur la perpendiculaire élevée en O à $O\Phi$ la longueur $Or_0 = \varphi r$ et menant par r_0 une parallèle à $O\Phi$ jusqu'à sa rencontre en r avec OR. De même, pour $H_1H'_1$.

Cette façon de procéder a l'avantage de permettre d'établir la perspective à une échelle quelconque sans avoir à connaître la distance principale correspondante.

247. Tel est le principe de la méthode proposée par le colonel Laussedat pour le levé des plans par la perspective. On obtient d'ailleurs les perspectives (P) et (P_1) au moyen d'une chambre photographique munie de niveaux permettant de rendre la plaque exactement verticale, l'axe de l'objectif étant, d'ailleurs, rendu parfaitement perpendiculaire à cette plaque. Le point de vue est alors le centre optique de l'objectif, la ligne d'horizon, l'intersection (qui peut être tracée d'avance) de la plaque et du plan horizontal passant par ce centre optique, le point de fuite principal, le point (qui peut être aussi marqué d'avance) où l'axe de l'objectif coupe cette ligne d'horizon.

On voit que l'appareil devra être muni, en outre, d'un dispositif permettant de mesurer, par rapport à l'axe de l'objectif, l'azimut du point de repère R choisi. Mais il sera, d'après ce qui vient d'être dit, inutile de mesurer la distance principale. Il n'y aura, pour la même raison, aucun inconvénient à ce que, dans le tirage de l'image photographique, il se produise une contraction générale réduisant dans un rapport quelconque les dimensions de la perspective, pourvu que celle-ci reste semblable à elle-même, condition qui se trouve, en pratique, toujours suffisamment réalisée.

Reste à déterminer la hauteur de chaque point M au-dessus du plan d'horizon d'un des deux points de vue, O par exemple. D'après ce qui a été vu au n° 176 (*Remarque*), cette hauteur est donnée par

$$h = Mm \cdot \frac{OM_0}{Om},$$

ces trois longueurs étant mesurées *à l'échelle du plan géométral*, Mm sur le tableau perspectif (P), OM_0 et Om sur le plan géométral.

On peut de même calculer les hauteurs par rapport au plan d'horizon du point O_1. Si on a mesuré directement sur le terrain la différence de niveau entre les points O et O_1, on a là un moyen de vérification.

Parmi les applications qui ont été faites de cette méthode (dont l'exposé complet comprendrait bien d'autres détails), il convient de citer l'établissement de la carte de la région montagneuse du Canada qui borde la frontière de l'Alaska.

SECONDE PARTIE

GÉOMÉTRIE INFINITÉSIMALE

PRÉAMBULE

RAPPEL DE DÉFINITIONS ET DE PRINCIPES

---

248. Les infiniment petits en Analyse. — Nous commencerons par rappeler quelques définitions données et quelques principes énoncés dans le *Cours d'Analyse.*

On appelle *infiniment petit* toute quantité variable qui tend vers zéro.

Ayant adopté, dans une question, un certain infiniment petit ε_0 comme étalon servant à évaluer les autres, on appelle ε_0 l'infiniment petit principal, et on dit d'un autre infiniment petit ε_n qu'il est d'ordre n, si le rapport $\frac{\varepsilon_n}{\varepsilon_0^n}$ a pour limite une quantité finie.

Tout infiniment petit lié à l'infiniment petit principal peut s'exprimer, en fonction de celui-ci, par une formule telle que

$$\varepsilon_n = f(\varepsilon_0).$$

Si la fonction du second membre est, dans un certain intervalle autour de la valeur zéro, développable par la formule de Maclaurin, ce qui est généralement le cas dans les applications, on a

$$\varepsilon_n = f(o) + \varepsilon_0 \frac{f'(o)}{1!} + \ldots\ldots + \varepsilon_0^{n-1} \frac{f^{(n-1)}(o)}{(n-1)!} + \varepsilon_0^n \frac{f^{(n)}(o)}{n!} + \ldots\ldots$$

On doit donc avoir, d'après la définition même de ε_n,

$$f(o) = o, \quad f'(o) = o, \quad \ldots\ldots, \quad f^{(n-1)}(o) = o.$$

Tel est le caractère analytique d'un infiniment petit du $n^{\text{ième}}$ ordre, lorsque ε_0 est pris pour infiniment petit principal.

On voit immédiatement que le produit de deux infiniment petits d'ordres respectifs n et n' est un infiniment petit d'ordre $n + n'$.

Le théorème fondamental que l'on démontre en Analyse, relativement aux infiniment petits, est le suivant :

Dans toute fonction rationnelle du premier degré d'infiniment petits du même ordre, on peut, pour chercher la limite de cette fonction, remplacer ces infiniment petits par d'autres qui n'en diffèrent que par des infiniment petits d'ordre supérieur.

C'est sur ce principe unique que repose toute l'Analyse infinitésimale.

On sait, en particulier, que la différentielle d'une fonction d'une variable indépendante, c'est-à-dire le produit de la dérivée de cette fonction par l'accroissement infiniment petit de la variable, diffère de l'accroissement infiniment petit de cette fonction d'un infiniment petit d'ordre supérieur. Le principe sus-énoncé permet donc de substituer, dans les calculs de sommes et de rapports, la différentielle d'une fonction à son accroissement infiniment petit.

249. Les infiniment petits en Géométrie. — Si l'on suppose, dans une figure de Géométrie, un certain élément variable, et que l'on considère la suite continue des états de la figure correspondant à la variation continue de cet élément, on a ce qu'on appelle une *figure variable.*

On peut alors considérer que ces divers états de la figure variable sont produits par une figure mobile qui se déplace en se déformant pour venir coïncider successivement avec chacun d'eux ; mais ce n'est là qu'une *forme spéciale de langage.* La notion de déplacement n'a ici rien de nécessaire.

Considérer *en bloc* le lieu de toutes les positions d'un point satisfaisant à une condition donnée ou imaginer que ce lieu soit *décrit* par un point se déplaçant en satisfaisant toujours à cette condition, cela correspond à des manières d'exprimer différemment une même idée. Un énoncé quelconque peut être traduit selon l'un ou l'autre mode de langage sans que le fond en soit aucunement modifié.

Dire que le cercle *est le lieu des points équidistants d'un point donné* ou que le cercle est la courbe *décrite par un point qui reste à une distance fixe d'un point donné*, ce n'est qu'un seul et même énoncé. Seulement, dans un cas, on se figure *simultanément*, et dans l'autre *successivement*, tous les points du lieu.

Chaque état de la figure variable peut être défini analytiquement par une valeur attribuée à un paramètre variable. Deux états de la figure, correspondant à deux valeurs de ce paramètre ayant une différence infiniment petite, sont dits *infiniment voisins*.

Les limites vers lesquelles tendent certains éléments de la figure, de l'un à l'autre de ces états infiniment voisins, sont définies par certaines lignes ou certains points (tangentes, normales, centres de courbures,.....).

C'est l'étude de ces éléments limites, fort utiles à considérer dans nombre d'applications, qui constitue l'objet de la *Géométrie infinitésimale*. Celle-ci peut donc être définie l'étude des propriétés des figures dans lesquelles intervient la notion d'infiniment petit.

Ayant choisi, sur une figure, certain infiniment petit défini géométriquement comme infiniment petit principal (par exemple, l'arc compris entre deux points infiniment voisins pris sur une courbe), on peut toujours supposer les divers éléments de la figure définis analytiquement en fonction d'un paramètre t absolument quelconque, mais répondant à cette seule condition, que *son accroissement infiniment petit soit du premier ordre* par rapport à l'infiniment petit principal choisi. Toute relation établie entre les variations infiniment petites d'éléments mesurés sur la figure sera vraie, d'après le principe rappelé plus haut, pour les différentielles de ces éléments exprimés en fonction du paramètre t. On pourra donc, sans définir autrement la variable indépendante t, parler des différentielles des éléments géométriques considérés, les formules obtenues subsistant, sous la condition soulignée plus haut, quelle que soit la façon dont on particularise le paramètre t.

CHAPITRE V

COURBES PLANES

---

§ 1. — Principes généraux

250. Éléments fondamentaux de la Géométrie infinitésimale plane. — Nous commencerons par rappeler quelques définitions élémentaires concernant les courbes planes.

On définit la *tangente* en un point d'une courbe la limite de la droite qui joint ce point (*point de contact*) à un point infiniment voisin pris sur la courbe.

La *normale* est la perpendiculaire élevée à la tangente par son point de contact (*pied ou point d'incidence de la normale*).

L'angle des tangentes aux points infiniment voisins M et M', qui est égal à celui des normales aux mêmes points, est dit *l'angle de contingence* au point M. Il est, aux infiniment petits d'ordre supérieur près, égal à la différentielle de l'angle θ que la tangente en M fait avec un axe fixe quelconque du plan. Si ds est la différentielle de l'arc au point M, on donne à la dérivée $\frac{d\theta}{ds}$ le nom de *courbure* au point M et, à son inverse, celui de *rayon de courbure*. L'expression de ce rayon R est donc donnée par

$$\text{(1)} \qquad R = \frac{ds}{d\theta}.$$

Ce rayon R est égal à la distance du point M à la position limite μ qu'occupe sur la normale en M le point où cette normale est rencontrée par la normale en M′ ([1]); le point μ a reçu le nom de *centre de courbure* répondant au point M.

La limite du cercle passant par le point M et deux points infiniment voisins de la courbe est le cercle de centre μ et de rayon μM. Il a reçu le nom de *cercle osculateur*, pour une raison qui sera donnée un peu plus loin, ou de *cercle de courbure*, en raison de ce que sa courbure est la même que celle ci-dessus définie de la courbe donnée au point M.

Le cercle osculateur est encore la limite du cercle tangent en M à la courbe donnée et passant par le point infiniment voisin M′. Or, si P est le pied de la perpendiculaire abaissée de M′ sur la normale en M, le rayon d'un tel cercle est égal à $\frac{\text{MM}'^2}{2\text{MP}}$. Donc

$$R = \text{Lim.} \frac{\text{MM}'^2}{2\text{MP}},$$

relation qui offre un moyen de déterminer R. Elle montre, en outre, que MP est du deuxième ordre. Or, puisque

$$\overline{\text{MM}'}^2 = \overline{\text{PM}'}^2 + \overline{\text{MP}}^2,$$

MM'^2 diffère de PM'^2 d'un infiniment petit du quatrième ordre.

On peut donc écrire

$$R = \text{Lim} \frac{\overline{\text{PM}'}^2}{2\text{MP}}.$$

Si deux courbes ont en commun deux points infiniment voisins, on dit qu'elles ont, au point limite, *un contact du premier ordre*. D'après ce qui vient d'être dit, on voit qu'elles ont même tangente en ce point.

Si elles ont en commun trois points infiniment voisins, on dit qu'elles ont, au point limite, *un contact du deuxième ordre*. D'après ce qui vient d'être dit, on voit qu'elles ont même cercle osculateur en ce point, par suite, même centre de courbure répondant à ce point.

([1]) Voir plus loin, n° 253, conséquence tirée de la formule (III).

Et ainsi de suite, pour les contacts d'ordre supérieur au deuxième.

On démontre, par l'Analyse, que la distance de deux points infiniment voisins du point de contact pris respectivement sur deux courbes ayant un contact d'ordre n est d'ordre $n + 1$ (1).

Une courbe algébrique, d'espèce connue, est complètement déterminée lorsqu'on se donne un certain nombre N de ses points. Il n'y aura donc qu'une courbe algébrique de cette espèce ayant avec une courbe donnée un contact du $(N - 1)^{ième}$ ordre. Cette courbe algébrique est dite alors osculatrice à la courbe donnée.

Par exemple : puisque trois points déterminent un cercle, le cercle ayant, avec une courbe donnée, un contact du deuxième ordre en un point donné, sera osculateur à cette courbe en ce point.

Puisque quatre points déterminent une parabole, et aussi une hyperbole équilatère, la parabole ou l'hyperbole équilatère ayant, avec une courbe donnée, un contact du troisième ordre en un point donné, sont osculatrices à cette courbe en ce point.

Puisque cinq points déterminent une conique quelconque, la conique ayant, avec une courbe donnée, un contact du quatrième ordre en un point donné, est osculatrice à cette courbe en ce point, etc.

Plus élevé est l'ordre du contact, plus intimement, en quelque sorte, la courbe osculatrice épouse la forme de la courbe donnée aux abords du point de contact. En particulier, l'arc d'une courbe et celui de sa conique osculatrice en un de ses points sont tout près de se confondre sur une certaine longueur à partir du point de contact.

La connaissance du cercle osculateur ou, ce qui revient au même, celle du centre de courbure est pratiquement déjà bien suffisante pour renseigner sur l'allure d'une courbe aux abords d'un de ses points.

Il peut exceptionnellement arriver qu'en certains points l'ordre du contact d'une courbe avec une courbe algébrique, complètement

(1) Cela résulte immédiatement du caractère analytique du contact du $n^{ième}$ ordre. Si deux courbes ont un contact d'ordre n en un point, les quantités

$$y, \quad \frac{dy}{dx}, \quad \frac{d^2y}{dx^2}, \quad \dots, \quad \frac{d^ny}{dx^n},$$

ont en ce point les mêmes valeurs pour l'une et l'autre courbe.

définie par N points, s'élève à l'ordre N. On dit alors qu'il y a *surosculation*.

Ainsi, une droite ayant avec une courbe un contact du second ordre est surosculatrice. Le point correspondant est dit un *point d'inflexion*. Un cercle ayant avec une courbe un contact du troisième ordre est surosculateur. Le point correspondant est dit un *sommet*, etc.....

251. Courbes enveloppes. Développée. Développante. — Si la position d'une courbe sur un plan dépend d'un paramètre variable, on peut, ayant pris deux positions infiniment voisines C et C′ de cette courbe, qui se coupent au point M′, faire tendre C′ vers C. Le point M′ tend alors sur C vers une certaine position limite M. Le lieu E du point M est dit l'enveloppe de la courbe C, et l'on démontre immédiatement par l'Analyse que les courbes E et C sont tangentes en M, propriété qui justifie le terme choisi d'*enveloppe*.

En particulier, toute courbe peut être considérée comme l'enveloppe de ses tangentes.

L'enveloppe Γ des normales d'une courbe C qui, d'après la définition donnée au numéro précédent du centre de courbure, sera en même temps le lieu des centres de courbure de cette courbe, a reçu le nom de *développée* de la courbe C. Réciproquement, la courbe C est dite une développante de la courbe Γ.

On pourra dire aussi qu'une développante d'une courbe Γ est une trajectoire orthogonale des tangentes à cette courbe Γ.

Le terme de développante sera justifié par la propriété fondamentale de ces courbes, donnée plus loin (n° 254, Cor. I).

Une courbe n'a qu'une seule développée, mais elle admet une infinité de développantes.

252. Principes de Géométrie infinitésimale. — La recherche des normales, centres de courbure, etc..., est ramenée par l'Analyse à des problèmes de dérivation, problèmes dont on possède la solution générale et auxquels, par suite, il semble au premier abord inutile de s'arrêter. Cela est vrai en théorie, mais les formules analytiques obtenues par cette voie sont presque toujours d'une forme beaucoup trop compliquée pour se prêter à une traduction géométrique élégante, lorsque celle-ci n'est pas connue d'avance. De là l'intérêt qui s'attache aux théorèmes de géométrie permettant d'atteindre directement à des constructions simples et faciles. Les numéros qui suivent ont pour objet de faire connaître quelques théorèmes de cette nature, choisis parmi ceux qui ont les applications les plus fréquentes.

Lemme fondamental. — Dans tout ce qui suit, nous adopterons pour principal un infiniment petit de même ordre que l'arc compris entre deux points infiniment voisins pris sur une courbe.

Nous allons voir que, dans ces conditions :

La corde et la somme des longueurs tangentes, prises entre leurs points de contact respectifs et leur point de rencontre, sont, aux infiniment petits du troisième ordre près, égales chacune à l'arc.

On a, en effet (*fig.* 243),

$$AB < \text{arc } AB < AT + BT.$$

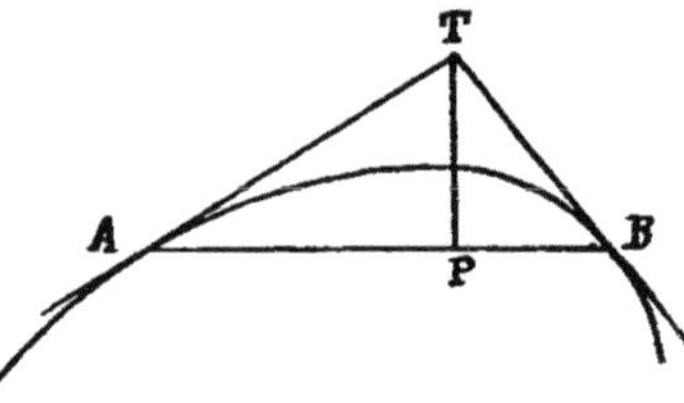

FIG. 243.

Mais si P est le pied de la perpendiculaire abaissée de T sur AB,

$$\begin{aligned} AB &= AP + PB, \\ &= AT \cos A + BT \cos B, \end{aligned}$$

ou, puisque A et B sont des angles infiniment petits au moins du premier ordre,

$$AB = AT + BT - AT.\varepsilon_2 - BT.\varepsilon'_2,$$

ε_2 et ε'_2 étant des infiniment petits du second ordre (¹).

Représentant la somme $AT.\varepsilon_2 + BT.\varepsilon'_2$ par ε_3, qui est du troisième ordre, on voit que

$$AT + BT - AB = \varepsilon_3.$$

Donc, *a fortiori*, les différences

$$AT + BT - \text{arc } AB$$

(¹) On sait, en effet, que

$$\cos A = 1 - \frac{A^2}{2!} + \frac{A^4}{4!} - \ldots = 1 - \varepsilon_2,$$

ce qui montre que ε_2 est du second ordre par rapport à A.

et

$$\text{arc AB} - \text{AB}$$

sont-elles du troisième ordre.

253. Première formule fondamentale. — Les formules ondamentales qui suivent, sont dues à M. Mannheim, qui les expose dans son *Cours de Géométrie descriptive de l'Ecole Polytechnique* (2e éd., p. 203 à 205), en les envisageant à un autre point de vue.

La forme sous laquelle vont être présentées les démonstrations est nouvelle.

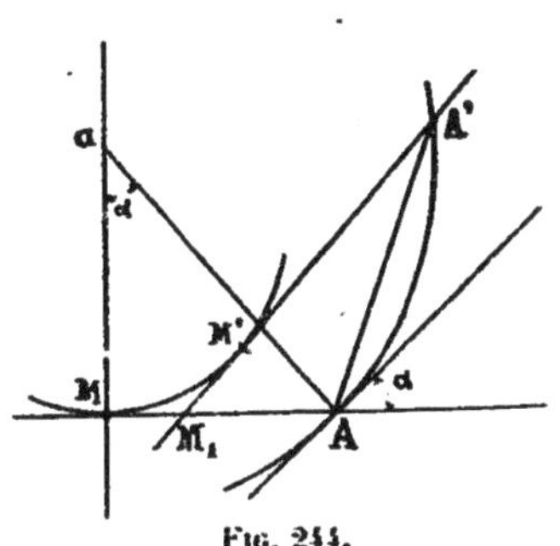

Fig. 244.

Deux tangentes à une courbe (M) MA et M'A', infiniment voisines, découpent sur une autre courbe (A) un arc infiniment petit AA'. Proposons-nous d'évaluer cet arc AA' en fonction de l'angle des tangentes MA et M'A' (*fig.* 244).

Dans le triangle M_1AA' nous avons

$$AA' . \sin \widehat{A} = M_1A' . \sin \widehat{M_1}.$$

Or, l'arc AA', l'angle $\widehat{M_1}$, l'angle que fait AA' avec la tangente en A à la courbe (A), la différence entre M_1A' et MA sont généralement des infiniment petits de même ordre. Si, d'ailleurs, il n'en était pas ainsi, le résultat suivant aurait lieu *a fortiori*. Désignant, dès lors, d'une manière générale par ε_n un infiniment petit du $n^{ième}$ ordre, par rapport à ceux qui viennent d'être énumérés, on a

$$\sin \widehat{A} = \sin \alpha + \varepsilon_1$$
$$M_1A' = MA + \varepsilon'_1.$$

Le lemme ci-dessus démontré donne

$$AA' = \text{arc } AA' - \varepsilon_3.$$

On sait, en outre, que

$$\sin \widehat{M_1} = \widehat{M_1} - \varepsilon'_3.$$

Portant ces valeurs dans la formule précédente, on voit, puisque arc AA′ et $\widehat{M_1}$ est au moins du premier ordre, que l'on a, au moins *au deuxième ordre près*,

$$\text{arc } AA' = \frac{MA.\widehat{M_1}}{\sin \alpha}.$$

D'après la remarque faite au n° 249, on peut remplacer l'arc AA′ et $\widehat{M_1}$ par les différentielles correspondantes prises en fonction d'un paramètre quelconque, dont l'accroissement infiniment petit soit du premier ordre. Par suite, en représentant par la notation d (A) la différentielle de l'arc AA′ au point A′ et $d\theta$ la différentielle de l'angle que la tangente en A à la courbe AA′ fait avec un axe quelconque, on a, au deuxième ordre près,

$$\text{(II)} \qquad d\,(A) = \frac{MA}{\sin \alpha} \cdot d\theta.$$

Si la normale en A à la courbe AA′ coupe au point a la normale en M à la courbe MM′, l'angle MaA est égal à α. Par suite $\frac{MA}{\sin \alpha} = Aa$, et la formule (II) peut s'écrire

$$\text{(III)} \qquad d\,(A) = Aa.d\theta.$$

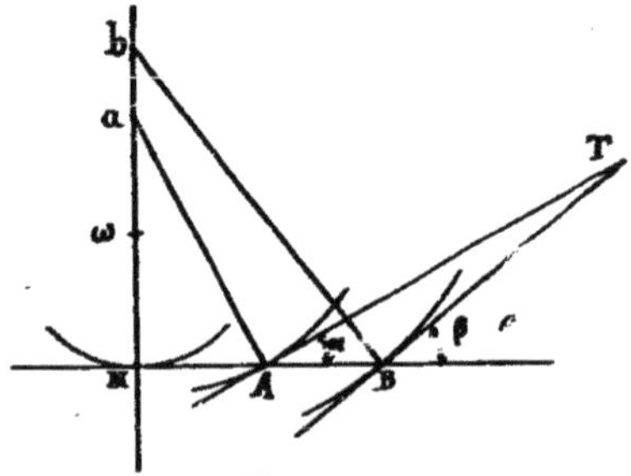

Fig. 245.

Lorsque la courbe AA′ vient se confondre avec la courbe MM′, a est le centre de courbure répondant au point M, et la formule (III) redonne la formule (I) (n° 250).

Corollaire. — Prenons l'intersection B (*fig.* 245) de MA avec une troisième courbe dont la tangente BT en B fait avec MB l'angle β. D'après la formule (II), on a

$$\text{(IV)} \qquad \frac{d\,(A)}{d\,(B)} = \frac{MA}{MB} \cdot \frac{\sin \beta}{\sin \alpha} = \frac{MA}{MB} \cdot \frac{AT}{BT}.$$

Cette formule a été établie par Newton ([1]).

La formule (III) donne de même

$$\text{(V)} \qquad \frac{d\,(\mathrm{A})}{d\,(\mathrm{B})} = \frac{\mathrm{A}a}{\mathrm{B}b}.$$

254. Deuxième formule fondamentale. — Cherchons maintenant à évaluer la différentielle de la longueur MA, c'est-à-dire l'accroissement infiniment petit M'A' — MA. Nous avons (*fig.* 246)

$$\mathrm{M'A'} - \mathrm{MA} = \mathrm{M_1A'} - \mathrm{M_1A} - (\mathrm{M_1M'} + \mathrm{MM_1}).$$

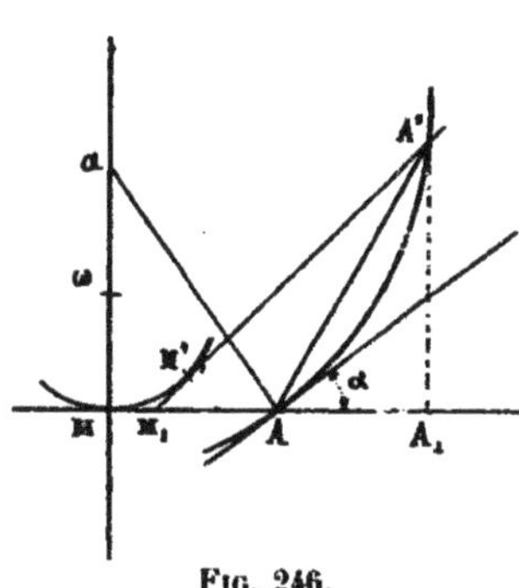

Fig. 246.

Or, d'après le lemme fondamental (n° 252), la somme $\mathrm{M_1M'} + \mathrm{MM_1}$ ne diffère de l'arc MM' que d'un infiniment petit du troisième ordre. On a donc, *au troisième ordre près*,

$$\mathrm{M'A'} - \mathrm{MA} = \mathrm{M_1A'} - \mathrm{M_1A} - \text{arc MM'}$$

Si du point A' nous abaissons la perpendiculaire $\mathrm{A'A_1}$ sur MA, nous avons

$$\mathrm{M_1A_1} = \mathrm{M_1A'} \cos.\, \mathrm{M_1} = \mathrm{M_1A'} \left(1 - \frac{\mathrm{M_1}^2}{2!} + \frac{\mathrm{M_1}^4}{4!} \cdots\right).$$

Par suite, *au deuxième ordre près*,

$$\begin{aligned} \mathrm{M'A'} - \mathrm{MA} &= \mathrm{M_1A_1} - \mathrm{M_1A} - \text{arc MM'} \\ &= \mathrm{AA_1} - \text{arc MM'} \\ &= \mathrm{AA'}.\cos \widehat{\mathrm{A'AA_1}} - \text{arc MM'}. \end{aligned}$$

La corde AA' est égale à l'arc AA', au troisième ordre près. D'autre part, l'angle $\mathrm{A'AA_1}$ ne différant de α que d'un infiniment petit du premier ordre, il en est de même de leurs cosinus, et puisque ce cosinus est multiplié par AA', qui est infiniment petit, on voit qu'on a, *au deuxième ordre près*,

$$\mathrm{M'A'} - \mathrm{MA} = \text{arc AA'} \cos\alpha - \text{arc MM'}.$$

([1]) *Tractatus de Quadratura Curvarum*, op. III, p. 206.

Nous pouvons, en vertu de la remarque faite plus haut, et laissant toujours arbitraire la variable indépendante, remplacer ces accroissements infiniment petits par les différentielles correspondantes et écrire

$$d.\mathrm{MA} = d\,(\mathrm{A}).\cos\alpha - d\,(\mathrm{M}),$$

ou, d'après les formules (I) et (III),

$$d.\mathrm{MA} = (\mathrm{A}a.\cos\alpha - \mathrm{M}\omega)\,d\theta,$$

ω étant le centre de courbure répondant au point M.

Cette formule peut encore s'écrire

$$d.\mathrm{MA} = (\mathrm{M}a - \mathrm{M}\omega)\,d\theta,$$

ou [1]

$$\text{(VI)} \qquad d.\mathrm{MA} = \omega a.d\theta.$$

Cette formule, très importante, suppose, on le voit, *les segments comptés positivement sur la normale* Mω *dans le sens du point d'incidence* M *vers le centre de courbure* ω, *et sur la tangente* MA *dans le sens direct du cercle osculateur en* M.

Corollaire I. — Si la courbe AA′ est une développante de la courbe MM′, dans chacune des positions de la tangente MA, le

[1] On peut donner de cette formule la traduction géométrique suivante :

Supposons menés par un pôle O des rayons vecteurs OA_0 équipollents aux segments AM. Si la normale en A_0 à la courbe (A_0) coupe au point a_0 la perpendiculaire élevée en O à OA_0, on a, d'après la formule (VI), en remarquant que l'enveloppe de OA_0 est réduite au point O,

$$d.\mathrm{OA}_0 = \mathrm{O}a_0.d\theta.$$

On déduit de là que *ωa est équipollent à $\mathrm{O}a_0$*.

En particulier, si la courbe (A_0) est une spirale d'Archimède de pôle O, c'est-à-dire si

$$\mathrm{OA}_0 = k\theta,$$

k étant une constante, on a

$$\omega a = \mathrm{O}a_0 = k.$$

De là ce théorème : *Si, sur les tangentes à une courbe* (M), *on porte, à partir du point de contact* M, *des segments* MA *équipollents aux rayons vecteurs d'une spirale d'Archimède, chaque normale à la courbe* (A) *coupe la normale correspondante à la courbe* (M) *à une distance fixe du centre de courbure de celle-ci.*

point a coïncide avec le point M, et ωa se confond avec le rayon de courbure R de la courbe MM'. Donc la formule (VI) devient, dans ce cas,

$$d.\mathrm{MA} = \mathrm{R}.d\theta$$

ou, en vertu de la formule (I),

$$d.\mathrm{MA} = d\,(\mathrm{M})$$

Cette équation étant vraie pour toutes les positions de MA, on en déduit par intégration

$$\mathrm{MA} - \mathrm{M_0A_0} = \text{arc } \mathrm{M_0M}.$$

résultat qui peut s'énoncer ainsi :

La différence entre deux rayons de courbure d'une courbe est égale à l'arc de la développée de cette courbe compris entre ces rayons.

On peut dire aussi *que l'arc d'une courbe est égal à la différence des segments déterminés sur les tangentes en ses extrémités par une quelconque de ses développantes.*

On voit ainsi que le segment déterminé sur chaque tangente par deux mêmes développantes est constant.

Nous allons retrouver cette propriété au corollaire III.

On déduit du théorème précédent que, si on déroule, en le tendant par une de ses extrémités, un fil primitivement enroulé sur une courbe, chaque point du fil décrira une développante de la courbe.

Corollaire II. — Si MA a une longueur constante, $d\mathrm{MA} = 0$, et on a $\omega a = 0$. Ce résultat peut s'énoncer ainsi :

Si, sur chaque tangente à une courbe (M) *on porte une longueur* MA *constante, la normale à la courbe* (A) *au point* A *passe par le centre de courbure de la courbe* (M), *répondant au point* M.

Corollaire III. — Si la tangente MA coupe une autre courbe (B) au point B (*fig.* 245), on a

$$\text{(VII)} \qquad d.\mathrm{AB} = d.\mathrm{MB} - d.\mathrm{MA} = (\omega b - \omega a)\,d\theta = ab.d\theta,$$

les sens positifs étant toujours définis comme précédemment.

En particulier, si AB est constant, $ab = 0$, et on a ce théorème : *Les normales aux courbes décrites par les extrémités d'un segment de longueur constant se rencontrent sur la normale à l'enveloppe de ce segment.*

En particulier, si, sur chaque normale à une courbe, on porte à partir de son point d'incidence A une longueur AB constante, le lieu du point B admet également pour normale les droites AB.

Les courbes (A) et (B) sont alors dites parallèles.

On obtient ainsi les diverses développantes de la développée de la courbe donnée.

Corollaire IV. — Si, sur le segment AB, on prend le point C tel que $AC = m.AB$, m étant une constante, on a $d.AC = m.d.AB$, et, par suite, d'après la formule (VII), $ac = m.ab$. De là ce théorème :

Si le point C *divise le segment* AB *dans un rapport constant et que la normale à l'enveloppe de ce segment rencontre aux points* a, b, c *les normales aux courbes* (A), (B), (C), *on a*

$$\frac{ac}{ab} = \frac{AC}{AB}.$$

En particulier, *si* C *est le milieu de* AB, *c'est le milieu de* ab.

255. Troisième formule fondamentale. — Supposons que de chaque point A d'une courbe (A) on mène des tangentes AM et AM_1 aux courbes (M) et (M_1), et cherchons à calculer la différentielle de l'angle MAM_1 ou $\hat{A}$ (*fig.* 247).

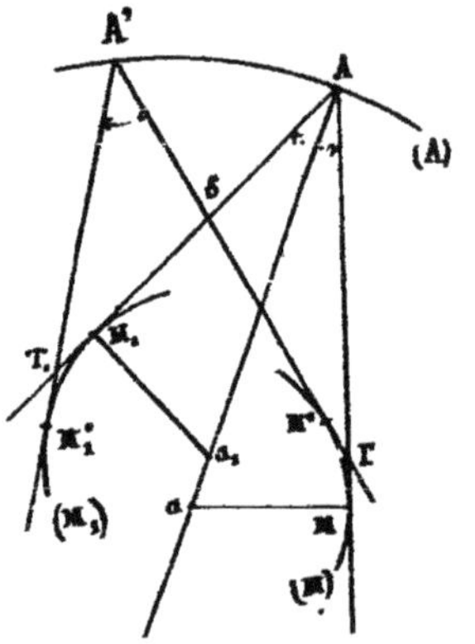

Fig. 247.

Les triangles AST et A'ST₁ donnent

$$\hat{A} + \hat{T} = \hat{A'} + \hat{T}_1$$

d'où

$$\hat{A'} - \hat{A} = \hat{T} - \hat{T}_1.$$

Mais on peut substituer à $\hat{T}$ et à $\hat{T}_1$ les différentielles des angles θ et θ_1, que AT et AT_1 font avec un axe fixe quelconque du plan. D'autre part, la formule (III) donne, en appelant $d(A)$ la différentielle de l'arc AA', a et a_1 les points où la normale en A à la courbe (A) rencontre les normales en M et en M_1 aux courbes (M) et (M_1),

$$d(\mathrm{A}) = \mathrm{A}a_1.d\theta = \mathrm{A}a_1.d\theta_1.$$

Il vient, par suite, en substituant à l'accroissement de l'angle $\widehat{\mathrm{A}}$ sa différentielle,

$$\text{(VIII)} \qquad d(\mathrm{A}) = d(\widehat{\mathrm{A}})\left(\frac{1}{\mathrm{A}a} - \frac{1}{\mathrm{A}a_1}\right).$$

Corollaire I. — Si l'angle $\widehat{\mathrm{A}}$ est constant, sa différentielle est nulle, et, par suite, $\mathrm{A}a = \mathrm{A}a_1$, c'est-à-dire que les points a et a_1 coïncident. De là ce théorème :

Les normales aux enveloppes des côtés d'un angle de grandeur constante se coupent sur la normale à la courbe décrite par le sommet de cet angle.

Si l'un des côtés de l'angle constant, AM_1 par exemple, se confond avec la normale $\mathrm{A}a_1$, le point a_1 coïncide à la limite avec le centre de courbure α répondant au point A. Donc, dans ce cas, *le point* M *où le côté* AM *touche son enveloppe est le pied de la perpendiculaire abaissée du centre de courbure* α *sur* MA.

Corollaire II. — Soit μ le point où la bissectrice de l'angle MAM_1 touche son enveloppe (μ). La normale à cette enveloppe coupe la normale $\mathrm{A}a$ à la courbe (A) au point α, et puisque

$$\widehat{\mathrm{MA}\mu} = \widehat{\mu \mathrm{AM}_1},$$

on a

$$d(\widehat{\mathrm{MA}\mu}) = d(\widehat{\mu\mathrm{AM}_1}).$$

ou, d'après la formule (VIII),

$$\frac{1}{\mathrm{A}a} - \frac{1}{\mathrm{A}\alpha} = \frac{1}{\mathrm{A}\alpha} - \frac{1}{\mathrm{A}a_1},$$

qu'on peut écrire

$$\frac{2}{\mathrm{A}\alpha} = \frac{1}{\mathrm{A}a} + \frac{1}{\mathrm{A}a_1}.$$

Cette formule montre que le *point α est conjugué harmonique du point* A *par rapport aux points a et a_1*.

En particulier, si la bissectrice Aμ se confond constamment avec la normale Aα, le point α est le centre de courbure de la courbe (A); donc, dans ce cas, *les points a et a_1 divisent harmoniquement le rayon de courbure* αA ([1]).

Les courbes (M) et (M_1) sont alors dites *caustiques l'une de l'autre par réflexion sur la courbe* (A).

Remarque. — On peut, à propos des formules fondamentales qui viennent d'être démontrées, supposer que la courbe enveloppe d'une droite variable se réduise à un point. Pour chacune des positions de la droite variable, la normale à l'enveloppe est alors la perpendiculaire élevée à cette droite par ce point.

256. Normales aux courbes décrites par les points ou enveloppées par les droites d'une figure de forme invariable. Centre instantané de rotation. Méthode de Chasles. — Considérons sur un plan la succession continue des positions d'une figure invariable de forme dont deux points donnés A et B restent sur des courbes connues (A) et (B) (*fig.* 248). Proposons-nous, pour une position quelconque de la figure, de trouver la normale à la courbe décrite par un de ses points C et la normale à l'enveloppe d'une de ses droites *d* que nous pouvons supposer menée par le point C, celui-ci étant quelconque.

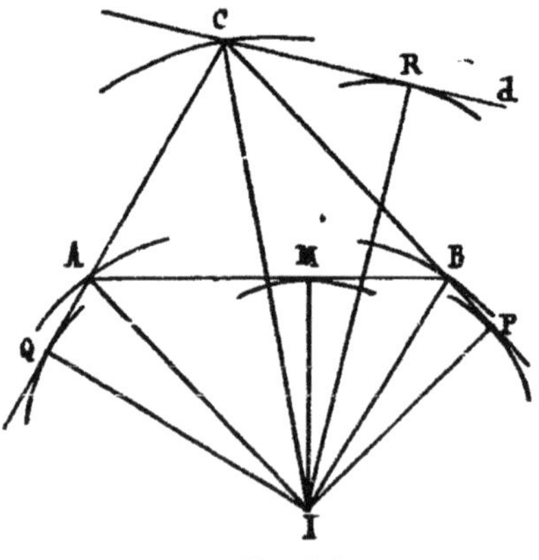

Fig. 248.

Le segment AB étant de longueur constante, on a le point M, où AB touche son enveloppe, en abaissant du point de concours I des normales menées en A et B aux courbes décrites par ces points une perpendiculaire sur AB (n° 254, *Cor. III*).

L'angle CAM étant constant, on a la normale IQ à l'enveloppe du

([1]) Voir plus loin, en renvoi, au bas du n° 269, une construction géométrique simple du point où le rayon réfléchi touche son enveloppe.

côté AC en abaissant sur ce côté une perpendiculaire du point de rencontre I de la normale IA au lieu du sommet A et de la normale IM à l'enveloppe du côté AB (n° 255, *Cor. I*).

De même, la perpendiculaire IP abaissée de I sur BC est la normale à l'enveloppe de ce côté.

En outre, l'angle BCA étant constant, on voit, toujours d'après le même théorème, que la normale au lieu décrit par le point C s'obtient en joignant le point C au point de rencontre I de IP et IQ.

De même aussi, l'angle que fait la droite d avec BC étant constant, la normale à l'enveloppe de cette droite est la perpendiculaire abaissée sur cette droite du point de rencontre I de IC et IP.

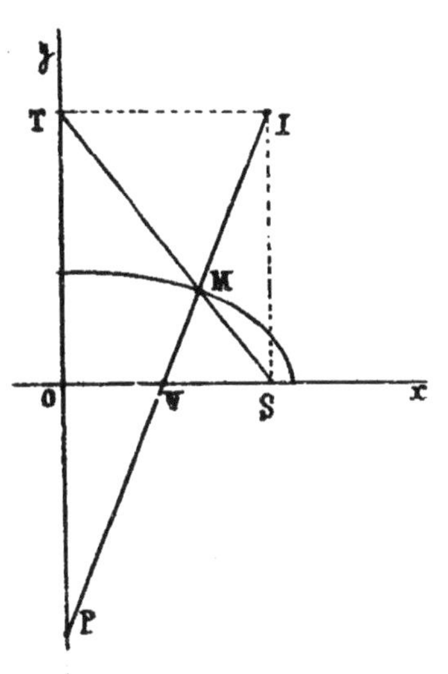

Fig. 249.

Cette suite de raisonnements établit finalement que *les normales à toutes les courbes décrites par des points, ou enveloppées par des droites d'une figure invariable de forme, passent, pour chaque position de la figure, par un même point* I.

Ce théorème est dû à Chasles, qui a donné à ce point I le nom de *centre instantané de rotation*. Mais on remarquera que la démonstration précédente est absolument indépendante de la notion de déplacement des figures [1].

Exemple. — On sait que tout point M d'un segment de droite ST, dont les extrémités S et T restent sur deux axes rectangulaires Ox et Oy, décrit une ellipse dont les axes dirigés suivant Ox et Oy ont pour longueurs $a = \text{MT}$, $b = \text{MS}$ (*fig.* 249).

Les perpendiculaires élevées en S et en T à Ox et à Oy se coupant en I, MI sera, d'après le théorème de Chasles, la normale en M à l'ellipse (M).

Remarquons que les triangles semblables MNS et MIT d'une part, MTP et MSI de l'autre, donnent respectivement

$$\frac{\text{MN}}{\text{MS}} = \frac{\text{MI}}{\text{MT}}$$

[1] Revoir à ce propos l'observation consignée dans le deuxième alinéa du n° 249.

et

$$\frac{MP}{MT} = \frac{MI}{MS},$$

d'où

$$\frac{MN}{PM} = \frac{\overline{MS}^2}{\overline{MT}^2} = \frac{b^2}{a^2}.$$

257. Normales aux courbes décrites par les points ou enveloppées par les droites d'une figure de forme variable. Méthode de M. Mannheim. — Soient M, P, Q les points où les côtés du triangle ABC, de forme variable, touchent leurs enveloppes respectives (*fig.* 250). Les normales à ces enveloppes coupent en a, b, b', c', c'', a'', les normales aux courbes (A), (B), (C), lieux des points A, B, C.

D'après la formule (V) (nº 253, *Cor.*), on a entre les différentielles des arcs des courbes (A), (B), (C), aux points A, B, C considérés, les relations

$$\frac{d\,(A)}{d\,(B)} = \frac{Aa}{Bb},$$
$$\frac{d\,(B)}{d\,(C)} = \frac{Bb'}{Cc'},$$
$$\frac{d\,(C)}{d\,(A)} = \frac{Cc''}{Aa''};$$

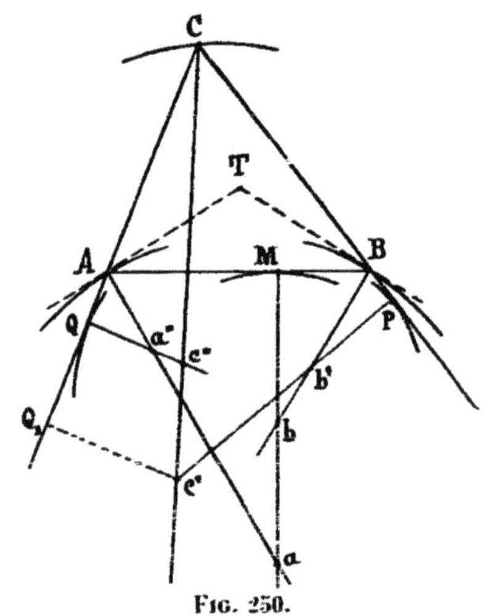

Fig. 250.

d'où, en multipliant membre à membre,

$$\frac{Aa.Bb'.Cc''}{Bb.Cc'.Aa''} = 1.$$

Cette formule, due à M. Mannheim, permet, connaissant cinq des six normales $Aa''a$, $Bb'b$, $Cc''c'$, Mba, $Pb'c'$, $Qa''c''$, de construire la sixième.

Supposons, en effet, que la normale inconnue soit celle qui correspond à un des sommets, la normale $Cc''c'$ par exemple.

De la formule ci-dessus on tire une certaine valeur λ pour $\frac{Cc'}{Cc''}$.

car tout le reste y est connu. Il suffit, dès lors, de prendre sur CQ le point Q_1 tel que $\frac{CQ}{CQ_1} = \lambda$ et d'élever en Q_1 à CQ_1 une perpendiculaire qui coupe Pb' au point c' cherché.

Supposons maintenant que la normale inconnue soit celle qui correspond à un des côtés, la normale Mba par exemple.

De la formule ci-dessus on tire une certaine valeur μ pour $\frac{Aa}{Bb}$, car tout le reste y est connu.

Si donc T est le point de rencontre des tangentes en A et en B aux courbes (A) et (B), on a, d'après les formules (IV) et (V) (n° 253, *Cor.*),

$$\frac{MA.TA}{MB.TB} = \mu.$$

On déduit de là le rapport $\frac{MA}{MB}$ qui définit le point M sur AB.

La méthode qui vient d'être exposée présente l'intérêt d'une entière généralité [1]. Mais il arrive souvent que certaines particularités de la question à résoudre permettent de recourir à des procédés spéciaux d'une plus grande simplicité [2].

§ 2. — Applications

A. — *Normales*

258. Théorème général sur la détermination des normales [3]. — Si une droite AB coupe une courbe (B) sous l'angle α (c'est-à-dire si la droite AB fait l'angle α avec la tangente en B à cette courbe), nous disons que AB est la *distance sous l'angle α du point A à la courbe* (B).

Si $\alpha = 90°$, la distance est dite *normale*; si $\alpha = 0$, la distance est dite *tangentielle*.

Les angles $\alpha_1, \alpha_2, \ldots, \alpha_n$, étant constants, supposons qu'il existe entre les distances prises respectivement sous ces angles de tout point A d'une courbe (A)

(1) On en trouvera deux applications au n° 339.

(2) Voir notamment n° 271.

(3) Voir *Comptes Rendus de l'Académie des Sciences* (2e semestre 1889, p. 959). *Nouvelles Annales de Mathématiques* (1890, p. 289, et 1894, p. 501).

à des courbes $(B_1), (B_2), \ldots\ldots, (B_n)$ une relation connue, et cherchons à en déduire la normale à la courbe (A).

Posons, d'une manière générale (pour $i = 1, 2, \ldots\ldots, n$),

$$AB_i = l_i,$$

et soit

$$F(l_1, l_2, \ldots\ldots l_n) = 0, \tag{1}$$

la relation donnée.

Appelons β_i le centre de courbure de la courbe (B_i) pour le point B_i (*fig.* 251). L'angle que fait la normale $B_i\beta_i$ avec AB_i, complément de α_i, étant constant, on a le point M_i où AB_i touche son enveloppe en abaissant du centre de courbure β_i la perpendiculaire $\beta_i M_i$ sur AB_i (nº 255, *Cor. I*). La normale $M_i\beta_i$ à l'enveloppe de AB_i coupant au point a_i la normale AN cherchée, on a, d'après la formule (VII), en appelant θ_i l'angle que fait AB_i avec un axe fixe du plan,

$$dl_i = d.AB_i = a_i\beta_i.d\theta_i.$$

D'autre part, la formule (III) donne, pour la différentielle de l'arc de la courbe (A) en A,

$$d(A) = Aa_i.d\theta_i.$$

Éliminant $d\theta_i$ entre ces deux équations, on a

$$dl_i = \frac{a_i\beta_i}{Aa_i} \cdot d(A).$$

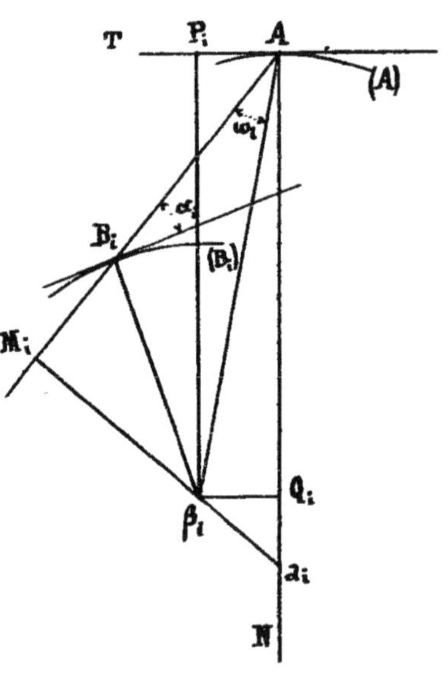

Fig. 251.

Du point β_i abaissons les perpendiculaires $\beta_i P_i$ et $\beta_i Q_i$ sur la tangente AT et sur la normale AN à la courbe (A).

Les angles $a_i\beta_i Q_i$ et $a_i AM_i$ étant égaux comme ayant leurs côtés perpendiculaires, les triangles rectangles $a_i\beta_i Q_i$ et $a_i AM_i$ sont semblables, et on a

$$\frac{a_i\beta_i}{Aa_i} = \frac{Q_i\beta_i}{AM_i} = \frac{AP_i}{AM_i}.$$

L'équation précédente devient donc

$$dl_i = \frac{AP_i}{AM_i} \cdot d(A). \tag{2}$$

Cela posé, différentions l'équation (1), ce qui nous donne

$$\frac{\partial F}{\partial l_1}\cdot dl_1+\frac{\partial F}{\partial l_2}\cdot dl_2+\ldots+\frac{\partial F}{\partial l_n}\cdot dl_n=0,$$

et remplaçons dans cette équation dl_1, dl_2,..... dl_n par leurs valeurs tirées de (2). Nous obtenons ainsi, après suppression du facteur commun d (A), différent de zéro,

$$(3)\qquad \frac{\partial F}{\partial l_1}\cdot\frac{AP_1}{AM_1}+\frac{\partial F}{\partial l_2}\cdot\frac{AP_2}{AM_2}+\ldots+\frac{\partial F}{\partial l_n}\cdot\frac{AP_n}{AM_n}=0.$$

Si nous supposons des vecteurs égaux respectivement à

$$\frac{\partial F}{\partial l_1}\cdot\frac{1}{AM_1},\qquad \frac{\partial F}{\partial l_2}\cdot\frac{1}{AM_2},\qquad \ldots,\qquad \frac{\partial F}{\partial l_n}\cdot\frac{1}{AM_n},$$

parallèles à la normale AN à la courbe (A) et appliqués aux points β_1, β_2, ..., β_n, l'expression (3) exprime que la somme de leurs moments par rapport au point A est nulle, ou, en d'autres termes, que le point d'application (barycentre) de leur résultante se trouve sur AN.

Or, d'après un théorème bien connu de Leibnitz ([1]), le barycentre des vecteurs parallèles

$$\frac{\partial F}{\partial l_1}\cdot\frac{1}{AM_1},\qquad \frac{\partial F}{\partial l_2}\cdot\frac{1}{AM_2},\qquad \ldots,\qquad \frac{\partial F}{\partial l_n}\cdot\frac{1}{AM_n},$$

appliqués en β_1, β_2,..... β_n, est sur le vecteur résultant, des vecteurs

$$\frac{\partial F}{\partial l_1}\cdot\frac{A\beta_1}{AM_1},\qquad \frac{\partial F}{\partial l_2}\cdot\frac{A\beta_2}{AM_2},\qquad \ldots,\qquad \frac{\partial F}{\partial l_n}\cdot\frac{A\beta_n}{AM_n},$$

dirigés suivant $A\beta_1$, $A\beta_2$, ..., $A\beta_n$.

Si on remarque, d'ailleurs, que

$$\frac{A\beta_i}{AM_i}=\frac{1}{\cos\omega_i},$$

ω_i étant l'angle $M_iA\beta_i$, on arrive finalement à ce théorème :

([1]) Voir le *Recueil d'Exercices sur la Mécanique rationnelle*, de M. de Saint-Germain (2e édition, p. 28).

La normale en A *est dirigée suivant le vecteur résultant des vecteurs*

$$\frac{\partial F}{\partial l_1}\cdot\frac{1}{\cos\omega_1},\qquad \frac{\partial F}{\partial l_2}\cdot\frac{1}{\cos\omega_2},\qquad \dots,\qquad \frac{\partial F}{\partial l_n}\cdot\frac{1}{\cos\omega_n},$$

dirigés respectivement suivant $A\beta_1$, $A\beta_2$,....., $A\beta_n$.

Ce théorème présente l'intérêt théorique d'être à la fois une application des trois formules fondamentales et de réunir dans un seul énoncé tous les cas possibles, mais on n'aura guère à l'utiliser dans les applications que lorsque les distances seront soit normales, soit tangentielles.

259. Cas particulier des distances normales. — Si $\alpha_1 = \alpha_2 = \dots = \alpha_n = \frac{\pi}{2}$, c'est-à-dire si les n distances AB_1, AB_2, ..., AB_n sont normales, les centres de courbure β_1, β_2,..... β_n, se trouvent sur ces droites mêmes, les angles ω_1, ω_2,....., ω_n, sont nuls et on retombe sur ce théorème anciennement connu :

La normale AN *est dirigée suivant le vecteur résultant des vecteurs*

$$\frac{\partial F}{\partial l_1},\quad \frac{\partial F}{\partial l_2},\quad \dots,\quad \frac{\partial F}{\partial l_n},$$

dirigés respectivement suivant AB_1, AB_2, ..., AB_n.

Ce théorème, démontré par Fatio de Duiller, le marquis de Lhopital et Tschirnhausen, a été étendu aux surfaces par Poinsot.

Lorsqu'on suppose que les courbes (B_1), (B_2), ... (B_n) se réduisent à deux droites rectangulaires, on retrouve la détermination de la normale en coordonnées cartésiennes.

Si elles se réduisent à deux points, on obtient la détermination de la normale en coordonnées bipolaires.

Exemples. — 1° Si les courbes (B_1) et (B_2) se réduisent à des points B_1 et B_2 et si l'équation (1) a la forme

$$l_1 + l_2 - k = 0,$$

k étant une constante, la courbe (A) est une ellipse de foyers B_1 et B_2, et on a

$$\frac{\partial F}{\partial l_1} = \frac{\partial F}{\partial l_2} = 1.$$

Donc le théorème général montre que, dans ce cas, *la normale* AN *est dirigée suivant la bissectrice intérieure de l'angle* B_1AB_2. C'est la construction bien connue.

Pour l'hyperbole, il suffit de changer le signe de l_2 ; on trouve alors la bissectrice extérieure de l'angle B_1AB_2.

2° Si la courbe (B_1) se réduit à un point B_1, et la courbe (B_2) à une droite, et si l'équation (1) a la forme

$$l_1 - l_2 = 0,$$

la courbe (A) est une parabole dont B_1 est le foyer et (B_2) la directrice. Comme on a ici

$$\frac{\partial F}{\partial l_1} = 1, \qquad \frac{\partial F}{\partial l_2} = -1,$$

on voit que *la normale en* A *est la bissectrice extérieure de l'angle* B_1AB_2. C'est le résultat connu.

3° Si la courbe (B_1) se réduit à un point, que la courbe (B_2) soit un cercle, et que l'équation (1) ait la forme

$$a_1 l_1 + a_2 l_2 = 0,$$

a_1 et a_2 étant des constantes, la courbe (A) est un *ovale de Descartes*, et l'on a

$$\frac{\partial F}{\partial l_1} = a_1, \qquad \frac{\partial F}{\partial l_2} = a_2,$$

d'où la construction de la normale.

4° Si les courbes (B_1) et (B_2) se réduisent à des points B_1 et B_2 et que l'équation (1) ait la forme

$$l_1 l_2 = k^2,$$

k étant une constante, la courbe (A) est une *lemniscate* de foyers B_1 et B_2. Ici,

$$\frac{\partial F}{\partial l_1} = l_2, \qquad \frac{\partial F}{\partial l_2} = l_1;$$

on en déduit immédiatement que *la normale en* A *est la symédiane issue de* A *du triangle* AB_1B_2 (¹).

Si l'angle B_1AB_2 est droit, le point A est sur le cercle décrit sur B_1B_2 comme diamètre. Mais, dans le triangle rectangle B_1AB_2, la symédiane issue du sommet A de l'angle droit se confond avec la hauteur. Par suite, en ce point la tangente est parallèle à B_1B_2. Donc, *aux points où la lemniscate est rencontrée par le cercle qui a pour diamètre la droite unissant les foyers, la tangente est parallèle à cette droite.*

(¹) *Nouv. Ann. de Math.*, 1883, p. 458. La symédiane est la symétrique de la médiane issue d'un sommet d'un triangle par rapport à la bissectrice intérieure issue du même sommet.

B. — *Enveloppes de droites*

260. Corde sous-tendant dans une courbe un arc de longueur constante ([1]). — Si la droite variable AB découpe dans chacune de ses positions sur la courbe c un arc AB de longueur constante on a

$$d(A) = d(B).$$

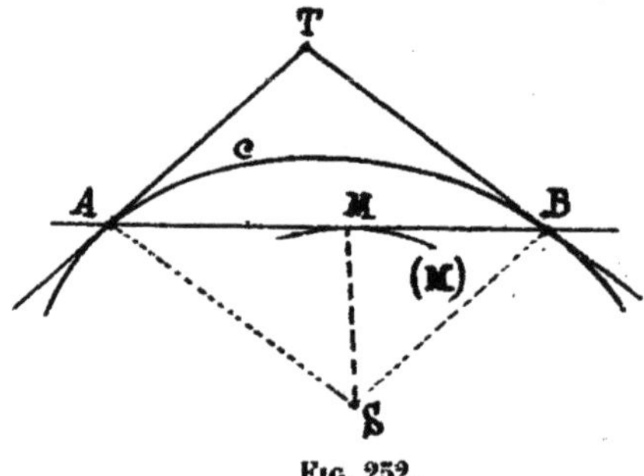

Fig. 252.

Donc la formule (IV) donne ici

$$\frac{MA.AT}{MB.BT} = 1$$

ou

$$\frac{MA}{MB} = \frac{TB}{TA}.$$

Par A et B menons les parallèles AS et BS à BT et à AT. Nous aurons

$$\frac{MA}{MB} = \frac{SA}{SB},$$

ce qui prouve que *la droite* SM *est la bissectrice de l'angle* ASB. De là, la construction du point M.

261. Corde vue d'un point fixe sous un angle constant. — Le segment AB dont les extrémités A et B décrivent les arcs (A) et (B) appartenant ou non à la même courbe est vu du point fixe O sous un angle constant (*fig.* 253). Cherchons le point M où AB touche son enveloppe.

La formule (IV) nous donne

$$\frac{d(A)}{d(B)} = \frac{MA.TA}{MB.TB}.$$

L'angle AOB étant constant, les différentielles des angles que OA

([1]) Ce problème et le suivant sont empruntés à une étude que j'ai publiée dans les *Nouv. Ann. de Math.* (1883, p. 252, et 1886, p. 88). On trouvera là nombre d'autres questions du même genre.

et OB font avec un axe quelconque du plan ont une même valeur $d\theta$. Si donc les normales en A et en B aux courbes (A) et (B) coupent en a et en b les perpendiculaires élevées en O à OA et à OB, on a

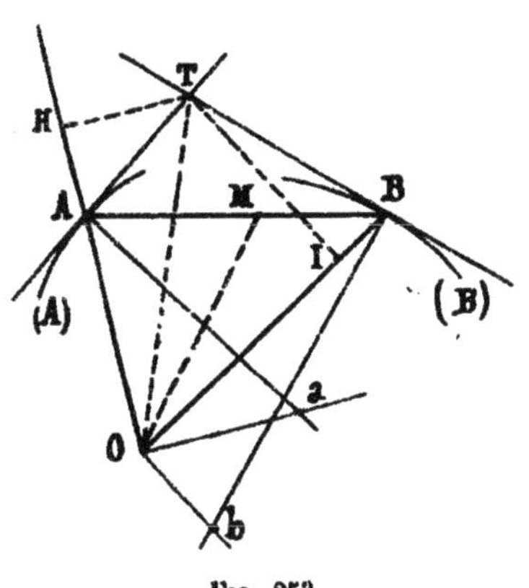

Fig. 253.

$$d\,(\mathrm{A}) = \mathrm{A}a.d\theta \quad \text{et} \quad d\,(\mathrm{B}) = \mathrm{B}b.d\theta,$$

d'où

$$\frac{d\,(\mathrm{A})}{d\,(\mathrm{B})} = \frac{\mathrm{A}a}{\mathrm{B}b}.$$

Rapprochant cette formule de la précédente, on voit que

$$\frac{\mathrm{MA}}{\mathrm{MB}} = \frac{\mathrm{A}a.\mathrm{TB}}{\mathrm{B}b.\mathrm{TA}}.$$

Abaissons du point T les perpendiculaires TH et TI sur OA et sur OB. Les angles OAa et HTA sont égaux comme ayant leurs côtés perpendiculaires ; par suite, les triangles rectangles OAa et HTA sont semblables. De même pour les triangles rectangles OBb et ITB. On tire de là

$$\frac{\mathrm{A}a}{\mathrm{TA}} = \frac{\mathrm{OA}}{\mathrm{TH}} \quad \text{et} \quad \frac{\mathrm{B}b}{\mathrm{TB}} = \frac{\mathrm{OB}}{\mathrm{TI}}.$$

La formule précédente devient donc

$$\frac{\mathrm{MA}}{\mathrm{MB}} = \frac{\mathrm{OA.TI}}{\mathrm{OB.TH}}.$$

Or, les triangles MOA et MOB donnent

$$\frac{\mathrm{MA}}{\mathrm{MB}} = \frac{\mathrm{OA}.\sin\widehat{\mathrm{MOA}}}{\mathrm{OB}.\sin\widehat{\mathrm{MOB}}},$$

et les triangles OTH et OTI,

$$\frac{\mathrm{TH}}{\mathrm{TI}} = \frac{\sin\widehat{\mathrm{TOH}}}{\sin\widehat{\mathrm{TOI}}}.$$

Il vient donc finalement

$$\frac{\sin \widehat{MOA}}{\sin \widehat{MOB}} = \frac{\sin \widehat{TOI}}{\sin \widehat{TOH}},$$

égalité qui prouve que *les droites* OT *et* OM *sont symétriques par rapport à la bissectrice de l'angle* BOA. Le point M est ainsi déterminé.

Si les arcs (A) et (B) appartiennent à une même conique de centre O, la droite OT, d'après un théorème bien connu, passe par le milieu de AB. *La droite* OM *est alors la symédiane issue de* O *du triangle* AOB.

Si, en outre, l'angle AOB est droit, cette symédiane est perpendiculaire à AB. Donc, dans ce cas, OM est la normale à l'enveloppe de AB. Cette normale passant par le point fixe O, l'enveloppe est un cercle de centre O. De là ce théorème : *Une corde d'une ellipse vue du centre* O *de la courbe sous un angle droit reste tangente à un cercle de centre* O.

262. Sections isogonales et fibre moyenne d'une voûte. — Soient (A) et (B) (*fig.* 254) les courbes d'intrados et d'extrados de la section droite d'une voûte. Si une droite AB coupe ces deux courbes sous des angles égaux et de sens contraires, c'est-à-dire si les normales en A et en B font, de part et d'autre de AB, des angles égaux aAM et bBM, la droite AB constitue la trace d'une *section isogonale* de la voûte, et la courbe (C) décrite par le milieu C de AB est la *fibre moyenne* de la section droite considérée [1].

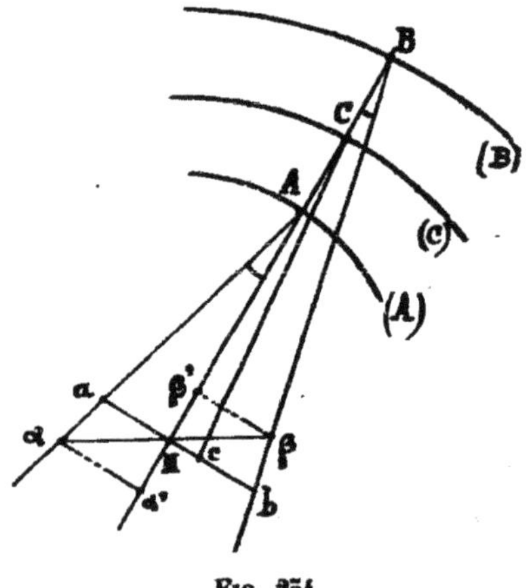

Fig. 254.

Pour avoir la normale en C à la courbe (C), il nous suffira de

[1] La considération de cette courbe joue un rôle fondamental dans la remarquable méthode de M. Jean Résal pour l'étude de la résistance des voûtes (*Encyclopédie des Travaux Publics, Ponts en maçonnerie*, tome I, p. 103). Elle est appelée là par M. Résal *axe longitudinal* de la voûte.

connaître le point M, où la section isogonale AB touche son enveloppe. En effet, si la normale à cette enveloppe coupe en a et en b les normales Aa et Bb, nous savons que la normale cherchée passera par le milieu c de ab (n° 254, *Cor. III*).

Proposons-nous donc d'obtenir le point M.

La formule (VIII) nous donne, en appelant α et β les centres de courbure répondant aux points A et B,

$$d.\widehat{\mathrm{MA}a} = d(\mathrm{A})\left(\frac{1}{\mathrm{A}a} - \frac{1}{\mathrm{A}\alpha}\right) \quad \text{et} \quad d.\widehat{\mathrm{MB}b} = d(\mathrm{B})\left(\frac{1}{\mathrm{B}b} - \frac{1}{\mathrm{B}\beta}\right).$$

Mais, puisque les angles MAa et MBb sont égaux et de sens contraires, on a

$$d.\widehat{\mathrm{MA}a} + d.\widehat{\mathrm{MB}b} = 0.$$

Il vient donc

$$\frac{d(\mathrm{A})}{d(\mathrm{B})} = -\frac{\dfrac{1}{\mathrm{A}a} - \dfrac{1}{\mathrm{A}\alpha}}{\dfrac{1}{\mathrm{B}b} - \dfrac{1}{\mathrm{B}\beta}}.$$

Mais la formule (V) donne

$$\frac{d(\mathrm{A})}{d(\mathrm{B})} = \frac{\mathrm{A}a}{\mathrm{B}b}.$$

Par suite,

$$1 - \frac{\mathrm{A}a}{\mathrm{A}\alpha} = \frac{\mathrm{B}b}{\mathrm{B}\beta} - 1,$$

ou

$$\frac{a\alpha}{\mathrm{A}\alpha} = \frac{\beta b}{\mathrm{B}\beta},$$

ou encore

$$\frac{a\alpha}{\beta b} = \frac{\mathrm{A}\alpha}{\mathrm{B}\beta}.$$

Abaissons des points α et β les perpendiculaires $\alpha\alpha'$ et $\beta\beta'$ sur AM. Puisque les angles MAa et MBb sont égaux, l'égalité peut être remplacée par

$$\frac{\mathrm{M}\alpha'}{\mathrm{M}\beta'} = \frac{\alpha'\alpha}{\beta'\beta}.$$

Cela prouve que les droites $M\alpha$ et $M\beta$ se prolongent. *On a donc le point* M *en prenant l'intersection de* AB *avec la droite joignant les centres de courbure* α *et* β.

Si les courbes (A) et (B) sont des cercles, les points α et β sont fixes. Les différents points M où AB touche son enveloppe étant tous sur la même droite $\alpha\beta$ sont nécessairement confondus. Donc, dans ce cas, la droite AB pivote autour d'un point fixe [1].

263. Droite dont les distances à des courbes données sont liées par une relation. — Si la droite AB perpendiculaire en A à la droite d coupe au point B la courbe (B) sous l'angle α, nous disons que AB est une *distance sous l'angle* α de la droite d à la courbe (B).

Supposons qu'entre les distances sous des angles quelconques

$$A_1B_1 = l_1,\ A_2B_2 = l_2,\ \ldots,\ A_nB_n = l_n$$

de la droite d aux courbes (B_1), (B_2),..., (B_n) existe la relation

$$(1)\qquad F(l_1, l_2, \ldots, l_n) = 0,$$

et cherchons le point où la droite d touche son enveloppe.

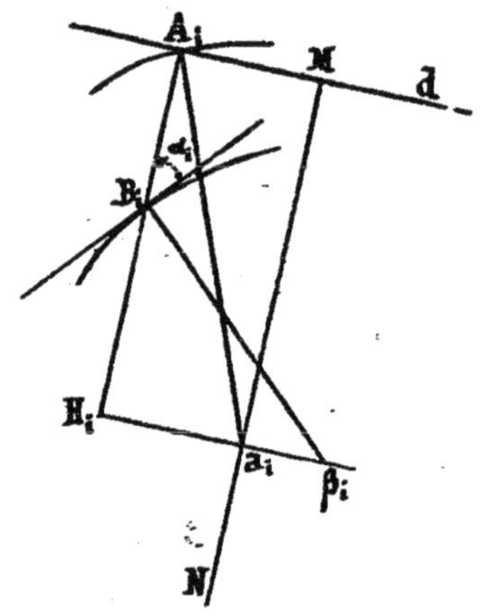

Fig. 255.

Puisque l'angle que fait A_iB_i avec la normale $B_i\beta_i$ est constant (*fig.* 255), on a le point H_i où A_iB_i touche son enveloppe en abaissant sur cette droite, du centre de courbure β_i répondant à B_i, la perpendiculaire β_iH_i (n° 255, Cor. I).

De même, si la normale MN à l'enveloppe cherchée coupe la normale β_iH_i à l'enveloppe de A_iB_i au point a_i, on a, en joignant A_ia_i, la normale au lieu décrit par le point A_i, attendu que l'angle B_iA_iM, égal à $\frac{\pi}{2}$, est constant.

Dès lors, la formule (VIII) donne

$$dl_i = d.A_iB_i = a_i\beta_i.d\theta_i,$$

$d\theta_i$ étant la différentielle de l'angle que la droite A_iB_i fait avec un axe quelconque du plan. Mais, si θ est l'angle de la droite d avec le même axe, on a

$$\theta_i = \theta + \frac{\pi}{2},$$

[1] Ainsi que je l'ai fait voir dans la note d'où ce numéro est extrait (*Annales des Ponts et Chaussées*, 2e sem. 1888, p. 76, et 2e sem. 1894, p. 658), ce dernier résultat peut être établi directement et servir à démontrer le théorème général.

d'où

$$d\theta_i = d\theta,$$

et il vient

$$(2) \qquad dl_i = a_i\beta_i . d\theta.$$

Si donc on différentie l'équation (1), ce qui donne

$$\frac{\partial F}{\partial l_1} \cdot dl_1 + \frac{\partial F}{\partial l_2} \cdot dl_2 + \ldots + \frac{\partial F}{\partial l_n} \cdot \partial l_n = 0,$$

et que l'on remplace dl_1, $dl_2, \ldots$, dl_n par leurs valeurs tirées de (2), on a, en divisant par le facteur commun $d\theta$, différent de zéro,

$$(3) \qquad \frac{\partial F}{\partial l_1} \cdot a_1\beta_1 + \frac{\partial F}{\partial l_2} \cdot a_2\beta_2 + \ldots + \frac{\partial F}{\partial l_n} \cdot a_n\beta_n = 0,$$

équation qui exprime que *le centre de gravité des masses*

$$\frac{\partial F}{\partial l_1}, \quad \frac{\partial F}{\partial l_2}, \quad \ldots, \quad \frac{\partial F}{\partial l_n},$$

respectivement appliquées aux centres de courbure β_1, $\beta_2 \ldots$, β_n *se trouve sur* MN [1].

Il suffira donc de construire ce centre de gravité et d'abaisser de ce point une perpendiculaire sur la droite d pour avoir le point M où cette droite touche son enveloppe.

Si les courbes de référence (B_1), $(B_2), \ldots$, (B_n) sont des cercles, les centres de courbure β_1, $\beta_2, \ldots$, β_n sont fixes.

Si, en outre, l'équation (1) est de la forme

$$k_1 l_1 + k_2 l_2 + \ldots + k_n l_n - k = 0,$$

k_1, $k_2, \ldots$, k_n, k étant des constantes, les masses

$$\frac{\partial F}{\partial l_1} = k_1, \qquad \frac{\partial F}{\partial l_2} = k_2, \qquad \ldots, \qquad \frac{\partial F}{\partial l_n} = k_n.$$

appliquées en β_1, $\beta_2, \ldots$, β_n sont aussi constantes. Donc le centre de gravité G de ces masses est lui-même un point fixe, et *l'enveloppe de la droite d est un cercle de centre* G.

Si, dans le cas général, on suppose toutes les distances normales, les points

[1] Théorème donné pour la première fois dans les notes citées au renvoi du nº 258.

β_1, β_2,..., β_n sont respectivement sur A_1B_1, A_2B_2,..., A_nB_n, et, par suite, le point M est le centre de gravité des points $A_1, A_2, \ldots, A_n$ auxquels seraient appliquées les masses

$$\frac{\partial F}{\partial l_1}, \quad \frac{\partial F}{\partial l_2}, \quad \ldots, \quad \frac{\partial F}{\partial l_n}.$$

Ce cas particulier du théorème général a été remarqué naguère par M. H. Laurent [1].

C. — *Centres de courbure*

264. Centre de courbure des coniques. — Nous avons trouvé (n° 256, *Ex.*) que, si la normale en M à une ellipse rencontre en N et en P les axes OA et OB de cette ellipse, le rapport $\frac{MN}{MP}$ est constant et égal à $\frac{b^2}{a^2}$ (*fig.* 256). Donc, si les perpendiculaires élevées en P à OB et en N à OA coupent en n et en p la normale à l'enveloppe de NP, c'est-à-dire la perpendiculaire élevée à cette droite par le centre de courbure m répondant au point M, on a (n° 254, *Cor. IV*)

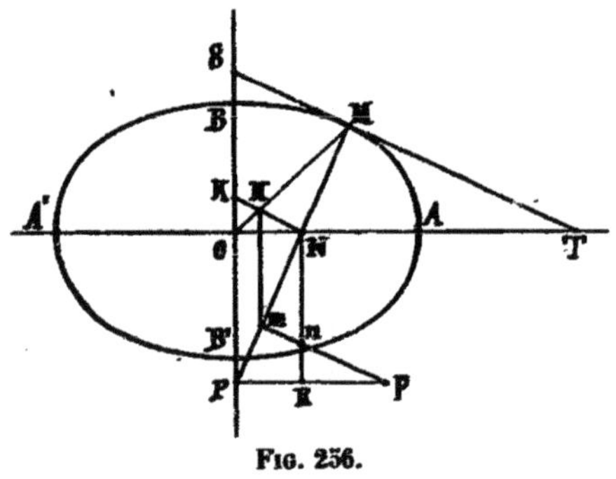

Fig. 256.

$$\frac{mn}{mp} = \frac{MN}{MP}.$$

Les triangles semblables mnN et MNT d'une part, mpP et MPS de l'autre, donnent

$$\frac{mn}{MN} = \frac{mN}{MT} \quad \text{et} \quad \frac{mp}{MP} = \frac{mP}{MS}.$$

L'égalité précédente devient donc

$$\frac{mN}{mP} = \frac{MT}{MS}.$$

(1) *Nouvelles Annales de Math.*, 1874. J'ai, en outre, étendu ce théorème au cas d'un plan mobile dans l'espace (*Proceedings of the London mathematical Society*, 1887, p. 361).

Au point N élevons à MN la perpendiculaire NK, qui coupe le diamètre OM au point H.

Nous avons

$$\frac{MT}{MS} = \frac{HN}{HK}.$$

Donc

$$\frac{HN}{HK} = \frac{mN}{mP},$$

ce qui prouve que Hm est parallèle à KP, c'est-à-dire perpendiculaire à OA.

On obtient donc la construction suivante, due à M. Mannheim : *Par le point* N *où la normale* MN *coupe l'axe* OA, *élever à cette normale une perpendiculaire qui coupe le diamètre* OM *au point* H *et abaisser de* H *sur* OA *une perpendiculaire qui coupe la normale* MN *au centre de courbure* m *demandé.*

La propriété de la normale qui a servi de base à la démonstration subsiste, il est facile de le voir, dans le cas de l'hyperbole. La construction énoncée ci-dessus s'étend donc également aux coniques de cette espèce, mais on a, pour l'hyperbole, une autre construction qui n'a pas son équivalent dans le cas de l'ellipse.

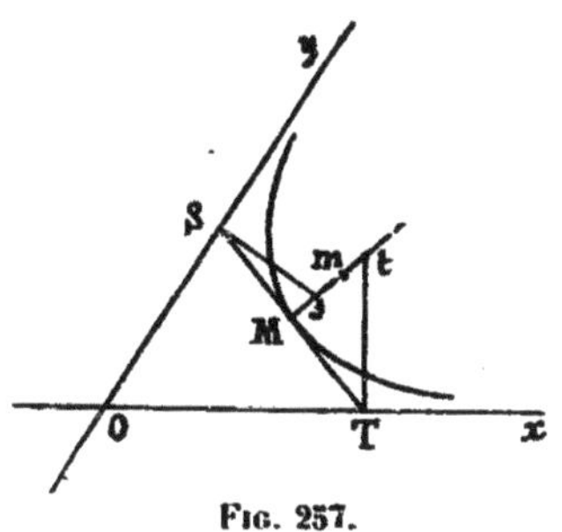

Fig. 257.

En effet, tout point M d'une hyperbole étant le milieu du segment ST (*fig.* 257) de la tangente en ce point, compris entre les asymptotes Ox et Oy, le centre de courbure m est le milieu du segment st de la normale, compris entre les perpendiculaires élevées en S et en T à Ox et à Oy (n° 254, *Cor. IV*).

La construction de M. Mannheim peut recevoir une importante simplification dans le cas de l'hyperbole équilatère. En effet, dans ce cas, le triangle OMN est isocèle. Les droites OM et MN étant également inclinées sur OA le sont aussi sur la perpendiculaire Hm à OA, et le triangle MHm est isocèle. Si donc on abaisse du point m la perpendiculaire mM_1 sur OM, on a

$$MM_1 = MN = OM.$$

Donc, *pour avoir le centre de courbure m, il suffit de prolonger* OM *d'une longueur égale* MM_1 *et d'élever à* OM_1 *en* M_1 *la perpendiculaire* M_1m *qui coupe* MN *en m.*

Si nous fixons le sommet A de l'ellipse considérée précédemment

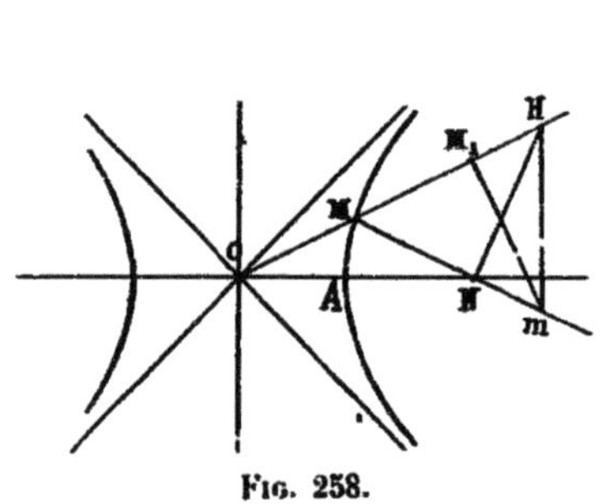

Fig. 258.

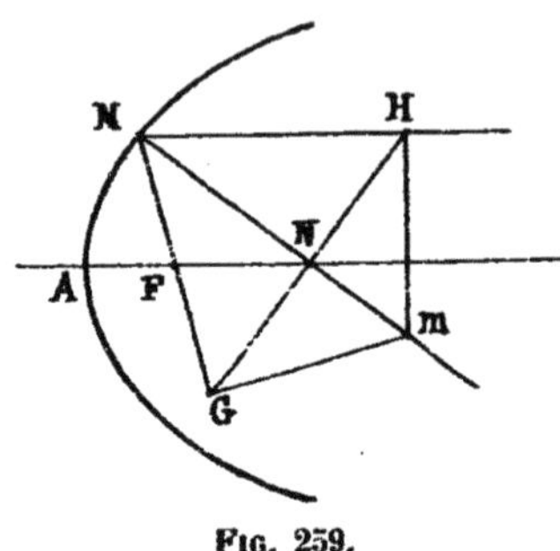

Fig. 259.

et que nous supposions que son centre s'éloigne indéfiniment sur l'axe, nous obtenons à la limite une parabole, et la construction du centre de courbure devient la suivante (*fig.* 259). *Par le point de rencontre* H *de la perpendiculaire élevée en* N *à la normale et de la parallèle à l'axe menée par* M *abaisser sur l'axe la perpendiculaire* Hm *qui coupe la normale* MN *au centre de courbure m.*

Tirons le rayon vecteur FM issu du foyer. Il rencontre NH au point G et, puisque les angles NMG et NMH sont égaux, on a NG = NH. Par suite, MG = MH, mG = mH, et les triangles MGm et MHm sont égaux. Il résulte de là que

$$MGm = MHm = 90^\circ.$$

D'autre part, les angles FMN et FNM étant égaux, on a MF = FN. Les angles FGN et FNG sont aussi égaux et donnent FN = FG. Par suite, FG = MF, et la construction se transforme ainsi : *Prolonger le rayon vecteur* MF *d'une longueur égale* FG *et élever en* G *à* MG *une perpendiculaire qui coupe* MN *au centre de courbure m.*

On peut transformer de bien des manières la construction des centres de courbure d'une conique. Nombre de ces transformations comportent même des énoncés assez élégants, mais, en vue des tracés pratiques, nous croyons pouvoir nous borner à ce qui vient d'être dit.

265. Centres de courbure répondant aux sommets. — Nous ajouterons toutefois quelques mots relativement aux centres de courbure répondant aux sommets, qui présentent un intérêt spécial, attendu que, comme nous l'avons rappelé à la fin du n° 250, il y a en chaque sommet surosculation entre la courbe et son cercle osculateur.

Pour l'ellipse, d'après la formule générale,

$$\frac{\text{MN}}{\text{MP}} = \frac{b^2}{a^2},$$

on voit qu'aux sommets du grand axe le rayon de courbure est égal à $\frac{b^2}{a}$, aux sommets du petit axe, à $\frac{a^2}{b}$. On en déduit que, si du point T, où se coupent les tangentes à l'ellipse en A et en B (*fig.* 260), on

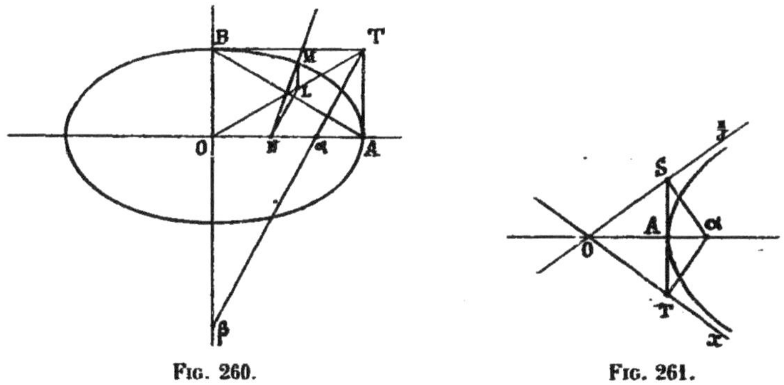

Fig. 260. Fig. 261.

abaisse une perpendiculaire sur AB, cette droite coupe OA et OB aux centres de courbure α et β répondant aux sommets A et B [1].

[1] Cette construction peut se déduire de celle de la normale en un point quelconque de l'ellipse que j'ai fait connaître en vue du tracé des joints dans les voûtes elliptiques (*Annales des Ponts et Chaussées*, 2e sem. 1886, p. 403), construction dont M. Degrand, dans son *Traité des Ponts* (*Encycl. des Travaux Publics*), recommande l'emploi pour les épures à faire sur l'aire du chantier en vue de la taille des voussoirs (*loc. cit.*, p. 619).

Voici cette construction (*fig.* 260) : *Si la perpendiculaire abaissée de* M *sur* OA *coupe* OT *au point* L *et si la perpendiculaire abaissée de* L *sur* AB *coupe* OA *au point* N, MN *est la normale en* M *à l'ellipse.*

Si le point M vient coïncider avec le point A, le point N vient coïncider avec le centre de courbure α. Or, le point L se confond alors avec le point T. On retrouve donc bien ainsi la construction ci-dessus.

Les triangles semblables OAB, AT α et BβT donnent, en effet,

$$\frac{OB}{OA} = \frac{A\alpha}{AT} = \frac{BT}{B\beta},$$

d'où

$$A\alpha = \frac{b^2}{a} \quad \text{et} \quad B\beta = \frac{a^2}{b}.$$

Pour l'hyperbole, la seconde construction donnée au numéro précédent montre que le centre de courbure α répondant au sommet A (*fig.* 261) est à la rencontre de l'axe et de l'une ou de l'autre des perpendiculaires élevées aux asymptotes Ox et Oy par les points T et S où elles sont rencontrées par la tangente au sommet A.

Si l'hyperbole est équilatère, le centre de courbure α est le symétrique du centre O par rapport au sommet A.

Enfin, pour la parabole, il suffit d'appliquer la construction transformée donnée au numéro précédent, et à laquelle se rapporte la figure 259, pour voir que le centre de courbure est le symétrique du sommet par rapport au foyer.

266. Courbe adjointe des directions normales. — Prenons maintenant le cas des courbes quelconques. Une idée qui se présente tout naturellement à l'esprit consiste à lier à la courbe considérée une courbe telle que les éléments infinitésimaux d'un ordre quelconque de la première se déduisent des éléments infinitésimaux d'un ordre moindre de la seconde, par exemple les normales de la première des points de la seconde, les centres de courbure de la première des normales de la seconde, etc...

On peut, pour une courbe donnée, imaginer un grand nombre de courbes présentant ce caractère (¹). Celle qui semble se prêter le plus commodément aux applications et que j'appelle *adjointe des directions normales* est définie comme suit (²) :

Étant pris dans le plan de la courbe (M) (*fig.* 262) deux pôles O et D, tirons le rayon vecteur OM et menons par le pôle D (pôle des directions normales) une parallèle DM' à la normale MN. Le lieu (M') du point M' est la courbe adjointe en question. On voit que, si l'on se donne le point M, il suffit de tirer OMM' pour avoir en DM' la direction de la normale en M. Si on se donne cette direction, il suffit de tirer OM' pour avoir le point M correspondant, ce qui justifie le nom proposé pour cette courbe adjointe.

(¹) Voir notamment mes *Remarques sur la Géométrie infinitésimale des Courbes planes*, dans le *Journal de Mathématiques spéciales* (1888).

(²) J'ai consacré à cette courbe adjointe et à une autre analogue une étude développée dans l'*American Journal of Mathematics* (1888, p. 55, et 1892, p. 227), complétée depuis par une note insérée dans le *Bulletin de la Société mathématique de France* (1892, p. 49).

La courbe adjointe (M′) passe par les pieds des normales menées du point D à la courbe (M); ses asymptotes sont parallèles aux normales menées du point O. Elle passe par les points de rencontre du cercle décrit sur OM comme diamètre, d'une part avec les tangentes menées de O à la courbe (M), de l'autre avec les parallèles aux asymptotes de cette courbe (M) menées par le point O.

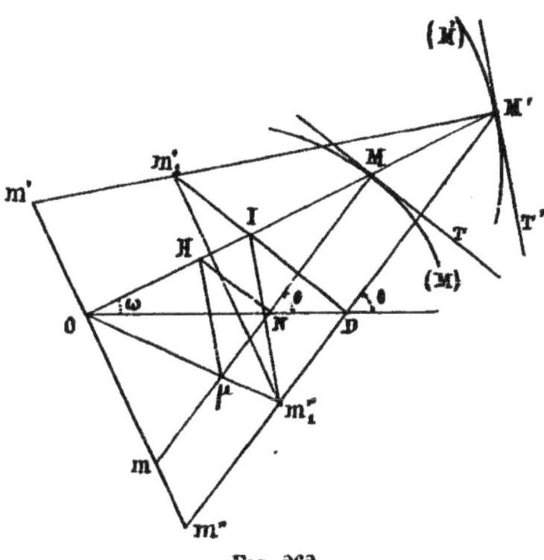

Fig. 262.

Cherchons à déterminer le centre de courbure μ répondant au point M. La perpendiculaire élevée en O à OM coupant aux points m et m' les normales en M et en M′ aux courbes (M) et (M′), et la perpendiculaire élevée en D à DM′ coupant au point m'_1 la normale M′m', on a, d'après les formules (I) et (III),

$$d(\mathrm{M}) = \mathrm{M}\mu.d\theta = \mathrm{M}m.d\omega,$$
$$d(\mathrm{M'}) = \mathrm{M'}m'_1.d\theta = \mathrm{M'}m'.d\omega,$$

d'où l'on déduit

$$\frac{\mathrm{M}\mu}{\mathrm{M}m} = \frac{\mathrm{M'}m'_1}{\mathrm{M'}m'},$$

ou, si $m'_1 m''_1$ est parallèle à $m'm''$, c'est-à-dire perpendiculaire à OM,

$$\frac{\mathrm{M}\mu}{\mathrm{M}m} = \frac{\mathrm{M'}m''_1}{\mathrm{M'}m''},$$

égalité qui prouve, puisque Mm et M′m'' sont parallèles, que *le point μ se trouve sur la droite* Om''_1. De là, une construction du point μ; nous allons la transformer.

Dans le triangle M′$m'_1m''_1$, m'_1D et M′I sont, par construction, perpendiculaires respectivement à M′m''_1 et à $m'_1m''_1$. Par suite, m''_1I est la troisième hauteur du triangle, c'est-à-dire que m''_1I est perpendiculaire à $M'm'_1$ ou, ce qui revient au même, parallèle à la tangente M'T' à la courbe (M').

Par N menons la perpendiculaire NH à MN, c'est-à-dire la parallèle NH à la tangente MT. Cette droite est également parallèle à DI, et on a

$$\frac{OH}{OI} = \frac{ON}{OD} = \frac{O\mu}{Om''_1},$$

ce qui prouve que Hμ est parallèle à Im''_1, c'est-à-dire, d'après ce qui vient d'être vu, à la tangente M'T'.

Nous obtenons donc finalement pour le centre de courbure μ la construction très simple que voici :

Par le point N *où la normale en* M *coupe* OD *tirer la parallèle* HN *à la tangente* MT, *et par le point* H *où cette droite coupe* OM *la parallèle* Hμ *à la tangente* M'T'. *Le point de rencontre* μ *de* Hμ *et de* MN *est le centre de courbure cherché.*

Dans le Mémoire d'où ce résultat est extrait, on en trouvera diverses applications. Je me bornerai ici à faire observer que, si la courbe (M) est une conique de centre O ayant un axe dirigé suivant OD (D étant un point quelconque de cet axe), la courbe (M') est une droite perpendiculaire à cet axe ; il est bien facile de le démontrer. Dès lors, si on applique, dans ce cas particulier, la construction générale qui précède, on retrouve la construction donnée par M. Mannheim pour le centre de courbure des coniques et reproduite au n° 264.

Remarque. — Si le point M est un point d'inflexion sur la courbe (M), le centre de courbure μ étant rejeté à l'infini, Hμ doit être parallèle à MN, par suite aussi M'T' parallèle à MN, c'est-à-dire confondue avec M'D.

On a donc les points M' de l'adjointe (M'), correspondant aux points d'inflexion de la courbe (M) en prenant les points de contact de cette courbe (M') et de ses tangentes issues de D.

267. Lieu des extrémités des sous-normales polaires. — Prenons dans le plan de la courbe (M) un pôle O (*fig.* 263). La perpendiculaire élevée en O à OM coupe la normale en M au point m. Il est évident que la normale mm' à la courbe (m), lieu du point m, est également liée au centre de courbure μ répondant au point M. Proposons-nous de trouver ce mode de liaison.

Appelons ω l'angle que fait OM, θ l'angle que fait Mm avec un axe quelconque du plan. Si la normale en m à la courbe (m) coupe OM en m' et la normale $\mu m''$ à l'enveloppe de Mμ en m'', les formules (I) et (III) donnent

$$d\,(M) = M\mu.d\theta = Mm.d\omega,$$
$$d\,(m) = mm''.d\theta = mm'.d\omega,$$

d'où

$$\frac{M\mu}{Mm} = \frac{mm''}{mm'} = \frac{HK}{Hm'},$$

ou

$$M\mu.Hm' = Mm.HK.$$

Or, le triangle Mmm' coupé par la transversale $H\mu$ donne

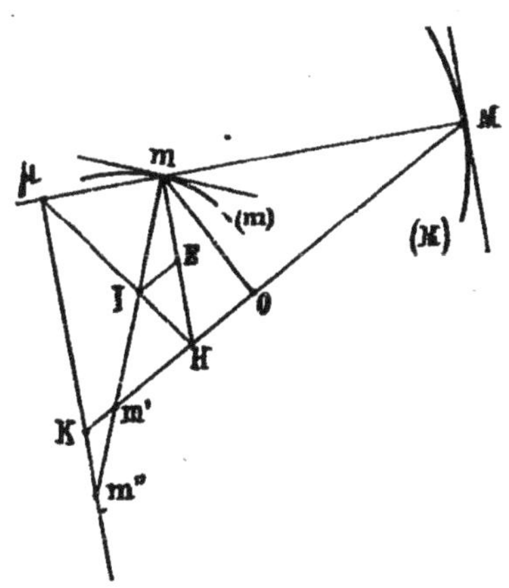

Fig. 263.

$$\frac{Hm'.\mu M.Im}{HM.\mu m.Im'} = 1$$

ou

$$\frac{Im}{Im'} = -\frac{Hm'.M\mu}{HM.\mu m},$$

c'est-à-dire, eu égard à l'égalité précédente,

$$\frac{Im}{Im'} = -\frac{Mm.HK}{\mu m.HM} = -\frac{mM}{m\mu}\cdot\frac{HM}{HK} = -1.$$

Donc I est le milieu de mm' [1]. Ainsi : *La droite joignant le point* H *au centre de courbure* μ *passe par le milieu* I *de la normale* mm' *à la courbe* (m). Cela permet, si on connaît cette normale mm', de construire le centre de courbure. Si, par exemple, la courbe (M) est une *spirale d'Archimède* de pôle O, la courbe (m) est un cercle de centre O. Par suite, mm' se confond avec mO et *le centre de courbure est sur la droite joignant le point* H *au milieu de* mO. Cette droite est la symédiane issue de H du triangle MmH.

Remarque. — La connaissance du centre de courbure μ entraîne inversement celle de la normale mm'. Il suffit, en effet, de remarquer que la parallèle à MH menée par le milieu E de mH passe par le point I où mm' rencontre μH.

Nous allons, dans les numéros qui suivent, donner quelques applications de ce théorème général.

268. Conchoïdes. — Si on prolonge les rayons vecteurs OM d'une courbe (M) pris à partir d'un pôle fixe O, de longueurs égales MM_1 (positives ou négatives) la courbe (M_1) est dite une *conchoïde* de la courbe (M) par rapport au point O (*fig.* 264). D'après le corollaire III du n° **254**, les normales en M et M_1 aux courbes (M) et (M_1) se coupent en un point m de la perpendiculaire élevée en O à OM.

Proposons-nous maintenant de déduire du centre de courbure μ répondant au point M le centre de courbure μ_1 répondant au point M_1. Si E est le milieu

(1) Le théorème de géométrie élémentaire ici démontré peut s'énoncer comme suit: *Si la perpendiculaire élevée par le sommet* B *au côté* AB *du triangle* ABC *coupe le côté* AC *au point* I *et si la droite qui joint le point* I *au milieu de* BC *coupe* AB *au point* H, *la perpendiculaire élevée en* H *à* AB *coupe* BC *en un point* D *tel que*

$$\frac{BD}{BC} = \frac{AH}{AB}.$$

Il suffit, pour le voir, de faire correspondre respectivement aux lettres M, m, m', m'', μ, H de la figure 263 les lettres A, B, C, D, H, I.

du segment mH perpendiculaire à mM, la parallèle à MH menée par le point E coupe $H\mu$ en un point I qui, d'après la remarque terminant le numéro précédent, est le milieu de la normale en m à la courbe que décrit ce point, normale qu'il est inutile de tracer. Le théorème donné dans le même numéro montre, en effet, que, si mH_1 est perpendiculaire à mM_1, il suffit de joindre H_1I pour avoir sur M_1m_1 le centre de courbure μ_1 demandé (¹).

Exemple. — Si la courbe (M) est un cercle passant par le pôle O, la courbe (M_1) est un *limaçon de Pascal* (*fig.* 265).

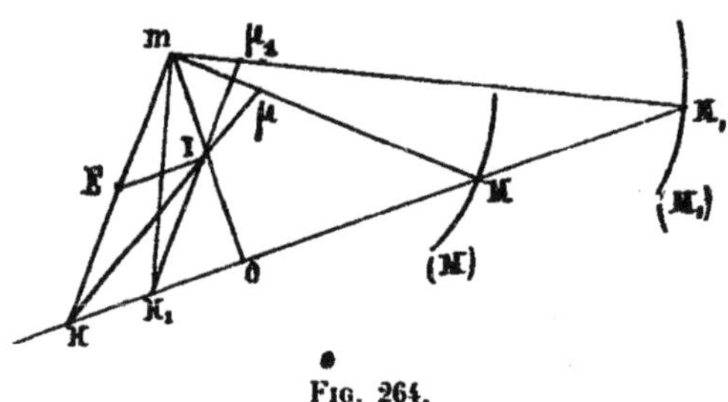

Fig. 264.

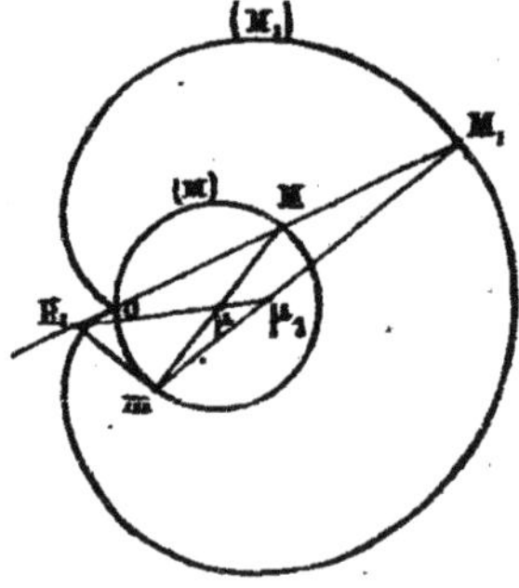

Fig. 265.

Ici, le point m est le point diamétralement opposé au point M dans le cercle (M) ; donc la normale à la courbe (m) se confond avec mM, et le point I avec le point μ. *Il suffit donc, mH_1 étant perpendiculaire à mM_1, de tirer $H_1\mu$ pour avoir sur mM_1 le centre de courbure μ_1 répondant au point M_1.*

Généralisation. — Supposons qu'une droite issue de O rencontre les courbes (M_1), (M_2),..., (M_p), aux points M_1, M_2,..., M_p, et que l'on ait entre les rayons vecteurs $OM_1 = \rho_1$, $OM_2 = \rho_2$,....., $OM_p = \rho_p$, la relation linéaire

$$a_1\rho_1 + a_2\rho_2 + ... + a_p\rho_p = k,$$

a_1, a_2,....., a_p et k étant des constantes. Nous aurons par différentiation

$$a_1.d\rho_1 + a_2.d\rho_2 + ... + a_p d\rho_p = 0,$$

ou, en vertu de la formule (VI), en appelant n_1, n_2,....., n_p les sous-normales polaires OM_1, OM_2,....., OM_p,

$$a_1n_1 + a_2n_2 + ... + a_pn_p = 0.$$

Cette relation permet, connaissant $p - 1$ des p normales Om_1, Om_2,....., Om_p, de construire la $p^{\text{ième}}$. Différentions-la à son tour. Nous avons

$$a_1.dn_1 + a_2.dn_2 + ... + a_p.dn_p = 0,$$

(¹) A une légère variante près, cette construction a été obtenue par M. Husquin de Rhéville (*Nouv. Ann. de Math.*, 1891, p. 413) par une autre voie que celle qui est employé ici.

ou, toujours en vertu de (VI), et en représentant par n'_1, n'_2,....., n'_p les sous-normales polaires Om'_1, Om'_2,....., Om'_p, des courbes (m_1), (m_2),....., (m_p).

$$a_1 n'_1 + a_2 n'_2 + \ldots\ldots + a_p n'_p = 0.$$

Supposons alors que nous connaissions les centres de courbure μ_1, μ_2,....., μ_{p-1}, des p-1 courbes (M_1), (M_2),....., (M_{p-1}). Nous en déduirons, par le théorème du n° 267, les points

$$m'_1, \quad m'_2, \quad \ldots\ldots, \quad m'_{p-1}$$

puis, la relation précédente nous donnera le point m'_p, d'où, par application du même théorème, nous déduirons le centre de courbure μ_p.

Cette construction généralisée est susceptible d'un très grand nombre d'applications [1].

269. Podaires. — On appelle *podaire* de la courbe (A) par rapport au point O la courbe (M) décrite par le pied M de la perpendiculaire abaissée du point O sur la tangente en A à la courbe (A) (*fig.* 266).

D'après le corollaire I du n° 255, la normale en M à la courbe (M) passe par le point m où la normale en A à la courbe (A) est rencontrée par la perpendiculaire élevée en O à OM.

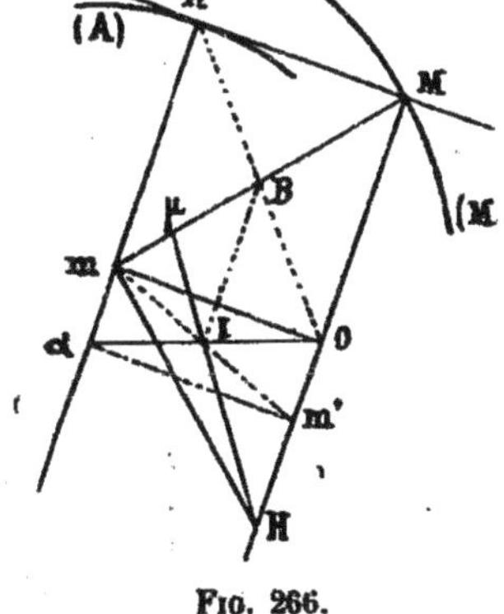

Fig. 266.

Proposons-nous de déduire du centre de courbure α, répondant au point A, le centre de courbure μ répondant au point M.

La droite Om étant perpendiculaire à Am, le lieu du point m est la podaire, relativement au point O, de la développée de la courbe (A). Si donc la normale à cette développée, c'est-à-dire la perpendiculaire élevée en α à Aα coupe OM au point m', mm' est la normale à la courbe (m), et pour avoir le centre de courbure μ, il suffit, d'après le théorème du n° 267, d'élever en m à mM la perpendiculaire mH et de joindre le point H au milieu I de mm'. Mais, la figure $mOm'\alpha$ étant un rectangle, le milieu I de la diagonale mm' se confond avec celui de la diagonale Oα. La construction se réduit donc à ceci : *le centre de courbure* μ *est sur la droite joignant le point* H *au milieu* I *de* Oα.

Si nous tirons la droite OA qui coupe Mm en B, le point B est le milieu de OA ; il en résulte que le lieu (B) du point B est homothétique de celui de A par rapport au point O, pour le rapport d'homothétie $\frac{1}{2}$. Donc la normale en B à la courbe (B) est BI, le centre de courbure est I, milieu de Oα. Puisque les angles

[1] On en indiquera une plus loin (n° 333).

OBI et mBI sont égaux, l'enveloppe de Bm, que cette droite touche en μ, est la caustique que donne le point O par réflexion sur la courbe (B). On a donc cette construction du point où le rayon réfléchi touche son enveloppe : Soit *Om la perpendiculaire abaissée de O sur la normale BI à la courbe réfléchissante. La perpendiculaire élevée en O à Om et la perpendiculaire élevée en m à Bm se coupent sur la droite qui joint le point μ où Bm touche la caustique,*

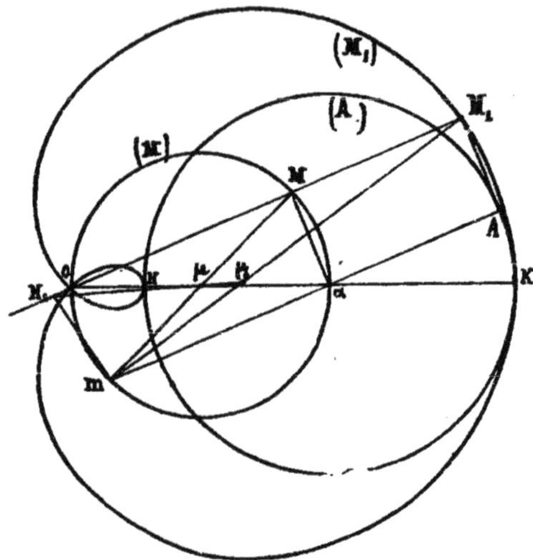

Fig. 267.

au centre de courbure I *de la courbe réfléchissante.* La construction subsiste si BO enveloppe une courbe qu'il touche au point O. Si la courbe (B) est une conique de foyers O et μ, on déduit de là une construction du centre de courbure I de cette conique, répondant au point B.

Exemple. — Reprenons le limaçon de la figure 265. Du point α, diamétralement opposé à O dans le cercle (M) pris comme centre, décrivons le cercle (A) ayant un rayon égal à MM_1, c'est-à-dire tangent au limaçon en ses sommets H et K (*fig.* 267). Joignons le point m diamétralement opposé à M dans le cercle (M) au point α. La droite $m\alpha$ parallèle à OM coupe le cercle (A) au point A. Puisque les angles $M_1M\alpha$ et $A\alpha M$ sont droits et que $\alpha A = MM_1$ par construction, la figure $M\alpha AM_1$ est un rectangle. Donc AM_1, perpendiculaire à αA, est tangente au cercle (A), et OM_1 est perpendiculaire à cette tangente. Par suite, le limaçon (M_1) est la podaire du cercle (A) par rapport au point O.

Appliquons la construction précédente : M_1m est bien la normale ; en outre, si mH_1 est perpendiculaire à M_1m, le centre de courbure μ_1 est sur la droite joignant le point H_1 au milieu μ de Oα.

Nous retrouvons ainsi le résultat obtenu différemment à la fin du numéro précédent.

D. — *Application à la Cinématique*

270. Principe général. – Considérons une figure plane composée des points A_1, A_2,....., A_n, variable avec le temps. A un instant donné, ces divers points sont animés sur leurs trajectoires respectives de vitesses $v(A_1)$, $v(A_2)$,......., $v(A_n)$. Si $d(A_1)$, $d(A_2)$,....., $d(A_n)$ sont les différentielles des arcs décrits simultanément par les divers points, on a par définition, dt étant l'accroissement infiniment petit du temps,

$$v(A_1) = \frac{d(A_1)}{dt}, \qquad v(A_2) = \frac{d(A_2)}{dt}, \qquad \ldots \qquad , v(A_n) = \frac{d(A_n)}{dt}.$$

Par suite

$$\frac{v(A_1)}{d(A_1)} = \frac{v(A_2)}{d(A_2)} = \ldots = \frac{v(A_n)}{d(A_n)}.$$

Ainsi, le problème qui consiste à trouver les rapports des vitesses $v(A_1)$, $v(A_2)$,......, $v(A_n)$ est exactement le même que celui qui consiste à trouver les rapports des différentielles d'arcs $d(A_1)$, $d(A_2)$,....., $d(A_n)$. Il se résoudra donc par l'emploi des formules de Géométrie infinitésimale précédemment démontrées.

On voit que tout revient au fond à donner à la variable indépendante par laquelle — tout en la laissant arbitraire — nous avons supposé régies les variations d'une figure géométrique, un nom particulier : le *temps*.

Nous nous contenterons d'indiquer une simple application de cette remarque ([1]).

271. Inverseur Peaucellier. — L'inverseur Peaucellier permet, comme on sait, de transformer un mouvement circulaire en mouvement rectiligne par le seul intermédiaire de tiges articulées, sans glissières.

Il se compose d'un losange AMBN articulé en ses sommets (*fig.* 268) et dont les sommets M et N sont reliés par deux tiges d'égale longueur OM et OF à un point fixe O.

([1]) Voir aussi, dans les *Nouv. Ann. de Math.* (1882, p. 40), une étude où je donne certaine application cinématique qui a été généralisée depuis par M. Liguine (*Ibid.*, p. 300).

On voit facilement que, si l'on fait décrire au sommet A une certaine courbe (A), le sommet B décrit une courbe (B) inverse de la première par rapport au point O [1].

Si la courbe (A) est un cercle de centre C, passant en O, la courbe (B) est donc une droite perpendiculaire à OC.

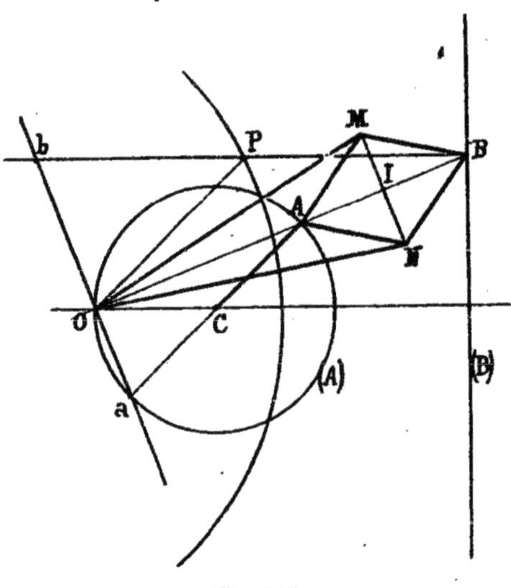

Fig. 268.

Proposons-nous de trouver le rapport de la vitesse v (B) du point B sur la droite (B) à la vitesse angulaire ω (A) du point A autour du centre C [2].

Si la perpendiculaire élevée en O à OA coupe en a et en b les normales aux trajectoires des points A et B, on a, d'après la formule (III),

$$\frac{v\,(\mathrm{B})}{v\,(\mathrm{A})} = \frac{d\,(\mathrm{B})}{d\,(\mathrm{A})} = \frac{\mathrm{B}b}{\mathrm{A}a},$$

[1] Si on appelle I le milieu de AB, on a

$$\mathrm{OA} \times \mathrm{OB} = (\mathrm{OI} - \mathrm{IA})(\mathrm{OI} + \mathrm{IB}) = \overline{\mathrm{OI}}^2 - \overline{\mathrm{AI}}^2 = (\overline{\mathrm{OM}}^2 - \overline{\mathrm{IM}}^2) - (\overline{\mathrm{AM}}^2 - \overline{\mathrm{IM}}^2) = \overline{\mathrm{OM}}^2 - \overline{\mathrm{AM}}^2,$$

quantité constante.

[2] *Nouv. Ann. de Math.* (1881, p. 456, et 1884, p. 199). Depuis que j'ai publié ce résultat, M. Liguine a fait une étude analogue (*Nouv. Ann. de Math.*, 1882, p. 153), relativement aux systèmes articulés de Hart et de Kempe qui transforment aussi le mouvement circulaire en mouvement rectiligne.

ou, puisque les angles OAa et OBb sont égaux,

$$\frac{v\,(C)}{v\,(A)} = \frac{OB}{OA}.$$

Or,

$$v\,(A) = \omega\,(A).\,AC.$$

Il vient donc

$$v\,(B) = \omega\,(A).\,AC.\frac{OB}{OA}.$$

Menons la parallèle OP à AC. Le triangle OPB semblable à OCA donne

$$\frac{AC}{OA} = \frac{BP}{OB}.$$

Donc

$$v\,(B) = \omega\,(A).\,BP.$$

Si on veut se rendre compte de la loi suivant laquelle varie ce rapport, il suffit de remarquer que, le triangle OPB semblable à OCA étant isocèle, on a $OP = PB$; le lieu du point P est donc la parabole qui a pour foyer le point O et pour directrice la droite (B).

CHAPITRE VI

COURBES GAUCHES

§ 1. — PRINCIPES GÉNÉRAUX

272. Tangente, normale et plan normal. — On appelle *courbe gauche* toute courbe qui n'est pas plane. La définition de la tangente en un point d'une telle courbe ne diffère pas de celle qu'on donne pour les courbes planes. C'est toujours la limite vers laquelle tend la droite unissant le point considéré à un point infiniment voisin pris sur la courbe. L'angle de deux tangentes infiniment voisines, c'est-à-dire l'angle des parallèles à ces deux tangentes, menées par un point quelconque, est dit l'angle de *contingence*.

Toute perpendiculaire menée à la tangente par le point de contact est une *normale*. Toutes les normales menées en un point de la courbe sont dans un même plan, le plan perpendiculaire à la tangente en ce point, qui est dit le *plan normal*.

273. Plan osculateur. Première définition. — La notion du plan osculateur naît de la considération de la distance d'un plan mené par un point de la courbe à un point infiniment voisin pris sur cette courbe.

Soit P le pied de la perpendiculaire abaissée du point M', infiniment voisin de M, sur le plan π mené par M (*fig.* 269). On a

$$M'P = MM' . \sin \widehat{M'MP}.$$

MM′ étant un infiniment petit de premier ordre, et l'angle M′MP étant généralement fini, M′P est aussi du premier ordre. Mais, si le plan considéré passe par la tangente MT, les droites MP et MM′ venant à la limite se confondre avec MT, l'angle M′MP est infiniment petit (du premier ordre en général), et M′P est du deuxième ordre.

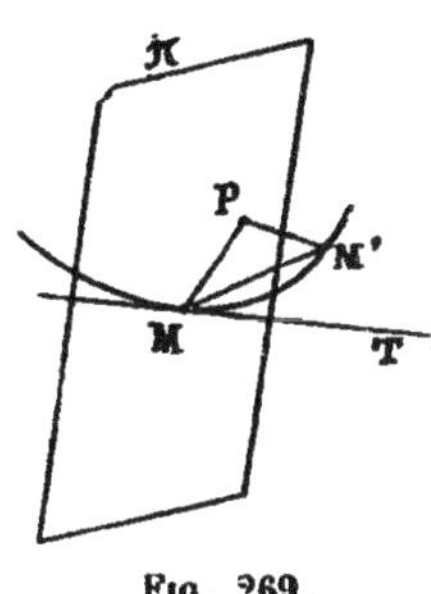

FIG. 269.

Du point P abaissons la perpendiculaire PQ sur MT (*fig.* 270), et joignons M′Q, qui est également perpendiculaire à MT. Comme on a

$$M'Q = MM' . \sin \widehat{M'MQ},$$

on voit que M′Q est un infiniment petit du deuxième ordre. Par suite, la distance M′P étant donnée par

$$M'P = M'Q . \sin \widehat{M'QP},$$

on voit que M′P sera aussi du deuxième ordre, à moins que l'angle M′QP ne soit infiniment petit, auquel cas M′P sera au moins du troisième ordre.

Or, l'angle M′QP mesure le dièdre formé par le plan MM′Q avec le plan MQP. Cet angle sera donc infiniment petit, si le plan MQP est la limite du plan MM′Q. C'est cette position limite du plan mené par la tangente MT et le point infiniment voisin M′ qui a reçu le nom de *plan osculateur* au point M.

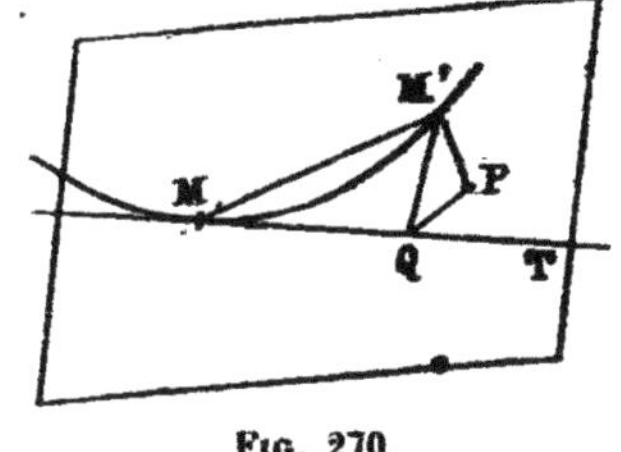

FIG. 270.

274. Deuxième définition. — On peut donner du plan osculateur diverses autres définitions équivalentes à celle-ci. Par exemple : le plan osculateur est la limite du plan mené par la tangente au point de contact parallèlement à une tangente infiniment voisine.

Pour faire voir que cette définition est équivalente à la précédente, projetons orthogonalement la figure sur un plan HK perpendiculaire à la tangente MT (*fig.* 271).

Le plan MM′*m*, dont, d'après la précédente définition, le plan osculateur est la limite, a pour trace sur le plan HK la droite mm' dont la limite est la tangente en m à la projection de la courbe. Ainsi, le plan osculateur est déterminé par la tangente Mm à la courbe MM' et la tangente $m\theta$ à la courbe mm'.

Considérons maintenant le plan mené par Mm et la parallèle MT'_1 à M'T' menée par M. Ce plan est parallèle au plan T'M'm' dont la trace sur le plan de projection est la tangente $m't'$ menée en m' à la courbe projetée mm'. La trace du plan considéré est donc la parallèle mt'_1 menée par m à $m't'$. Or, à la limite, $m't'$ et par suite mt'_1 se confondent avec $m\theta$. Donc, à la limite, le plan considéré se confond avec le plan osculateur.

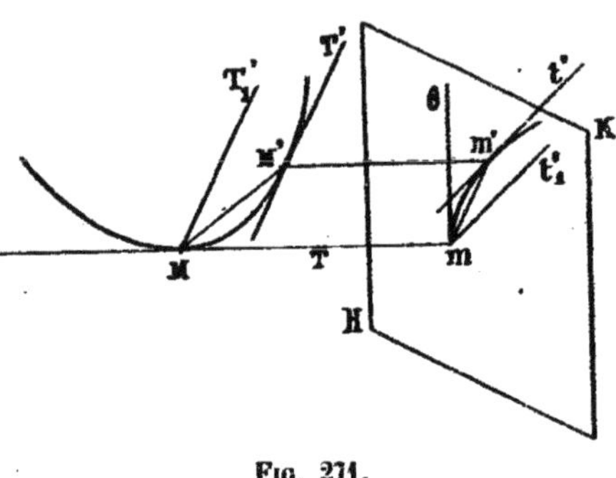

Fig. 271.

Remarque. — Le plan $MM'T'_1$ a constamment en commun avec le plan MTT'_1 la droite MT'_1. En outre, la droite MM' du premier a pour limite la droite MT du second. Le plan $MM'T'_1$ a donc même limite que le plan MTT'_1, c'est-à-dire qu'il tend aussi vers le plan osculateur en M.

Corollaire I. — Il résulte de là que, si l'on considère le cône C formé par les parallèles à toutes les tangentes d'une courbe gauche, menées par un point quelconque de l'espace, *le plan osculateur passant par une tangente à la courbe est parallèle au plan tangent au cône* C *le long de la génératrice correspondante*.

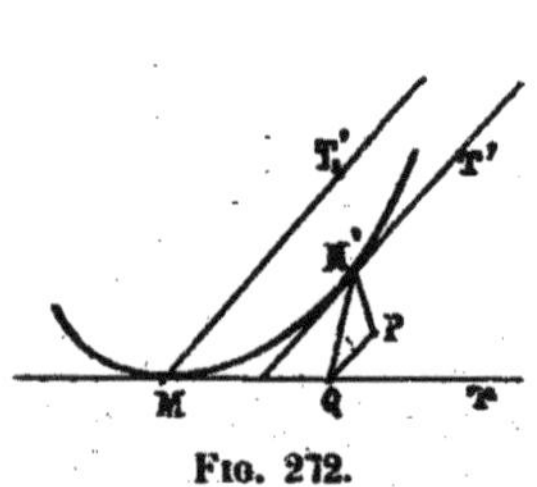

Fig. 272.

Puisque la limite de l'intersection de deux plans tangents à un cône infiniment voisin est une génératrice de ce cône, on déduit de là que *la limite de l'intersection du plan osculateur à une courbe gauche en* M *et du plan osculateur en un point infiniment voisin est la tangente en* M *à cette courbe*.

Corollaire II. — On voit aussi que *la plus courte distance de deux tangentes infiniment voisines est du troisième ordre*. Menons, en effet, par le point M la parallèle MT'_1 à M'T' (*fig*. 272). La plus courte distance des tangentes MT et M'T' est égale à la perpendiculaire M'P abaissée de M' sur le plan MTT'_1. Or, on a

$$M'P = M'Q . \sin M'QP.$$

M'Q, comme on l'a déjà vu au n° 273, est du deuxième ordre. En outre, puisque, d'après la deuxième définition, les plans MTT'_1 et MQM' ont même limite, savoir le plan osculateur, l'angle M'QP, qui mesure leur dièdre, est infiniment petit. Donc M'P est, au moins, du troisième ordre.

275. Troisième définition. — Le plan osculateur est encore la limite du plan passant par le point considéré et deux points infiniment voisins.

Soient M' et M″ deux points infiniment voisins du point M (*fig.* 273). Projetons la figure en $M_1M'_1M''_1$ sur un plan perpendiculaire à MM″. On voit que la projection de l'arc MM'M″ est nécessairement contenue dans l'angle infiniment petit $T_1M_1S''_1$, et, par suite, que la trace $M_1M'_1$ du plan MM'M″ est comprise M_1T_1 entre et $M_1S''_1$ ou, ce qui revient au même, que le plan MM'M″ est compris dans le plus petit des dièdres formés par les plans TMM″ et MM″T″.

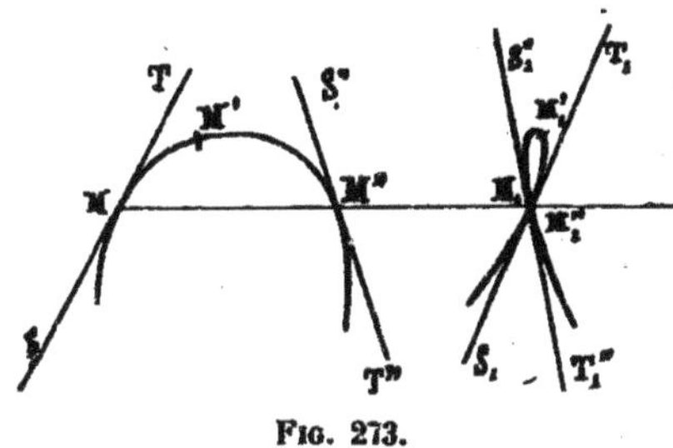

FIG. 273.

Or, d'après la première définition, le plan TMM″ a pour limite le plan osculateur en M. D'autre part, le plan MM″T″, passant par la parallèle à M″T″ menée par M, a également pour limite, d'après la remarque qui suit la deuxième définition, le plan osculateur en M. Donc, le plan MM'M″, compris dans le plus petit dièdre formé par ces deux plans, se confond aussi à la limite avec le plan osculateur en M.

Corollaire. — Le plan osculateur est traversé au point M *par la courbe*. Distinguons, en effet, par les notations (1) et (2) les deux régions de l'espace séparées par le plan MM'M″. Si la partie de la courbe en deçà du point M est dans la région (1), l'arc MM' est dans la région (2), l'arc M'M″ dans la région (1) et, enfin, l'arc au-delà de M″ dans la région (2). Passant à la limite, on voit que, par rapport au plan osculateur, les parties de la courbe en deçà et au-delà de M sont dans des régions opposées de l'espace.

276. Normale principale et binormale. — *Plan rectifiant.* — La normale à la courbe gauche située dans le plan osculateur porte le nom de *normale principale*, et la normale perpendiculaire au plan osculateur, celui de *binormale*.

On voit que l'angle de deux plans osculateurs est égal à l'angle des binormales correspondantes. Lorsque cet angle est infiniment petit, il prend le nom d'*angle de torsion*.

Dans le trièdre trirectangle formé par la tangente MX, la normale principale MY et la binormale MZ, la face MXY est, d'après la définition même de la normale principale, le plan osculateur ; la face MYZ est le plan normal. La troisième face MZX a reçu de Lancret le nom de plan *rectifiant*, justifié par une belle propriété découverte par ce géomètre (1).

277. Évaluation d'infiniment petits. — L'angle de contingence ε (n° 272) et l'angle de torsion η (n° 276), joints à l'arc infiniment petit MM' ou σ, permettent d'exprimer les divers infiniment petits à considérer autour du point M.

Le calcul de ces infiniment petits peut être fait soit par l'Analyse (2), soit par la Géométrie (3). Il est parfois assez délicat. Nous ne nous y arrêterons pas ici, nous contentant de donner quelques résultats et de dire que le moyen le plus simple de les obtenir consiste généralement à avoir recours au cône des parallèles aux tangentes, défini dans le corollaire I du n° 275.

La normale principale au point M' infiniment voisin de M fait avec
- le plan normal en M l'angle ε
- le plan osculateur en M l'angle η
- la normale principale en M l'angle $\sqrt{\varepsilon^2 + \eta^2}$ (Lancret).

(1) L'énoncé de cette propriété exige une notion qui ne sera définie que dans un des chapitres suivants ; mais nous allons le donner dès maintenant pour le lecteur déjà familiarisé avec les éléments de la théorie des surfaces.

Le plan rectifiant enveloppe une surface développable, dite *surface rectifiante*, dont les arêtes sont dites les *droites rectifiantes*. Cela dit, le théorème de Lancret est le suivant : *Dans le développement de la surface rectifiante, la courbe gauche considérée devient une droite.*

Cette propriété explique le terme, choisi par Lancret, de surface rectifiante.

On voit que, pour une courbe plane, la surface rectifiante est le cylindre dont cette courbe plane est la section droite.

(2) Voir le *Cours d'Analyse de l'École polytechnique*, de M. C. Jordan (2e édition, t. I, nos 473-480).

(3) Voir l'*Exposition géométrique des Propriétés générales des Courbes*, par Charles Ruchonnet (Lausanne).

La binormale au point M′ fait avec
- la binormale en M l'angle η
- la tangente en M l'angle $\frac{\varepsilon\eta}{2}$,
- le plan normal en M l'angle $\frac{\varepsilon\eta}{2}$.

La plus courte distance de deux tangentes infiniment voisines est donnée par $\frac{\varepsilon\eta\sigma}{12}$, la distance du point M′ au plan osculateur en M par $\frac{\varepsilon\eta\sigma}{6}$, la différence entre l'arc MM′ et sa corde par $\frac{\varepsilon^2\sigma}{24}$, etc.

278. Courbure et torsion. Rayons de courbure et de torsion. — Comme pour les courbes planes on appelle *courbure* la limite du rapport $\frac{\varepsilon}{\sigma}$.

La *torsion* est la limite du rapport $\frac{\eta}{\sigma}$ (1).

Les *rayons de courbure et de torsion* sont les inverses de ces limites. Nous les désignerons par les notations R_c et R_t. Nous avons donc

$$R_c = \text{Lim}\,\frac{\sigma}{\varepsilon}, \qquad R_t = \text{Lim}\,\frac{\sigma}{\eta}.$$

Lorsqu'on connaît, en un point d'une courbe, la tangente, la normale principale et la binormale, cette courbe est complètement définie, si on possède en outre la loi suivant laquelle la courbure et la torsion varient avec l'arc.

Remarquons immédiatement que nous avons

$$\frac{R_c}{R_t} = \text{Lim}\,\frac{\eta}{\varepsilon}.$$

279. Cercle osculateur et sphère osculatrice. — Comme dans le cas des courbes planes, on appelle *cercle osculateur* de la courbe au point M la limite du cercle passant par le point M et les points infiniment voisins M′, M″. D'après la troisième définition du plan osculateur (n° 275), on voit que le cercle osculateur se trouve dans ce plan et, par suite, que son centre se trouve sur la

(1) Certains auteurs emploient, au lieu du mot de *torsion*, qui est le plus fréquemment usité, celui de *seconde courbure*; d'autres, celui de *cambrure*.

normale principale. L'Analyse permet de démontrer immédiatement que la courbure de ce cercle est la même que celle de la courbe, précédemment définie. Aussi ce cercle reçoit-il le nom de *cercle de courbure*, et son centre celui de *centre de courbure*.

Elle montre, en outre, que le cercle osculateur est aussi la limite du cercle tangent en M à la courbe et passant par le point infiniment voisin M'.

On voit ainsi que, si Q est le pied de la perpendiculaire abaissée de M' sur la tangente MT, on a

$$R_c = \lim \frac{\overline{MM'}^2}{2M'Q}.$$

De même, la limite de la sphère passant par le point M et les trois points infiniment voisins M', M'' et M''' porte le nom de *sphère osculatrice*. On voit que cette sphère passe par le cercle osculateur. Son centre se trouve donc sur la perpendiculaire élevée au plan osculateur par le centre de courbure, droite qui a reçu le nom d'*axe de courbure*.

L'axe de courbure est la limite de la droite d'intersection de deux plans normaux infiniment voisins. On verra plus loin (nos 359 et 360) que cet axe admet dès lors une enveloppe (arête de rebroussement de la développable [1] enveloppée par le plan normal) que Lancret a nommée la *développée par le plan* de la courbe gauche considérée.

Le point où l'axe de courbure touche la développée par le plan est le centre de la sphère osculatrice, dont le rayon R_s est, d'ailleurs, donné par la formule

$$R_s^2 = R_c^2 + R_t^2 \left(\frac{dR_c}{ds}\right)^2.$$

280. Projection conique d'une courbe gauche. — Si on prend la projection conique d'une courbe gauche C sur un plan P, à partir d'un point O, c'est-à-dire si on prend l'intersection par ce plan P du cône de sommet O qui passe par la courbe C, on obtient une courbe plane *c* qui présente quelques particularités remarquables.

[1] *Surface polaire* de Monge.

D'une manière générale, la tangente en un point de la projection c est la projection de la tangente au point correspondant de la courbe C. Cette proposition est évidente. Mais, pour les points de contact des tangentes menées de O à la courbe, la détermination de la tangente qui résulterait de ce théorème devient illusoire, puisqu'alors la projection de la tangente se réduit à un point.

Soit donc M (*fig.* 274) le point de contact d'une des tangentes menées de O à la courbe c. La tangente en m étant la limite vers laquelle tend la corde mm', trace sur le plan P du plan OMM', se confond avec la trace de la limite de ce plan, c'est-à-dire (n° 273) avec la trace du plan osculateur en M. En outre, puisque la courbe C traverse ce plan osculateur (n° 275, *Cor.*), la courbe c est située de part et d'autre de $m\theta$. Enfin, tout autre plan que le plan osculateur mené par la tangente OM laissant la courbe C tout entière du même côté, toute droite menée par m dans le plan P doit laisser la courbe c tout entière du même côté, ce qui montre *que le point m est un point de rebroussement de la courbe c.*

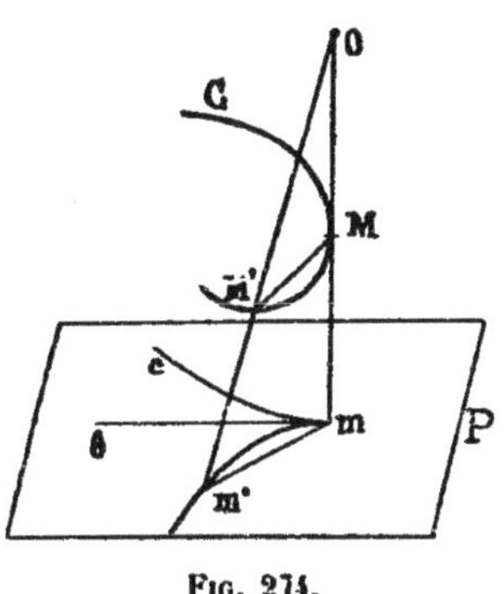

Fig. 274.

En particulier, *la projection orthogonale de la courbe sur le plan normal au point* M *présente en* M *un point de rebroussement.*

Prenons maintenant sur la courbe C un point M tel que la tangente en M ne passe plus au point O, mais que le plan osculateur en M passe encore au point O. La tangente en m à la courbe projetée c, étant la projection de la tangente en M à la courbe C, se confond avec la trace du plan mené par cette tangente et le point O, c'est-à-dire avec la trace du plan osculateur en M. Il résulte de là, comme précédemment, que la courbe c est de part et d'autre de sa tangente en m. Mais, comme ici OM n'est pas tangente à C, tout plan mené par OM est traversé par cette courbe ; donc, en projection, toute droite menée par m est traversée par la courbe c. *Le point m est alors un point d'inflexion de la courbe c.*

En particulier, *la projection orthogonale de la courbe sur le plan rectifiant au point* M *présente en* M *un point d'inflexion.*

§ 2. — Application a l'hélice

A. — *Hélice cylindrique générale*

281. Définitions. — On appelle hélice une courbe tracée sur un cylindre et coupant les génératrices de ce cylindre sous un angle constant.

Si la section droite du cylindre est une courbe fermée, l'arc de l'hélice compris entre deux points consécutifs A et A′ situés sur une même génératrice est dit une *spire*, la distance AA′ de ces deux points étant le *pas* de l'hélice.

Nous appellerons *angle* de l'hélice le complément de l'angle constant que fait chaque tangente à cette hélice avec la génératrice passant par son point de contact, c'est-à-dire l'angle α que fait chaque tangente avec le plan d'une section droite.

Si l'angle α est nul, l'hélice se confond avec une section droite du cylindre ; s'il est droit, elle se confond avec une génératrice. S'il est supérieur à 90°, on peut le remplacer par son supplément, en ayant soin de distinguer le sens dans lequel l'hélice s'enroule sur le cylindre.

Prenons le cas d'un cylindre ayant pour section droite une courbe fermée, et supposons un observateur placé debout sur un plan de section droite du cylindre, *à l'intérieur* de ce cylindre. Imaginons, en outre, un point *s'élevant* sur l'hélice par rapport à cet observateur. Si, pour cet observateur, la projection du point sur le plan de section droite se déplace dans le sens *direct* (de droite à gauche, comme sur la figure 275), nous dirons que l'hélice est *directe* ou *à torsion positive ;* si cette projection se déplace dans le sens *rétrograde* (de gauche à droite), nous dirons que l'hélice est *rétrograde* ou *à torsion négative*. Peu importe, d'ailleurs, le sens dans lequel on a supposé placé l'observateur, car, s'il se retourne bout pour bout, le sens du mouvement du point *s'élevant* par rapport à lui change en même temps, de sorte que le sens du déplacement de la projection de ce point par rapport à cet observateur reste le même.

282. Développement. — Prenons sur l'hélice deux points M et M′ infiniment voisins (*fig.* 275). Les génératrices de ces points rencontrent la section droite du point A en m et en m'. Menons aussi par le point M le plan de la section droite qui coupe $M'm'$ au point m''. Si nous supposons menées les cordes MM' et Mm'', nous avons

$$\frac{MM'}{Mm''} = \frac{1}{\cos M'Mm''}, \qquad \frac{m''M'}{Mm''} = \text{tang } M'Mm''.$$

Si nous posons arc $Am = s$, arc $AM = S$, $mM = z$, nous avons aux infiniment petits du troisième ordre près, $\Delta s = mm' = Mm''$, $\Delta S = MM'$, et rigoureusement $\Delta z = m''M'$. En outre, puisque, à la limite, $M'Mm'' = \alpha$, les égalités précédentes donnent

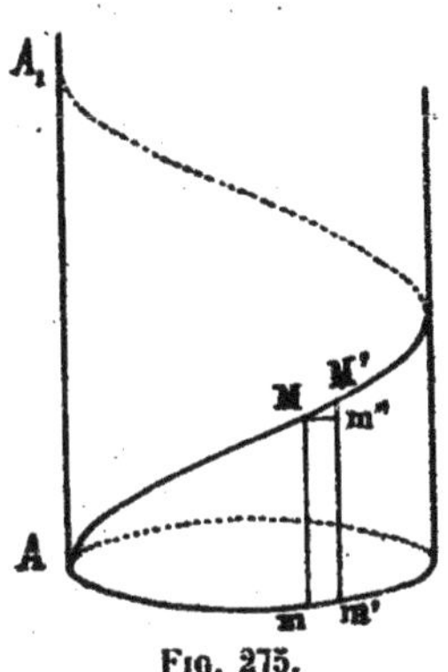

Fig. 275.

$$\text{Lim } \frac{\Delta S}{\Delta s} = \frac{1}{\cos \alpha}, \qquad \text{Lim } \frac{\Delta z}{\Delta s} = \text{tang } \alpha,$$

ou, en remplaçant les accroissements infiniment petits par les différentielles correspondantes, pour une variable indépendante quelconque,

$$\frac{dS}{ds} = \frac{1}{\cos \alpha}, \qquad \frac{dz}{ds} = \text{tang } \alpha,$$

d'où, en intégrant et remarquant que, si on compte les arcs à partir du point A, on a, pour $s = 0$, $S = 0$ et $z = 0$,

$$S = \frac{s}{\cos \alpha}. \qquad z = s. \text{ tang } \alpha.$$

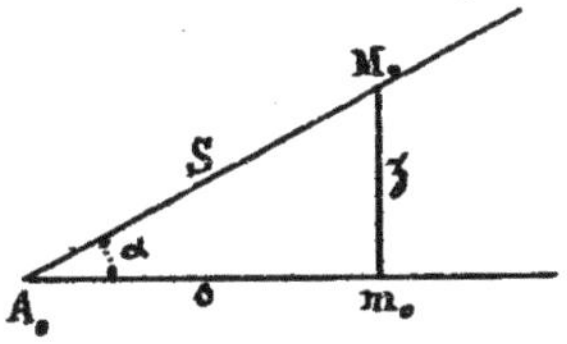

Fig. 276.

Portons sur une droite, à partir du point A_0, le segment A_0m_0 égal à l'arc Am ou S, et élevons en m_0 à cette droite la perpendiculaire m_0M_0 égale à mM ou z (*fig.* 276). D'après la seconde des formules ci-dessus, on a

$$\frac{m_0M_0}{A_0m_0} = \text{tang } \alpha,$$

ce qui prouve que le lieu du point M_0 est la droite A_0M_0 inclinée à l'angle α sur A_0m_0. En d'autres termes, si on développe le cylindre sur un plan, l'hélice se transforme en une droite inclinée à l'angle α sur la droite transformée de la section droite du cylindre.

283. Tangente. Plan osculateur. — Si la tangente en M coupe le plan de la section droite prise pour base au point T (*fig.* 277), on a $m\text{T} = m\text{M}.\cot g\,\alpha = \text{arc A}m$, ce qui montre que le lieu du point T est la développante de la courbe Am, partant du point A.

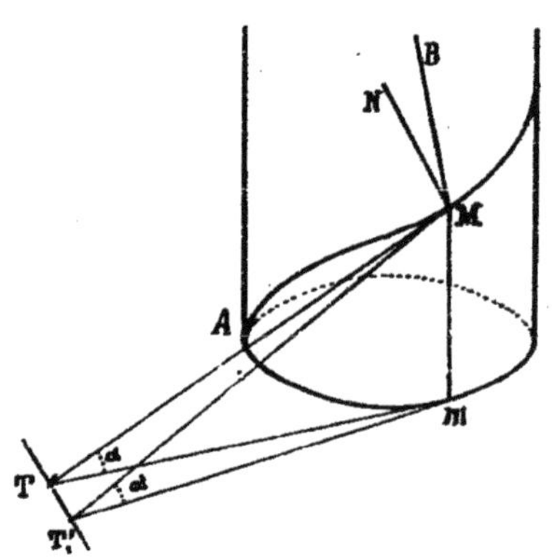

Fig 277.

Cherchons le plan osculateur au point M. Pour cela, partons de la troisième définition (n° 275), c'est-à-dire menons la parallèle MT'_1 à la tangente en un point infiniment voisin de M et cherchons la limite du plan MTT'_1. Puisque MT'_1 est aussi inclinée à l'angle α sur le plan de base, on a $m\text{T}'_1 = m\text{T}$. Le triangle $m\text{TT}'_1$ étant isocèle, le lieu du point T'_1 est le cercle de rayon mT. La limite de la droite TT'_1, tangente à ce cercle, est donc la perpendiculaire élevée en T à mT dans le plan de base. Or, cette droite est parallèle à la normale en M à la section droite du cylindre. Cette normale MN détermine donc avec la tangente MT le plan osculateur en M. Comme, d'ailleurs, cette normale est perpendiculaire à MT, elle constitue la normale principale de l'hélice. Nous n'avons plus qu'à élever en M une perpendiculaire MB au plan MNT pour avoir la binormale. Le plan MTB est le plan rectifiant. Puisque MB et MT sont perpendiculaires à MN, ce plan se confond avec le plan tangent au cylindre. La surface rectifiante est donc bien ici le cylindre lui-même. On retrouve ainsi le résultat obtenu au numéro précédent, à titre de cas particulier du théorème de Lancret [1].

D'après la remarque qui termine le n° 280, on voit que la projection orthogonale de l'hélice sur le plan tangent en M au cylindre présente en ce point une inflexion.

[1] Voir le renvoi du n° 276.

284. Rayons de courbure et de torsion. — Reprenons les formules du n° 278

$$R_c = \text{Lim} \frac{dS}{\varepsilon}, \qquad R_t = \text{Lim} \frac{dS}{\eta}.$$

Nous avons ici, d'après le n° 282,

$$dS = \frac{ds}{\cos \alpha}.$$

Appelons φ l'angle des tangentes aux points infiniment voisins m et m' de la courbe de base. Nous avons, en appelant ρ le rayon de courbure de cette courbe au point m,

$$ds = \rho.\varphi.$$

Il vient donc.

$$R_c = \text{Lim} \frac{\rho.\varphi}{\cos \alpha.\varepsilon} = \frac{\rho}{\cos \alpha} \cdot \text{Lim} \frac{\varphi}{\varepsilon}, \qquad R_t = \frac{\rho}{\cos \alpha} \cdot \text{Lim} \frac{\varphi}{\eta}.$$

Pour trouver la première de ces limites, menons, par un point O quelconque du plan de base, des parallèles aux tangentes à la courbe en M et en M', dont l'angle est ε, sur lesquelles nous prenons les segments égaux OM_0 et OM'_0 (*fig.* 278). Les projections Om_0 et Om'_0 de OM_0 et de OM'_0 sur le plan de base sont parallèles aux tangentes en m et en m' à la courbe de base, c'est-à-dire font entre elles l'angle φ. Cela posé, la figure $M_0M'_0m_0m'_0$ étant un rectangle, on a

$$M_0M'_0 = m_0m'_0,$$

ou

$$2OM_0.\sin \frac{\varepsilon}{2} = 2Om_0.\sin \frac{\varphi}{2},$$

ou encore, puisque le sinus d'un arc infiniment petit ne diffère de cet arc que d'une quantité du troisième ordre,

$$\text{Lim}\, OM_0.\varepsilon = \text{Lim}\, Om_0.\varphi,$$

c'est-à-dire

$$\text{Lim} \frac{\varphi}{\varepsilon} = \frac{OM_0}{Om_0} = \frac{1}{\cos \alpha}.$$

Il vient donc

$$(1) \qquad R_c = \frac{\rho}{\cos^2 \alpha}.$$

Pour avoir maintenant R_t, menons de même les parallèles ON_0 et ON'_0 aux binormales en M et en M', c'est-à-dire les perpendiculaires élevées à OM_0 et à OM'_0 respectivement dans les plans OM_0m_0 et $OM'_0m'_0$. Les segments ON_0 et ON'_0, supposés aussi égaux, qui se projettent en On_0 et On'_0 sur les prolongements de Om_0 et Om'_0 font entre eux l'angle η, et l'on a, comme précédemment,

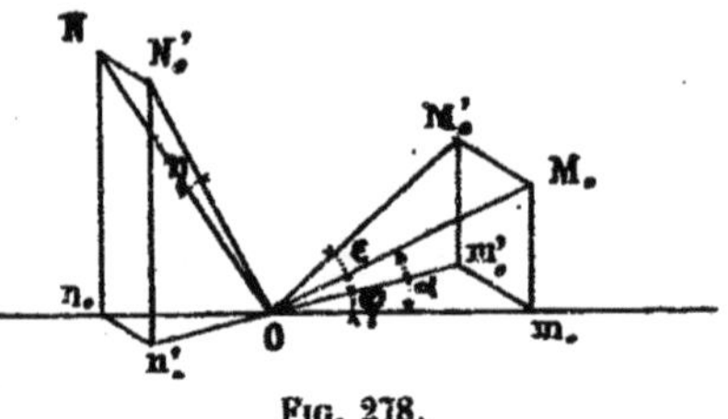

Fig. 278.

$$2.ON_0 . \sin\frac{\eta}{2} = 2. On_0 . \sin\frac{\varphi}{2},$$

ou

$$\text{Lim}\, ON_0 . \eta = \text{Lim}\, On_0 . \varphi,$$

c'est-à-dire

$$\text{Lim}\,\frac{\varphi}{\eta} = \frac{ON_0}{On_0} = \frac{1}{\sin\alpha}.$$

Par suite,

$$(2) \qquad R_t = \frac{\rho}{\cos\alpha \sin\alpha}.$$

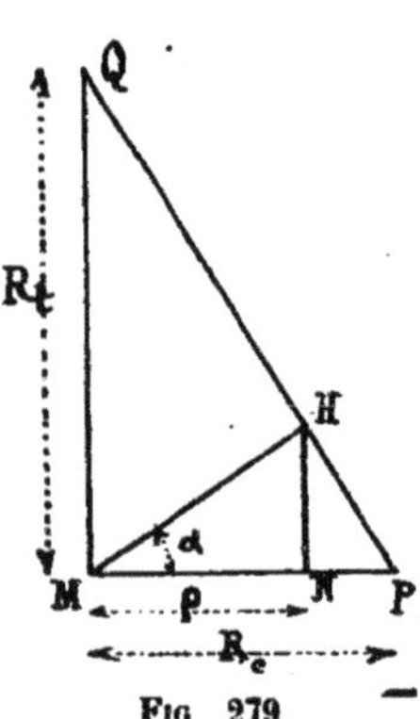

Fig 279.

De (1) et (2) on déduit [1]

$$(3) \qquad \frac{R_c}{R} = \operatorname{tg}\alpha.$$

Il est facile, connaissant le rayon de courbure ρ de la section droite du cylindre en M et l'angle α, de construire R_c et R_t.

Par les extrémités M et N du segment MN égal à ρ (*fig.* 279), élevons à cette droite des perpendiculaires MQ et NH. Tirons la droite MH faisant avec MN l'angle α et élevons à MH en H une perpendiculaire qui coupe MN en P et MQ en Q. On voit immédiatement sur la figure que l'on a

$$MP = R_c \qquad \text{et} \qquad MQ = R_t.$$

[1] M. J. Bertrand a démontré que l'hélice est la seule courbe dont le rapport de la courbure à la torsion soit constant.

285. Rayon de la sphère osculatrice. — Nous avons vu, au n° 279, que le rayon R_s de la sphère osculatrice est donné par la formule

$$R_s^2 = R_c^2 + R_t^2 \left(\frac{dR_c}{dS}\right)^2.$$

Or,

$$\frac{dR_c}{dS} = \frac{dR_c}{ds} \cdot \frac{ds}{dS} = \frac{dR_c}{ds} \cdot \cos\alpha.$$

Mais, d'après la formule (1),

$$\frac{dR_c}{ds} = \frac{d\rho}{ds} \cdot \frac{1}{\cos^2\alpha}.$$

Il vient donc

$$\frac{dR_c}{dS} = \frac{d\rho}{ds} \cdot \frac{1}{\cos\alpha}.$$

Si nous appelons ρ_1 le rayon de courbure de la développée de la section droite au point M, nous avons, d'après le Corollaire I du n° 254,

$$d\rho = \rho_1 \varphi$$

φ étant l'angle de contingence de la section droite au point M. De même

$$ds = \rho\varphi.$$

Par suite,

$$\frac{d\rho}{ds} = \frac{\rho_1}{\rho},$$

et

$$\frac{dR_c}{dS} = \frac{\rho_1}{\rho\cos\alpha}.$$

Portant cette valeur dans la formule ci-dessus où on remplace R_c et R_t par leurs valeurs tirées de (1) et (2), on a

$$R_s^2 = \frac{1}{\cos^4\alpha}\left(\rho^2 + \frac{\rho_1^2}{\sin^2\alpha}\right).$$

B. — *Hélice ordinaire*

286. Éléments fondamentaux. — Lorsque le cylindre sur lequel est tracée l'hélice est de révolution, l'hélice est dite *ordinaire*.

Dans ce cas, r étant le rayon du cylindre, le pas H est donné par

$$H = 2\pi r . \operatorname{tg} \alpha. \tag{1}$$

La quantité $\frac{H}{2\pi}$, que nous représenterons par h, est dite le *pas réduit* de l'hélice. On voit, d'après la convention du n° 281, que ce pas est positif ou négatif suivant que l'hélice est directe ou rétrograde.

Nous avons donc

$$h = r . \operatorname{tg} \alpha, \tag{2}$$

d'où

$$\operatorname{tg} \alpha = \frac{h}{r}.$$

Si donc z est la distance verticale de deux points de l'hélice dont les projections horizontales sont séparées sur le cercle de base par l'arc s, on a aussi

$$z = \frac{h}{r} s. \tag{3}$$

Tout ce qui a été dit précédemment à propos de l'hélice générale peut être répété à propos de l'hélice ordinaire. La seule particularité à signaler dans ce dernier cas se rapporte à l'expression des rayons R_c, R_t, R_s. La formule (1) du n° 284 devient ici

$$R_c = \frac{r}{\cos^2 \alpha}.$$

Donc R_c est constant. La formule (2) du même numéro montre que R_t est constant (1). Quant à la première formule écrite au n° 285, elle montre, puisque R_c est constant, c'est-à-dire $\frac{dR_c}{ds} = 0$, que $R_s = R_c$. En d'autres termes, le centre de la sphère osculatrice se confond, dans ce cas, avec le centre du cercle osculateur.

(1) M. Puiseux a démontré que l'hélice ordinaire est la seule courbe gauche dont la courbure et la torsion sont constantes.

287. Projection orthogonale de l'hélice sur un plan parallèle à l'axe du cylindre. — Ayant pris les axes de coordonnées Ox et Oy marqués sur la figure 280, on a

$$x = Om' = r \sin \omega$$
$$y = m'M = \text{arc } O_0m_0 . \operatorname{tg} \alpha = r\omega . \operatorname{tg} \alpha,$$

ou, en posant $r \operatorname{tg} \alpha = a$,

$$y = a\omega.$$

Éliminant ω entre les expressions de x et de y, on a

$$x = r \sin \frac{y}{a}.$$

La projection considérée est donc une sinusoïde.

Il est très facile de construire cette projection. Bornons-nous à

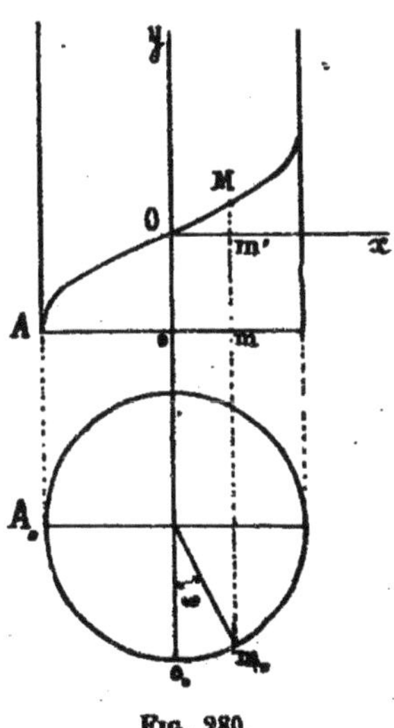

Fig. 280.

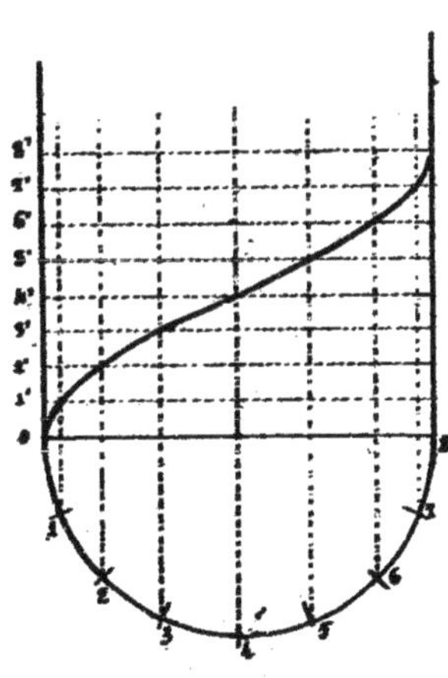
Fig. 281.

l'indiquer pour une demi-spire (*fig.* 281). Divisons le demi-cercle de base et la hauteur de la demi-spire en un même nombre de parties égales, huit par exemple. Les verticales des points 1, 2, 3,..., 8 coupent respectivement les horizontales des points 1′, 2′, 3′,..., 8′ en des points qui appartiennent à la sinusoïde demandée.

288. Pojection oblique de l'hélice sur un plan perpendiculaire à l'axe du cylindre. — Prenant un plan vertical parallèle à la direction des projetantes, nous pouvons toujours choisir le plan horizontal de façon à le faire passer par le point A situé sur la génératrice de contour apparent du cylindre (*fig.* 282).

Pour avoir l'ombre du point M nous n'avons qu'à mener par ce point la parallèle MM_1 au rayon lumineux dont la trace M_0 sur le

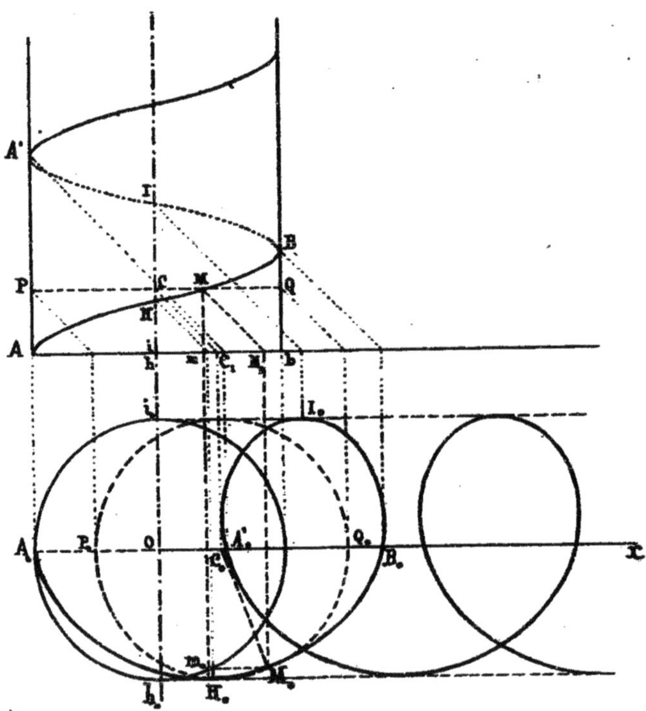

Fig. 282.

plan horizontal est le point cherché. En répétant cette construction pour les divers points de la spire AHBIA', on obtient son ombre $A_0H_0B_0I_0A'_0$ comprise entre les tangentes en h_0 et i_0 au cercle de base, et qui se répète de même pour les autres spires.

Afin de définir la nature de cette courbe, projetons en P_0Q_0 le cercle de section droite PQ passant par M. Le centre C de ce cercle se projette en C_0.

Appelons θ l'angle que les projetantes font avec le plan horizontal, z la hauteur du plan PQ au-dessus de ce plan. Nous avons

$$OC_0 = iC_1 = z.\ \mathrm{cotg}\,\theta,$$

puis

$$\text{arc } P_0M_0 = \text{arc } PM = \text{arc } Am = z.\operatorname{cotg}\alpha.$$

Par suite, si nous posons $OC_0 = x$, $\widehat{OC_0M_0} = \omega$, nous avons

$$x = z \operatorname{cotg}\theta$$
$$r\omega = z \operatorname{cotg}\alpha,$$

d'où

$$\omega = \frac{x}{r} \cdot \frac{\operatorname{tg}\theta}{\operatorname{tg}\alpha} = \frac{x}{k},$$

k étant une longueur constante.

Ainsi, la courbe projetée peut être considérée comme engendrée par un point M_0 d'un cercle dont le centre C_0 décrit la droite Ox, tandis qu'il tourne lui-même autour de ce centre d'angles proportionnels à OC_0. Ce lieu est ce qu'on appelle une cycloïde. Cette cycloïde est ordinaire, allongée ou raccourcie, selon que $\frac{\operatorname{tg}\theta}{\operatorname{tg}\alpha}$ est égal, supérieur ou inférieur à 1, c'est-à-dire selon que θ est égal, supérieur ou inférieur à α.

289. Hélice osculatrice. — De toutes les courbes gauches, l'hélice ordinaire est la seule, nous l'avons déjà dit, dont la courbure et la torsion soient constantes, c'est-à-dire celle dont l'allure est le plus uniforme. A ce point de vue, elle correspond, dans l'espace, au cercle, dans le plan ; celui-ci peut, d'ailleurs, être considéré comme sa limite lorsque l'angle de l'hélice se réduit à zéro.

Par analogie avec le cas du plan, on définira donc l'*hélice osculatrice* en un point d'une courbe, celle qui, ayant en ce point même tangente et même normale principale que la courbe, a, en outre, même rayon de courbure R_c et même rayon de torsion R_t. Tous les éléments de la courbe et de l'hélice qui dépendent seulement de R_c et de R_t, et non des dérivées de ces quantités par rapport au paramètre variable, seront les mêmes. Par exemple, la droite rectifiante sera la même pour les deux courbes, mais non la sphère osculatrice.

La droite rectifiante, considérée comme se rapportant à l'hélice, est une génératrice du cylindre de révolution sur laquelle cette hélice est tracée ; elle est donc parallèle à l'axe de ce cylindre qui peut être dit aussi l'*axe de l'hélice*. On voit donc que l'axe de l'hélice osculatrice est parallèle à la droite rectifiante au point considéré.

Il est très facile, d'ailleurs, de déterminer complètement cet axe. En effet, d'une part, il rencontre la normale principale, de l'autre, il est parallèle au plan rectifiant (n° 283). Il suffit donc d'avoir la distance de cet axe au point considéré, distance qui est égale au rayon r du cylindre de révolution sur lequel est tracée l'hélice, ainsi que l'angle que cet axe fait avec la tangente, ou, ce qui revient au même, le complément α de cet angle. Or, les formules (1) et (2) du n° 284, savoir

$$R_c = \frac{r}{\cos^2\alpha}, \qquad \frac{R_c}{R_t} = \operatorname{tg}\alpha,$$

donnent ici

$$\operatorname{tg}\alpha = \frac{R_c}{R_t}, \; r = \frac{R_c\, R_t^2}{R_c^2 + R_t^2},$$

d'où l'on tire α et r.

A la limite, lorsque la courbe est plane, c'est-à-dire sa torsion nulle, ou R_t infini, les formules donnent

$$\alpha = 0, \qquad r = R_c,$$

c'est-à-dire que l'hélice osculatrice se confond avec le cercle osculateur, comme cela devait être.

La torsion de la courbe étant la même que celle de son hélice osculatrice, on voit, en se reportant au dernier alinéa du n° 281, comment on peut, en chaque point de la courbe, définir le sens de sa torsion.

CHAPITRE VII

SURFACES EN GÉNÉRAL

---

§ 1. — Plan tangent et normale

290. Plan tangent. Normale. — Nous commencerons par rappeler quelques principes qui ont été établis dans le *Cours d'Analyse*. Si sur une surface dont l'équation est

$$F(X, Y, Z) = 0,$$

on prend un point (x, y, z) et un point infiniment voisin $(x + dx, y + dy, z + dz)$, quelle que soit la manière dont ce second point tend vers le premier, c'est-à-dire quelle que soit la courbe qu'il décrit sur la surface, la droite qui joint ces deux points se trouve à la limite dans le plan dont l'équation est

$$(X - x) F'_x + (Y - y) F'_y + (Z - z) F'_z = 0.$$

Autrement dit, toutes les courbes tracées sur une surface à partir d'un point donné ont en ce point des tangentes situées dans un même plan [1]. C'est ce plan qui a reçu le nom de *plan tangent*. On dit qu'il *touche* la surface au point considéré, qui prend le nom de *point de contact*.

[1] Cette démonstration peut être faite aussi par la Géométrie pure. Voir notamment le *Traité de Géométrie* de Rouché et de Comberousse (6e édition, t. II, p. 224, n° 881).

La perpendiculaire élevée au plan tangent par son point de contact est la *normale* à la surface. Le point où elle est perpendiculaire au plan tangent est dit son *pied* ou son *point d'incidence.*

Tout plan passant par la normale est dit *plan normal;* un tel plan est perpendiculaire au plan tangent. La section qu'il fait dans la surface est dite une *section normale* au point considéré.

291. Surfaces enveloppes. — La détermination d'une surface dans l'espace peut dépendre de paramètres variables entrant dans son équation. Supposons d'abord qu'il n'en intervienne qu'un. On a ainsi un système *simplement infini.* Ayant choisi une surface S de ce système, on peut donner au paramètre variable λ un accroissement infiniment petit $d\lambda$, ce qui détermine dans le système une surface S′ infiniment voisine de S. Ces deux surfaces se coupent suivant une certaine courbe qui, lorsque $d\lambda$ tend vers zéro, tend, sur la surface S, vers une position limite C qui est dite la *caractéristique* de S. Le lieu géométrique des caractéristiques C est une surface Σ_1 qui est appelée l'*enveloppe* des surfaces S, et pour rappeler qu'il s'agit ici d'un système simplement infini, nous dirons que cette enveloppe Σ_1 est de *première espèce.*

L'analyse permet de voir immédiatement que *la surface* S *et l'enveloppe* Σ_1 *ont même plan tangent en chaque point de la caractéristique* C. On dit qu'elles se *raccordent* le long de cette courbe.

Supposons maintenant que la détermination de la surface dépende de deux paramètres variables λ et μ, auquel cas le système est dit *doublement infini.* Si, donnant à l'un des paramètres, μ par exemple, une certaine valeur fixe, on considère λ comme seule valeur, on obtient sur S une certaine caractéristique que nous désignerons par C_μ. De même, laissant λ fixe et faisant varier μ, on obtient la caractéristique C_λ qui rencontre C_μ au point M.

Le lieu des points M est une certaine surface Σ_2 qui est encore désignée par le nom d'*enveloppe;* mais pour rappeler qu'il s'agit ici d'un système doublement infini, nous dirons qu'une telle enveloppe est de *seconde espèce* (1).

L'Analyse permet aussi de voir que *la surface* S *et l'enveloppe* Σ_2

(1) Rappelons que l'équation de l'enveloppe Σ_1 de la surface S dont l'équation est $F(x, y, z, \lambda) = 0$ est donnée par l'élimination de λ entre cette équation et sa dérivée par rapport à λ, et que l'équation de l'enveloppe Σ_2 de la surface S dont l'équation est $F(x, y, z, \lambda, \mu) = 0$ est donnée par l'élimination de λ et de μ entre cette équation et ses dérivées prises respectivement par rapport à λ et à μ.

ont même plan tangent au point M. On dit qu'elles se touchent en ce point.

Si, donnant à λ une valeur fixe, on fait varier μ de $-\infty$ à ∞, on obtient une enveloppe $\Sigma_{1\lambda}$ de première espèce. Toutes ces surfaces correspondant aux valeurs de λ comprises de $-\infty$ à ∞ admettent elles-mêmes une enveloppe de première espèce qui n'est autre que Σ_2. De même Σ_2 peut être considéré comme l'enveloppe de première espèce des enveloppes de première espèce $\Sigma_{1\mu}$ correspondant aux diverses valeurs attribuées à μ.

En particulier, toute surface pourra être considérée comme l'enveloppe de seconde espèce de ses plans tangents, comme l'enveloppe de première espèce des cônes qui lui sont circonscrits et qui ont leurs sommets sur une courbe donnée, etc.

292. Application. Théorème de Malus. — Comme application de ce qui précède, nous allons donner une démonstration élémentaire du théorème de Malus, pris dans son cas le plus simple, celui de la réflexion d'un faisceau lumineux issu d'un point.

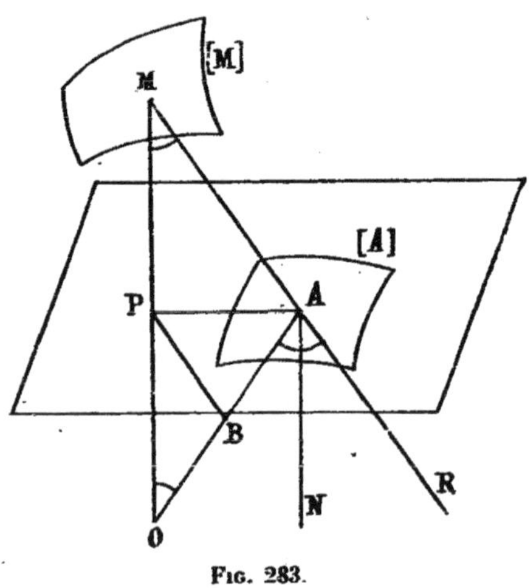

Fig. 283.

Imaginons que de chacun des points A d'une surface [A], comme centre, nous décrivions une sphère S_A passant par un point fixe O (*fig.* 283). A partir de sa position actuelle nous pouvons déplacer le point A sur la surface [A] dans une infinité de directions. Par suite, la détermination de la sphère S_A dépend de deux paramètres. Elle admet donc une enveloppe de seconde espèce que nous désignerons par [M] en appelant M le point où S_A touche cette enveloppe. Pour déterminer le point M, considérons deux sphères $S_{A'}$ et $S_{A''}$ dont les centres A′ et A″ soient infiniment voisins de A. Les trois sphères S_A, $S_{A'}$ et $S_{A''}$ se coupent en deux points symétriques par rapport au plan AA′A″. Puisque l'un de ces points est, d'après la définition même, le point O, l'autre sera le symétrique du point O par rapport au plan AA′A″. Mais, à la limite, ce plan devient le plan tangent à la surface [A] au point A. Donc la limite du second point commun aux deux sphères, qui est le point M cherché, est le symétrique du point O par rapport au plan tangent en A.

Ainsi, *la surface* [M] *est le lieu des symétriques du point fixe* O *par rapport aux plans tangents à la surface* [A].

La normale MR à la surface [M] se confond, en vertu du théorème ci-dessus rappelé, avec la normale en M à la sphère S_A. Elle passe donc par le centre A de cette sphère.

Les segments AM et AO sont égaux comme rayons d'une même sphère; le triangle AMO est isocèle, et on a $\widehat{AMO} = \widehat{AOM}$. Mais la normale AN à la surface [A], étant parallèle à OM, est dans le plan AOM. Par suite, $\widehat{OAN} = \widehat{AOM}$, $\widehat{RAN} = \widehat{AMO}$, d'où $\widehat{OAN} = \widehat{RAN}$. Ainsi, d'une part, le plan OAR passe par la normale AN à la surface [A], de l'autre, les angles OAN et RAN sont égaux. Il en résulte, d'après les lois bien connues de la réflexion, que, si OA est un rayon lumineux issu de O et tombant sur la surface [A] prise pour surface réfléchissante, le rayon réfléchi est dirigé suivant AR. De là, le théorème de Malus:

Si des rayons lumineux issus du point O *se réfléchissent sur la surface* [A], *ils sont, après réflexion, normaux à une même surface* (¹).

Cette surface est la surface [M] que nous venons de définir point par point.

Corollaire I. Normale à la surface podaire. — Le point P milieu de OM où cette droite rencontre le plan tangent en A à la surface [A] n'est autre que le pied de la perpendiculaire abaissée de O sur ce plan tangent. Le lieu [P] de ce point est dit la *surface podaire* de la surface [A] pour le point O. Or, puisque $OP = \frac{OM}{2}$, cette surface [P] est homothétique de la surface [M] par rapport au point O. La normale en P est donc parallèle à MA, c'est-à-dire qu'elle rencontre OM au point B tel que $OB = \frac{OA}{2}$. On a ainsi la généralisa-

(¹) Le théorème de Malus est encore vrai dans le cas de la réfraction. Dupin l'a généralisé en supposant les rayons incidents non plus issus d'un même point, mais normaux à une même surface comme ils le sont après une première réflexion ou réfraction.

tion, pour l'espace, de la construction déjà obtenue pour les podaires planes (n° 269).

Corollaire II. Détermination des points brillants pour un œil situé à distance finie. — Les points brillants d'une surface [A] pour un œil O sont les points d'incidence des rayons lumineux, issus d'une source lumineuse S, qui après réflexion sur la surface [A] viennent passer par le point O. En raison de la réversibilité de la marche des rayons, on peut dire aussi que ce sont les points d'incidence des rayons issus de O, qui, après réflexion sur [A] vont passer par le point S. Or, d'après le théorème précédent, ces rayons réfléchis sont normaux à la surface [M]. On aura donc les rayons issus de S qui, après réflexion sur [A], iront passer par O en prenant les normales que l'on peut mener de S à la surface [M]. Les points où ces normales rencontreront la surface [A] seront les points brillants de cette surface [1].

Cette construction est encore valable lorsque le point S est rejeté à l'infini dans une direction donnée, ou encore si le point S restant à distance finie, le point O est rejeté à l'infini dans une direction donnée, puisqu'on peut intervertir les rôles des points O et S ; mais elle devient illusoire lorsque ces points sont à la fois à l'infini, parce qu'alors la surface [M] est rejetée à l'infini.

§ 2. — Courbure

293. Sens de la courbure. Indicatrice. — On sait que si une surface est rapportée à sa normale en M prise pour axe des z et à deux axes rectangulaires pris dans le plan tangent pour axes des x et des y, le z des points de la surface peut, en général, être, dans une certaine région autour du point M, développé en une série de la forme

$$z = \frac{\alpha}{2}x^2 + \beta xy + \frac{\gamma}{2}y^2 + R_3, \qquad \text{où} \qquad \begin{cases} \alpha = \left(\dfrac{\partial^2 z}{\partial x^2}\right)_0, \\ \beta = \left(\dfrac{\partial^2 z}{\partial x \partial y}\right)_0, \\ \gamma = \left(\dfrac{\partial^2 z}{\partial y^2}\right)_0, \end{cases}$$

[1] Il va de soi que certains de ces points brillants peuvent être virtuels, c'est-à-dire non vus du point O. Pour qu'un point A soit un point brillant réel, il faut évidemment que la droite OA et la droite SA ne rencontrent la surface [A] en aucun autre point situé respectivement entre O et A, ou entre S et A.

les termes qui composent R_3 étant au moins du troisième degré en x et en y. Si nous considérons tous les points infiniment voisins du point M situés dans un plan parallèle au plan tangent MXY, x et y étant des infiniment petits de premier ordre, z en sera un du deuxième, et la partie restante du développement, R_3, du troisième. On pourra donc la supprimer pour passer à la limite, c'est-à-dire substituer dans la région infiniment voisine du point M à la section de la surface par un plan parallèle à MXY la section faite par ce plan dans le paraboloïde

$$z = \frac{\alpha}{2}x^2 + \beta xy + \frac{\gamma}{2}y^2.$$

On peut toujours, en faisant tourner d'un angle convenable les axes MX et MY, annuler β. Les sections normales faites alors par les plans MXZ et MYZ sont dites les *sections principales* de la surface, et l'équation précédente devient

$$z = \frac{\alpha}{2}x^2 + \frac{\gamma}{2}y^2.$$

Les sections de la surface par des plans parallèles à MXY sont donc, dans la région infiniment voisine du point M, semblables à l'une ou l'autre des coniques

$$\frac{\alpha}{2}x^2 + \frac{\gamma}{2}y^2 = \pm 1,$$

suivant que z est positif ou négatif. Elles sont, en outre, semblablement placées, en ce sens que tous les diamètres homologues d'un diamètre de l'une des coniques sont dans le plan normal mené par ce diamètre. L'ensemble de ces deux coniques supposées dessinées sur le plan MXY est ce que Dupin, qui le premier a eu recours à cette notion, a appelé l'*indicatrice* de la surface au point M.

On voit que cette indicatrice renseigne sur l'allure de la surface aux environs du point M.

La surface définie par l'équation

$$z = \frac{\alpha}{2}x^2 + \frac{\gamma}{2}y^2$$

est, avons-nous déjà dit, un paraboloïde. Dans la région infiniment voisine du point M, cette surface peut, aux infiniment petits du troisième ordre près, être substituée à la surface donnée. Elle a reçu pour cette raison le nom de *paraboloïde osculateur*.

Si deux surfaces ont, en un point, même paraboloïde osculateur, elles se confondent, autour de ce point, aux infiniment petits du troisième ordre près. On dit qu'elles ont en ce point un contact du deuxième ordre.

Discussion. — On peut toujours supposer l'un des coefficients α ou γ positif, α par exemple. Trois cas sont alors à considérer :

1° $\gamma > 0$. La partie de l'indicatrice correspondant à la valeur $+1$ du second membre est une *ellipse réelle*, la partie correspondant à -1 est une *ellipse imaginaire*. Donc, les sections qui correspondent aux valeurs de z positives sont des courbes fermées réelles ; celles qui correspondent aux valeurs de z négatives sont imaginaires. Aux environs immédiats du point M la *surface* est tout entière d'un même côté du plan tangent.

Si, en particulier, l'indicatrice est un cercle, le point correspondant est dit un *ombilic*. On voit que tous les points d'une sphère sont des ombilics ;

2° $\gamma = 0$. La partie de l'indicatrice correspondant à la valeur $+1$ se compose de *deux droites réelles parallèles* à MY, la partie correspondant à -1 de *deux droites imaginaires*. Le point est dit alors *parabolique*.

Tous les points d'un cylindre ou d'un cône sont des points paraboliques ;

3° $\gamma < 0$. La partie de l'indicatrice correspondant à la valeur $+1$ est une *hyperbole dont l'axe réel est dirigé suivant* MX ; celle correspondant à la valeur -1, une *hyperbole dont l'axe réel est dirigé suivant* MY. Ces deux hyperboles ont même asymptotes et sont conjuguées.

La section par un plan correspondant à une valeur positive de z présente aux environs du point M deux courbures opposées dans le sens de MX, et la section par un plan correspondant à une valeur négative de z, deux courbures opposées dans le sens de MY. La surface est alors dite *à courbures opposées*.

Dans tous les cas, on voit que, si deux directions sont conjuguées par rapport à l'une des coniques composant l'indicatrice, elles le sont aussi par rapport à l'autre. Il ne saurait donc y avoir d'ambiguïté lorsqu'on parlera de *directions conjuguées par rapport à l'indicatrice*.

Remarque. — Si nous nous reportons à l'équation de la surface sans supposer cette fois x et y infiniment petits, nous voyons que la courbe d'intersection de la surface par son plan tangent en M, dont l'équation s'obtient en faisant $z = 0$ dans celle de la surface, a pour tangentes au point M les droites dont l'ensemble a pour équation

$$\alpha x^2 + \gamma y^2 = 0.$$

Or, cette équation est également celle de l'ensemble des asymptotes de l'indicatrice. On voit donc que les *asympotes de l'indicatrice sont les tangentes à l'intersection de la courbe par son plan tangent.*

294. Tangentes conjuguées. — Sur une courbe tracée sur la surface à partir du point M prenons le point M′ infiniment voisin du premier (*fig.* 284) et cherchons la limite de la droite d'intersection t du plan tangent en M′ avec le plan MXY tangent en M, sur lequel nous supposons tracée l'indicatrice.

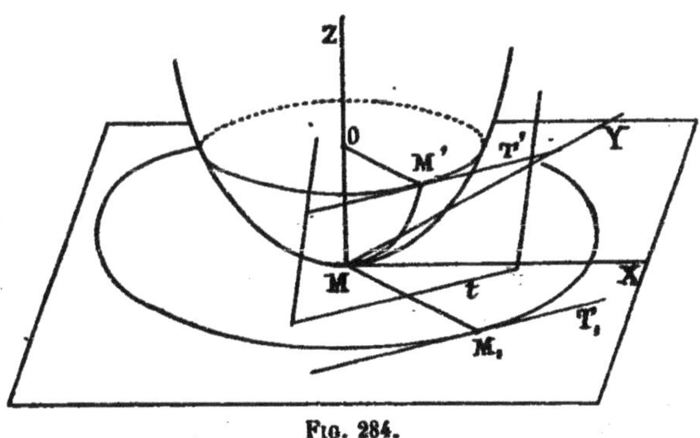

Fig. 284.

Coupons la surface par le plan parallèle au plan MXY mené par M′. L'intersection t est parallèle à la tangente M′T′ à cette section. Mais, d'après ce qui vient d'être vu au numéro précédent, la trace MM_1 du plan OMM′ sur MXY est le diamètre de l'indicatrice, homologue de OM′. En d'autres termes, la tangente M′T′ est parallèle à la tangente M_1T_1 à l'indicatrice; il en est donc de même de t, et, par suite, la direction de t est conjuguée de celle de MM_1 par rapport à l'indicatrice.

A la limite, MM_1 se confond avec la tangente en M à la courbe MM′, t passe par le point M, et on a ce théorème, dû à Dupin : *La limite de l'intersection des plans tangents à la surface en* M *et* M′, *lorsque* M′ *tend vers* M, *est le diamètre de l'indicatrice en* M *conjugué de la tangente en* M *à la courbe* MM′.

Remarque. — Il n'est nullement besoin de tracer l'indicatrice pour construire la tangente M′T conjuguée de la tangente MT.

Portons sur MX et MY les longueurs MA_0 et MA_1 proportionnelles à $\frac{1}{\alpha}$ et $\frac{1}{\gamma}$ [1], que nous supposons d'abord de même signe (*fig.* 285), et par les points A_0 et A_1 élevons des perpendiculaires à MA_0 et MA_1.

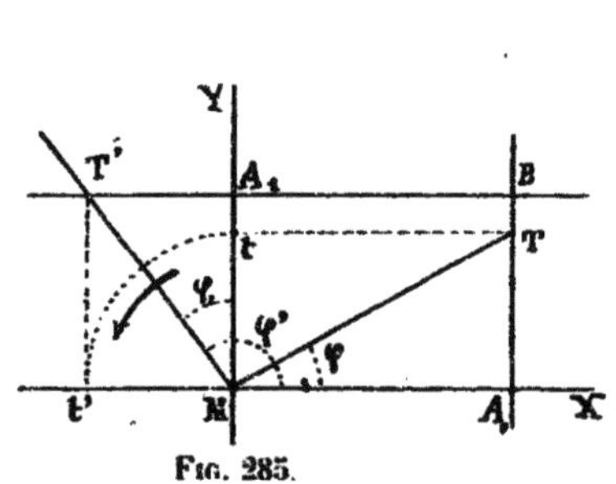

Fig. 285.

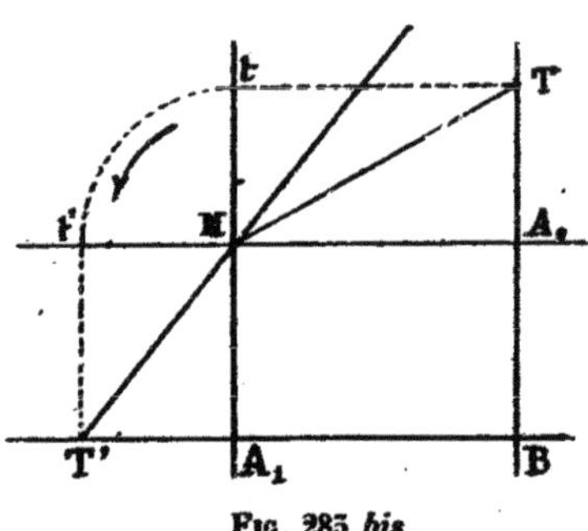

Fig. 285 *bis*.

Si MT coupe A_0B au point T et si MT′ coupe A_1B au point T′, nous avons

$$A_0T = MA_0 \operatorname{tg}\varphi = \frac{\operatorname{tg}\varphi}{\alpha},$$

et

$$A_1T' = MA_1 \operatorname{tg}\varphi_1 = -\frac{\operatorname{cotg}\varphi'}{\gamma}.$$

Donc

$$\frac{A_0T}{A_1T'} = -\operatorname{tg}\varphi \operatorname{tg}\varphi'.$$

Mais, puisque les directions MT et MT′ sont conjuguées par rapport à l'indicatrice, on a

$$\operatorname{tg}\varphi \operatorname{tg}\varphi' = -\frac{\alpha}{\gamma}.$$

Par suite,

$$A_0T = A_1T'.$$

(1) On trouvera la signification géométrique de ces quantités au n° 297, formule (2).

De là, la construction suivante : *Projeter le point* T *en* t *sur* MA_1 ; *rabattre* Mt *dans le sens direct en* Mt' *sur* MA_0, *et élever en* t' *à* MA_0 *une perpendiculaire qui coupe* BA_1 *au point* T'.

Cette construction subsiste lorsque γ est de signe contraire à α, pourvu que l'on porte alors $MA_1 = \frac{1}{\gamma}$ dans le sens négatif de MY (*fig.* 283 *bis*).

295. Tangente à la courbe d'ombre. — Donnons tout de suite une application de ce théorème : si la courbe MM' est la courbe d'ombre propre de la surface éclairée par un foyer lumineux F, la limite de l'intersection des plans tangents en M et en M' est le rayon lumineux passant au point M.

On voit donc que *la tangente à la courbe d'ombre propre d'une surface en un point* M *est le diamètre de l'indicatrice en* M, *conjugué du rayon lumineux passant en ce point.*

Si le point est un ombilic, toutes les directions conjuguées en ce point sont rectangulaires. Donc, *en un ombilic, quelle que soit la direction du rayon lumineux, la courbe d'ombre est normale à ce rayon.*

Si le point est parabolique, une direction quelconque a pour conjuguée celle des droites qui constituent l'indicatrice. Donc, *en un point parabolique, la tangente à la courbe d'ombre a une direction fixe, quelle que soit la direction du rayon lumineux.*

Si l'indicatrice est hyperbolique et que le rayon lumineux coïncide avec l'une des asymptotes, il en est de même de sa direction conjuguée. Donc, *aux points où le rayon lumineux se confond avec une asymptote de l'indicatrice, la courbe d'ombre est tangente à ce rayon lumineux.* On sait que de tels points ont reçu le nom de *points de passage.*

296. Rayon de courbure d'une courbe tracée sur la surface. Théorème de Meusnier. — Considérons une courbe MM' tracée sur la surface à partir du point M (*fig.* 286) et prenons sur cette courbe le point M' infiniment voisin de M. Abaissons du point M' la perpendiculaire M'P sur le plan tangent MXY, et du point P la perpendiculaire PQ sur la tangente MT à la courbe MM', tangente qui est contenue dans ce plan. La droite M'Q est perpendiculaire à MT et on a, pour le rayon de courbure R de la courbe MM' en M (n° 279),

$$R = \text{Lim} \frac{\overline{MM'}^2}{2M'Q},$$

ou

$$R = \text{Lim}\,\frac{x^2+y^2+z^2}{2z}\cos\widehat{PM'Q}.$$

Nous venons de voir que z, donné, aux infiniment petits du troisième ordre près, par

$$z = \frac{\alpha}{2}x^2 + \frac{\gamma}{2}y^2$$

est du deuxième ordre. Donc z^2 est du quatrième ordre, et on a

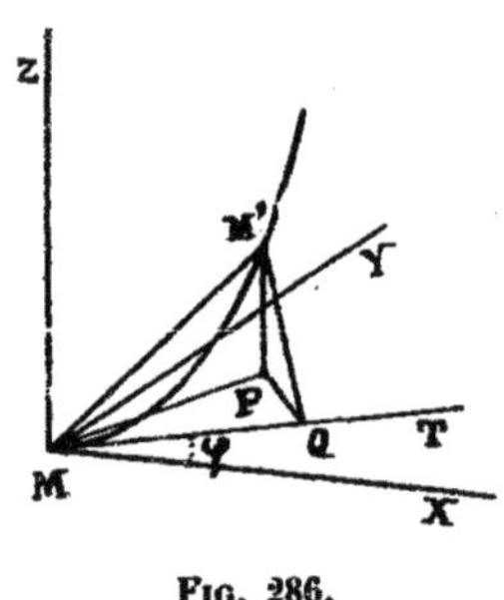

Fig. 286.

$$R = \text{Lim}\,\frac{x^2+y^2}{(\alpha x^2+\gamma y^2)}\cdot\cos\widehat{PM'Q}$$
$$= \text{Lim}\,\frac{\cos\widehat{PM'Q}}{\alpha\cos^2\widehat{XMP}+\gamma\sin^2\widehat{XMP}}.$$

L'angle PM'Q est égal à l'angle que fait le plan MM'Q avec le plan ZMQ. Or, le plan MM'Q a pour limite (n° 273) le plan osculateur de la courbe MM' en M ; l'angle PM'Q a donc pour limite l'angle ω que fait ce plan osculateur avec le plan normal ZMT mené par la tangente MT. Quant à l'angle XMP, il a pour limite l'angle φ que fait MT avec MX. On a donc finalement

$$(1)\qquad R = \frac{\cos\omega}{\alpha\cos^2\varphi+\gamma\sin^2\varphi}.$$

Le rayon de courbure R restant le même lorsque ω et φ conservent la même valeur, on voit, en premier lieu, que le *rayon de courbure d'une courbe tracée sur la surface au point* M *est le même que celui de la section faite dans la surface par le plan osculateur en* M *à cette courbe.*

Si, en outre, nous désignons par R (ω) le rayon de courbure contenu dans le plan mené par MT et incliné de l'angle ω sur le plan normal ZMT, nous avons

$$(2)\qquad R(o) = \frac{1}{\alpha\cos^2\varphi+\gamma\sin^2\varphi},$$

et, par suite,

$$(3)\qquad R(\omega) = R(o)\cos\omega,$$

c'est-à-dire que *le rayon de courbure au point* M *de la section faite par un plan quelconque mené par* MT *est la projection sur ce plan du rayon de courbure de la section faite par le plan normal mené par* MT. C'est en cela que consiste le théorème de Meusnier.

Grâce aux deux théorèmes qui précèdent, on voit que l'étude de la courbure des diverses lignes qu'on peut tracer sur la surface à partir du point M se ramène à celle des sections normales faites dans la surface autour de ce point.

On déduit immédiatement du théorème de Meusnier les corollaires suivants :

Corollaire I. — Si deux surfaces se raccordent le long d'une courbe, les sections normales faites dans chacune d'elles par les diverses tangentes à cette courbe ont même courbure au point de contact, car le rayon de courbure de chacune de ces sections, projeté sur le plan osculateur de la courbe de contact doit donner le rayon de courbure de celle-ci.

Corollaire II. — En chaque point de la courbe d'intersection de deux surfaces le plan osculateur est perpendiculaire à la droite qui joint les centres de courbure des sections normales faites dans les deux surfaces par la tangente à cette courbe.

Cette dernière remarque est due à Hachette.

297. Étude des variations de la courbure des sections normales. Relation d'Euler. — Reprenons la formule (2) du numéro précédent en représentant cette fois par R le rayon de courbure de la section normale. Nous pourrons l'écrire

$$\frac{1}{R} = \alpha \cos^2\varphi + \gamma \sin^2\varphi. \tag{1}$$

Appelons R_0 et R_1 les rayons de courbure des sections principales (n° 293), qui correspondent aux valeurs o et π de φ. Nous avons

$$\frac{1}{R_0} = \alpha, \qquad \frac{1}{R_1} = \gamma. \tag{2}$$

Par suite, l'expression (1) de $\frac{1}{R}$ devient

$$\frac{1}{R} = \frac{\cos^2\varphi}{R_0} + \frac{\sin^2\varphi}{R_1}. \tag{3}$$

C'est *la relation d'Euler*. R_0 et R_1 sont dits les *rayons de courbure principaux*, et les centres de courbure correspondants, les *centres de courbure principaux*.

On voit que si le point M est un ombilic, auquel cas $\alpha = \gamma$, c'est-à-dire $R_0 = R_1$, on a, quel que soit φ, $R = R_0$.

Par suite, *toute courbe décrite sur une sphère admet pour rayon de courbure, en chacun de ses points, le rayon de la sphère*. Si le point est parabolique, auquel cas $\gamma = 0$, c'est-à-dire $R_1 = \infty$ [1], on a $R = \frac{R_0}{\cos^2 \varphi}$.

Si nous nous reportons au n° 293, nous voyons que les formules (2) ci-dessus peuvent s'écrire, avec le choix particulier d'axes de coordonnées que nous avons fait,

$$\frac{1}{R_0} = \left(\frac{\partial^2 z}{\partial x^2}\right)_0, \qquad \frac{1}{R_1} = \left(\frac{\partial^2 z}{\partial y^2}\right)_0.$$

L'Analyse permet de faire le calcul des rayons de courbure principaux, en tout point de la surface rapportée à des axes de coordonnées quelconques. Nous nous contenterons de rappeler ici le résultat de ce calcul : Si on pose, suivant l'habitude admise,

$$\frac{\partial z}{\partial x} = p, \quad \frac{\partial z}{\partial y} = q, \quad \frac{\partial^2 z}{\partial x^2} = r, \quad \frac{\partial^2 z}{\partial x \partial y} = s, \quad \frac{\partial^2 z}{\partial y^2} = t,$$

R_0 et R_1 sont les racines de l'équation en R

$$(4)\quad (rt - s^2)R^2 - [(1+p^2)t - 2pqs + (1+q^2)r]\sqrt{1+p^2+q^2}\,R + (1+p^2+q^2)^2 = 0.$$

Remarque. — Si nous appelons R′ le rayon de courbure de la section normale perpendiculaire à la première, nous n'aurons, pour calculer R′, qu'à changer dans (3) φ en $\varphi + \frac{\pi}{2}$, ce qui donne

$$\frac{1}{R'} = \frac{\sin^2 \varphi}{R_0} + \frac{\cos^2 \varphi}{R_1}.$$

[1] Ceci montre qu'en chaque point d'un cône les sections principales passent l'une par la génératrice, l'autre par la tangente perpendiculaire à cette génératrice. Dans le cas du cylindre, cette seconde section principale n'est autre que la section droite.

Ajoutant cette équation à (3), membre à membre, on obtient

$$\frac{1}{R}+\frac{1}{R'}=\frac{1}{R_0}+\frac{1}{R_1},$$

résultat qui peut s'énoncer — si l'on se rappelle que la courbure est l'inverse du rayon de courbure (n° 278) — de la manière suivante :

La somme des courbures de deux sections normales rectangulaires est égale à la somme des courbures des deux sections principales.

298. Discussion géométrique de la formule d'Euler. — La relation d'Euler peut s'écrire

$$R_0R_1(\sin^2\varphi+\cos^2\varphi)=RR_1\cos^2\varphi+RR_0\sin^2\varphi,$$

ou

$$\frac{R-R_1}{R_0-R}=\frac{R_1\operatorname{cotg}\varphi}{R_0\operatorname{tg}\varphi}.$$

Lorsque R_0 et R_1 sont positifs, nous pouvons toujours supposer $R_0 > R_1$. Du point M comme centre, avec R_0 et R_1 pour rayons, décrivons deux cercles dans le plan MXY (*fig.* 287). La trace MT d'un plan normal coupe ces cercles aux points T_0 et T_1. La tangente en T_0 au premier cercle coupe MX au point S_0, et la tangente en T_1 au second coupe MY au point S_1. Si la longueur MA est supposée égale au rayon de courbure R de la section normale tangente à MT, on a

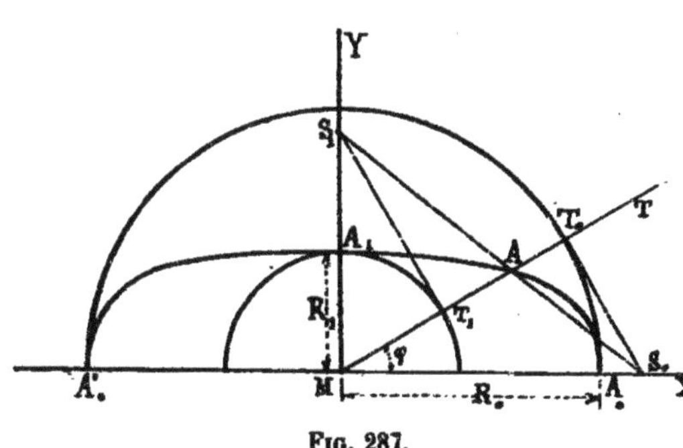

Fig. 287.

$$R-R_1=T_1A=-AT_1,\quad R_0-R=AT_0,\quad R_1\operatorname{cotg}\varphi=T_1S_1,\quad R_1\operatorname{tg}\varphi=T_0S_0.$$

La formule précédente devient donc

$$\frac{AT_1}{AT_0}=\frac{T_1S_1}{T_0S_0},$$

ce qui prouve que *le point* A *est sur la droite* S_0S_1. De là, la construction du rayon de courbure R ([1]).

([1]) Cette construction peut être considérée comme une variante de celle qui a été obtenue, mais de tout autre façon, par M. Mannheim (*Cours de Géométrie descriptive*, 2e édition, p. 297).

Il suffit, d'ailleurs, de faire varier MT depuis MA_0 jusqu'en MA'_0 pour avoir les rayons de courbure de toutes les sections normales passant au point M.

On voit que le lieu du point A est une courbe rappelant par sa forme une ellipse. Le rayon de courbure toujours compris entre R_0 et R_1 a pour maximum R_0 et pour minimum R_1.

Nous avons, dans ce qui précède, tenu compte des signes. La construction que nous avons obtenue est donc absolument générale, pourvu que nous observions le sens dans lequel il convient de porter les rayons vecteurs.

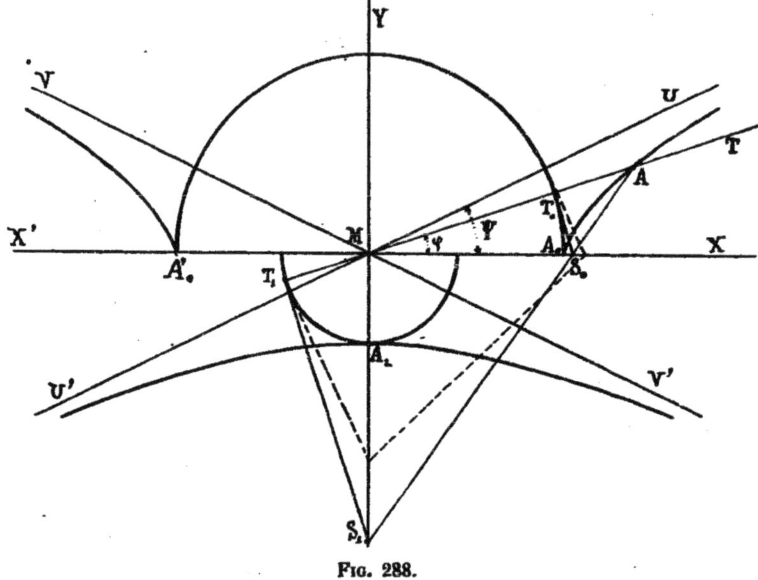

Fig. 288.

Si, par exemple, nous supposons R_1 négatif, la figure 287 devra être remplacée par la figure 288, où nous supposons toujours qu'on fait varier φ de 0 à π. Les mêmes lettres conservent la même signification que précédemment ; nous avons en MA le rayon de courbure correspondant à l'angle φ. On voit que, pour la valeur de φ choisie sur la figure 288, le rayon de courbure MA est de même signe que MA_0, c'est-à-dire que dans la section normale de trace MT la courbure est de même sens que dans la section principale MX.

La courbe, lieu de A, partant de A_0 tangentiellement au cercle MA_0 est asymptote à la droite MU correspondant à la valeur ψ de φ, telle que

$$\frac{R_1 \operatorname{cotg} \psi}{R_0 \operatorname{tg} \psi} = 1, \qquad \text{ou} \qquad \operatorname{tg}^2 \psi = \frac{R_1}{R_0}.$$

Elle passe ensuite à l'autre extrémité U' de cette asymptote pour devenir tangente en A_1 au cercle MA_1. Le reste de la courbe, correspondant aux valeurs de φ comprises entre $\frac{\pi}{2}$ et π, est symétrique de la partie déjà tracée par rapport à MY.

On voit que, pour les sections normales dont la trace est comprise dans un des angles UMX et VMX', le rayon de courbure, compris entre R_0 et ∞, est de même signe que R_0. Pour les sections normales dont la trace est comprise dans l'angle UMV, le rayon de courbure, comprisentre R_1 et ∞, est de même signe que R_1.

299. Rattachement des variations de la courbure à l'indicatrice. — Nous n'avons précédemment envisagé l'indicatrice que comme représentant les variations du *sens* de la courbure. Nous allons voir maintenant qu'elle peut permettre aussi de suivre les variations de la *grandeur* de la courbure, ou de son inverse, le rayon de courbure.

Remarquons, en effet, que, eu égard aux formules (2) du n° 297, on peut écrire l'équation de l'indicatrice

$$\frac{x^2}{2R_0}+\frac{y^2}{2R_1}=\pm 1.$$

Si donc on appelle ρ le rayon vecteur du point où la trace MT du plan normal considéré, qui fait l'angle φ avec MX, coupe l'indicatrice, on a

$$\frac{\rho^2\cos^2\varphi}{2R_0}+\frac{\rho^2\sin^2\varphi}{2R_1}=\pm 1,$$

ou

$$\pm\frac{2}{\rho^2}=\frac{\cos^2\varphi}{R_0}+\frac{\sin^2\varphi}{R_1}.$$

On trouve ainsi pour ρ deux valeurs, l'une réelle, l'autre imaginaire ; cela devait être, attendu que tout diamètre réel dune des branches de l'indicatrice correspond à un diamètre imaginaire de l'autre branche. Nous ne conserverons que la valeur réelle, qui nous donnera dans tous les cas

$$\frac{1}{R}=\frac{2}{\rho^2},$$

ou

$$(1) \qquad 2R=\rho^2.$$

Ainsi, *le rayon de courbure de toute section normale est proportionnel au carré du rayon vecteur déterminé dans l'indicatrice par la tangente à cette section au point considéré.*

Il résulte de là qu'à toute propriété des rayons vecteurs d'une conique correspond une propriété des rayons de courbure d'une surface en un point.

Prenons, par exemple, deux demi-diamètres conjugués ρ et ρ' faisant entre eux l'angle α. Les théorèmes d'Apollonius nous donnent

$$\rho^2 + \rho'^2 = \rho_0^2 + \rho_1^2,$$
$$\rho^2\rho'^2 \sin^2\alpha = \rho_0^2\rho_1^2,$$

en appelant ρ_0 et ρ_1 les demi-axes de l'indicatrice. La formule (1) nous permet de tirer de là les relations

$$R + R' = R_0 + R_1, \tag{2}$$
$$RR' \sin^2\alpha = R_0 R_1, \tag{3}$$

qui lient les rayons de courbure des sections normales menées par deux diamètres conjugués de l'indicatrice.

300. Rayon de courbure du contour apparent d'une surface. — Pour faire connaître immédiatement une application de ces formules,

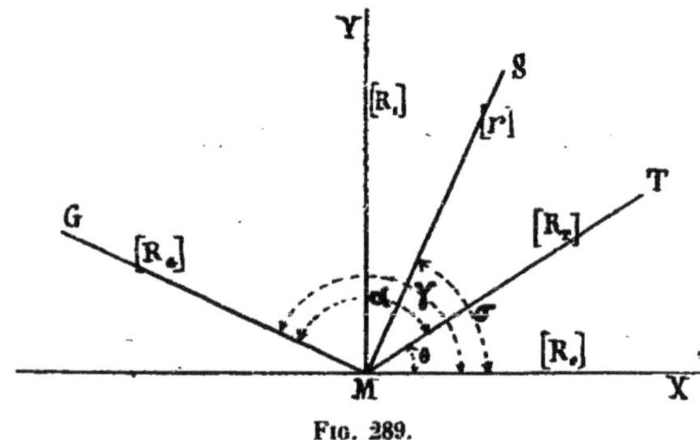

Fig. 289.

nous allons déterminer le rayon de courbure en un point du contour apparent d'une surface projetée orthogonalement sur un plan.

Remarquons d'abord que, si le point m du contour apparent est la projection du point M de la surface, le rayon de courbure du contour apparent en m n'est autre que le rayon de courbure de la section droite du cylindre projetant en M.

Soient donc, en un point M de la courbe de contact de la surface et du cylindre projetant (*fig.* 289), MX et MY les tangentes aux sections principales dont les rayons de courbure sont R_0 et R_1 ; MG, la génératrice du cylindre projetant; MT, la tangente à la courbe de contact; MS, la tangente à la section droite du cylindre projetant, droite perpendiculaire à MG en M.

Ainsi que nous l'avons vu plus haut (renvoi du n° 297), les sections principales du cylindre sont celles dont les traces sont MG et MS.

Appelons R_T et R_G les rayons de courbure en M des sections normales de la surface menées par MT et MG, r le rayon de courbure de la section droite MS du cylindre. Chacun de ces rayons vecteurs est, sur la figure 288, désigné entre crochets à côté de la trace de la section normale correspondante.

D'après les conséquences du théorème de Meusnier que nous avons signalées au n° 296, la section normale du cylindre menée par MT a aussi pour rayon de courbure R_T. Par suite, la formule d'Euler, appliquée au cylindre, donne, en appelant α l'angle TMG,

$$r = R_T \cos^2\left(\alpha - \frac{\pi}{2}\right) = R_T \sin^2\alpha. \tag{1}$$

Mais les formules (2) et (3) du numéro précédent, appliquées à la surface, donennt ici, si l'on se rappelle (n° 295) que MT et MG sont deux diamètr conjugués de l'indicatrice,

$$R_T + R_G = R_0 + R_1, \tag{2}$$

$$R_T R_G \sin^2\alpha = R_0 R_1. \tag{3}$$

De (1) et (3) on tire

$$r = \frac{R_0 R_1}{R_G}, \tag{4}$$

que la formule (2) permet de transformer en

$$r = \frac{R_0 R_1}{R_0 + R_1 - R_T}. \tag{5}$$

La formule (4) montre que, si $R_G = \infty$, $r = 0$, c'est-à-dire que, *si la génératrice du cylindre projetant se confond en* M *avec une asymptote de l'indicatrice, le rayon de courbure* r *du contour apparent est nul.*

En d'autres termes, le point m est alors un point de rebroussement sur la projection.

Si nous appelons γ l'angle que fait MG avec MX, la relation d'Euler appliquée à la surface donne

$$\frac{1}{R_G} = \frac{\cos^2\gamma}{R_0} + \frac{\sin^2\gamma}{R_1},$$

et la formule (4) devient

$$r = R_1 \cos^2\gamma + R_0 \sin^2\gamma, \tag{6}$$

ou, en appelant σ l'angle de MS avec MX,

$$r = R_0 \cos^2\sigma + R_1 \sin^2\sigma. \tag{6 bis}$$

Cette dernière formule a, par une voie toute différente, été obtenue par M. Mannheim [1]

Dans le cas, dont nous parlerons plus loin (n° 315), où l'on a en chaque point de la surface $R_0 + R_1 = 0$, les formules (4) et (5) deviennent

$$R_0^2 = - R_G r = R_T r.$$

La formule (6 *bis*) conduit à une construction facile du rayon de courbure en M du contour apparent de la surface sur un plan normal passant par MS qui fait avec MX l'angle σ (*fig.* 290). Cette formule peut, en effet, s'écrire

$$\frac{R_0 - r}{r - R_1} = \frac{\sin^2\sigma}{\cos^2\sigma}.$$

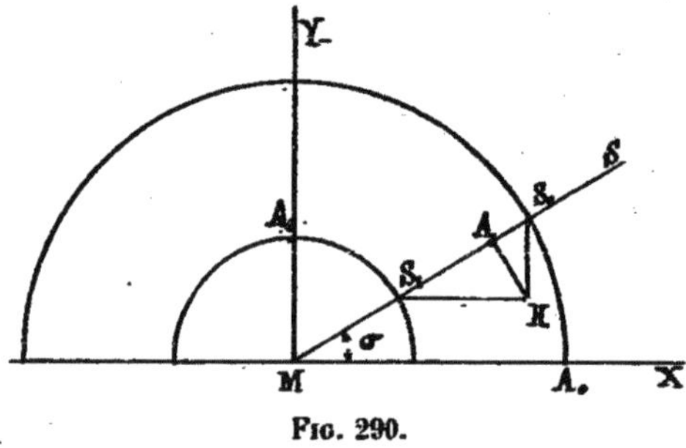

Fig. 290.

Supposons porté le rayon r en MA sur MS, et menons par S_0 et S_1 des perpendiculaires respectivement à MA_0 et MA_1, perpendiculaires qui se coupent en H. Nous avons

$$R_0 - r = AS_0, \quad r - R_1 = S_1A, \quad S_1H = S_1S_0 \cos\sigma, \quad S_0H = S_0S_1 \sin\sigma.$$

La formule précédente devient donc

$$\frac{AS_0}{S_1A} = \frac{\overline{S_0H}^2}{\overline{S_1H}^2},$$

ce qui prouve que *le point* A *est le pied de la perpendiculaire abaissée de* H *sur* S_1S_0.

Cette construction [2], comme celle du n° 298, est absolument générale, pourvu qu'on ait égard aux signes, c'est-à-dire pourvu qu'on trace, dans le cas où R_1 est négatif, la demi-circonférence MA_1 au-dessous de MX et non au dessus comme sur la figure 290.

301. Axes de courbure. Théorème de Sturm. — La perpendiculaire élevée à chaque section normale par son centre de courbure est l'axe de courbure de cette section. Par suite, l'axe de courbure de la section principale faite par MZY, qui est dit un *axe de courbure principal*, se trouve dans le plan MZY, et réciproquement.

(1) *Cours de Géométrie descriptive de l'École Polytechnique*, 2e éd., p. 322.

(2) M. Mannheim a également obtenu, mais par une voie toute différente, une construction qui se ramène immédiatement à celle-ci (*Cours de Géométrie descriptive*, 2e éd., p. 322).

Ces deux axes de courbure principaux sont importants à considérer en raison de la propriété que nous allons maintenant démontrer.

La normale à la surface au point (x, y, z) infiniment voisin du point M peut, aux infiniment petits du troisième ordre près, être remplacée par la normale au point M′ du paraboloïde osculateur

$$z = \frac{x^2}{2R_0} + \frac{y^2}{2R_1}$$

qui a même x et même y.

La normale en ce point dont les équations sont

$$R_0 \frac{X - x}{x} = R_1 \frac{Y - y}{y} = \frac{Z - z}{-1}$$

a pour projection sur le plan de section principale MXZ la droite

$$R_0 \frac{X}{x} + Z = R_0 + z.$$

Cette droite coupe MZ au point N_0 (*fig.* 291) dont l'ordonnée z_0 est donnée par

$$z_0 = R_0 + z.$$

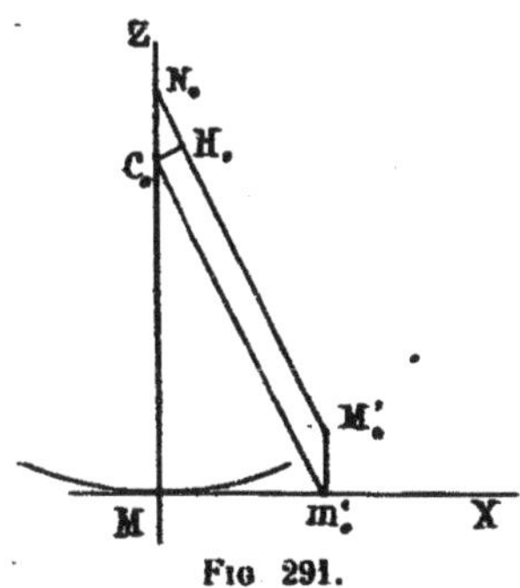

Fig. 291.

Si C_0 est le centre de courbure de la section normale contenue dans ZMX, on a $MC_0 = R_0$. Si donc nous projetons la projection M'_0 de M′ sur MXZ en m'_0 sur MX, nous avons

$$m'_0 M'_0 = z = C_0 N_0.$$

et $M'_0 N_0$ est parallèle à $m'_0 C_0$ (¹).

Cela posé, cherchons la plus courte distance entre la normale en M′ et l'axe de courbure de la section principale MXZ, parallèle à MY et projeté sur la figure 291 en C_0. Il nous suffit pour cela de prendre la distance d'un point quelconque de cet axe, C_0 par exemple, au plan mené par la normale parallèlement à cet axe, c'est-à-dire parallèlement à MY. Ce plon, perpendiculaire à MXZ, a pour trace sur ce plan la droite $M'_0 N_0$. La plus courte distance cherchée est donc égale à la distance $C_0 H_0$ du point C_0 à la droite $M'_0 N_0$. On a pour cette distance

$$C_0 H_0 = C_0 N_0 . \cos \widehat{N_0 C_0 H_0}.$$

(¹) On voit que, pour le paraboloïde, cette propriété est vraie, même si on ne suppose pas x, y, z, infiniment petits.

ou d'après le lemme,

$$C_0H_0 = z.\cos\widehat{C_0m'_0M},$$

c'est-à-dire, puisque $Mm'_0 = x$, et $MC_0 = R_0$,

$$C_0H_0 = \frac{zx}{\sqrt{R_0^2 + x^2}}.$$

Comme z est du deuxième ordre (n° 293), x du premier, et que R_0 est fini, on déduit de là que C_0H_0 est un infiniment petit du troisième ordre. De même pour le second axe principal de courbure.

On peut donc dire, en négligeant les infiniment petits du troisième ordre, que la *normale à la surface en tout point infiniment voisin de* M *rencontre les axes de courbure principaux relatifs à* M. Ce théorème est dû à Sturm.

Corollaire. — Si le point M′ est dans le plan MZX, la normale en M′ rencontrant en outre Δ_1, qui est dans MZX, est tout entière dans MZX, et comme elle rencontre aussi Δ_0 elle passe par C_0. Ainsi, *si l'élément* MM′ *est dans un des plans de section principale, la normale en* M′ (toujours en négligeant les infiniment petits du troisième ordre) *est tout entière dans ce plan et passe par le centre de courbure de la section qu'il contient.*

302. Angle de deux normales infiniment voisines. — Soit dv l'angle que la normale en M′ fait avec la normale en M. On a, en vertu des équations de la normale, écrites au numéro précédent,

$$\cos^2 dv = \frac{1}{\frac{x^2}{R_0^2} + \frac{y^2}{R_1^2} + 1}$$

ou

$$\cos^2 dv = \frac{1}{1 + ds^2\left(\frac{\cos^2\varphi}{R_0^2} + \frac{\sin^2\varphi}{R_1^2}\right)}.$$

ou encore, en négligeant les infiniment petits du quatrième ordre auprès de ceux du second,

$$\cos^2 dv = 1 - ds^2\left(\frac{\cos^2\varphi}{R_0^2} + \frac{\sin^2\varphi}{R_1^2}\right),$$

c'est-à-dire

$$\sin^2 dv = ds^2\left(\frac{\cos^2\varphi}{R_0^2} + \frac{\sin^2\varphi}{R_1^2}\right).$$

En négligeant encore des infiniment petits du quatrième ordre, on a donc

$$(1) \qquad dv^2 = ds^2\left(\frac{\cos^2\varphi}{R_0^2} + \frac{\sin^2\varphi}{R_1^2}\right).$$

Si le point M′ est sur une asymptote de l'indicatrice, on a

$$\operatorname{tg}^2 \varphi = -\frac{R_1}{R_0}$$

et la formule précédente devient

$$(2) \qquad dv^2 = -\frac{ds^2}{R_0 R_1}.$$

303. Déviation. Formules de M. J. Bertrand et d'Ossian Bonnet. — L'angle $d\psi$ que la normale M′Z′ à la surface, au point M′ infiniment voisin de M, fait avec le plan normal MM′Z, est appelé la *déviation* le long de l'élément MM′ (*fig.* 292) (¹).

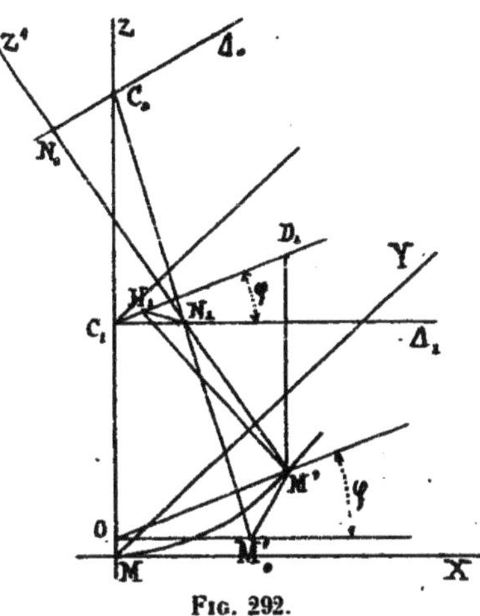

Fig. 292.

D'après le théorème de Sturm (n° 301) on peut considérer que la normale M′Z′ rencontre en des points N_0 et N_1 les axes de courbure principaux Δ_0 et Δ_1 situés respectivement dans les plans MZY et MZX.

Si M'_0 est la projection de M′ sur le plan MXZ, la projection de la normale $M'N_1N_0$ est la droite $M'_0N_1C_0$, et nous avons par les triangles semblables $C_0C_1N_1$ et $C_0OM'_0$,

$$\frac{C_1N_1}{OM'_0} = \frac{C_1C_0}{OC_0},$$

ou, puisque OM, c'est-à-dire le z du point M′, est un infiniment petit du deuxième ordre,

$$\frac{C_1N_1}{OM' \cos\varphi} = \frac{R_0 - R_1}{R_0}$$

OM′ ne différant de l'arc MM′ ou ds que d'un infiniment petit du troisième ordre, on tire de là

$$C_1N_1 = \frac{ds \cos\varphi\,(R_0 - R_1)}{R_0}.$$

Soit D_1 la projection du point M′ sur le plan horizontal mené par Δ_1. La trace du plan ZMM′ sur ce plan horizontal est C_1D_1 faisant avec Δ_1 l'angle φ, et la projection de N_1 sur ce plan est un point H_1 de C_1D_1.

(¹) Sur la figure 292, pour un observateur ayant les pieds en M et la tête en M′, la normale, en passant de la position MZ à la position M′Z′, s'incline de droite à gauche; ici, par conséquent, l'angle $d\psi$ doit être considéré comme positif.

L'angle $d\psi$ étant celui que la normale $M'N_1$ fait avec sa projection sur le plan $M'MZ$ n'est autre que l'angle $H_1M'N_1$. On a donc, dans le triangle $H_1M'N_1$, en négligeant les infiniment petits du troisième ordre,

$$d\psi = \frac{H_1N_1}{M'H_1}$$

ou, puisque l'angle $C_1H_1N_1$ est droit,

$$d\psi = \frac{C_1N_1 \sin\varphi}{M'H_1}.$$

L'angle $H_1M'D_1$ étant infiniment petit, et H_1D_1M' droit, $M'H_1$ ne diffère de $M'D_1$ que d'un infiniment petit du deuxième ordre. Mais $M'D_1$ ou OC_1 ne diffère lui-même de MC_1 ou R_1 que d'un infiniment petit du deuxième ordre.

On a donc

$$d\psi = \frac{C_1N_1 \sin\varphi}{R_1},$$

ou, en remplaçant C_1M_1 par sa valeur obtenue plus haut,

$$d\psi = \left(\frac{1}{R_1} - \frac{1}{R_0}\right) \sin\varphi \cos\varphi \, ds. \tag{1}$$

C'est la formule de M. J. Bertrand. On en déduit immédiatement que, si $\varphi = 0$ ou $\varphi = \frac{\pi}{2}$, c'est-à-dire si l'élément MM' est dans l'un des plans MZX ou MZY, la déviation est nulle. On retrouve ainsi le corollaire qui termine le n° 301.

On voit aussi que, pour deux directions rectangulaires, c'est-à-dire telles que $\psi' = \psi + 80°$, on a

$$d\psi + d\psi' = 0.$$

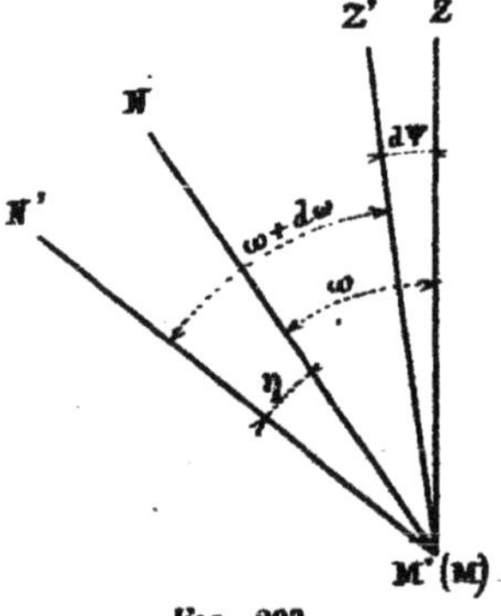

Fig. 293.

On peut donner d'autres expressions de la déviation. Projetons, par exemple, la figure sur un plan perpendiculaire à MM' (*fig.* 293). Nous pouvons, en négligeant les infiniment petits d'ordre supérieur, considérer les normales MZ et $M'Z'$ à la surface, de même que les normales principales MN et $M'N'$ à la courbe gauche MM', comme perpendiculaires à MM'.

Nous voyons alors que l'angle ZMZ' n'est autre que $d\psi$, l'angle MMN' celui des plans osculateurs NMM' et $N'M'M$ de la courbe MM', c'est-à-dire son angle de torsion η (n° 276), enfin les angles ZMN et Z'MN' ceux, ω et $\omega + d\omega$, que les plans osculateurs NMM' et N'M'M font avec les normales MZ et M'Z' à la surface.

Cela posé, on a

$$ZMZ' = ZMN + NMN' - Z'MN',$$

ou

$$d\psi = \omega + \eta - (\omega + d\omega),$$

c'est-à-dire

2 $$d\psi = \eta - d\omega.$$

Cette formule est due à Ossian Bonnet.

304. Mesure de la courbure d'une surface en un point. — Nous venons d'étudier la courbure des lignes tracées sur une surface à partir d'un point. La question se pose de savoir si on peut définir pour la surface elle-même un élément jouant un rôle analogue à celui que joue la courbure telle qu'elle a été définie pour les courbes.

Gauss, à qui la question s'était présentée, l'a résolue en se fondant sur l'analogie suivante : Si l'on se donne dans le plan d'une courbe plane un cercle de rayon égal à 1, et que l'on mène par le centre de ce cercle des parallèles aux normales à la courbe, l'angle de deux de ces normales est mesuré par l'arc du cercle compris entre les rayons qui leur sont respectivement parallèles.

Si donc s_0 est l'arc du cercle correspondant à l'arc infiniment petit s de la courbe, on a, pour la définition de la courbure C,

$$C = \lim \frac{s_0}{s}.$$

Prenons de même dans l'espace une sphère de rayon égal à 1, et entourons un point M de la surface considérée d'un contour fermé C infiniment petit, limitant une calotte d'aire σ; puis, menons par le centre de la sphère des parallèles aux normales à la surface le long du contour C. Nous obtenons ainsi un cône découpant sur la sphère une calotte infiniment petite d'aire σ_0. Dès lors, par extension de la définition admise pour le cas d'une courbe, nous appellerons *courbure totale* de la surface au point M la quantité C_t définie par

$$C_t = \text{Lim} \frac{\sigma_0}{\sigma}.$$

Résultat bien remarquable, l'Analyse prouve que C_t s'exprime en fonction des rayons de courbure principaux par la formule [1]

$$C_t = \frac{1}{R_1 R_0}.$$

De son côté, la célèbre mathématicienne Sophie Germain, se fondant sur ce que la somme des courbures de deux sections normales rectangulaires est constante en un point (n° 297, *Remarque*), a été amenée à prendre comme mesure de la courbure de la surface en ce point la moyenne constante de ces courbures, qu'elle a appelée la *courbure moyenne* de la surface en ce point. Représentant cette courbure moyenne par C_m, on a

$$C_m = \frac{1}{2}\left(\frac{1}{R_0} + \frac{1}{R_1}\right).$$

Les éléments C_t et C_m jouent un rôle important dans la théorie des surfaces. On peut remarquer toutefois que ni l'un ni l'autre, pris comme mesure de la courbure de la surface, ne répond exactement à l'idée qu'on attache ordinairement à ce mot de courbure.

En effet, si l'un des rayons de courbure est infini en tout point de la surface [2], la courbure C_t de la surface est nulle en tous ses points. Or, dans le langage courant, le plan seul sera dit dépourvu de courbure.

De même, si, en chaque point de la surface, les rayons de courbure sont égaux et de signes contraires, la courbure C_m est nulle. Or, toute section faite dans une telle surface par ses plans normaux présente une courbure. Ici donc encore il y a une sorte de contradiction entre la définition mathématique et l'usage constant.

En cherchant à écarter cette objection, M. Casorati [3] a été amené à une autre définition. Ayant tracé autour du point M de la surface un cercle infiniment petit d'aire σ, il porte sur chaque rayon de ce cercle la longueur de l'arc du cercle de rayon 1 mesurant l'angle que la normale à la surface menée par l'extrémité de ce rayon fait avec la normale en M. Il appelle γ_0 l'aire comprise dans le contour

(1) Nous reviendrons plus loin (n° 307) sur ce point.

(2) La surface est alors une développable.

(3) Le mémoire de cet auteur a paru dans les *Acta mathematica*, t. XIV, p. 95.

infiniment petit ainsi construit et donne le nom de courbure à la quantité C_q définie par la relation

$$C_q = \text{Lim}\,\frac{\gamma_0}{\gamma}.$$

Il a obtenu de cette quantité C_q l'expression remarquable que voici

$$C_q = \frac{1}{2}\left(\frac{1}{R_0^2} + \frac{1}{R_1^2}\right).$$

Nous proposerions, d'après cela, de donner à C_q le nom de *courbure moyenne quadratique*.

On voit que C_q ne s'annule que lorsque R_0 et R_1 sont tous deux infinis. Donc, si cette définition est admise, le plan est la seule surface ayant une courbure nulle en tous ses points.

Remarquons, d'ailleurs, que les courbures C_t, C_m et C_q sont liée par la relation

$$C_m^2 = \frac{C_t + C_q}{2}.$$

§ 3. — LIGNES TRACÉES SUR UNE SURFACE

305. Courbure et torsion géodésiques. — Toutes les notions auxquelles nous nous sommes attachés jusqu'ici n'ont d'autre but que de faire connaître l'allure d'une surface dans le voisinage immédiat d'un point donné. Si l'on veut être renseigné sur l'allure générale d'une surface, on se trouve amené à envisager certaines courbes jouissant de propriétés spéciales sur toute son étendue. Avant de passer à l'étude de quelques-unes de ces courbes, nous allons définir deux éléments infinitésimaux relatifs aux courbes tracées sur une surface, mais liés à cette surface.

Nous avons vu (n° 296) que, si R est le rayon de courbure au point M d'une courbe tracée sur la surface et dont le plan osculateur en M fait l'angle ω avec la normale à la surface, la quantité

$$(1) \qquad C_n = \frac{\cos\omega}{R}$$

est égale à la courbure de la section faite dans la surface par le plan normal mené par la tangente en M à la courbe considérée. On dit, pour cette raison, que C_n est la *courbure normale* de cette courbe.

De même, la quantité C_g, définie par

$$C_g = \frac{\sin \omega}{R}, \tag{2}$$

est dite sa *courbure géodésique*. Le théorème de Meusnier permet de voir immédiatement que C_g n'est autre que la courbure en M de la projection de la courbe sur le plan tangent à la surface.

Nous avons appelé $d\psi$ (n° 303) l'angle que le plan normal à la surface, tant gent à la courbe MM' en M', fait avec la normale en M à la surface. Représentant par ds la différentielle de l'arc MM', on appelle torsion géodésique la quantité $\mathfrak{T}_g$ définie par

$$\mathfrak{T}_g = \frac{d\psi}{ds}.$$

La formule de M. Bertrand [n° 303, *form.* (1)] donne

$$\mathfrak{T}_g = \left(\frac{1}{R_1} - \frac{1}{R_0}\right) \sin \varphi \cos \varphi. \tag{3}$$

Cette formule montre que la torsion géodésique est la même en un point d'une surface pour toutes les courbes de cette surface qui ont même tangente en ce point et, en outre, que pour deux directions rectangulaires on a

$$\mathfrak{T}_g + \mathfrak{T}'_g = 0. \tag{4}$$

La formule d'Ossian Bonnet [n° 303, *form.* (2)] donne de même

$$\mathfrak{T}_g = \mathfrak{T} - \frac{d\omega}{ds}, \tag{5}$$

en représentant par $\mathfrak{T}$ la torsion propre de la courbe.

306. Lignes de courbure. — Monge a eu l'idée de considérer sur toute surface les lignes qui indiquent en chacun de leurs points la direction de la courbure normale maximum ou minimum de la surface, et il leur a donné le nom de *lignes de courbure*. D'après ce que nous avons vu au n° 299, une telle ligne sera, en chacun de ses points, tangente à un axe de l'indicatrice correspondante.

En chaque point de la surface passent donc deux lignes de courbure se coupant à angle droit. En d'autres termes, les lignes de courbure forment sur la surface un réseau orthogonal. Si, en tous ses points, la surface n'a que des courbures de même sens, on voit que les lignes de courbure de l'un des systèmes, tangentes aux grands axes des indicatrices, donnent les directions des plus petites courbures normales de la surface; les autres donnent celles des plus grandes courbures.

En un ombilic, l'indicatrice étant un cercle, tous ses diamètres sont des axes, et, par suite, chacun d'eux est tangent à une ligne de courbure. Les ombilics sont donc des centres de rayonnement pour le réseau des lignes de courbure.

Sur la sphère, tout point étant un ombilic, il en résulte qu'une courbe quelconque tracée sur une sphère est une ligne de courbure de cette surface.

Le corollaire du théorème de Sturm, donné à la fin du n° 301, montre que deux normales infiniment voisines à une ligne de courbure se rencontrent, aux infiniment petits du troisième ordre près; en d'autres termes. *les normales à une surface le long d'une de ses lignes de courbure sont tangentes à une même courbe gauche* (1). L'Analyse permet de voir que les lignes de courbures sont les seules lignes tracées sur la surface qui jouissent de cette propriété; aussi sert-elle parfois à les définir.

Si l'on pose, suivant l'usage, $\frac{dz}{dx} = p$, $\frac{dz}{dy} = q$, les lignes de courbure sont caractérisées par l'équation

$$\begin{vmatrix} p & q & 1 \\ dp & dq & 0 \\ dx & dy & dz \end{vmatrix} = 0.$$

La formule (3) du n° 305 montre *qu'en tout point d'une ligne de courbure la torsion géodésique est nulle.*

307. Usage des lignes de courbure pour le calcul de la courbure totale de la surface. — Sur les lignes de courbure passant au point M de la surface, predons les arcs infiniment petits $ds_0 = MM_0$ et $ds_1 = MM_1$, et traçons par le point M_0 la ligne de courbure de même système que MM_1, par M_1 la ligne de courbure de même système que MM_0; nous obtenons ainsi un rectangle élémentaire $MM_0M'M_1$, dont l'aire σ est donnée par

$$\sigma = ds_0.ds_1.$$

Or, d'après le corollaire du théorème de Sturm (n° 301), on a, en appelant ε_0

(1) Ce passage sera précisé plus loin (n° 360).

et ε_1 les angles que les normales en M_0 et M_1 font avec la normale en M,

$$ds_0 = R_0 . \varepsilon_0, \qquad ds_1 = R_1 . \varepsilon_1.$$

Donc

$$\sigma = R_0 R_1 \varepsilon_0 \varepsilon_1.$$

Les rayons parallèles aux normales en M, M_0, M_1, M′ découpent sur la sphère de rayon 1 un rectangle élémentaire dont les côtés sont ε_0, ε_1 et, par suite, dont l'aire σ_0 est donnée par

$$\sigma_0 = \varepsilon_0 \varepsilon_1.$$

Il vient donc pour la courbure totale C_t telle qu'elle est définie par Gauss

$$C_t = \frac{\sigma}{\sigma_0} = \frac{1}{R_0 R_1}.$$

308. Théorèmes de Dupin sur les lignes de courbure. — Reprenons la formule d'Ossian Bonnet [n° 305, form. (5)].

$$\mathfrak{T}_g = \mathfrak{T} - \frac{d\omega}{ds}$$

et supposons que par la courbe tracée sur la surface S nous fassions passer une seconde surface S′. Nous aurons pour la même courbe considérée comme appartenant à cette surface S′

$$\mathfrak{T}'_g = \mathfrak{T} - \frac{d\omega'}{ds}.$$

Donc

$$\mathfrak{T}_g - \mathfrak{T}'_g = \frac{d}{ds}(\omega' - \omega) = \frac{dV}{ds},$$

en appelant V l'angle sous lequel se coupent les deux surfaces au point considéré.

Si $\frac{dV}{ds} = 0$ tout le long de la courbe d'intersection, c'est-à-dire si les deux surfaces se coupent sous un angle constant, on a $\mathfrak{T}_g = \mathfrak{T}'_g$. Si donc $\mathfrak{T}_g = 0$ tout le long de la courbe, c'est-à-dire si la courbe d'intersection est une ligne de courbure de la surface S (n° 306, dernier alinéa), on a aussi $\mathfrak{T}'_g = 0$ tout le long de cette courbe. Donc :

Si deux surfaces S *et* S′ *se coupent suivant une courbe* C *sous un angle constant, et si* C *est une ligne de courbure de* S, *elle est aussi une ligne de courbure de* S′.

Ce théorème montre, en particulier, que les intersections d'un cône quelconque par les sphères qui ont pour centre le sommet de ce cône sont des lignes de courbure de celui-ci, puisque d'une part chaque sphère coupe orthogonalement le cône tout le long de leur courbe d'intersection et que d'autre part toute courbe tracée sur la sphère en est une ligne de courbure (nº 306). Le second système des lignes de courbure est formé par les génératrices. Le premier système, dans le cas du cylindre, se réduit aux sections droites de ce cylindre.

La formule précédente montre aussi que si on a à la fois $\mathfrak{T}_g = 0$ et $\mathfrak{T}'_g = 0$, il en résulte nécessairement $dV = 0$. C'est-à-dire que *si la courbe d'intersection de deux surfaces est une ligne de courbure pour chacune d'elles, ces surfaces se coupent le long de cette courbe sous un angle constant.*

Ces théorèmes sont de Dupin, mais le plus important de ceux auxquels le nom de cet illustre géomètre soit resté attaché, dans cet ordre d'idées, est celui que nous allons maintenant démontrer.

Si trois systèmes de surfaces (S), (S'), (S'') sont tels que deux surfaces prises d'une manière quelconque dans deux systèmes différents se coupent tout le long de leur courbe d'intersection sous un angle droit, on dit que leur ensemble constitue un *système triple orthogonal.*

Prenons trois surfaces quelconques S, S' et S'' dans ces trois systèmes. Appelons C'' l'intersection de S et S', C' celle de S'' et S, C celle de S' et S''. Nous représenterons en outre par

$\mathfrak{T}_{g'}$,	la torsion géodésique de la courbe		C	prise sur la surface	S'
$\mathfrak{T}_{g''}$,	—	—	C	— —	S''
$\mathfrak{T}'_{g''}$,	—	—	C'	— —	S''
$\mathfrak{T}'_{g}$,	—	—	C'	— —	S
$\mathfrak{T}''_{g}$,	—	—	C''	— —	S
$\mathfrak{T}''_{g'}$,	—	—	C''	— —	S'

Puisque les surfaces se coupent deux à deux en tout point de leur intersection sous un angle droit, la formule ci-dessus donne

$$(1) \qquad \mathfrak{T}_{g'} - \mathfrak{T}_{g''} = 0, \quad \mathfrak{T}'_{g''} - \mathfrak{T}'_{g} = 0, \quad \mathfrak{T}''_{g} - \mathfrak{T}''_{g'} = 0.$$

En outre, les courbes C, C' et C'' étant deux à deux orthogonales, la formule (4) du nº 304 donne

$$(2) \qquad \mathfrak{T}_{g''} + \mathfrak{T}'_{g''} = 0, \quad \mathfrak{T}'_{g} + \mathfrak{T}''_{g} = 0, \quad \mathfrak{T}''_{g'} + \mathfrak{T}_{g'} = 0.$$

Tirant $\mathfrak{T}_g$, $\mathfrak{T}'_g$ et $\mathfrak{T}''_g$, des équations (1) pour les porter dans les équations (2) on a

$$(3) \qquad \mathfrak{T}_{g'} + \mathfrak{T}'_{g''} = 0, \quad \mathfrak{T}'_{g''} + \mathfrak{T}''_{g} = 0, \quad \mathfrak{T}''_{g} + \mathfrak{T}_{g'} = 0.$$

Additionnant ces trois dernières équations membre à membre, on a

$$\mathfrak{T}_{g'} + \mathfrak{T}'_{g''} + \mathfrak{T}''_{g} = 0$$

et en retranchant de cette dernière chacune des équations (3)

$$\mathfrak{C}''_g = 0, \quad \mathfrak{C}_{g'} = 0, \quad \mathfrak{C}'_{g''} = 0.$$

Donc aussi, d'après les équations (1),

$$\mathfrak{C}''_{g'} = 0, \quad \mathfrak{C}_{g''} = 0, \quad \mathfrak{C}'_g = 0.$$

Ces six dernières égalités montrent que chacune des courbes C, C', C'' est une ligne de courbure de chacune des surfaces S, S', S'' sur lesquelles elle se trouve. De là, le théorème de Dupin :

Les surfaces d'un système triple orthogonal se coupent d'un système simple à un autre suivant leurs lignes de courbure.

Applications aux quadriques. — On sait que toutes les surfaces du second ordre, ou quadriques, qui ont pour foyers les six mêmes points, c'est-à-dire qui sont *homofocales*, se partagent en trois systèmes simples composés : l'un d'ellipsoïdes, le second d'hyperboloïdes à une nappe, le troisième d'hyperboloïdes à deux nappes, et que de l'un à l'autre de ces systèmes deux surfaces quelconques se coupent à angle droit tout le long de leur courbe d'intersection. L'ensemble de ces trois systèmes de quadriques homofocales forme donc un système triple orthogonal. Par suite, le théorème ci-dessus lui est applicable. De là un moyen d'obtenir les lignes de courbure d'une quadrique à centre. On voit, par exemple, que toutes les lignes de courbure d'un même système d'un ellipsoïde sont données par ses intersections avec les hyperboloïdes à une nappe qui lui sont homofocaux, celles de l'autre système par ses intersections avec les hyperboloïdes à deux nappes qui lui sont homofocaux.

309. Lignes asymptotiques. — Nous avons vu, à propos des courbes gauches (n° 273), que le plan osculateur en un point d'une telle courbe est celui qui a, en ce point, avec la courbe le contact le plus intime. Or, il est en chaque point d'une surface un plan qui se lie aussi à elle plus étroitement que tout autre (à savoir le plan tangent). Il est donc tout naturel d'envisager, parmi les lignes tracées sur une surface, celle dont le plan osculateur en chaque point est tangent à cette surface.

Toute ligne tracée sur une surface est, en chacun de ses points M, tangente à l'intersection de la surface par son plan osculateur. Or, ici, ce plan osculateur est tangent à la surface en M ; la section qu'il fait dans la surface est, par suite, tangente en M aux asymptotes de l'indicatrice (n° 293, *Rem. finale*). On voit donc que les lignes qui nous occupent sont, en chacun de leurs points, tangentes à une des asymptotes de l'indicatrice correspondante. De là, le nom de *lignes asymptotiques* qui a été proposé pour elles par Dupin.

D'après cela, on voit que par chaque point de la surface passent deux lignes asymptotiques tangentes chacune à une des asymptotes de l'indicatrice. Aux points paraboliques elles sont donc tangentes entre elles. En chacun de leurs points l'équation

$$r dx^2 + 2s dx dy + t dy^2 = 0$$

où

$$r = \frac{\partial^2 z}{\partial x^2}, \qquad s = \frac{\partial^2 z}{\partial x \partial y}, \qquad t = \frac{\partial^2 z}{\partial y^2},$$

sera satisfaite.

Il y a lieu de remarquer que, dans le cas des lignes asymptotiques, l'application du théorème de Meusnier pour la recherche de la courbure devient illusoire, attendu qu'ici le rayon de courbure de la section normale étant infini et l'angle du plan osculateur avec cette normale égal à $\frac{\pi}{2}$, l'expression du rayon de courbure donnée par le théorème de Meusnier se présente sous la forme $0 \times \infty$. Mais on doit à M. Beltrami ce beau théorème :

Le rayon de courbure en un point d'une ligne asymptotique est égal aux $\frac{2}{3}$ *du rayon de courbure de la branche de l'intersection de la surface par son plan tangent en ce point, qui lui est tangente.*

Remarquons maintenant que la *courbure normale* $\frac{\cos \omega}{R}$ *de la ligne asymptotique est nulle en tous ses points, et sa courbure géodésique* $\frac{\sin \omega}{R}$ *égale à sa courbure propre*, puisque $\omega = 0$.

D'autre part, puisque $\omega = \frac{\pi}{2}$, on a $\frac{d\omega}{ds} = 0$; par suite, la formule d'Ossian Bonnet [n° 305, *form.* (5)] donne $\mathfrak{T}^g = \mathfrak{T}$. *La torsion géodésique de la ligne asymptotique est égale à sa torsion propre.*

Calculons cette torsion par la formule de M. Bertrand [n° 305, *form.* (3)]. Nous avons

$$\mathfrak{T}^2 = \left(\frac{R_0 - R_1}{R_0 R_1}\right)^2 \cos^2 \varphi \sin^2 \varphi.$$

Or, puisque la direction de la tangente est celle d'une asymptote de l'indicatrice, on a [1]

$$\operatorname{tg}^2 \varphi = -\frac{R_1}{R_0}$$

[1] Voir la forme de l'équation de l'indicatrice donnée au n° 299.

ou

$$\sin^2\varphi = \frac{R_0 - R_1}{-R_1}, \qquad \cos^2\varphi = \frac{R_0 - R_1}{R_0}.$$

Par suite

$$\mathfrak{G}^2 = \frac{(R_0 - R_1)^2(-R_0R_1)}{(R_0R_1)^2(R_0 - R_1)^2} = \frac{-1}{R_0R_1},$$

ou, en faisant intervenir la courbure totale C_t (n° 304),

$$\mathfrak{G}^2 + C_t = 0.$$

Ainsi, *en chaque point d'une ligne asymptotique le carré de la torsion et la courbure totale de la surface en ce point ont une somme nulle.* Cette remarque est due à M. Enneper.

310. Lignes conjuguées. — En chaque point d'une surface les tangentes aux deux lignes de courbure sont les axes de l'indicatrice, c'est-à-dire des diamètres conjugués de cette courbe, la tangente à chaque ligne asymptotique est une asymptote de l'indicatrice, c'est-à-dire qu'elle est sa propre conjuguée.

Il est donc tout naturel de considérer plus généralement les réseaux formés par deux systèmes de courbes tels qu'en chaque point les tangentes aux courbes de l'un et l'autre systèmes scient deux diamètres conjugués de l'indicatrice.

Nous nous contenterons ici d'indiquer une remarque de M. Kœnigs qui permet de construire géométriquement sur une surface autant de réseaux conjugués que l'on veut.

Par une droite quelconque D menons une série de plans sécants P, qui déterminent sur la surface S des courbes p ; circonscrivons, en outre, à S des cônes C ayant leur sommet A sur la droite D et touchant S suivant des courbes c. *L'ensemble des courbes c et p constitue un réseau conjugué de la surface* S.

Prenons, en effet, en un point M de la surface S, la tangente à la courbe p passant en ce point ; cette tangente étant dans le plan P rencontre en un point A la droite D contenue dans ce plan. Passant par le point A et étant tangente à la surface S, elle appartient au cône C de sommet A. Donc, d'après le théorème de Dupin (n° 294), elle est conjuguée, par rapport à l'indicatrice du point M, de la tangente à la courbe c en ce point.

311. Lignes géodésiques. — Après avoir considéré (n° 309) les courbes dont le plan osculateur est tangent à la surface, on est tout naturellement conduit à envisager celles dont le plan osculateur est normal à la surface, c'est-à-dire dont, en chaque point, la courbure est la même que celle de la section normale de même tangente. Il passe évidemment une infinité de telles courbes en chaque point. Elles ont reçu le nom de *lignes géodésiques*.

D'après la définition même de la ligne géodésique, sa courbure normale est égale à sa courbure propre. La courbure géodésique $\frac{\sin \omega}{R}$ est nulle, puisque $\omega = 0$. Autrement dit, la projection de la ligne géodésique sur son plan tangent présente une inflexion, ce qui est conforme à ce que nous avons vu à la fin du n° 280, car, la normale principale à la géodésique se confondant avec la normale à la surface, le plan tangent à la surface se confond avec le plan rectifiant de la géodésique. On déduit de là qu'un triangle infiniment petit formé par trois arcs de géodésiques se confond sensiblement avec un triangle plan.

Enfin, puisque $\frac{d\omega}{ds} = 0$, la formule d'Ossian Bonnet [n° 305, *form.* (5)] montre que la torsion propre de la géodésique est égale à sa torsion géodésique. C'est même de là que vient le nom de ce dernier élément. Nous avons vu, en effet, qu'il est le même autour d'un point pour toutes les courbes qui ont même tangente en ce point [n° 305, *form.* (3)]. On peut donc dire qu'en chacun de ses points la torsion géodésique d'une courbe tracée sur une surface est la torsion de la géodésique qui lui est tangente en ce point.

312. Les géodésiques considérées comme lignes de longueur minimum. — La considération des géodésiques puise une importance particulière dans le fait que ces courbes jouent sur la surface à laquelle elles se rapportent le même rôle que les droites sur le plan.

Supposons, en effet, qu'une courbe constitue sur la surface le plus court chemin entre deux quelconques de ses points et prenons sur cette courbe deux points infiniment voisins M et M'. La courbure de la courbe en M est la même que celle de la section faite dans la surface par son plan osculateur. Si donc nous coupons la surface par une série de plans passant par la corde MM', celui de ces plans qui sera osculateur à la courbe cherchée sera celui pour lequel l'arc MM' de la section faite dans la surface sera minimum.

Posons MM $= dl$, arc MM' $= ds$ et appelons R le rayon de courbure de la section plane considérée, ε l'angle que font entre elles les normales à cette section en M et en M'. Nous avons

$$ds = R.\varepsilon,$$

et

$$dl = 2R.\sin\frac{\varepsilon}{2} = R\left(\varepsilon - \frac{\varepsilon^3}{24}\right).$$

Entre ces équations éliminons ε ; il vient

$$dl = ds - \frac{ds^3}{24R^2}.$$

La différence entre ds et dl, égale à $\frac{ds^3}{24R^2}$, étant du 3ième ordre, celle entre ds^2 et dl^2 est du 5ième (1). On peut donc écrire

$$dl = ds - \frac{dl^3}{24R^2},$$

d'où :

$$ds = dl + \frac{dl^3}{24R^2}.$$

Ainsi, pour la même corde dl, l'arc ds sera minimum quand R sera maximum, c'est-à-dire, d'après le théorème de Meusnier, quand le plan de la section sera normal à la surface.

Donc, la courbe considérée est telle que le plan osculateur en chacun de ses points est normal à la surface ; c'est, par suite, une géodésique.

L'analogie qui résulte de là entre les géodésiques d'une surface et les droites d'un plan se poursuit dans un grand nombre de propriétés. En voici quelques exemples simples :

I. — *Si sur chacune des géodésiques issues d'un point on porte des arcs égaux, le lieu des extrémités de ces arcs est une courbe normale à toutes ces géodésiques.*

Soient, en effet, MP′ et MP″ deux arcs égaux pris sur des géodésiques infiniment voisines issues de M (*fig.* 294). Nous allons faire voir que les angles sous lesquels ces arcs coupent l'arc P′P″ sont droits. S'il n'en était pas ainsi, l'un d'eux P′ serait aigu. Dès lors, en menant P″Q tel que $\widehat{P'P''Q} > \widehat{P''P'Q}$, nous aurions dans le triangle infiniment petit P″P′Q, assimilable à un triangle plan,

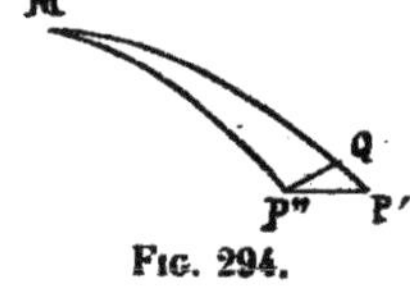

Fig. 294.

$$QP'' < QP'$$

(1) On peut écrire, en effet, $ds^3 - dl^3 = (ds - dl)(ds^2 + ds.dl + dl^2)$; et, dans le second membre, le premier facteur est du 3ième et le second du 2ième.

ou
$$MQ + QP'' < MQ + QP'.$$

Or, $MQ + QP' = MP' = MP''$, par construction. On aurait donc
$$MQ + QP'' < MP'',$$
inégalité contraire à l'hypothèse, attendu que MP'' étant un arc de géodésique est, sur la surface, le plus court chemin entre M et P''.

Ainsi, l'élément $P'P''$ est nécessairement normal en P' et en P'' aux arcs MP' et MP''. La propriété s'étend à toute la courbe lieu des extrémités des arcs géodésiques issus de M égaux entre eux, courbe que, pour cette raison, nous appellerons une *circonférence géodésique* (1).

II. — *Si sur chacune des géodésiques normales à une courbe quelconque tracée sur la surface on porte des arcs égaux, le lieu des extrémités de ces arcs est une courbe normale à toutes ces géodésiques.*

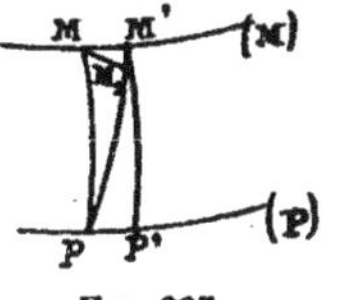

FIG. 295.

Soient, menés par les points M et M' infiniment voisins sur la courbe (M) (*fig.* 295), les arcs de géodésiques égaux MP et M'P', et soit (P) la courbe lieu du point P. Tirons l'arc M'P.

D'après le théorème précédent, le lieu des extrémités des arcs de géodésiques issus de P et égaux à PM est une courbe tangente en M à (M). Si donc M_1 est le point où ce lieu coupe normalement PM', la différence $M_1M' = PM' - PM_1$ est du deuxième ordre ; par suite, la différence $PM' - PM$, ou $M'P - M'P'$, qui lui est égale, est aussi du deuxième ordre. Il résulte de là que la courbe (P) est tangente en P' au lieu des extrémités des arcs de géodésiques issus de M' et égaux M'P' ; elle est donc normale en P' à M'P'.

Par extension de la définition donnée dans le cas du plan, on dit que les courbes (M) et (P) sont *parallèles* sur la surface.

Remarque. — Un fil astreint à s'appliquer sur une surface et tendu entre deux points de cette surface donne la plus courte distance entre ces points sur cette surface. Il dessine donc une ligne géodésique de la surface.

313. Définition des coordonnées curvilignes. — De même que, pour l'étude des figures tracées sur un plan, on emploie des systèmes de coordonnées qui n'empruntent aucun élément extérieur au plan, il semble rationnel, pour étudier les lignes tracées sur une surface, d'avoir recours à des systèmes de coordonnées liés uniquement à cette surface. Voici comment la notion

(1) Dans ses belles *Leçons sur la Théorie générale des surfaces* (t. III, p. 151), M. Darboux appelle *cercles géodésiques* les lignes tracées sur la surface qui ont une courbure géodésique constante. Ces courbes diffèrent de celles que nous considérons ici. C'est pourquoi nous adoptons pour celles-ci le nom de *circonférences*, bien que ce soit à elles que la plupart des auteurs appliquent le terme de *cercles géodésiques*.

de ces coordonnées nouvelles, dites *coordonnées curvilignes*, a été introduite dans la théorie par Lamé :

Les coordonnées de tout point de la surface S dont l'équation est

$$(1) \qquad f(x, y, z) = 0,$$

peuvent s'exprimer en fonction de deux paramètres u et v par des équations telles que

$$(2) \qquad \varphi_1(x, u, v) = 0, \qquad \varphi_2(y, u, v) = 0, \qquad \varphi_3(z, u, v) = 0.$$

Il suffit, en effet, que l'élimination de u et v entre ces deux équations reproduise la précédente. On peut également, en éliminant successivement l'un des paramètres u et v entre deux de ces équations, former les suivantes

$$(3) \qquad \begin{aligned} f_1(x, y, u) &= 0, \\ f_2(x, z, v) &= 0. \end{aligned}$$

On voit ainsi qu'à chaque valeur de u ou de v correspond sur la surface S une courbe donnée par son intersection respectivement avec la surface $f_1 = 0$, ou avec la surface $f_2 = 0$. Par chaque point M de la surface passera une courbe (u) et une courbe (v), et les valeurs de ces paramètres pourront servir à définir la position de ce point M sur la surface. Ce sont ces paramètres qui seront dits *les coordonnées curvilignes du point* M.

Remarquons que, l'équation (1) étant donnée, on peut prendre arbitrairement deux quelconques des trois équations (2). La troisième résulte alors de l'élimination de x et y entre ces deux équations et (1). On peut donc faire varier à volonté le réseau des courbes (u) et (v) sur la surface.

L'application de tels systèmes de coordonnées à l'étude des courbes tracées sur une surface est des plus fécondes. D'abord entreprise par Lamé, elle a été poursuivie par nombre de géomètres, parmi lesquels il convient de citer Liouville, Ossian Bonnet, Ribaucour, M. Darboux, etc.....

Nous nous bornerons à la seule remarque qui suit.

314. Élément linéaire d'une surface. — Si on exprime au moyen des coordonnées u et v la distance ds de deux points infiniment voisins (u, v) et $(u + du, v + dv)$ de la surface, distance dite l'*élément linéaire* de la surface, on trouve bien aisément

$$ds^2 = A du^2 + 2B du dv + C dv^2,$$

où

$$A = \left(\frac{\partial x}{\partial u}\right)^2 + \left(\frac{\partial y}{\partial u}\right)^2 + \left(\frac{\partial z}{\partial u}\right)^2,$$

$$B = \frac{\partial x}{\partial u}\cdot\frac{\partial x}{\partial v} + \frac{\partial y}{\partial u}\cdot\frac{\partial y}{\partial v} + \frac{\partial z}{\partial u}\cdot\frac{\partial z}{\partial v},$$

$$C = \left(\frac{\partial x}{\partial v}\right)^2 + \left(\frac{\partial y}{\partial v}\right)^2 + \left(\frac{\partial z}{\partial v}\right)^2.$$

On voit, en outre, que

$$\frac{\partial x}{\partial u}, \frac{\partial y}{\partial u}, \frac{\partial z}{\partial u} \quad \text{et} \quad \frac{\partial x}{\partial v}, \frac{\partial y}{\partial v}, \frac{\partial z}{\partial v}$$

sont les cosinus directeurs des tangentes aux courbes (v) et (u). Si donc ces courbes forment sur la surface un réseau orthogonal, on a $B = 0$, et l'expression de l'élément linéaire devient

$$ds^2 = A du^2 + C dv^2$$

Gauss a démontré ce théorème très important que *la courbure totale peut s'exprimer en fonction de* A, B, C *seulement et, par suite, qu'elle est la même aux points où* A, B, C, *ont les mêmes valeurs.*

Divers géomètres ont étudié les lignes le long desquelles la courbure totale est constante [1]. Mais il est surtout intéressant de rechercher les surfaces pour lesquelles cette courbure est la même en tous les points. La détermination de ces surfaces peut, comme l'a fait voir Ossian Bonnet, se ramener à celle des surfaces pour lesquelles la courbure moyenne est constante en tous les points.

Les surfaces à courbure totale nulle en tous les points seront étudiées plus loin en détail (Chap. VIII, § 3).

Nous allons, dans le numéro suivant, donner quelques notions succinctes sur les surfaces à courbure moyenne nulle en tous les points.

315. Surfaces minima. — Parmi toutes les surfaces qu'on peut faire passer par un contour gauche donné, il en est une dont l'étendue est minima. Une telle surface est dite *surface minima*, ou, suivant la terminologie de Ribaucour, un *élassoïde.*

Le physicien Plateau a fait voir qu'on pouvait réaliser une telle surface en plongeant dans un liquide glycérique le contour, construit matériellement au moyen de fils métalliques fins et rigides. La membrane mince, formée de molécules de ce liquide, qui adhère au contour lorsqu'on le retire, est une surface minima.

Lagrange, le premier, en 1760, s'est occupé de ce problème, dont il a donné les équations différentielles.

Meusnier, en 1776, a entrepris sur le même sujet d'importantes recherches; il a fait voir qu'une surface minima est caractérisée, au point de vue géométrique, par ce fait qu'*en chacun de ses points ses rayons de courbure principaux sont égaux et de signes contraires, d'où résulte que la courbure moyenne* (n° 303) *est nulle.*

Autrement dit, *en tout point d'une surface minima, l'indicatrice se compose de deux hyperboles équilatères conjuguées.*

(1) Sur l'ellipsoïde chacune de ces courbes est le lieu des points de contact des plans tangents à la surface qui sont en même temps tangents à une sphère concentrique à cet ellipsoïde. Une telle courbe n'est autre qu'une *polhodie* de Poinsot, courbe qui s'est présentée à ce géomètre dans la question du mouvement d'un solide autour d'un point fixe.

Nous voyons donc que, sur ces surfaces, *les lignes asymptotiques forment un réseau orthogonal.*

Meusnier, en se fondant sur sa belle proposition, a fait connaître deux surfaces minima : *la surface de vis à filet carré*, dont il sera question plus loin (n°s 354-357) et l'*alysséide* ou *caténoïde*, surface de révolution dont les méridiens sont des chaînettes ayant pour base l'axe de la surface. Fait bien digne de remarque, on a reconnu depuis lors que la première de ces surfaces est *la seule* des surfaces réglées (Catalan, 1846) et la seconde *la seule* des surfaces de révolution qui soient minima.

La première tentative d'intégration du problème est due à Monge (1784), qui ne parvint malheureusement pas à dégager le résultat des imaginaires qui s'y étaient introduits. Sa découverte n'en doit pas moins être tenue pour fondamentale dans cet ordre de recherches.

D'autres méthodes, préférables à certains égards, furent proposées par Legendre (1787) et par Ampère (1820). La méthode de Legendre a été perfectionnée, en 1844, par Björling, qui en a déduit d'importantes conséquences.

Scherk, en 1834, parvenait pour la première fois à tirer de l'intégrale de Monge des exemples de surfaces minima réelles. En 1855, Catalan faisait connaître une autre transformation de l'intégrale de Monge, destinée à en éliminer les imaginaires, et s'en servait pour déterminer, en nombre illimité, des surfaces minima algébriques. Mais c'est M. Weierstrass qui, en 1866, est parvenu à mettre l'intégrale de Monge sous la forme la plus commode pour les applications ; il a pu ainsi obtenir toutes les surfaces minima réelles et algébriques.

Entre temps, Ossian Bonnet (1823), par l'emploi de coordonnées nouvelles dont il était l'inventeur, avait constitué pour l'étude des surfaces minima une méthode d'une extrême fécondité qui lui avait permis notamment, dès cette époque, de faire connaître toutes les surfaces minima réelles et un nombre illimité de surfaces minima algébriques.

Enfin, dans un Mémoire, l'un des plus beaux qui soient sortis de la plume de cet illustre géomètre, Ribaucour a donné une méthode extrêmement originale qui lui a permis d'étendre considérablement cette importante théorie. Cette méthode l'a notamment conduit à la découverte de toutes les surfaces minima algébriques, réelles ou imaginaires.

Parmi les mathématiciens dont les travaux ont le plus contribué à faire progresser cette branche si difficile de la science, il faut encore citer Bour, Beltrami, M. Schwarz, enfin M. Darboux, qui, dans le livre III de ses magistrales *Leçons sur la Théorie générale des surfaces*, a donné l'exposé le plus complet et le mieux coordonné qui existe de la théorie des surfaces minima.

316. Correspondance de deux surfaces point par point. Surfaces applicables. — Supposons les points d'une surface S définis en fonction des coordonnées u et v, ceux d'une surface S' définis en fonction des coordonnées u' et v'. Si on suppose ces coordonnées liées entre elles par deux équations telles que

$$F_1(u, v, u', v') = 0, \quad F_2(u, v, u', v') = 0,$$

on pourra, étant données les coordonnées u, v d'un point M de la première surface, en déduire les coordonnées u', v' d'un point M′ de la seconde, et réciproquement. On dit alorsque *les surfaces* S *et* S′ *se correspondent point par point.*

Considérons les expressions des éléments linéaires des deux surfaces

$$ds^2 = A du^2 + 2B du dv + C dv^2,$$
$$ds'^2 = A' du'^2 + 2B' du' dv'^2 + C' dv'^2.$$

Nous pourrons, en nous servant des équations de liaison, exprimer A′, B′, C′ du' et dv' en fonction de u, v, du, dv, et écrire l'expression de ds'^2 sous la forme

$$ds'^2 = A_1 du^2 + 2B_1 du dv + C_1 dv^2,$$

A_1, B_1, C_1 étant des fonctions de u et v comme A, B, C.

Supposons les équations de liaison telles que l'on ait identiquement

$$A_1 = A, \quad B_1 = B, \quad C_1 = C.$$

On voit alors que, quels que soient u et v, on aura

$$ds = ds'.$$

Cela veut dire que, quel que soit le point M_1 infiniment voisin de M, pris sur la surface S, le point M'_1 correspondant à M_1 sur S′ sera à une distance de M′ correspondant à M, comptée sur la courbe $M_1M'_1$, égale à la distance MM′ comptée sur la courbe MM′.

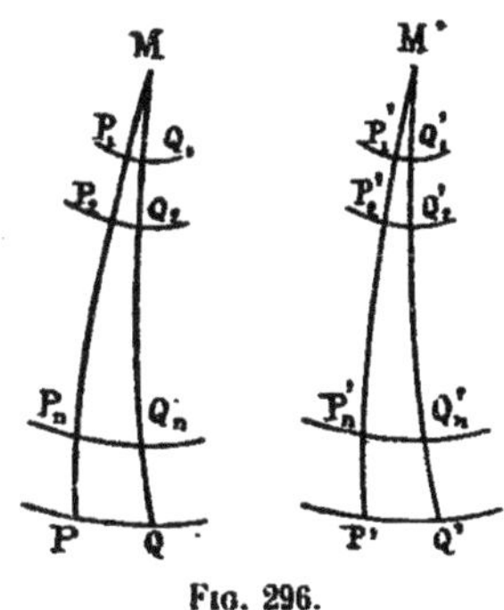

FIG. 296.

En d'autres termes, *tout élément linéaire pris sur la surface* S *a pour correspondant sur la surface* S′ *un élément linéaire égal.*

Passant de ces éléments infiniment petits aux arcs finis, on voit que la propriété subsiste : *Deux arcs de courbe correspondants sur les surfaces* S *et* S′ *sont égaux.*

Il résulte immédiatement de là que *les géodésiques de* S *ont pour correspondantes sur* S′ *les géodésiques de celles-ci* (¹), et aussi *qu'à une circonférence géodésique de* S *correspond sur* S′ *une circonférence géodésique de même rayon.*

Ceci posé, soient M et M′ deux points correspondants sur les surfaces S et S′. De chacun de ces points comme centres avec des rayons géodésiques égaux décrivons respectivement sur S et sur S′ les circonférences C et C′ (*fig.* 296). A l'intérieur des circonférences C et C′ nous pouvons décrire un nombre infiniment

(¹) On a même cette proposition beaucoup plus générale : *Aux points correspondants de deux courbes correspondantes la courbure géodésique est la même* (DARBOUX, *Théorie générale des Surfaces*, t. II, p. 402). Le cas des lignes géodésiques est celui où cette courbure est constamment nulle.

grand de circonférences concentriques $C_1, C_2, \ldots, C_n$ d'une part, $C'_1, C'_2, \ldots, C'_n$ de l'autre, dont les rayons diffèrent de quantités infiniment petites, ces rayons étant d'ailleurs égaux d'une surface à l'autre pour des indices correspondants.

A la géodésique $MP_1P_2 \ldots P_nP$ orthogonale aux circonférences $C_1, C_2, \ldots, C_n, C$, correspond la géodésique $M'P'_1P'_2, \ldots, P'_nP'$ orthogonale aux circonférences $C'_1, C'_2, \ldots, C'_n, C'$. De même, à la géodésique $MQ_1 \ldots Q$ infiniment voisine de $MP_1 \ldots P$ correspondra la géodésique $M'Q'_1 \ldots Q'$ infiniment voisine de $M'P'_1 \ldots P'$, et, d'après la propriété fondamentale de la transformation considérée, il y aura égalité respectivement entre les arcs de circonférence géodésique infiniment petits P_1Q_1 et $P'_1Q'_1$, P_2Q_2 et $P'_2Q'_2, \ldots$, PQ et $P'Q'$.

Par suite, chacune des figures infiniment petites $MP'_1Q'_1$, $P'_1Q'_1P'_2Q'_2, \ldots$, $P'_nQ'_nP'Q'$ sera superposable à chacune des figures correspondantes MP_1Q_1, $P_1Q_1P_2Q_2, \ldots, P_nQ_nPQ$. En effet, les géodésiques et circonférences géodésiques formant sur chaque surface un réseau orthogonal, les figures infiniment petites $P_iQ_iP_{i+1}Q_{i+1}$ et $P'_iQ'_iP'_{i+1}Q'_{i+1}$ peuvent être considérées comme des rectangles et, comme leurs côtés sont égaux, elles sont égales.

On peut donc, par une déformation consistant en une série de rotations infiniment petites autour de $P'_1Q'_1$, $P'_2Q'_2, \ldots, P'_nQ'_n$ amener le fuseau $M'P'Q'$ à s'appliquer exactement sur le fuseau MPQ. Si, de même, on prenait sur les deux surfaces les fuseaux infiniment petits MQR, M'Q'R', contigus respectivement aux deux premiers et correspondant entre eux, on verrait qu'après avoir mis les deux premiers en coïncidence on pourrait appliquer M'Q'R' sur MQR, etc.

Passant à la limite, on voit que, sans déchirer ni plier la surface S', on peut exactement appliquer la portion de cette surface comprise à l'intérieur de la circonférence géodésique C' sur la portion de la surface S comprise à l'intérieur de la circonférence géodésique C. Comme d'ailleurs le rayon de ces circonférences est arbitraire, on peut dire plus généralement que *la surface* S' *est applicable sur la surface* S.

On dit encore que *la surface* S' *s'obtient par déformation, sans déchirure ni duplicature, de la surface* S.

Le théorème de Gauss rappelé à la fin du numéro précédent, rapproché du caractère analytique qui nous a servi à définir le mode de correspondance de ces surfaces, montre *qu'aux points correspondants de deux surfaces applicables l'une sur l'autre la courbure totale de la surface est la même.*

Mais ce caractère géométrique, qui constitue une condition nécessaire à l'applicabilité, n'en est pas une condition suffisante, *à moins que la courbure totale ne soit constante sur toute l'étendue de la surface.*

Dans le cas général, il faut en outre que les géodésiques de l'une des surfaces aient pour correspondantes les géodésiques de l'autre.

La recherche des surfaces applicables les unes sur les autres est un des problèmes les plus beaux en même temps que les plus difficiles de la Géométrie supérieure. Parmi les savants qui ont le plus contribué à faire avancer cette branche de la science, il faut citer Ossian Bonnet, Bour, Codazzi, Beltrami, Ribaucour, etc., et tout récemment M. Weingarten.

CHAPITRE VIII

SURFACES DE NATURE SPÉCIALE

---

317. Au point de vue général, on établit, comme on sait, une distinction entre les surfaces d'après la nature de leur équation en coordonnées rectangulaires à laquelle se lient les propriétés les plus intimes de ces surfaces. Nous n'avons pas à nous occuper ici de ce côté de la question.

Au point de vue des propriétés infinitésimales, on range également les surfaces en un certain nombre de familles, dont nous allons signaler les plus importantes au point de vue des applications.

§ 1. — Surfaces enveloppes de sphères

318. Généralités. — Considérons en premier lieu les surfaces enveloppes de sphères dont le centre est situé sur une courbe gauche quelconque, et dont le rayon varie suivant une loi quelconque avec la position du centre.

Sur la courbe (C) des centres prenons des points C et C′ infiniment voisins. Les sphères correspondantes σ et σ' se coupent suivant un cercle γ_1 qui a son centre sur la droite CC′ et dont le plan est perpendiculaire à cette droite. Lorsque C′ tend vers C, le cercle γ_1 tend sur la sphère σ vers une position limite γ située dans un plan perpendiculaire à la tangente en C à la courbe (C), et qui est la caractéristique correspondante. Donc la surface enveloppe S est tangente à la sphère σ tout le long du cercle γ (n° 291), et les normales à cette surface le long de ce cercle passent toutes par le point C.

Il en résulte que les normales à S en deux points infiniment voisins de γ se rencontrent, c'est-à-dire que *le cercle est une ligne de courbure de* S (n° 306).

Ce résultat peut également se déduire du premier des théorèmes donnés au n° 308, attendu qu'ici la suface S et la sphère σ se coupent sous un angle nul, constant par conséquent, et que le cercle γ est une ligne de courbure de la sphère, ainsi d'ailleurs qu'une courbe quelconque tracée sur cette sphère (n° 306).

Réciproquement, si la surface S admet un système de lignes de courbures circulaires, elle est une enveloppe de sphères. En effet, le cercle γ étant ligne de courbure de la surface S, le second des théorèmes du n° 308 montre que toute sphère passant par ce cercle coupera la surface sous un angle constant. En particulier, il y aura une sphère tangente à la surface tout le long de ce cercle.

Ainsi, un premier système de lignes de courbure de la surface S est constitué par les cercles γ ; le second se compose des trajectoires orthogonales du premier.

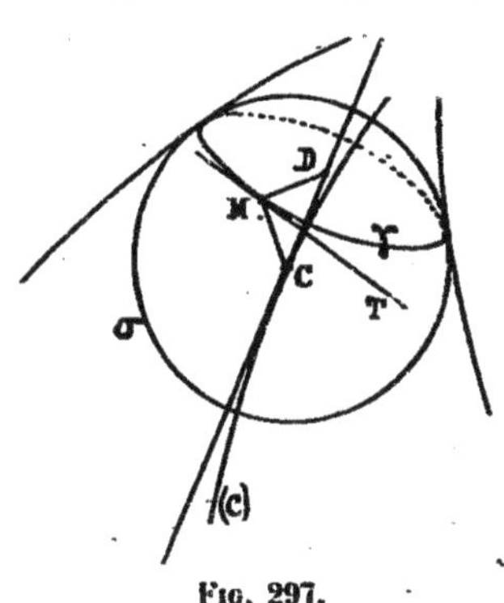

Fig. 297.

Il est une surface célèbre pour laquelle ce second système ne comprend lui-même que des cercles, c'est la *cyclide de Dupin* [1], enveloppe des sphères tangentes à trois sphères fixes.

Remarquons que le point C est le centre de courbure de toutes les sections normales menées à la surface par les tangentes au cercle γ, sections qui sont principales pour les points considérés. Prenons, par exemple, la section principale menée par la tangente MT en M au cercle γ, de centre D (*fig.* 297).

Le centre de courbure de cette section normale se trouvera sur la normale MC à la surface. Mais, d'autre part, d'après le théorème de Meusnier (n° 296), le centre de courbure D de γ doit être la projection sur le plan de ce cercle du centre de courbure cherché. Celui-ci doit donc se confondre avec le centre C de la sphère σ.

Si la sphère σ est de rayon constant, la surface enveloppe est dite

[1] Surface du quatrième ordre ayant pour ligne double le cercle de l'infini, à laquelle M. Georges Humbert a consacré une importante étude dans le cinquante-cinquième cahier du *Journal de l'École Polytechnique*.

une *surface canal.* Ainsi le *tore* est la surface canal pour laquelle la ligne (C) des centres est un cercle.

319. Surfaces de révolution. — Si, dans le cas général du numéro précédent, on suppose que la ligne des centres est droite, on a une *surface de révolution.*

La ligne des centres est dite l'*axe* de la surface ; les cercles γ qui ont leurs centres sur cet axe et dont les plans lui sont perpendiculaires sont dits les *parallèles* de la surface. Les normales le long d'un parallèle forment un cône de révolution ayant son sommet sur l'axe.

On voit immédiatement que les sections de la surface par des plans passant par l'axe sont identiques entre elles ; ce sont les *méridiens* de la surface. Les normales à la surface le long d'un méridien se confondent avec les normales à cette courbe.

La surface peut être engendrée par la révolution d'un méridien quelconque autour de l'axe, d'où le nom donné à de telles surfaces.

Les parallèles γ, en vertu de la remarque faite au numéro précédent, forment un premier système de lignes de courbure de la surface ; les trajectoires orthogonales de ces cercles, qui constituent le second, sont évidemment ici les méridiens [1].

Le rayon de courbure principal correspondant au parallèle est, comme nous venons de le voir au numéro précédent, la portion de la normale au point considéré, limitée à l'axe ; quant au rayon de courbure principal correspondant au méridien, puisque celui-ci est situé dans un plan normal à la surface, il se confond avec le rayon de courbure de ce méridien lui-même.

Si le méridien est un cercle, on retrouve encore le tore et l'on voit que le rayon de courbure principal en tout point d'un méridien est le rayon même du cercle constituant ce méridien.

Puisque nous connaissons en chaque point d'une surface de révolution les directions des sections principales et les rayons de courbure principaux, nous connaissons par cela même l'indicatrice, et

[1] On peut démontrer cette orthogonalité des méridiens et des parallèles ainsi qu'il suit : soient, en un point M, MT la tangente au parallèle, MS la tangente au méridien ; soient, en outre, Z l'axe de la surface, et C le centre du parallèle, situé sur Z. L'axe Z étant perpendiculaire au plan du parallèle est perpendiculaire à MT situé dans ce plan ; d'ailleurs, MT est perpendiculaire au rayon MC du parallèle. Donc MT est perpendiculaire au plan formé par MC et Z, c'est-à-dire au plan du méridien, et par suite à la droite MS située dans ce plan.

nous pouvons, par conséquent, résoudre tous les problèmes où intervient l'emploi de cette courbe. Nous pouvons notamment prendre la direction conjugée d'une direction donnée (n° 294, *rem.*), ce qu'il y a lieu de faire s'il s'agit, par exemple, de construire une tangente à une courbe d'ombre propre (¹).

Remarquons enfin, le plan osculateur en chaque point d'un méridien, qui est le plan même du méridien, étant normal à la surface, que *tout méridien est une ligne géodésique de la surface.*

Il n'en est pas de même pour les parallèles, à moins que les normales au parallèle ne deviennent normales à la surface, c'est-à-dire que les plans tangents le long du parallèle ne soient perpendiculaires au plan de ce parallèle, qui est alors dit un *équateur* de la surface.

§ 2. — Surfaces gauches

A. — *Généralités*

320. Définitions. — On appelle *surface réglée* toute surface qui peut être engendrée par le déplacement continu d'une droite de l'espace.

Une règle peut donc, d'une infinité de façons, être appliquée sur de telles surfaces, ce qui facilite singulièrement leur réalisation matérielle et rend leur emploi fréquent dans les constructions.

On distingue, parmi les surfaces réglées, celles qui sont applicables sur un plan et celles qui ne le sont pas ; les premières sont dites des *surfaces développables* ou, plus simplement, des développables ; les secondes, des *surfaces gauches* (²).

Nous allons étudier d'abord les propriétés des surfaces gauches, pour traiter ensuite dans une section spéciale de celles des développables.

(¹) A titre de renseignement complémentaire sur les surfaces de révolution, je signalerai le procédé purement géométrique que j'ai fait connaître pour déterminer les méridiens des surfaces de révolution applicables sur une surface de révolution donnée (*Bull. de la Soc. Math. de France*, t. XXI, p. 85).

(²) Il est donc, *au point de vue mathématique*, incorrect de dire qu'une surface d'abord plane se *gauchit* lorsqu'elle prend une certaine courbure, attendu que la forme qu'elle affecte alors est celle d'une surface développable, et non d'une surface gauche.

321. Divers modes de génération. — Les équations d'une droite en coordonnées cartésiennes

$$y = mx + n, \qquad z = px + q$$

contenant quatre paramètres arbitraires m, n, p, q, il faut quatre conditions simples pour déterminer complètement une droite dans l'espace.

L'ensemble des droites satisfaisant à trois conditions simples données constitue une *surface réglée ;* celui des droites satisfaisant à deux conditions simples, une *congruence;* celui des droites satisfaisant à une seule condition simple, un *complexe* ([1]).

Nous n'avons à nous occuper ici que des surfaces réglées.

Les conditions simples les plus ordinaires consistent, pour une droite de l'espace, soit à rencontrer une courbe donnée, soit à être tangente à une surface donnée. Trois de ces conditions, d'après ce qui vient d'être dit, permettent de définir toutes les génératrices d'une surface réglée.

Lorsque toutes ces génératrices doivent rencontrer une même courbe, celle-ci est dite une *directrice* de la surface réglée ; lorsqu'elles doivent être tangentes à une même surface, celle-ci est dite un *noyau* de la surface réglée.

On voit donc que les divers modes de génération des surfaces réglées pourront se ramener aux systèmes suivants :

1° Trois directrices ;

2° Deux directrices et un noyau ;

3° Une directrice et deux noyaux ;

4° Trois noyaux.

On peut prendre pour directrice la courbe située à l'infini sur la surface, en la définissant comme l'intersection par le plan de l'infini d'un cône dont les génératrices sont parallèles à celles de la surface. Ce cône a reçu le nom de *cône directeur* de la surface. On peut prendre pour sommet de ce cône un point quelconque de l'espace.

Ce cône peut se réduire à un plan qui est dit alors le *plan directeur*. Toutes les génératrices de la surface sont alors parallèles à ce plan.

La plus simple des surfaces à cône directeur est l'*hyperboloïde*

([1]) Voir les notions sur les complexes et les congruences données par M. Fouret en appendice de la traduction française de la *Géométrie du Mouvement*, de Schœnflies.

réglé; la plus simple des surfaces à plan directeur, le *paraboloïde hyperbolique*, dont on étudie les propriétés dans la théorie générale des surfaces du second degré.

322. Variations du plan tangent le long d'une génératrice. Point central. Paramètre de distribution. — Prenons sur la surface la génératrice G′ infiniment voisine de G (*fig.* 298), et soit PP′ la plus courte distance de ces deux génératrices. Prenons un point M quelconque sur la génératrice G et faisons passer par ce point un plan perpendiculaire à G qui coupe G′ en M′.

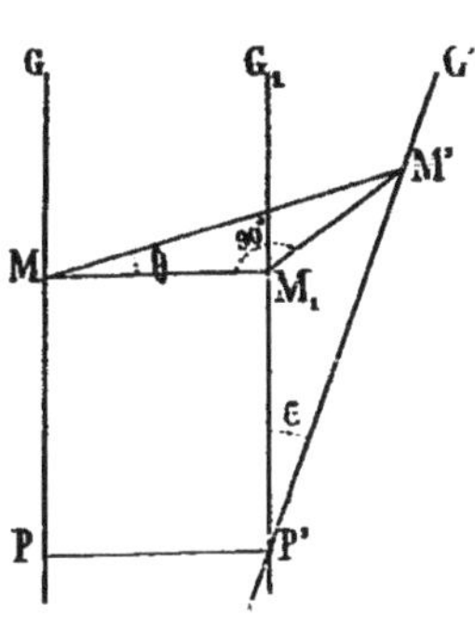

Fig. 298.

Le plan tangent en M à la surface contenant la tangente à toute courbe tracée par ce point sur la surface contient à la fois la droite PM et la limite de MM′. Ce plan tangent n'est donc autre que la limite du plan PMM′.

De même, le plan tangent au point où vient à la limite le point P est la limite du plan MPP′. La position limite du point P a reçu le nom de *point central* de la génératrice G; et le plan tangent en ce point, celui de *plan central.*

Si par le point P′ nous menons à G la parallèle G_1 qui coupe au point M_1 le plan perpendiculaire à G mené par M, l'angle M_1MM', ou θ, mesure le dièdre formé par le plan PMM′ avec le plan PMM_1.

La limite de θ est donc l'angle que le plan tangent en M fait avec le plan central de la génératrice G. Cherchons cette limite. Nous avons

$$\operatorname{tg}\theta = \frac{M_1M'}{MM_1} = \frac{P'M_1 \operatorname{tg}\varepsilon}{p},$$

en appelant ε l'angle $M_1P'M'$ des génératrices G et G′, et p leur plus courte distance PP′. L'angle ε étant infiniment petit, on peut, aux infiniment petits du 3me ordre près, le substituer à sa tangente. On a donc, à la limite, en appelant x la distance du point M au point central de G

$$\operatorname{tg}\theta = x \operatorname{Lim}\frac{\varepsilon}{p}.$$

Si nous posons

$$\operatorname{Lim}\frac{p}{\varepsilon} = k,$$

k sera une longueur que nous appellerons le *paramètre de distribution* de la génératrice G, et nous aurons

$$\operatorname{tg} \theta = \frac{x}{k}.$$

Cette formule remarquable est due à Chasles.

Nous supposons essentiellement ici que *le paramètre k a une valeur finie différente de zéro*. S'il est nul ou infini, le plan tangent reste le même tout le long de la génératrice. Lorsque le fait se produit sur une surface pour des génératrices isolées, celles-ci sont dites *singulières*. S'il a lieu pour toutes les génératrices, la surface est développable, ainsi qu'on le verra plus loin (n° 358).

Nous devons encore faire ici une remarque importante. Nous avons supposé, sur la figure 298, l'angle θ compté dans le sens direct à partir du plan central pour un observateur couché le long de PM, les pieds en P. Si cet angle était compté dans le sens rétrograde, sa tangente devrait être prise négativement. Il est donc nécessaire d'affecter le paramètre de distribution d'un signe.

Ainsi qu'on l'a déjà vu au n° 281, si le sens de la rotation de la droite MM' est direct ou rétrograde pour un observateur couché le long de la génératrice G dans un certain sens, il sera encore direct ou rétrograde pour un observateur couché dans l'autre sens, pourvu que, dans l'un et l'autre cas, le point M se déplace dans le sens des pieds vers la tête de l'observateur.

Dans un cas, nous dirons que *la distribution des plans tangents le long de la génératrice* G *est directe;* dans l'autre, qu'elle est *rétrograde*.

Il nous suffira, dès lors, de faire la convention que *le paramètre de distribution sera pris positivement ou négativement suivant que la distribution des plans tangents sera directe ou rétrograde*, pour donner à la formule de Chasles sa pleine généralité.

Le lieu des points centraux des génératrices d'une surface réglée est appelé la *ligne de striction* de cette surface. Il faut se garder de croire que la tangente à cette ligne soit la limite de PP', c'est-à-dire la perpendiculaire élevée à la génératrice G dans le plan central. Cela n'a lieu que tout exceptionnellement.

Remarque. — La formule de Chasles montre que si deux surfaces gauches ayant en commun une génératrice ont pour cette génératrice même point central, même plan central et même paramètre de distribution, elles ont même plan tangent en tout point de cette génératrice, c'est-à-dire qu'elles se raccordent le long de cette génératrice.

323. Plan asymptotique. — On voit que, lorsque x tend vers l'infini, θ tend vers $\frac{\pi}{2}$. On peut donc dire que le plan tangent à la surface, qui a pour point de contact le point à l'infini sur la génératrice G, est perpendiculaire au plan central. Ce plan a reçu le nom de *plan asymptotique*.

Or, le plan $M_1P'M'$, perpendiculaire à $M_1P'P$, est à la limite perpendiculaire au plan central, limite de $M_1P'P$, c'est-à-dire confondu avec le plan asymptotique. D'autre part, il est parallèle au plan tangent au cône directeur le long de la génératrice g de ce cône, qui est parallèle à G, puisque ce plan tangent est la limite du plan des génératrices g et g' respectivement parallèles à G_1 et à G'. Il en résulte que *le plan asymptotique de la surface pour la génératrice* G *est parallèle au plan tangent au cône directeur le long de la génératrice g*.

Si donc la surface est à plan directeur, ses plans asymptotique sont tous parallèles à ce plan.

Du théorème précédent on déduit immédiatement que *le plan central de la surface génératrice* G *est parallèle au plan normal au cône directeur le long de la génératrice g*.

324. Point représentatif de la distribution des plans tangents. — Par le point P de la génératrice G, élevons à cette génératrice, dans un plan quelconque pris pour plan de la figure, la perpendiculaire PI égale au paramètre de distribution k *pris avec son signe*.

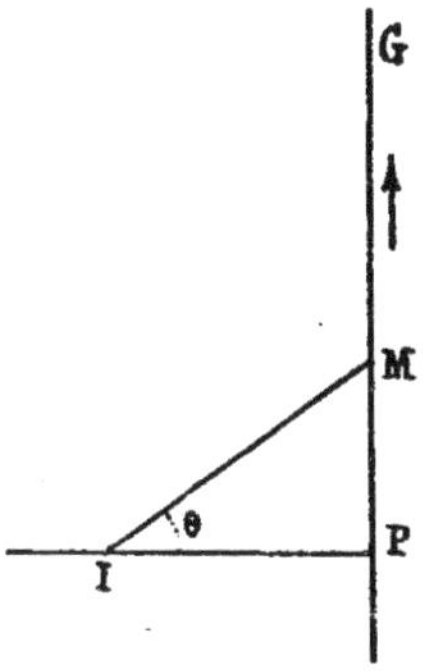

Fig. 299.

Pour cela, définissons arbitrairement le sens positif de cette génératrice et, une fois ce choix fait, portons sur la perpendiculaire élevée en P à G (*fig.* 299), le segment PI, dans un sens tel que, si l'on considère le point P comme entraîné dans le sens positif de G, il en résulte pour IP une rotation autour de I, dans le sens *direct* si k est *positif*, dans le sens *rétrograde* si k est *négatif*. Ainsi, sur la figure 299, k est supposé positif, le sens positif de G étant pris de bas en haut.

Cette convention une fois faite, on voit que, dans tous les cas, l'angle MIP est égal en grandeur et sens à l'angle θ que le plan tangent en M fait avec le plan central. On a, en effet,

$$\operatorname{tg} \mathrm{PIM} = \frac{x}{k}.$$

On déduit immédiatement de là que l'angle MIM′, sous lequel un segment MM′ de la génératrice G est vu de I, est égal à l'angle des plans tangents en M et en M′.

La distribution des plans tangents le long de la génératrice G est donc exactement représentée par la distribution des rayons IM autour du point I, qu'on peut appeler pour cette raison *le point représentatif* de la distribution des plans tangents le long de G.

Ce point représentatif permet immédiatement de déterminer le plan tangent en un point M de la génératrice G, ou, réciproquement, le point M où le plan tangent fait avec le plan central un angle θ donné. Mais il se prête, en outre, à la solution de nombre d'autres problèmes. Nous allons en donner quelques exemples :

Problème I. — On donne le plan tangent en un point M *et deux des trois éléments : point central* P, *plan central* (*c'est-à-dire l'angle* θ), *paramètre de distribution* k (*c'est-à-dire la longueur* PI) : *trouver le troisième de ces éléments* (*fig.* 299).

1° Si les éléments donnés, en outre du point M et de son plan tangent, sont θ et k, on fait en M, avec la partie négative de la génératrice G, l'angle PMI égal à $\frac{\pi}{2} - \theta$ et on coupe le côté MI de cet angle par une parallèle à la génératrice distante de celle-ci de k, pris avec son signe. On a ainsi le point I et, par suite, le point P, en abaissant de I la perpendiculaire IP sur G.

2° Si les éléments donnés sont P et k, on a immédiatement le point I, et il suffit de le joindre au point M pour avoir l'angle θ.

3° Si les éléments donnés sont P et θ, on élève en P une perpendiculaire à G ; en M, on tire la droite MI, qui fait avec la partie négative de G l'angle $\frac{\pi}{2} - \theta$; cette droite coupe la précédente au point I : PI donne en grandeur et signe le paramètre de distribution k.

Problème II. — On donne les plans tangents en deux points M *et* M′ *et un des trois éléments : point central, plan central, paramètre de distribution; trouver les deux autres de ces éléments.*

1° Si l'élément donné est le point central P, élevons à la génératrice G une perpendiculaire par ce point (*fig.* 300). Le point représentatif I, situé sur cette perpendiculaire, sera tel que l'angle MIM′ (pris avec son signe) sera égal à l'angle α (pris avec son signe), que le plan tangent en M′ fait avec le plan tangent en M (plans qui sont donnés l'un et l'autre). Le point I se trouve donc sur le segment capable de l'angle α décrit sur MM′. Il ne saurait, d'ailleurs, y avoir de doute sur le côté de la génératrice G vers lequel doit être décrit ce segment, attendu que l'*angle* MIM′ *doit être de même sens que l'angle aigu décrit par le plan tangent en* M *lorsqu'on le rabat sur le plan tangent en* M′. Sur la figure 300, ce sens est supposé le sens direct.

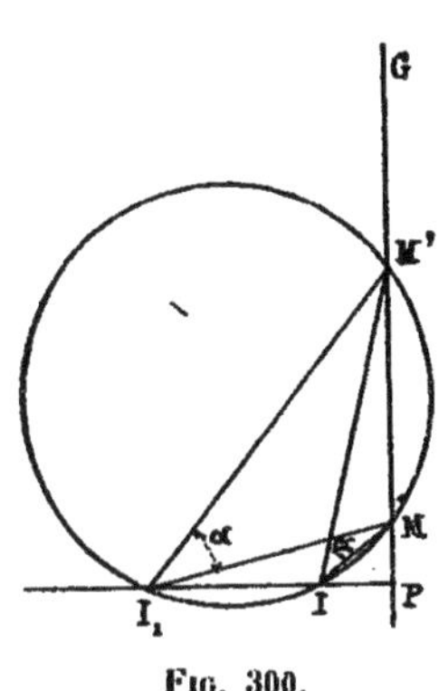

Fig. 300.

On voit que, suivant que ce segment capable rencontre la perpendiculaire élevée en P à G, ou lui est tangent, ou ne la rencontre pas, il y a deux, une ou pas de solutions.

Le point I fait connaître le paramètre de distribution PI et l'angle MIP que le plan central fait avec le plan tangent en M.

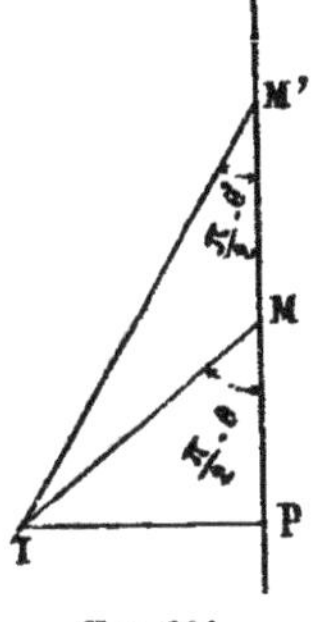

Fig. 301.

2° Si l'élément donné est le plan central, on connaît les angles aigus θ et θ′ que les plans tangents en M et en M′ font avec ce plan. Il suffit dès lors, toujours en tenant compte du signe, de tracer les droites MI et M′I faisant avec la partie négative de G les angles $\frac{\pi}{2} - \theta$ et $\frac{\pi}{2} - \theta'$ (*fig.* 301). Le point de rencontre I de ces droites est le point représentatif ; on en déduit le point central P et le paramètre de distribution.

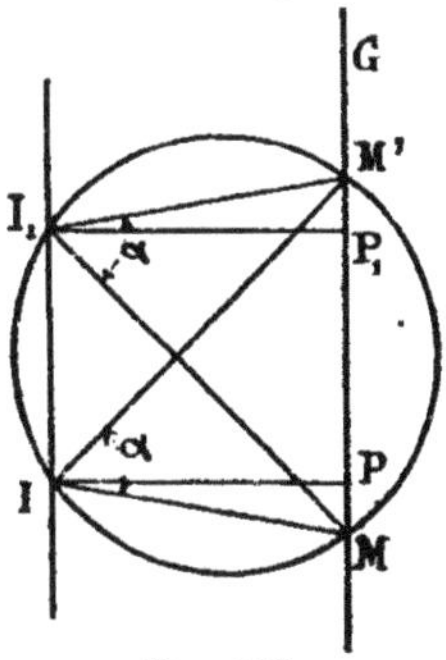

Fig. 302.

3° Si l'élément donné est le paramètre de distribution k, on trace à G une parallèle qui lui soit distante de k pris avec son signe (*fig.* 302). Le point représentatif I est à la rencontre de cette parallèle et du segment capable de l'angle α des plans tangents en M et en M', segment qui est parfaitement déterminé, comme on vient de le voir (1°). Ici encore on peut avoir deux, une ou pas de solutions. Le point I fait connaître le point central P et l'angle MIP que fait le plan central avec le plan tangent en M.

Problème III. — On donne les plans tangents en trois points M, M', M''. *En déduire le point central, le plan central et le paramètre de distribution.*

Mesurons les angles α' et α'' (pris avec leur sens direct ou rétrograde), dont il faut faire tourner le plan tangent en M pour l'appliquer successivement sur les plans tangents en M' et en M''. Le point représentatif I sera tel que les angles MIM' et MIM'' seront respectivement égaux à α' et à α''. Il se trouve donc à la rencontre des segments capables de ces angles décrits sur MM' et sur MM'' (*fig.* 303). Il ne saurait, d'ailleurs, y avoir de doute sur le côté de la génératrice G vers lequel doivent être décrits ces segments, puisque le sens des angles MIM' et MIM'' est connu. Sur la figure 303 ce sens est le sens direct.

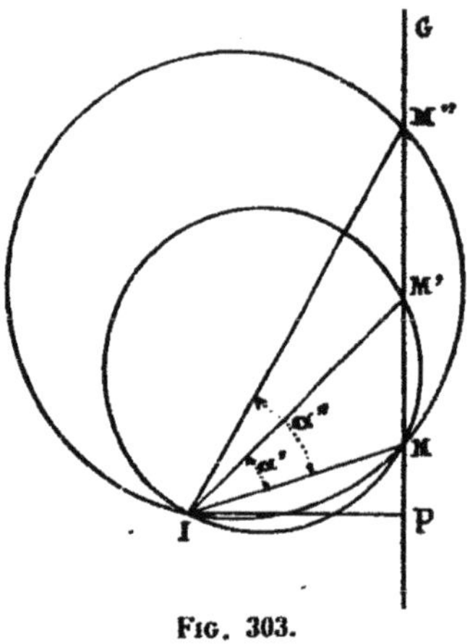

Fig. 303.

On voit qu'il n'y a qu'une seule solution et qu'il y en a toujours une.

Du point I, on abaisse la perpendiculaire IP sur G. P est le point central de cette génératrice ; PI (pris avec son signe) est le paramètre de distribution ; PIM est l'angle que le plan central fait avec le plan tangent en M.

Remarque. — Puisque la connaissance des plans tangents en trois points d'une génératrice entraîne sans ambiguïté celle du point central, du plan central et du paramètre de distribution, on voit, en vertu de la remarque qui termine le n° 332, que, *si deux surfaces gauches ont même plan tangent en trois points d'une génératrice commune, elles se raccordent tout le long de cette génératrice.*

325. Points de raccordement sur une génératrice commune. — Nous allons voir, d'ailleurs, que si deux surfaces gauches ont une génératrice commune il existe sur cette génératrice deux points de raccordement réels ou imaginaires, c'est-à-dire deux points où les deux surfaces ont même plan tangent.

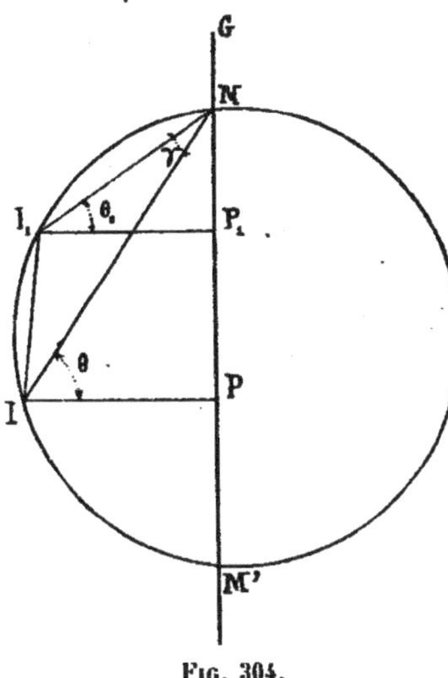

Fig. 304.

Soient P et P_1 les points centraux des deux surfaces pour leur génératrice commune G (*fig.* 304), PI et P_1I_1 les paramètres de distribution correspondants [1]. Les angles θ et θ_1 que les plans tangents en M aux deux surfaces font avec les plans centraux correspondants sont donnés par les angles $PIM = \theta$ et $P_1I_1M_1 = \theta_1$, et nous avons

$$\widehat{IMI_1} = \widehat{PMI_1} - \widehat{PMI} = \left(\frac{\pi}{2} - \theta_1\right) - \left(\frac{\pi}{2} - \theta\right) = \theta - \theta_1$$

Or, si la différence $\theta - \theta_1$ est égale à l'angle γ des plans centraux, les plans tangents en M coïncident comme on peut s'en rendre compte sur la figure 305, où Gp et Gp_1 représentent les traces des plans centraux en P et P_1 sur un plan perpendiculaire à G, Gm, la trace commune des plans tangents en M, supposés confondus.

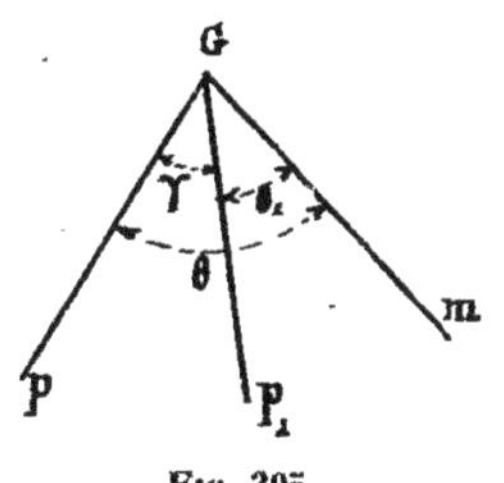

Fig. 305.

Le point M sera donc sur un segment capable de l'angle γ décrit sur PP_1. Mais la question se pose encore ici de définir le côté de PP_1 vers lequel devra être pris ce segment. Elle est tranchée par la remarque que les angles IMI_1 de la figure 304 et pGp_1 de la figure 305 doivent être de sens contraires.

La figure 304 montre que, lorsque I et I_1 sont du même côté de PP_1, c'est-à-dire lorsque les paramètres de distribution sont de même signe, le segment capable de l'angle γ peut, suivant la valeur de cet angle, rencontrer ou non la droite G. Il peut donc, dans ce cas, y avoir deux, une ou pas de solutions réelles.

(1) Sur la figure 304 ces paramètres sont supposés de même signe. S'ils étaient de signes contraires, les points I et I_1 seraient de part et d'autre de la droite G.

Si les points I et I_1 sont de part et d'autre de la droite G, c'est-à-dire si les paramètres de distribution sont de signes contraires, il y a toujours deux solutions réelles et distinctes.

326. Tangentes orthogonales et normales le long d'une génératrice. — Dans le plan tangent en chaque point M d'une génératrice G prenons la droite perpendiculaire à cette génératrice G. Nous avons ainsi une droite tangente à la surface et faisant un angle droit avec la génératrice ; c'est ce que nous appelons une *tangente orthogonale*.

Le plan tangent en chaque point M peut être défini par la génératrice G et la tangente orthogonale passant en ce point. Nous allons voir que la formule de Chasles établit une liaison remarquable entre les tangentes orthogonales le long d'une génératrice.

Considérons, en effet, un plan π parallèle à la génératrice G et perpendiculaire au plan central, ou, ce qui revient au même, parallèle au plan asymptotique (*fig.* 306).

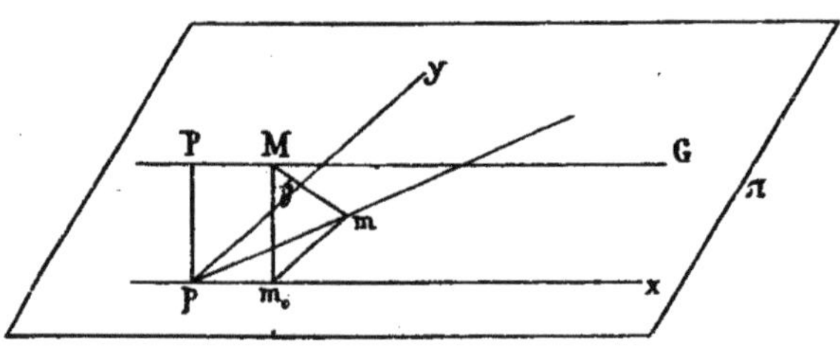

Fig. 306.

Soient p et m les points où les tangentes orthogonales en P et M rencontrent le plan π. La droite Pp est perpendiculaire à ce plan, puisqu'elle est perpendiculaire à G dans le plan central.

Par le point p menons à G la parallèle px, qui est contenue dans π, et élevons en p à cette droite la perpendiculaire py. Nous avons pour les coordonnées du point m, en abaissant du point M la perpendiculaire Mm_0 sur px, $pm_0 = x$ et $m_0m = y$.

L'angle m_0Mm mesure l'angle θ que le plan tangent PMm en M fait avec le plan central PMm_0. On a donc, en posant $Pp = Mm_0 = l$,

$$\operatorname{tg}\theta = \frac{m_0m}{Mm_0} = \frac{y}{l}.$$

Mais la formule de Chasles donne

$$\operatorname{tg} \theta = \frac{x}{k}.$$

Donc

$$\frac{y}{l} = \frac{x}{k},$$

ce qui montre que le lieu du point m est une droite passant par le point p. Ainsi : *le lieu des traces des tangentes orthogonales le long de* G *sur tout plan parallèle au plan asymptotique de* G *est une droite.*

Remarquons que, si la surface est à plan directeur, le plan π est précisément un plan directeur, puisqu'il est parallèle au plan asymptotique (n° 323).

Si nous faisons tourner à la fois toutes les tangentes orthogonales et le plan π de 90° autour de G, chaque tangente Mm devient normale à la surface, le plan π devient parallèle au plan central, et nous avons cet autre théorème : *Le lieu des traces des normales le long de* G *sur tout plan parallèle au plan central de* G *est une droite.*

Les tangentes orthogonales d'une part, les normales de l'autre, sont toutes parallèles à tout plan perpendiculaire à G. Comme elles s'appuient, en outre, sur des droites, elles engendrent des *paraboloïdes* (n° 330), que nous appellerons *le paraboloïde des tangentes orthogonales* et le *paraboloïde des normales.*

327. Constructions au moyen des tangentes orthogonales. — L'avant-dernier théorème fournit un moyen facile de résoudre divers théorèmes sur les plans tangents, constructions qui sont particulièrement avantageuses dans le cas des surfaces à plan directeur, parce qu'alors, ainsi qu'il a été dit plus haut, on peut, quelle que soit la génératrice considérée, conserver pour plan π le plan directeur lui-même.

Nous nous bornerons donc à les exposer dans ce dernier cas :

Problème I. — Construire le plan tangent en un point d'une surface à plan directeur. — On prend ce plan directeur pour plan horizontal de projection.

Une génératrice quelconque ($ab.a'b'$) de la surface rencontre les directrices ou touche les noyaux aux points ($a.a'$) et ($b.b'$). Dans l'un et l'autre cas, on peut toujours avoir une tangente ($aa_0.a'a'_0$) et ($bb_0.b'b'_0$) en chacun de ces points (*fig.* 307).

Les traces horizontales des plans tangents en $(a.a')$ et $(b.b')$ sont les parallèles $a_0\alpha$ et $b_0\beta$ à ab menées par a_0 et b_0.

Les tangentes orthogonales en $(a.a')$ et $(b.b')$ ont pour projections horizontales les perpendiculaires $a\alpha$ et $b\beta$ élevées à ab en a et b. Leurs traces horizontales sont α et β sur les traces des plans tangents correspondants.

Par suite, d'après le premier théorème du numéro précédent,

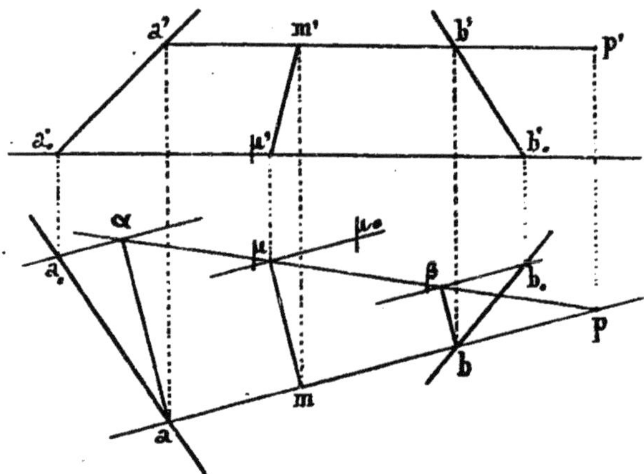

Fig. 307.

toutes les tangentes orthogonales le long de $(ab.a'b')$ auront leurs traces horizontales sur la droite $\alpha\beta$.

Si donc on veut le plan tangent au point $(m.m')$ de la génératrice $(ab.a'b')$, on n'a qu'à élever en m à ab la perpendiculaire $m\mu$, projection de la tangente orthogonale correspondante. Cette projection rencontre la droite $\alpha\beta$ au point μ, qui est sa trace. Le plan tangent en $(m.m')$ est donc défini par les droites $(ab.a'b')$ et $(m\mu.m'\mu')$. La trace horizontale de ce plan est la parallèle $\mu\mu_0$ à ab menée par μ.

Problème II. — Trouver le point où un plan mené par la génératrice $(ab.a'b')$ touche la surface.

Comme précédemment, on construit la droite $\alpha\beta$, lieu des traces des tangentes orthogonales le long de $(ab.a'b')$ sur le plan directeur (*fig.* 307). La trace $\mu\mu_0$ du plan donné, trace qui est nécessairement parallèle à ab, coupe $\alpha\beta$ au point μ. Le point m est le pied de la perpendiculaire abaissée de μ sur ab. On en déduit le point m' sur $a'b'$ par une ligne de rappel.

En particulier, le point central $(p.p')$, c'est-à-dire le point où le plan tangent est perpendiculaire au plan directeur, est donné par le point de rencontre p des droites ab et $\alpha\beta$, puisque pour ce point p la tangente orthogonale est verticale.

Problème III. — Trouver le point de la surface où le plan tangent est parallèle à un plan donné.

La génératrice qui contient ce point étant parallèle à la fois au plan H donné et au plan directeur est parallèle à l'intersection T de ces plans. Il suffit donc, pour avoir cette génératrice $(ab.a'b')$, de prendre la génératrice commune aux deux cylindres passant par chacune des directrices, ou circonscrits à chacun des noyaux, dont les génératrices sont parallèles à T. Menant alors par cette génératrice $(ab.a'b')$ un plan parallèle à H, il suffit de trouver le point où ce plan touche la surface. On est ainsi ramené au problème II.

328. Application aux conoïdes. — Lorsque l'une des directrices de la surface à plan directeur est une droite, la surface est dite *un conoïde*. Ainsi, un conoïde est une surface gauche dont toutes les génératrices sont parallèles à un même plan et rencontrent une même droite. Suivant que cette droite est ou non perpendiculaire à ce plan, le conoïde est *droit* ou *oblique*.

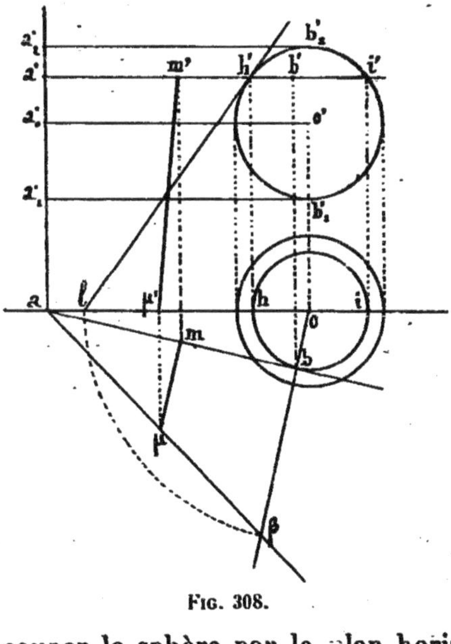

Fig. 308.

Les constructions du numéro précédent sont applicables au conoïde. Donnons-en un exemple, en indiquant la construction des plans tangents au *conoïde droit à noyau sphérique*.

Prenons pour plan horizontal un plan directeur, et pour plan vertical, le plan diamétral de la sphère contenant la droite directrice.

Considérons la génératrice projetée verticalement en $a'b'$ (*fig.* 308). Pour avoir sa projection horizontale, il suffit de couper la sphère par le plan horizontal $h'i'$, ce qui donne, en projection horizontale, le petit cercle hi, et de mener du point a à ce cercle l'une ou l'autre tangente ab.

Puisque toutes les génératrices rencontrent la directrice aa' à angle droit, chacune d'elles a son point central sur cette droite (qui est, par suite, la ligne de striction), et la tangente orthogonale au point $(a.a')$ n'est autre que cette droite, dont la trace horizontale est le point a.

La tangente orthogonale en $(b.b')$ se projette horizontalement suivant ob. Pour avoir sa trace, rabattons le grand cercle vertical projeté en ob sur le cercle de contour apparent vertical. Le point b' vient en h'. La tangente en ce point est $h'l$. Lorsqu'on ramène la figure dans sa position première, le point l vient en β, trace cherchée. Le lieu des traces des tangentes orthogonales est donc ici la droite $a\beta$.

Il suffit donc, d'après ce qui a été vu au numéro précédent (*Prob. I*), d'élever en m à ab la perpendiculaire $m\mu$, pour avoir en $m\mu$ la projection horizontale de la tangente orthogonale en $(m.m')$. On en déduit la projection verticale $m'\mu'$. Le plan tangent est déterminé par les droites $(ab.a'b')$ et $(m\mu.m'\mu')$.

On voit que, pour les génératrices contenues dans le plan diamétral de la sphère perpendiculaire à la droite directrice, génératrices qui se projettent verticalement suivant a'_0o', le plan tangent est le même en tous les points. C'est celui qui passe par la génératrice et la droite directrice ; il est tangent à la sphère. De même, en tous les points des génératrices limites, c'est-à-dire contenues dans les plans tangents à la sphère perpendiculaires à la droite directrice, génératrices qui se projettent verticalement en $a'_1b'_1$ et $a'_2b'_2$, le plan tangent est le même ; il se confond avec le plan tangent à la sphère. Les quatre génératrices qui viennent d'être énumérées sont donc *singulières* (n° 322).

329. Variations de la courbure totale le long d'une génératrice. — Toute droite située sur une surface est une géodésique de cette surface (n° 312), car elle constitue d'une manière absolue le plus court chemin entre deux quelconques de ses points. Elle en est aussi une asymptotique, puisque, en chaque point, le rayon de courbure de la section normale menée par cette droite, est infini.

Remarquant que l'angle des normales en deux points M et M', infiniment voisins sur la génératrice G, est égal à l'angle $d\theta$ des plans tangents correspondants et que la distance MM' de ces points est égale à dx, on a, par application de la formule (2) du n° 302, pour l'expression de la courbure totale en M

$$\frac{1}{R_0R_1} = -\frac{d\theta^2}{dx^2}.$$

Or, de la formule de Chasles

$$\operatorname{tg} \theta = \frac{x}{k},$$

on tire

$$\frac{d\theta}{\cos^2 \theta} = \frac{dx}{k},$$

d'où

$$\frac{d\theta}{dx} = \frac{\cos^2 \theta}{k} = \frac{k}{k^2 + x^2}.$$

Par suite,

$$\frac{1}{R_0 R_1} = -\frac{k^2}{(k^2 + x^2)^2}.$$

Telle est la formule qui fait connaître la courbure totale le long de la génératrice G.

330. Rappel de notions sur le paraboloïde hyperbolique et l'hyperboloïde réglé. — Lorsqu'on étudie les surfaces du second degré, on rencontre une surface réglée, l'*hyperboloïde à une nappe*, qui, par dégénérescence (lorsque son cône directeur se réduit à un plan), donne naissance au *paraboloïde hyperbolique*.

L'hyperboloïde réglé possède un double système de génératrices rectilignes. Par tout point de la surface passe une génératrice de chaque système. D'ailleurs, toute génératrice de l'un des systèmes rencontre toutes les génératrices de l'autre système et aucune du sien. On peut donc définir l'hyperboloïde réglé *le lieu des droites qui rencontrent trois droites données*.

Lorsque toutes les génératrices de l'un des systèmes deviennent parallèles à un plan, il en est de même de celles de l'autre, et la surface devient le *paraboloïde hyperboloïde*, qui peut par suite être défini *le lieu des droites qui rencontrent deux droites données tout en étant parallèles à un plan donné*.

Le plan tangent en chaque point de toute surface de l'une ou de l'autre espèce est défini par les deux génératrices qui se croisent en ce point.

Il est très facile d'établir géométriquement l'existence du double système de génératrices rectilignes pour le paraboloïde.

Projetons les directrices (A) et (B) sur un plan quelconque perpendiculaire au plan directeur (*fig.* 309). Les génératrices qui rencontrent (A) et (B), telles que AB et A'B', se projettent suivant des parallèles. Donc, les points M, M'..., tels que $\frac{MA}{MB} = \frac{M'A'}{M'B'} = ...$, sont, en projection, distribués sur une droite ; comme ce résultat a lieu pour un plan quelconque perpendiculaire au plan directeur, on voit que le lieu (M) des points M est une droite dans l'espace. En faisant varier le rapport $\frac{MA}{MB}$ on obtient autant de génératrices (M) du second système que l'on veut. Si on prend comme plan de projection un plan perpendiculaire au plan directeur qui soit en même temps perpendiculaire à un plan Δ parallèle à la fois à (A) et (B), les projections de ces deux directrices sont parallèles entre elles (*fig.* 309 *bis*), et il en est, par suite, de même des génératrices (M). Toutes ces génératrices sont donc parallèles au plan Δ.

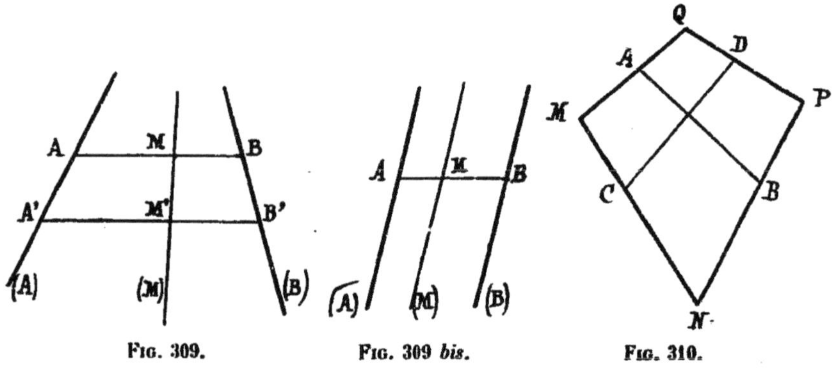

Fig. 309. Fig. 309 *bis*. Fig. 310.

Il résulte de là que si on considère un quadrilatère gauche MNPQ (*fig*. 310), formé par deux génératrices MN, PQ d'un système et deux génératrices MQ, PN de l'autre, on obtient une génératrice AB du système de MN et PQ en joignant les points A et B tels que $\frac{AM}{AQ} = \frac{BN}{BP}$, et une génératrice CD du système de MQ et NP en joignant les points C et D tels que $\frac{CM}{CN} = \frac{DQ}{DF}$.

Quant à l'hyperboloïde on peut le considérer comme dérivant du paraboloïde au moyen d'une transformation homographique faisant correspondre la troisième directrice rectiligne de l'hyperboloïde à la droite à l'infini du plan directeur du paraboloïde. Cette simple remarque suffit à établir l'existence du double système de génératrices de l'hyperboloïde.

331. Plan tangent à l'hyperboloïde. — Prenons pour plan horizontal de projection un plan quelconque passant par l'une des directrices (C.C') et pour plan vertical un plan perpendiculaire à cette directrice (*fig*. 311). Soient (A.A') et (B.B') les deux autres directrices. Nous appellerons *premier* système des génératrices celui qui comprend les directrices (A.A'), (B.B') et (C.C').

Toute génératrice du second système rencontrant (C.C′) aura une projection verticale $a'b'$ passant par C′. Tirons une de ces droites C$a'b'$ qui nous donne la projection horizontale ab et proposons-nous d'obtenir le plan tangent en un point $(m.m')$ de cette génératrice. Il suffit pour cela d'obtenir la génératrice du premier système passant en $(m.m')$. Cette génératrice doit rencontrer toute génératrice du second système; or, la droite horizontale projetée verticalement en h' rencontre à la fois (A.A′), (B.B′) à distance finie, et (C.C′) en un point rejeté à l'infini. C'est donc une génératrice du second système. Par suite, la génératrice du premier système passant en $(m.m')$ a une projection verticale passant par h'. Traçons cette projection verticale $h'm'm'_0$.

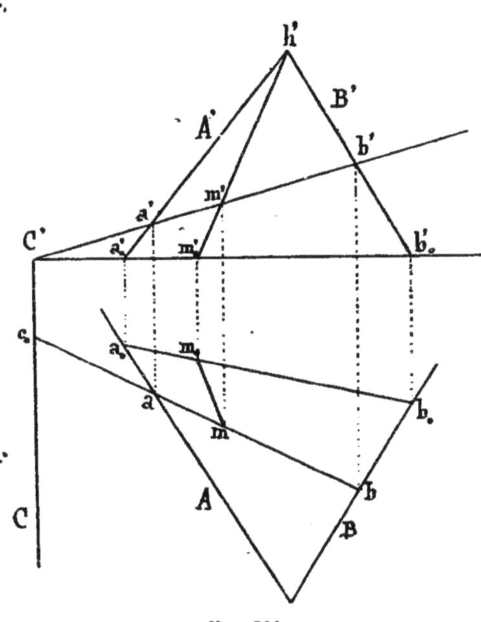

Fig. 311.

La droite a_0b_0 qui joint les traces horizontales de (A.A′) et de (B.B′) rencontre aussi (C.C′) qui est dans le plan horizontal de projection; c'est donc aussi une génératrice du second système. Par suite, toute génératrice du premier système a sa trace horizontale sur cette droite a_0b_0. Il résulte de là que l'on obtient le point m_0, trace de la génératrice cherchée, en prenant l'intersection de a_0b_0 et de la ligne de rappel de m'_0.

Le plan tangent en $(m.m')$ est dès lors déterminé par les droites $(ab.a'b')$ et $(mm_0.m'm'_0)$.

Pour le paraboloïde la construction reste la même, à cette différence près que la droite (C.C′) est rejetée à l'infini du plan horizontal de projection et, par suite, que l'orientation du plan vertical est arbitraire. On peut, d'ailleurs, dans le cas du paraboloïde, appliquer les constructions données au n° 327.

332. Hyperboloïdes et paraboloïdes de raccordement. Hyperboloïde osculateur. — Nous avons vu au n° 324 (*Remarque finale*) que, si deux surfaces gauches ont même plan tangent en trois points d'une génératrice commune, elles se raccordent tout le long de cette génératrice.

Si donc en trois points M, M', M'' d'une même génératrice G nous prenons les droites MT, M'T', M''T'' respectivement situées dans les plans tangents en ces points, l'hyperboloïde défini par les trois directrices rectilignes MT, M'T', M''T'', ayant même plan tangent que la surface aux points M, M', M'', se raccordera avec cette surface tout le long de G. Nous aurons ainsi un *hyperboloïde de raccordement* qui pourra être substitué à la surface pour la solution de tous les problèmes relatifs aux plans tangents de cette surface le long de G ([1]).

Si les trois droites MT, M'T', M''T'' sont parallèles à un même plan, on a un paraboloïde de raccordement. Ainsi le paraboloïde des tangentes orthogonales (n° 306) est un paraboloïde de raccordement.

Puisqu'on dispose des directrices MT, M'T', M''T'' de l'hyperboloïde de raccordement, on peut les choisir de telle sorte que cet hyperboloïde passe par une droite donnée D en dehors de G. Il suffit, en effet, de prendre pour points T, T', T'' les points de rencontre de la droite D avec les plans tangents à la surface en M, M', M''.

Si on prend pour droite D la génératrice de la surface, infiniment voisine de G, on voit que, si on coupe par un plan quelconque, les sections faites dans la surface et dans l'hyperboloïde par un plan quelconque sont tangentes au point situé sur G et ont encore en commun un point infiniment voisin sur D, c'est-à-dire sont, à la limite, osculatrices. *L'hyperboloïde ainsi défini est donc, à la limite, osculateur à la surface tout le long de* G.

([1]) La construction du plan tangent à l'hyperboloïde, donnée au numéro précédent, suppose que l'un des plans de projection passe par une directrice rectiligne de cet hyperboloïde et que l'autre plan de projection est perpendiculaire à cette directrice. Il y aurait donc, dans le cas général, à opérer des changements de plans de projection pour chaque génératrice. Mais, dans les cas de la pratique, l'une au moins des directrices de la surface étant une droite, il suffit de prendre celle-ci pour l'une des directrices de chacun des hyperboloïdes de raccordement. M. J. Marchand a fait connaître une méthode de construction des plans tangents aux surfaces gauches quelconques qui présente, au point de vue théorique, l'intérêt de n'exiger aucun changement de plan de projection (*Bulletin de la Soc. Math.*, t. XIII, p. 34).

En tout point de G les deux surfaces étant osculatrices ont même indicatrice. Or, les asymptotes de l'indicatrice de l'hyperboloïde sont les génératrices de cet hyperboloïde se croisant au point considéré, d'après le théorème qui termine le numéro 293. On peut donc dire que l'*hyperboloïde osculateur le long de* G *est engendré par les secondes asymptotes des indicatrices de la surface aux divers points de* G (Chasles).

333. Application au biais passé gauche. — La surface dite *biais passé gauche* est définie par les trois directrices suivantes : deux cercles de même rayon, dans des plans parallèles entre eux et une droite perpendiculaire aux plans des deux cercles et passant par le milieu $(o.o')$ de la ligne des centres (*fig.* 312).

Nous prendrons pour plan horizontal de projection le plan mené par la directrice rectiligne et la ligne des centres, pour plan vertical un plan perpendiculaire à cette directrice rectiligne, mais d'ailleurs quelconque. Dans ces conditions, les cercles directeurs se projettent horizontalement suivant des segments de droites égaux et parallèles pp_1 et qq_1, et verticalement suivant les cercles égaux décrits sur $p'p'_1$ et $q'q'_1$ comme diamètres. Quant à la droite directrice, elle se projette horizontalement suivant la perpendiculaire de à pp_1 et qq_1 menée par le centre o du parallélogramme pp_1qq_1 et verticalement au point o' milieu de la distance A'B' des centres des cercles.

La projection verticale de toute génératrice de la surface passe par le point o', puisque cette génératrice rencontre la droite de. Toute droite menée par o' donne ainsi les deux génératrices $(ab.a'b')$ et $(a_1b_1.a'_1b'_1)$. Prenons un point quelconque $(m.m')$ sur l'une d'elles et cherchons le plan tangent en ce point. Pour cela, considérons l'hyperboloïde de raccordement défini par la directrice de et les tangentes $(a\alpha.a'\alpha')$, $(b\beta.b'\beta')$ aux cercles directeurs, et appliquons la construction donnée au n° 331.

La génératrice du premier système passant en $(m.m')$ s'obtient en projection verticale en joignant le point m' au point de rencontre h' de $a'\alpha'$ et $b'\beta'$. En outre, sa trace horizontale μ se trouve sur la droite joignant les traces α et β des tangentes aux cercles directeurs. Le plan tangent se trouve ainsi défini par les droites $(ab.a'b')$ et $(m\mu.m'\mu')$.

Puisque la trace de la génératrice $(ab.a'b')$ est en c sur la directrice de, la trace horizontale du plan tangent en $(m.m')$ est la droite $c\mu$.

Génératrices singulières. — On voit que le long des génératrices $(pq.p'q')$ et $(p_1q_1.p'_1q'_1)$ le plan tangent est le même ; c'est le

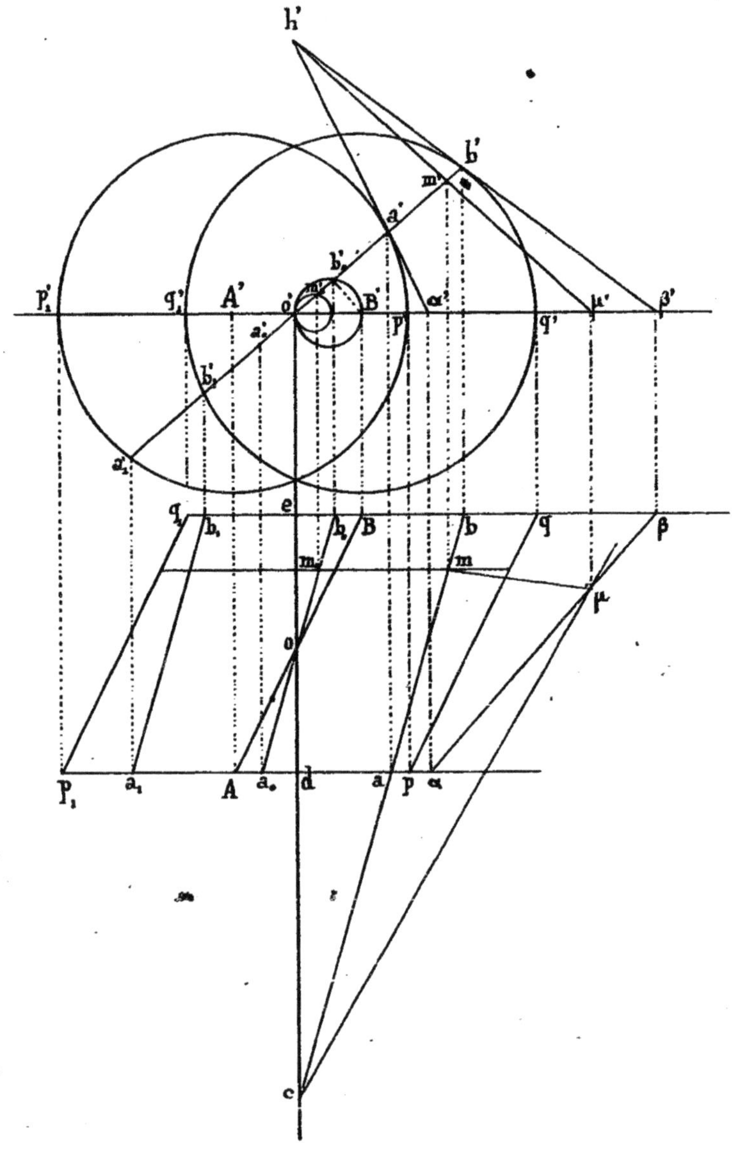

Fig. 312.

plan vertical passant par chacune de ces génératrices. Celles-ci sont donc singulières.

Lorsque, en projection verticale, le point o' est extérieur aux cercles $p'p'_1$ et $q'q'_1$, on voit aussi aisément que les génératrices projetées verticalement suivant les tangentes communes à ces cercles qui se croisent en o' sont des génératrices singulières.

Cône directeur. — Considérons le cône directeur qui a pour sommet le milieu o de de et prenons son intersection par le plan de front de qq_1.

La génératrice $(a_0b_0.a'_0b'_0)$ parallèle à $(ab.a'b')$ et $(a_1b_1.a'_1b'_1)$ se projette verticalement suivant la droite $o'a'$. En projection horizontale, puisqu'on a évidemment $ap = b_1q_1$ et $a_1p_1 = bq$, on voit que o est le centre du parallélogramme aa_1bb_1, et par suite que a_0 et b_0 sont les milieux respectifs de aa_1 et bb_1.

Le point b'_0 est donc le milieu de $b'b'_1$, ou, ce qui revient au même, le pied de la perpendiculaire abaissée de B′ sur $b'b'_1$. Le lieu du point b'_0, section du cône directeur par le plan du cercle $(pq.p'q')$ est donc le cercle décrit sur o'B′ comme diamètre. Il en résulte que toutes les sections du cône directeur par des plans de front ont pour projections des cercles passant en o' et ayant leur centre sur $q'q'_1$.

Le contour apparent du cône directeur en projection horizontale est formé par les droites de et AB.

Sections du biais passé gauche par des plans parallèles aux plans de tête. — Coupons la surface par le plan de front de $(m.m')$ qui rencontre la génératrice correspondante du cône directeur au point $(m_0.m'_0)$.

D'après ce qui précède, le lieu du point m'_0 est un cercle passant en o' et ayant son centre sur o'B′.

Ayant donc tracé ce cercle $[m'_0]$ ainsi que les cercles o'B′ ou $[b'_0]$ et $q'q'_1$ ou $[b']$, on voit qu'on aura le lieu $[m']$ du point m', qui constitue la section cherchée, en portant sur chaque rayon vecteur $o'b'$ le segment $b'm'$ égal à $b'_0m'_0$. Ce résultat est dû à J. de la Gournerie.

Si nous posons

$$o'm'_0 = \rho_1, \qquad o'b'_0 = \rho_2, \qquad o'm' = \rho_3, \qquad o'b' = \rho_4,$$

nous voyons que cette relation s'exprime par

$$\rho_2 - \rho_1 = \rho_4 - \rho_3$$

Nous sommes donc dans un cas d'application du procédé de construction des normales et centres de courbure contenu dans la généralisation qui termine le n° 268.

Nous obtiendrons ainsi la normale et le centre de courbure à la section cherchée $[m']$.

Remarquons d'ailleurs que les extrémités des sous-normales polaires correspondant aux points m'_0 et b'_0 sont les points diamétralement opposés à ceux-ci dans les cercles $[m'_0]$ et $[b'_0]$.

334. Normalies. — On appelle *normalie* d'une surface S le long d'une ligne L tracée sur cette surface la surface réglée N dont les génératrices sont les normales à S menées par les divers points de L.

Ainsi, la normalie d'une surface de révolution le long d'un méridien est un plan, et le long d'un parallèle un cône ; la normalie à une surface réglée quelconque le long d'une génératrice est un paraboloïde hyperbolique (n° 326).

Prenons sur la directrice L de la normalie N deux points infiniment voisins M et M'. Puisque, d'après le théorème de Sturm (n° 302), la normale en M' rencontre, aux infiniment petits du troisième ordre près, les axes de courbure Δ_0 et Δ_1 des sections principales σ_0 et σ_1 menées par la normale en M, axes qui passent par les centres de courbure principaux C_0 et C_1, on voit que ces axes sont tangents à la normalie en ces points. Ainsi, le plan tangent en C_0 est déterminé par la normale MC_0 et l'axe Δ_0 qui est, comme on sait, dans le plan de la section principale σ_1 ; c'est donc le plan de σ_1 lui-même.

De même le plan tangent à la normalie en C_1 se confond avec le plan de la section principale σ_0.

Comme on connaît, en outre, le plan tangent à la normalie en M, plan qui est déterminé par la normale MC_0C_1 et la tangente en M à la courbe L, on voit que l'on a sur toute génératrice d'une normalie les plans tangents en trois points. On peut donc (n° 324, *Problème III*) construire les plans tangents en tous les autres points de cette génératrice.

Puisque, quelle que soit la courbe L tracée à partir du point M, les plans tangents aux centres de courbure principaux C_0 et C_1 restent les mêmes, on voit que *ces centres de courbure sont des points de raccordement pour toutes les normalies correspondant aux courbes de la surface qui passent par le point* M. Cette remarque est due à M. Mannheim.

B. — *Surfaces gauches à cône directeur de révolution*

a. — Propriétés générales

335. Ligne de striction d'une surface gauche à cône directeur de révolution. — Nous avons vu au n° 323 que le plan central d'une surface gauche pour une génératrice G est parallèle au plan normal au cône directeur le long de la génératrice correspondante *g*.

Si le cône directeur est de révolution autour d'un axe Z, ses plans normaux menés par ses génératrices passent tous par Z. Par suite, les plans centraux de la surface considérée sont tous parallèles à Z. Ils ont pour enveloppe un cylindre dont les génératrices sont parallèles à Z. Le lieu des points de contact de ces plans centraux et de la surface est, par suite, la courbe de contact de la surface et du cylindre qui lui est circonscrit parallèlement à Z. Or, les points de contact des plans centraux sont les points centraux. Nous avons donc ce théorème :

Si le cône directeur de la surface est de révolution autour de l'axe Z, le cylindre circonscrit à la surface parallèlement à Z la touche le long de la ligne de striction.

Comme corollaire immédiat de cette proposition, on voit que *le contour apparent de la surface projetée sur un plan perpendiculaire à Z se confond avec la projection de sa ligne de striction.*

Réciproquement, si la ligne de striction est la courbe de contact de la surface et d'un cylindre qui lui est circonscrit parallèlement à la direction d'une droite Z (sur laquelle nous pouvons toujours prendre le sommet du cône directeur), tous les plans centraux, qui sont les plans tangents le long de la ligne de striction, sont parallèles à Z. Donc, toujours en vertu du théorème rappelé au début de ce numéro, les plans normaux le long des génératrices correspondantes du cône directeur passeront par cette droite Z, ce qui ne peut être qu'autant que le cône est de révolution autour de la droite Z.

Le cylindre sur lequel est tracée la ligne de striction, étant tangent à chaque plan central au point central correspondant, est tangent à la génératrice qui passe par ce point dans ce plan. Il constitue donc un *noyau cylindrique* de la surface.

Comme, d'autre part, les génératrices parallèles aux génératrices du cône directeur font avec la direction Z un angle constant, nous voyons que les surfaces qui nous occupent peuvent être définies ainsi : *le lieu des droites tangentes à un cylindre le long d'une courbe quelconque et faisant avec les génératrices de ce cylindre un angle constant.*

La courbe lieu des points de contact est la ligne de striction de la surface.

336. Distribution des plans tangents le long d'une génératrice. Pôle de la génératrice. — Pour connaître le plan tangent en tout point d'une surface gauche, il suffit de déterminer la tangente à une courbe quelconque de la surface passant en ce point ; cette tangente, jointe à la génératrice sur laquelle se trouve le point considéré, définit, en effet, le plan tangent.

Prenons pour plan horizontal de projection un plan perpendiculaire aux génératrices du noyau cylindrique, de telle sorte que la base de ce cylindre se confonde avec la projection σ de la ligne de striction, et pour plan vertical un plan parallèle à la génératrice $(pm.p'm')$ considérée (*fig.* 313).

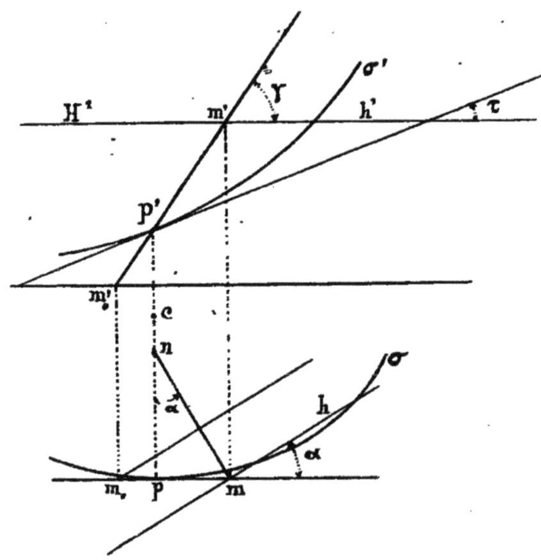

FIG. 313.

Le point central de cette génératrice est le point $(p.p')$ où elle rencontre la ligne de striction $(\sigma.\sigma')$; le plan central est le plan projetant cette génératrice horizontalement.

Considérons la section de la surface par un plan horizontal fixe H'. Lorsque le point $(p.p')$ varie sur $(\sigma.\sigma')$, le point $(m.m')$ décrit sur ce plan une courbe dont la tangente en $(m.m')$ appartient au plan tangent à la surface en ce point. Cette courbe se projette en vraie grandeur horizontalement. Si donc mh est la tangente à cette projection, le plan tangent en $(m.m')$ est déterminé par les droites $(pm.p'm')$ et $(mh.m'h')$. Nous n'avons donc qu'à obtenir la tangente mh à la courbe $[m]$ décrite par la trace de la génératrice $(pm.p'm')$ sur le plan H' pour avoir ce plan tangent.

Soient $pc = \rho$ le rayon de courbure de la courbe σ, $d(p)$ la différentielle de l'arc de cette courbe au point p. Si nous appelons ε l'angle de contingence de la courbe en ce point, nous avons

$$(1) \qquad d(p) = pc.\varepsilon.$$

D'autre part, la formule (VI) du n° 254 nous donne, si mn est la normale à la courbe $[m]$,

$$d.pm = cn.\varepsilon. \tag{2}$$

Mais, si on appelle z la distance du point p' au plan H', on a

$$pm = z \operatorname{cotg} \gamma.$$

d'où, puisque γ est constant, et en appelant $\mathcal{C}$ l'inclinaison de la tangente à $(\sigma.\sigma')$ en $(p.p')$ sur l'horizon,

$$d.\,pm = dz.\,\operatorname{cotg}\gamma = -d\,(p)\operatorname{tg}\mathcal{C}\operatorname{cotg}\gamma,$$

car, lorsqu'on donne au point p un déplacement positif sur la courbe σ, on voit que z diminue.

La formule (2) devient donc, lorsqu'on y change les signes,

$$d\,(p)\operatorname{tg}\mathcal{C}.\,\operatorname{cotg}\gamma = nc.\varepsilon. \tag{3}$$

Divisant (1) et (3) membre à membre, nous avons

$$\frac{nc}{pc} = \frac{\operatorname{tg}\mathcal{C}}{\operatorname{tg}\gamma}, \tag{4}$$

nc étant compté positivement dans le même sens que ρ, c'est-à-dire de p vers c.

Par suite, *pour les divers points de la même génératrice* $(pm.p'm')$, nc est constant; autrement dit, *le point n est fixe*. Ce point n est dit le *pôle* de la génératrice.

La trace horizontale du plan tangent en $(m.m')$ passe par la trace m_0 de la génératrice $(pm.p'm')$ et est parallèle à mh. On l'obtient donc en menant par le point m_0 une perpendiculaire à nm.

Réciproquement, si on donne la trace d'un plan passant par la génératrice, il suffit d'abaisser du pôle n une perpendiculaire nm sur cette trace pour avoir la projection horizontale m du point où ce plan est tangent à la surface.

De là le moyen de construire sur chaque génératrice le point de contour apparent en projection orthogonale sur un plan quelconque, ou le point de la courbe d'ombre pour un faisceau de rayons lumineux donné.

Dans le premier cas, il suffit de prendre le point de contact du plan mené par la génératrice perpendiculairement au plan de projection, dans le second le point de contact du plan mené par la génératrice et le foyer lumineux.

337. Calcul du paramètre de distribution. — D'après la formule de Chasles (n° 322), si θ est l'angle que le plan tangent en $(m.m')$ fait avec le plan central c'est-à-dire le plan vertical passant par pm, le paramètre de distribution est donné par

$$k = \frac{p'm'}{\operatorname{tg}\theta} = \frac{pm}{\cos\gamma.\ \operatorname{tg}\theta}.$$

Or, l'angle θ est donné par la formule (1)

$$\operatorname{tg}\theta = \frac{\operatorname{tg}\alpha}{\sin\gamma}.$$

(1) Cette formule de trigonométrie sphérique est bien connue, mais on peut l'obtenir par un procédé élémentaire de la manière suivante (*fig.* 314) :

Si nous prenons comme plan horizontal de projection le plan H' et comme plan vertical celui qui passe par la génératrice $(pm.p'm')$, les traces du plan tangent en m' sont, sur le plan vertical la droite mv qui fait avec pm l'angle γ et sur le plan horizontal la droite mh qui fait avec mp l'angle α.

Pour avoir l'angle de ce plan et du plan vertical de projection, rendons-le vertical par une rotation autour de pp_0. Pour cela rabattons en pq_1 sur pm la distance pq du point p à la trace verticale de mv. Après la rotation, la trace verticale est la perpendiculaire élevée en q_1 à pm, et la trace horizontale est q_1p_0, puisque le point p_0 n'a pas bougé. L'angle cherché θ est alors donné par pq_1p_0, et on a, en *valeur absolue*,

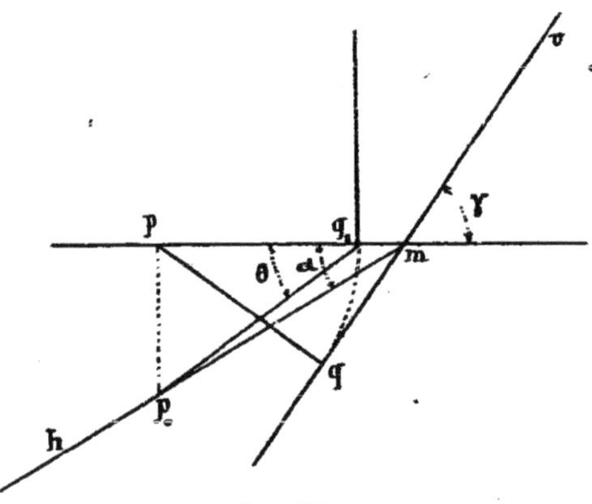

Fig. 314.

$$\operatorname{tg}\theta = \frac{pp_0}{q_1p} = \frac{pp_0}{qp} = \frac{mp.\ \operatorname{tg}\alpha}{mp.\ \sin\gamma} = \frac{\operatorname{tg}\alpha}{\sin\gamma}.$$

En outre, on voit immédiatement sur la figure 313 que, lorsque sur la génératrice on passe du point $(p.p')$ au point $(m.m')$, l'angle θ est décrit dans le sens direct pour un observateur couché le long de $(pm.p'm')$, les pieds en $(p.p')$, et la tête en $(m.m')$. On doit donc considérer ici l'angle θ comme positif.

Il vient donc

$$k = pm.\frac{\operatorname{tg}\gamma}{\operatorname{tg}\alpha}$$

ou, puisque l'angle pnm est égal à α,

$$k = pn.\operatorname{tg}\gamma.$$

Mais la formule (4) du numéro précédent donne

$$\frac{nc}{pc} = \frac{\operatorname{tg}\varpi}{\operatorname{tg}\gamma},$$

ou

$$\frac{pn}{\rho} = \frac{\operatorname{tg}\gamma - \operatorname{tg}\varpi}{\operatorname{tg}\gamma},$$

c'est-à-dire

$$pn.\operatorname{tg}\gamma = \rho\,(\operatorname{tg}\gamma - \operatorname{tg}\varpi).$$

Il vient donc finalement

$$k = \rho\,(\operatorname{tg}\gamma - \operatorname{tg}\varpi). \tag{5}$$

Le paramètre de distribution k est nul si $\operatorname{tg}\gamma - \operatorname{tg}\varpi = 0$, c'est-à-dire pour les génératrices tangentes à la ligne de striction. Il est infini si ϖ est égal à $\frac{\pi}{2}$, c'est-à-dire pour les génératrices correspondant aux points où la ligne de striction a une tangente parallèle à l'axe du cône directeur. Il est encore infini si ρ est infini, c'est-à-dire si p est un point d'inflexion de τ, ou si le plan central est osculateur à la ligne de striction (n° 280). Ces trois catégories de génératrices sont donc singulières.

b. — HÉLICOÏDE GAUCHE GÉNÉRAL

338. Définition. — Si la ligne de striction est une hélice du noyau cylindrique supposé toujours quelconque, c'est-à-dire si l'angle ϖ est constant, la surface prend le nom d'*hélicoïde*.

Tout ce qui vient d'être dit relativement aux plans tangents subsiste, à cette différence près que, dans les formules (4) et (5), ϖ est constant, c'est-à-dire, d'une part, que le pôle n divise le rayon de courbure pc de la base du noyau cylindrique dans un rapport constant, de l'autre que le paramètre k de chaque génératrice est proportionnel au rayon de courbure ρ correspondant.

On voit, en outre, que des trois catégories de génératrices singulières énumérées ci-dessus, la seconde seule peut exister ici. Par suite, si la section droite du noyau cylindrique n'offre pas de point d'inflexion, l'hélicoïde n'a pas de génératrice singulière.

339. Éléments de la courbure. — 1° *Rayon de courbure de la section de la surface par un plan horizontal.* — La section par le plan H' est le lieu du point m lorsque le point p varie sur σ. Nous venons de voir que la

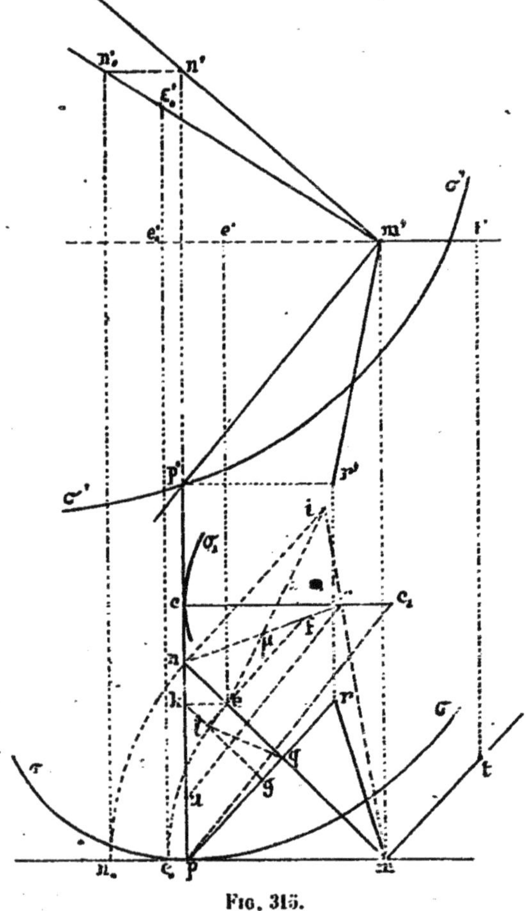

Fig. 315.

normale mn à cette courbe coupe pc en un point n tel que le rapport $\frac{pc}{nc}$ est constant. Donc, en vertu du corollaire IV du n° 234, si c_1 est le centre de courbure de la développée σ_1 de σ, la normale à la courbe lieu du point n coupe cc_1

en un point ν tel que $\frac{cc_1}{\nu c_1} = \frac{pc}{nc}$ (*fig.* 315). Il suffit donc, par le symétrique u de n par rapport au milieu de pc_1, de mener la parallèle $u\nu$ à pc_1 pour avoir le point ν.

Soit e le centre de courbure cherché, c'est-à-dire le point où mn touche son enveloppe. La normale à cette enveloppe, c'est-à-dire la perpendiculaire élevée en e à mn coupe la normale $n\nu$ au point f, et la formule (V) du n° 253, successivement appliquée aux côtés mn, np, pm, du triangle mpn, donne

$$\frac{d(m)}{d(n)} = \frac{mc}{nf},$$
$$\frac{d(n)}{d(p)} = \frac{n\nu}{pc},$$
$$\frac{d(p)}{d(m)} = \frac{pc}{mn},$$

d'où, en multipliant membre à membre,

$$\frac{mc.\,n\nu}{nf.\,mn} = 1$$

ou

$$\frac{n\nu}{nf} = \frac{mn}{me}.$$

Dès lors, en vertu du théorème énoncé dans le renvoi du n° 267, la construction du centre de courbure e sera la suivante [1] : *Si la perpendiculaire élevée en n à mn coupe m*ν *en i, le point e se trouve sur la droite qui unit le point i au milieu* μ *de n*ν.

2° *Asymptotes de l'indicatrice.* — La génératrice $(mp.m'p')$ constitue une asymptote de l'indicatrice au point $(m.m')$. Pour avoir la seconde asymptote, nous nous fonderons sur ce que deux droites du plan tangent conjuguées par rapport à l'indicatrice le sont aussi par rapport à ses asymptotes, en remarquant, d'ailleurs, que cette propriété est projective.

Cherchons, par exemple, la droite conjuguée de la tangente mt à la section horizontale. D'après le théorème de Dupin (n° 294), cette droite est la limite de la droite d'intersection des plans tangents au point $(m.m')$ et au point infiniment voisin situé sur la section horizontale, c'est-à-dire la caractéristique du plan tangent en $(m.m')$, lorsque ce point se déplace horizontalement sur la surface. Cette caractéristique est la droite qui joint le point $(m.m')$ au point où la trace du plan tangent sur un plan quelconque, par exemple sur le plan horizontal de $(p.p')$, touche son enveloppe. Cette trace est la perpendiculaire pq abaissée de p sur mn (n° 336).

[1] Pour obtenir cette construction, il suffit de faire correspondre les lettres ici employées à celles de l'énoncé rappelé, ainsi que l'indiquent les deux lignes que voici :

m	n	ν	e	f	i
A	B	C	H	D	I

Pour trouver le point g où pq touche son enveloppe, nous allons appliquer la méthode du n° 257, en remarquant : 1° que, l'angle pqm étant droit, la normale à la courbe décrite par le point q passe par le point de rencontre l des normales aux enveloppes des côtés pq et qm, c'est-à-dire des perpendiculaires élevées en g et en e à ces côtés ; 2° que, dans le déplacement considéré, le point p décrit non pas la courbe σ, mais bien la section horizontale de la surface passant en p, et, par suite, que la normale au lieu décrit par p, confondue avec pc, doit être considérée comme coupant cette droite au point n, ainsi que le font les normales à toutes les sections horizontales le long de pm.

Dès lors, la formule (V) du n° 253, successivement appliquée aux côtés mp, pq et qm du triangle mpq, donne

$$\frac{d\,(m)}{d\,(p)} = \frac{mn}{pn}, \qquad \frac{d\,(p)}{d\,(q)} = \frac{pk}{ql}, \qquad \frac{d\,(q)}{d\,(m)} = \frac{ql}{me},$$

d'où, en multipliant membre à membre,

$$\frac{mn.pk}{pn.me} = 1,$$

ou

$$\frac{pk}{pn} = \frac{me}{mn},$$

ce qui montre que la droite ke est parallèle à pm. De là cette construction pour le point g : *Mener ek parallèlement à mp, puis kg parallèlement à nm.*

Puisque, en projection horizontale, les droites mg et mt sont conjuguées harmoniques par rapport à mp et à la seconde asymptote mr cherchée, et que, d'ailleurs, pq est parallèle à mt, *le point r est le symétrique de p par rapport à g.*

Puisque pr est la trace du plan tangent sur le plan horizontal de $(p.p')$, *la projection verticale r' de r est sur l'horizontale de p'.*

On a donc ainsi *les asymptotes $(mp.m'p')$ et $(mr.m'r')$ de l'indicatrice en $(m.m')$.*

3° *Indicatrice.* — Il est très facile, après cela, de construire les projections de cette indicatrice elle-même. En effet, les projections de la normale en $(m.m')$ à la surface sont mn, perpendiculaire à la trace horizontale pq du plan tangent en $(m.m')$ et $m'n'$, perpendiculaire à la ligne de front $p'm'$ de ce plan. D'après le théorème de Meusnier (n° 295), le centre de courbure de la section normale passant par $(mt.m't')$ est à la rencontre de cette normale et de la verticale du point e. Amenons le plan vertical de la normale à être de front, par rotation autour de la verticale de $(m.m')$. La normale se projette alors en $(mn_0.m'n'_0)$, le point $(e.e')$ en $(e_0.e'_0)$. Par suite, on a en ε'_0 le point où la rotation amène le centre de courbure de la section normale considérée, et en $m'\varepsilon'_0$ le rayon de courbure R de cette section. Il suffit donc de porter sur mt le segment mt égal $\sqrt{2R}$ (n° 299), pour avoir le point $(t.t')$ de l'indicatrice.

Sur chacune des projections on connaît les deux asymptotes de l'indicatrice et un de ses points ; il est donc facile de la tracer (nos 56 et 57).

On aurait les directions principales au point $(m.m')$ en prenant les bissectrices des droites $(mp.m'p')$ et $(mr.m'r')$ de l'espace et les rayons de courbure principaux en déterminant les axes de l'indicatrice, problèmes faciles à résoudre au moyen d'un rabattement sur le plan horizontal passant par $(mt.m't')$.

c. — HÉLICOÏDE GAUCHE ORDINAIRE

340. Hélicoïde gauche ordinaire. — Lorsque le noyau cylindrique est de révolution, on a l'*hélicoïde gauche ordinaire*, et ce sera désormais de celui-là que nous entendrons parler lorsque nous dirons simplement un hélicoïde.

Ici le rayon de courbure ρ est constant; il est égal au rayon r de la section droite du noyau cylindrique. Les formules (4) et (5) des nos 336 et 337 montrent alors que cn et k sont constants lorsqu'on passe d'une génératrice à l'autre. Le pôle n décrit donc un cercle autour du centre c du cercle de base du cylindre.

Si nous prenons sur la génératrice $(pm.p'm')$ un point M $(m.m')$ à distance fixe de P $(p.p')$ (*fig.* 313), pm est constant; mais puisqu'ici pc est constant, mc est aussi constant, et le lieu du point m est un cercle de centre c. Par suite, le point M reste sur un cylindre de révolution de même axe que le noyau. En outre, la distance verticale des points P et M étant constante, on a dans l'espace

$$mM - pP = C^{te}.$$

Donc, entre deux positions quelconques

$$mM - m_0M_0 = pP - p_0P_0 = \frac{h}{r} \times \text{arc } p_0p,$$

h étant le pas réduit [n° 286, *formule* (3)] de la ligne de striction; mais l'angle pcm étant constant, on a

$$\frac{\text{arc } p_0p}{\text{arc } m_0m} = \frac{r}{r'},$$

r' étant le rayon du cercle décrit par le point m. Donc

$$mM - m_0M_0 = \frac{h}{r'} \cdot \text{arc } m_0m,$$

ce qui montre que le lieu décrit par le point M est aussi une hélice dont le pas réduit est h.

On peut donc dire *que l'intersection d'un hélicoïde ordinaire par un cylindre concentrique au noyau cylindrique est une hélice de même pas que l'hélice de striction.*

Puisque le point M est un point quelconque de la génératrice, on voit que l'hélicoïde gauche pourra être défini par trois directrices qui seront des hélices de même pas décrites sur des cylindres de révolution de même axe.

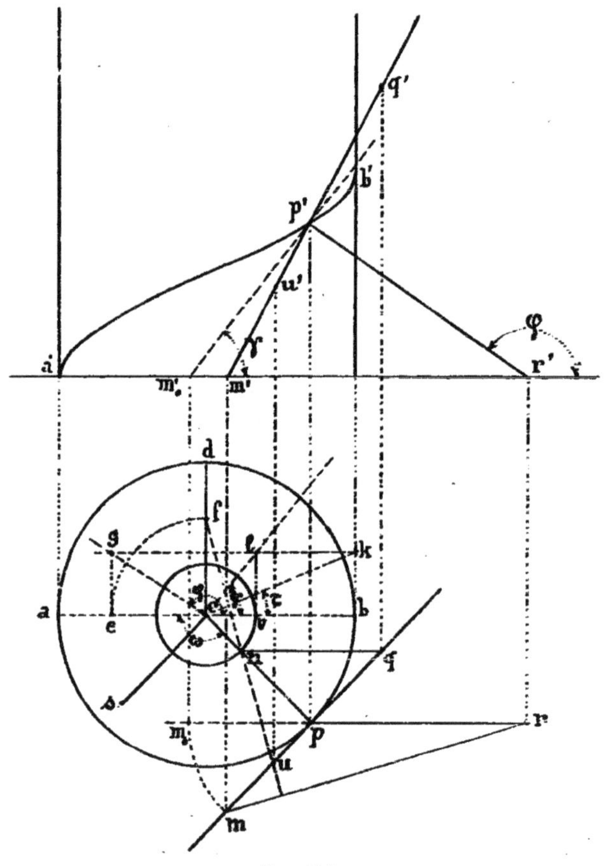

FIG. 316.

La formule (4) du n° 336, qui s'écrit ici

$$\frac{cn}{cp} = \frac{\operatorname{tg} \varpi}{\operatorname{tg} \gamma},$$

ou

$$cn = \frac{r \operatorname{tg} \varpi}{\operatorname{tg} \gamma},$$

peut, en vertu de la formule (2) du n° 286, s'écrire aussi

$$(1) \qquad cn = \frac{h}{\operatorname{tg} \gamma}.$$

De même, la formule (5) du n° 337 devient ici

$$(2) \qquad k = r \operatorname{tg} \gamma - h.$$

341. Construction d'une génératrice. — Ayant construit (n° 287) la projection verticale $a'b'$ de l'hélice ligne de striction (*fig.* 316), prenons un point $(p.p')$ sur cette hélice et proposons-nous de construire la génératrice de l'hélicoïde passant en ce point. Elle se projette horizontalement suivant la tangente pm au cercle de base. Pour avoir sa trace horizontale faisons-la tourner autour de la verticale de $(p.p')$ pour l'amener dans le plan de front de ce point. Sa projection horizontale est alors pm_0 parallèle à la ligne de terre, et sa projection verticale $p'm'_0$ qui fait l'angle γ avec cette ligne de terre. Ramenant la génératrice dans sa position primitive nous avons sa trace $(m.m')$.

342. Cercle polaire. — Le pôle de cette génératrice est le point n de cp, tel que (n° 336)

$$\frac{nc}{pc} = \frac{\operatorname{tg} \varpi}{\operatorname{tg} \gamma}.$$

Comme ici pc, ϖ et γ sont constants, nc le sera aussi, ainsi que nous venons déjà de le dire, et le lieu du point n sera un cercle de centre c que nous appellerons le *cercle polaire*. Il est très facile de construire le rayon de ce cercle. Menons, en effet, par le centre c les droites ck et cl faisant respectivement les angles ϖ et γ avec ca. La droite ck coupe bb' au point k, et la parallèle à ac menée par k coupe cl en l qui se projette en v sur cb. On a

$$\frac{cv}{ca} = \frac{\operatorname{tg} \varpi}{\operatorname{tg} \gamma},$$

et, par suite, cv est le rayon du cercle polaire. Ce cercle étant tracé on n'a qu'à prendre son intersection n avec cp [1] pour avoir le pôle de la génératrice $(pq.p'q')$, pôle qui permet, ainsi qu'on l'a vu au n° 336, de résoudre tous les problèmes relatifs aux plans tangents le long de cette génératrice.

343. Contour apparent vertical. — Pour avoir le point $(q.q')$ du contour apparent vertical sur la génératrice $(pm.p'm')$, il faut chercher le point où le plan tangent est perpendiculaire au plan vertical. La trace horizontale de ce plan étant perpendiculaire à la ligne de terre, la droite nq perpendiculaire à cette trace (n° 336) est parallèle à la ligne de terre, ce qui détermine le point q.

344. Section par un plan horizontal. — Les sections par des plans horizontaux sont évidemment toutes égales entre elles et ne diffèrent que par leur orientation. Il nous suffit donc de considérer la section de la surface par le plan horizontal pris pour plan de projection, c'est-à-dire la courbe lieu du point m. On a

$$pm = pm_0 = z \operatorname{cotg} \gamma = h\omega \operatorname{cotg} \gamma,$$

en appelant h le pas réduit de l'hélice, ω l'angle acp. Donc, λ étant une constante,

$$pm = \lambda\omega.$$

Menons par le centre c le segment cs équipollent à pm. Nous aurons

$$cs = \lambda\omega;$$

[1] Si dans le plan tangent au cylindre en $(p.p')$ la génératrice et la tangente à l'hélice avaient des inclinaisons non de même sens, comme nous le supposons ici, mais de sens contraires, le rapport $\frac{\operatorname{tg} \mathfrak{C}}{\operatorname{tg} \gamma}$ serait négatif, par suite aussi $\frac{nc}{pc}$, et le point n devrait être pris à l'intersection du cercle polaire et de pc, non plus entre les points p et c, mais sur le prolongement de pc. En d'autres termes, le pôle serait, sur le cercle polaire, le point diamétralement opposé au point n de la figure 316. Dans ce cas, le point v viendrait dans la position symétrique par rapport à c sur ab; on déduit de là la règle suivante : *Le cercle polaire étant supposé décrit dans le sens contraire de celui de l'hélice, c'est-à-dire dans le sens rétrograde ou direct, suivant que l'hélice est directe ou rétrograde, le pôle n est le point de cp où cette droite prolongée de part et d'autre du centre c est rencontrée pour la première fois par le point qui décrit le cercle polaire en partant du point v.*

mais si nous prenons pour axe des coordonnées polaires la perpendiculaire cd à ab, l'angle polaire dcs est égal à ω. Nous voyons donc que le *lieu du point s est une spirale d'Arhimède* (s).

Par suite, le lieu du point m, c'est-à-dire la *trace horizontale de l'hélicoïde s'obtient en portant sur les tangentes au cercle de base, à partir de leurs points de contact, des segments équipollents aux rayons vecteurs de la spirale d'Archimède* (s).

Nous savons (n° 339) que la normale à cette courbe au point m est la droite mn joignant le point m au pôle n de la génératrice [1].

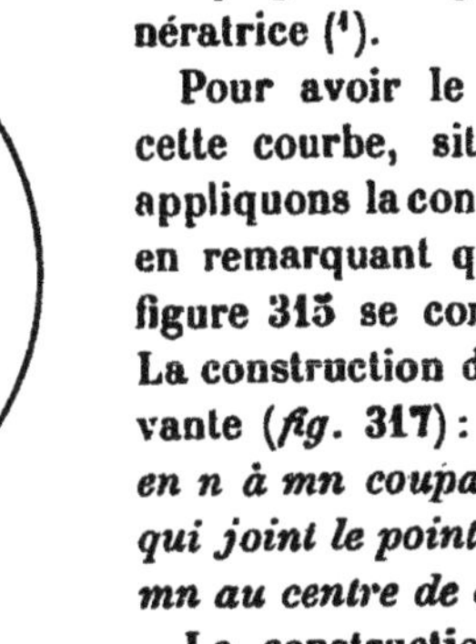

Fig. 317.

Pour avoir le centre de courbure e de cette courbe, située sur la normale mn, appliquons la construction donnée au n° 339, en remarquant qu'ici les points c_1 et v de la figure 315 se confondent avec le point c. La construction du point e est donc la suivante (*fig.* 317) : *La perpendiculaire élevée en n à mn coupant cm au point i, la droite qui joint le point i au milieu μ de cn coupe mn au centre de courbure e.*

La construction de l'indicatrice s'effectuerait comme dans le cas de l'hélicoïde général, sans présenter aucune particularité.

345. Courbe d'ombre propre produite par des rayons parallèles. — Nous pouvons toujours supposer que le plan vertical a été pris parallèlement à ces rayons. Menons dès lors par le point ($p.p'$) le rayon ($pr.p'r'$) parallèle à la direction donnée, pr étant en ce cas parallèle à la ligne de terre (*fig.* 316). La trace horizontale du plan lumineux mené par la génératrice considérée est donc mr. La perpendiculaire abaissée de n sur mr donne en u sur pq la projection horizontale du point de contact ($u.u'$) qui appartient à la courbe d'ombre propre.

Cette construction peut encore être simplifiée. Soit, en effet, f le point où la droite nu rencontre le diamètre cd perpendiculaire à ab. Les triangles cnf et pmr sont semblables comme ayant leurs côtés perpendiculaires deux à deux. Donc

$$\frac{cf}{cn} = \frac{pr}{pm}.$$

(1) Cette propriété est bien conforme au théorème qui termine le renvoi au bas du n° 254.

Mais en appelant φ l'angle des rayons lumineux avec le plan horizontal, on a $pr = \frac{3}{\operatorname{tg}\varphi}$, $pm = \frac{3}{\operatorname{tg}\gamma}$. En outre (nº 342), $cn = r\frac{\operatorname{tg}\varpi}{\operatorname{tg}\gamma}$. Il vient donc

$$cf = r\frac{\operatorname{tg}\varpi}{\operatorname{tg}\varphi} = \frac{h}{\operatorname{tg}\varphi}.$$

Ainsi cf est constant, c'est-à-dire que f est un point fixe. On l'appelle le *pôle de la courbe d'ombre*. La construction du point f sera la même que celle du point n, l'angle φ remplaçant ici l'angle γ (1). La construction du point u se réduit alors à prendre l'intersection de pm avec la droite fn joignant le pôle de la courbe d'ombre au pôle de la génératrice.

d. — Surface de vis a filet triangulaire

346. Génération. — Un hélicoïde réglé ordinaire peut être défini par le rayon r de son noyau cylindrique, par l'angle ϖ de l'hélice de striction tracée sur ce cylindre et par l'angle γ que les génératrices font avec tout plan perpendiculaire à l'axe du cylindre. Mais on peut aussi substituer à la donnée ϖ le pas réduit h commun à toutes les hélices tracées sur l'hélicoïde, ce pas étant donné par la formule

$$h = r \operatorname{tg}\varpi.$$

Lorsque l'on suppose $r = 0$, c'est-à-dire lorsque le noyau de l'hélicoïde se réduit à une droite, on a la *surface de vis à filet triangulaire*.

Une telle surface est donc complètement définie quand on connaît h et γ. Puisque h est le pas réduit d'une hélice quelconque tracée sur la surface, on peut, au lieu de h, se donner cette hélice. La définition de la surface peut alors être formulée ainsi :

Le lieu des droites qui rencontrent l'axe d'un cylindre de révolution sous un angle constant (complément de l'angle γ) en s'appuyant sur une hélice tracée sur ce cylindre.

Puisqu'ici le noyau cylindrique est réduit à une droite, l'hélice de striction tracée sur ce cylindre est aussi réduite à cette droite.

(1) C'est-à-dire qu'ayant mené (*fig.* 316) la droite cg faisant avec cb l'angle φ, on projette g en e sur cb et on décrit, *dans le sens contraire à celui de l'hélice*, c'est-à-dire ici dans le sens rétrograde, l'arc ef qui donne le point f sur cd.

Par suite, le point central de chaque génératrice est à sa rencontre avec la droite directrice.

Quant à la formule (2) du n° 340, elle devient ici

$$k = -h.$$

Par suite, *quel que soit l'angle* γ, *le paramètre de distribution le long de chaque génératrice est constant et égal au pas réduit des hélices de la surface, changé de signe.*

347. Construction d'une génératrice. Cercle polaire. — La génératrice qui passe par le point $(m.m')$, rencontrant l'axe du cylindre, a pour projection horizontale la droite cm (*fig.* 318). Supposons cette génératrice rendue de front par une rotation autour de la verticale de $(m.m')$; sa projection verticale $m't'_0$ fait alors l'angle γ avec la ligne de terre. Sa trace $(t_0.t'_0)$ se ramène en $(t.t')$, ce qui détermine la projection verticale $m't'$ de la génératrice passant en $(m.m')$.

Le rayon du cercle polaire est déterminé par la formule (1) du n° 340

$$cn = \frac{h}{tg\,\gamma},$$

h étant, d'après la définition même du pas réduit (n° 286), le quotient par 2π de la longueur $a'a'_1$ du pas.

La construction du point n, donnée au n° 341, semble ici devenir illusoire, attendu que le cercle de base du noyau cylindrique se réduit à un point et que la droite vk devient perpendiculaire à cb (*fig.* 316). Mais il suffit de remarquer que vl, égal au pas réduit h de toutes les hélices tracées sur la surface, ne change pas de valeur quand le rayon du noyau cylindrique tend vers zéro. Il suit de là que, si l'on a tracé la droite cl (*fig.* 318) faisant avec cb l'angle γ, on n'a qu'à porter sur le diamètre perpendiculaire à ab le segment ck égal au pas réduit *h pris avec son signe* (¹) pour avoir, par la parallèle kl à cb et la parallèle lv à ck, le point v sur cb.

Ainsi qu'on l'a vu dans le renvoi du n° 341, on aura le pôle n de la génératrice $(mp.m'p')$ en faisant tourner le point v sur le cercle polaire dans le sens contraire à celui de l'hélice, de façon à l'amener en n sur la perpendiculaire élevée en c à mc.

(¹) Ce signe est positif ou négatif, suivant que l'hélice est directe ou rétrograde (n° 286).

348. Contour apparent vertical. Section par un plan horizontal. — Appliquant la construction donnée au n° 343, nous voyons que le point de contour apparent $(q.q')$ sur $(mc.m'p')$ s'obtient en menant par le pôle n la parallèle nq à ab (*fig.* 319).

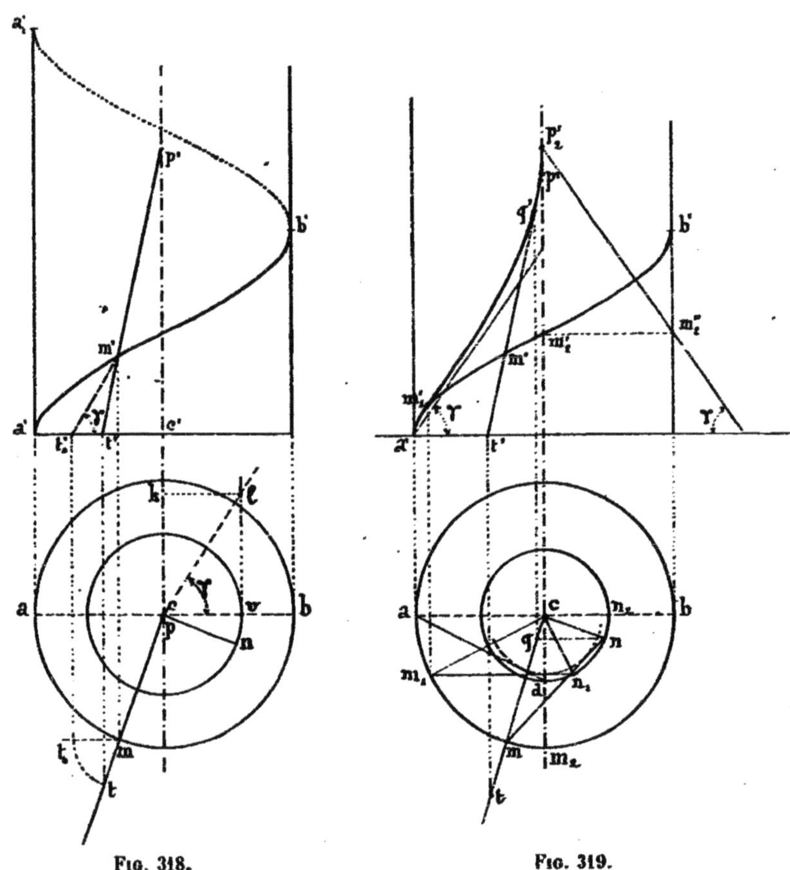

Fig. 318. Fig. 319.

Lorsque le point m vient dans la position m_1 telle que m_1n_1 soit parallèle à ab, le point $(q.q')$ se confond avec $(m_1.m'_1)$. Le contour apparent passe donc par le point $(m_1.m'_1)$ de l'hélice directrice et, comme cette courbe appartient à la surface, il lui est tangent en ce point. Si on suppose la surface limitée à l'hélice directrice, le contour apparent s'arrête en ce point.

Il est facile de construire le point m_1. En effet, les côtés cm et cn du triangle cmn étant constants, ce triangle est de grandeur invariable. Donc la distance du point c à l'hypoténuse mn est constante, et l'enveloppe de cette hypoténuse est le cercle de centre c qui a pour rayon la distance de ce point à la droite ad. Il suffit de mener à ce cercle la tangente m_1n_1 parallèle à la ligne de terre pour avoir le point m_1.

Quand le point m vient en a, le point q est rejeté à l'infini. Donc, la projection verticale de la génératrice menée par a' est une asymptote du contour apparent.

En amenant le point m en m_2 sur la perpendiculaire élevée en c à ab, on voit que le contour apparent est tangent à l'axe du cylindre au point p'_2 où cet axe est rencontré par la génératrice du point $(m_2.m'_2)$, point qui s'obtient facilement au moyen du rabattement $p'_2m''_2$ sur le plan de front de l'axe.

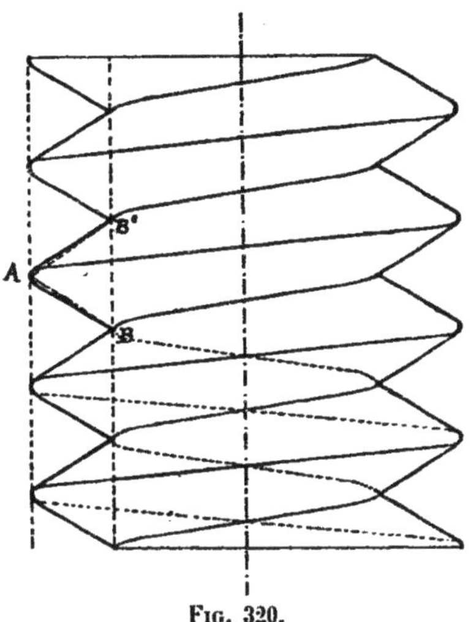

Fig. 320.

Quant à la section par tout plan horizontal, on voit, en se reportant au n° 344, que c'est une spirale d'Archimède de pôle c.

Application au dessin d'une vis à filet triangulaire. — Une telle vis est engendrée par un triangle isocèle ABB' (*fig.* 320) dont le plan reste normal à un cylindre contre lequel est appliqué le côté BB', les points B et B' décrivant sur ce cylindre une même hélice dont le pas est précisément égal à BB'. Chacune des droites AB et AB' décrit une surface de l'espèce qui nous occpue en ce moment et qui tire précisément son nom de cette application. On peut donc, par le procédé ci-dessus, construire le contour apparent de la vis.

Dans la pratique du dessin, ce tracé se fait approximativement.

349. Courbe d'ombre propre. — Pour avoir la courbe d'ombre propre produite par des rayons parallèles à (R.R'), prenons le pôle f de cette courbe d'ombre [défini comme il a été dit au n° 345, c'est-à-dire sur la perpendiculaire élevée en c à ab (*fig.* 321)] à une distance du centre donnée par

$$cn = \frac{h}{\operatorname{tg} \gamma}.$$

Comme φ est ici supposé supérieur à 90°, cf est négatif c'est-à-dire porté sur le rayon obtenu en faisant tourner ca de 90° dans le sens rétrograde.

Prenant le pôle n de la génératrice mc, il suffit de tirer fn pour avoir sur mc la projection horizontale u du point $(u.u')$ de la courbe d'ombre situé sur la génératrice considérée.

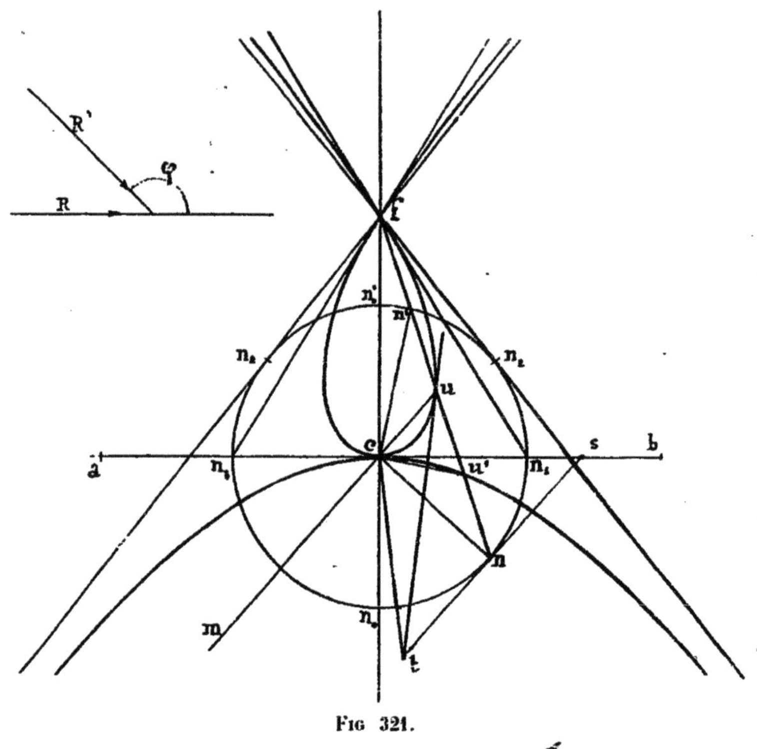

Fig 321.

On construit donc point par point la projection horizontale de la courbe d'ombre de la manière suivante : *On joint le point fixe f à un point n variable sur le cercle polaire et on élève à cn, en c, une perpendiculaire qui coupe fn au point u appartenant à la courbe.*

Construction de la tangente. — Puisque le segment de droite un, dont l'enveloppe est réduite au point f, est vu du point c sous un angle droit, constant par conséquent, on voit, par application du théorème démontré au n° 261, que si la tangente en u à la courbe que décrit ce point rencontre en t la tangente en n au cercle polaire, on a $\widehat{fcu} = \widehat{nct}$. Mais les angles fcu et scn sont égaux comme ayant leurs côtés perpendiculaires deux à deux. Donc $\widehat{scn} = \widehat{nct}$, et, par suite, $sn = nt$. On voit ainsi que *la tangente en u à la projection de la courbe d'ombre coupe la tangente en n au cercle polaire en un point t qui est le symétrique par rapport au point n du point s où la tangente nt coupe le diamètre fixe n_1n_2.*

Cette construction est due à Poncelet qui l'a obtenue d'une tout autre façon.

Discussion de la forme de la courbe (u). — 1° Le point f est extérieur au cercle polaire (*fig.* 321).

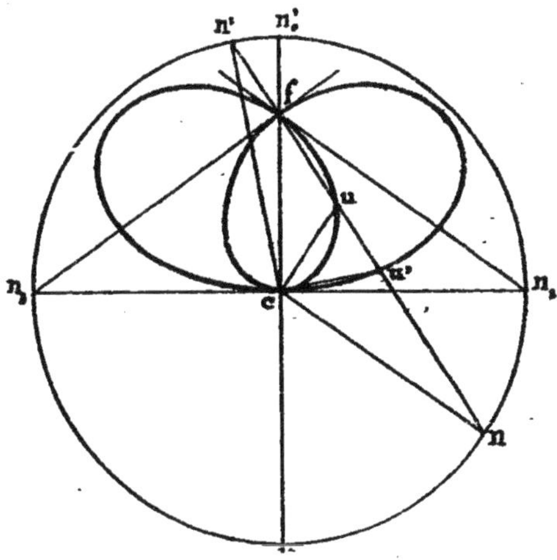

Fig. 321 *bis.*

Lorsque le point n est en n_0 ou en n'_0, le point u est en c ; lorsque le point n est en n_1 ou en n_3, le point u est en f; lorsque le point n coïncide avec l'un

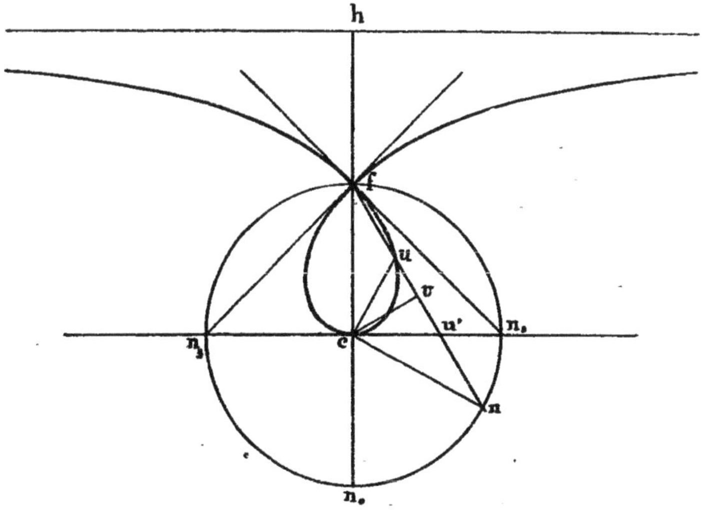

Fig. 321 *ter.*

des points de contact n_2 ou n_4 des tangentes menées de f au cercle polaire, le point u est à l'infini sur la tangente correspondante, qui constitue ainsi une asymptote de la courbe considérée.

Lorsque le point n parcourt l'arc $n_1n_0n_2$, on obtient la partie de la courbe située au-dessus de n_1n_3 ; lorsque le point n parcourt l'arc $n_2n'_0n_1$, on obtient la partie de la courbe située au-dessous de n_1n_3.

La construction de la tangente montre que la courbe est tangente en c à n_1n_3, en f à fn_1 et à fn_3.

La courbe est, d'ailleurs, quelle que soit la situation du point f par rapport au cercle polaire, évidemment symétrique par rapport à fc.

2° Le point f est à l'intérieur du cercle polaire (*fig.* 321 *bis*).

La courbe est encore doublement tangente en c à n_1n_3, tangente en f à fn_1 et fn_3, mais les tangentes menées au cercle du point f étant devenues imaginaires, elle n'a plus de points à l'infini. C'est une courbe fermée.

3° Le point f est sur le cercle polaire [1] (*fig.* 321 *ter*).

Le point n' de la figure précédente coïncidant toujours avec le point f, le point u' reste sur le diamètre n_1n_3 qui fait, par conséquent, partie du lieu.

Comme on a évidemment $fu = u'n$, on voit que la partie restante de la courbe est une *strophoïde*. Cette courbe est tangente en f à fn_1 et à fn_3. Elle a pour asymptote la perpendiculaire élevée à cf par le point h symétrique de c par rapport à f. Remarquons, en effet, que si nous abaissons du point c la perpendiculaire cv sur fn, le point v est le milieu de uu'. Par suite, l'ordonnée du point u rapportée aux axes cn_1 et cf est double de celle du point v. Or, lorsque le point u est à l'infini, le point v coïncide avec f. Donc $ch = 2cf$.

350. Asymptote de l'indicatrice. — Nous avons vu (n° 329) que toute génératrice d'une surface réglée est une ligne asymptotique de cette surface. Donc elle constitue en chacun de ses points une première asymptote de l'indicatrice. Cherchons, en un point $(m.m')$ d'une génératrice (G.G′) de la surface de vis à filet triangulaire, la seconde asymptote de l'indicatrice (*fig.* 322).

Si, pour un certain choix de faisceaux lumineux, la courbe d'ombre propre passe par le point $(m.m')$, nous savons (n° 295) que la tangente à la courbe d'ombre est conjuguée du rayon lumineux passant en ce point par rapport à l'indicatrice. Autrement dit, la tangente à la courbe d'ombre et le rayon lumineux sont conjugués harmoniques par rapport aux asymptotes de l'indicatrice. Comme cette propriété est projective, nous voyons que nous aurons, en projection horizontale, l'asymptote cherchée en prenant la conjuguée harmonique de la projection G de la génératrice par rapport au système formé par la projection du rayon lumineux et la tangente à la projection de la courbe d'ombre.

Comme nous sommes libres de choisir la direction des rayons lumineux, prenons-la dans un plan vertical perpendiculaire à G avec une inclinaison telle que la courbe d'ombre passe en $(m.m')$; sa projection horizontale est alors la perpendiculaire mr à G et, d'après ce que nous avons vu à la fin du

[1] Cela a lieu lorsque $\varphi = \gamma$ ou $\varphi = \pi - \gamma$, c'est-à-dire lorsque l'hélice directrice a des tangentes confondues avec des rayons lumineux.

numéro précédent, la tangente en m à la projection de cette courbe d'ombre passe par le pôle n de la génératrice (¹).

La *projection mi de l'asymptote cherchée*, étant la conjuguée harmonique de G par rapport aux droites mn et mr, *coupe la droite cn*, qui est parallèle à mr, *au point i symétrique du point c par rapport à n.*

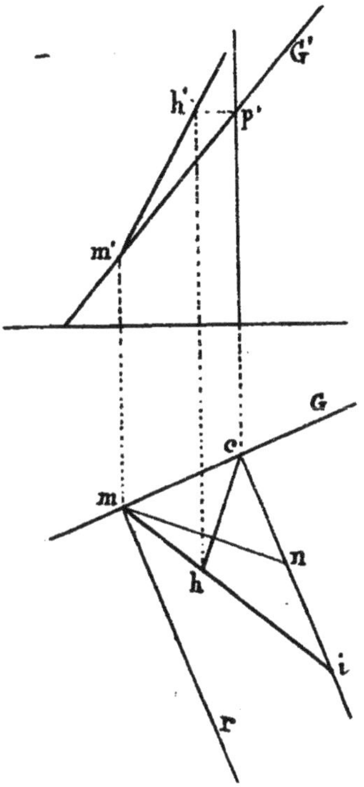

Cette construction a été donnée par M. Mannheim.

L'asymptote de l'indicatrice étant dans le plan tangent en $(m.m')$, il est facile d'obtenir sa projection verticale.

Coupons, en effet, par le plan horizontal passant au point p'. Puisque les horizontales du plan tangent en $(m.m')$ sont perpendiculaires à mn (n° 336), la projection horizontale de l'intersection du plan tangent et du plan horizontal auxiliaire est la perpendiculaire ch abaissée de c sur mn. Cette droite coupe mi au point h dont la projection verticale h' est sur l'horizontale du point p'. La projection verticale de l'asymptote cherchée est dès lors $m'h'$.

Fig. 322.

Remarque I. — Pour avoir la tangente à la courbe d'ombre propre en projection verticale, il suffirait de prendre la conjuguée harmonique de la projection verticale du rayon lumineux passant en m' par rapport à $m'p'$ et $m'h'$, projections des asymptotes de l'indicatrice.

Remarque II. — Nous avons vu (n° 332) que les secondes asymptotes des indicatrices le long d'une génératrice d'une surface réglée engendrent l'hyperboloïde osculateur le long de cette génératrice. Or, le point i restant le même, quel que soit le point m pris sur G, on voit que, dans le cas qui nous occupe, toutes ces secondes asymptotes rencontrent la verticale du point i. Par suite, l'hyperboloïde osculateur contient cette verticale.

(¹) En effet, le point double f de la courbe d'ombre étudiée au numéro précédent coïncide alors avec le point m, et les tangentes en ce point double passent par les extrémités du diamètre du cercle polaire perpendiculaire à cf (*fig.* 321). Mais le point f n'est pas la projection d'un point double de la courbe d'ombre dans l'espace. Au contact d'une génératrice ayant pour pôle le point n_1, la courbe d'ombre est telle que sa projection horizontale est la branche de la courbe projetée, qui est tangente à fn_1.

e. — HÉLICOÏDE GAUCHE A PLAN DIRECTEUR

351. Génération. — Voyons ce que deviennent les propriétés de l'hélicoïde gauche ordinaire lorsqu'on suppose que son cône directeur se réduit à un plan, c'est-à-dire lorsque toutes ses génératrices sont parallèles au plan que nous avons pris pour plan horizontal.

Ici encore, le point central sur chaque génératrice est le point de contact avec le noyau cylindrique, et le plan central le plan tangent à ce noyau en ce point.

La propriété démontrée au n° 340 pour l'hélicoïde ordinaire quelconque subsiste, à savoir que l'intersection de l'hélicoïde par tout cylindre de révolution de même axe que le noyau est une hélice de même pas que l'hélice de striction.

Mais comme ici $\gamma = o$, les formules (1) et (2) du n° 340 deviennent.

$$cn = \infty$$

et

$$k = -h.$$

Remarquons tout de suite, pour n'avoir pas à y revenir, que la surface n'a pas de contour apparent vertical, celui-ci étant rejeté à l'infini, et que ses sections par des plans horizontaux sont ses génératrices, c'est-à-dire des droites.

352. Plan tangent. — Le pôle de chaque génératrice étant rejeté à l'infini, la construction des plans tangents fondée sur l'em ploi de ce point devient illusoire; mais, la surface étant à plan directeur, nous pourrons utiliser ici les constructions indiquées au n° 327.

Tout revient donc à déterminer la droite lieu des traces des tangentes orthogonales le long d'une génératrice sur le plan horizontal de projection pris pour plan directeur.

On sait (n° 326) que cette droite pm_0 passe par la projection p du point central (*fig.* 323) et qu'en outre, si m_0 est la trace correspondant à m, c'est-à-dire si mm_0 est perpendiculaire à pm, on a, en appelant z la hauteur du point p' au-dessus de la ligne de terre,

$$\frac{mm_0}{pm} = \frac{z}{k}.$$

Or, nous venons de voir au numéro précédent que le paramètre de distribution k est égal au pas réduit changé de signe $-h$.

Donc

$$\frac{mm_0}{pm} = -\frac{z}{h}.$$

Mais si ϖ représente l'angle que la tangente en $(p.p')$ à l'hélice fait avec le plan horizontal, on a

$$z = tp \,.\, \operatorname{tg} \varpi$$
$$h = cp \,.\, \operatorname{tg} \varpi$$

[N° 286, *form.* (2)].

Donc

$$\frac{z}{h} = \frac{cp}{tp}.$$

Par suite,

$$\frac{mm_0}{pm} = -\frac{tp}{cp},$$

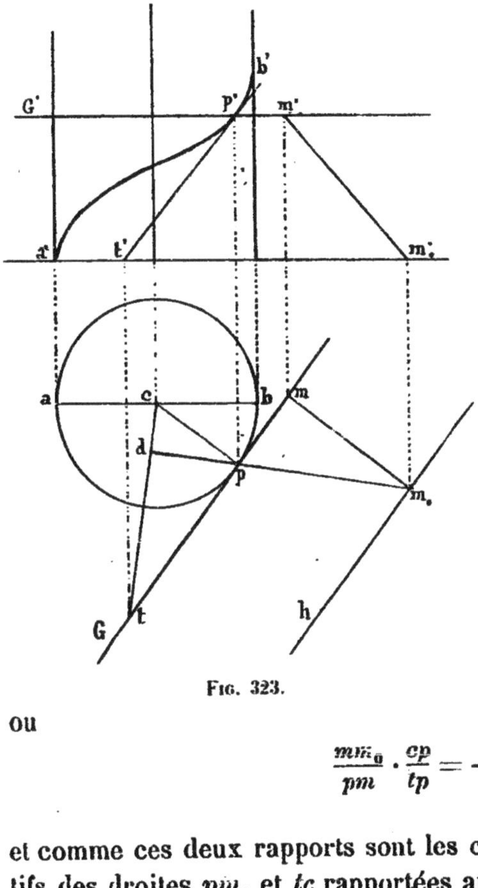

Fig. 323.

ou

$$\frac{mm_0}{pm} \cdot \frac{cp}{tp} = -1,$$

et comme ces deux rapports sont les coefficients angulaires respectifs des droites pm_0 et tc rapportées aux axes pm et pc, on voit que ces droites sont perpendiculaires entre elles.

Ainsi, *le lieu des traces horizontales des tangentes orthogonales le long de la génératrice* G *est la perpendiculaire menée par* p *à* ct.

Cette droite pd étant tracée, il suffit, pour avoir le plan tangent en $(m.m')$, d'élever à pm la perpendiculaire mm_0 qui coupe pd en m_0. La droite $(mm_0.m'm'_0)$ est la ligne de plus grande pente de ce plan qui contient, en outre, la génératrice (G.G′). La parallèle m_0h à pm est la trace horizontale de ce plan.

Réciproquement, si cette trace est donnée, on en déduit le point de contact $(m.m')$ en abaissant du point m_0 la perpendiculaire m_0m sur G.

353. Courbe d'ombre. — La construction donnée au n° 345 est encore applicable. Soit f le pôle de la courbe d'ombre situé sur le rayon cf perpendiculaire à la projection des rayons lumineux à une distance du centre donné par

$$cf = \frac{h}{\operatorname{tg} \varphi},$$

φ étant l'angle des rayons lumineux avec le plan horizontal.

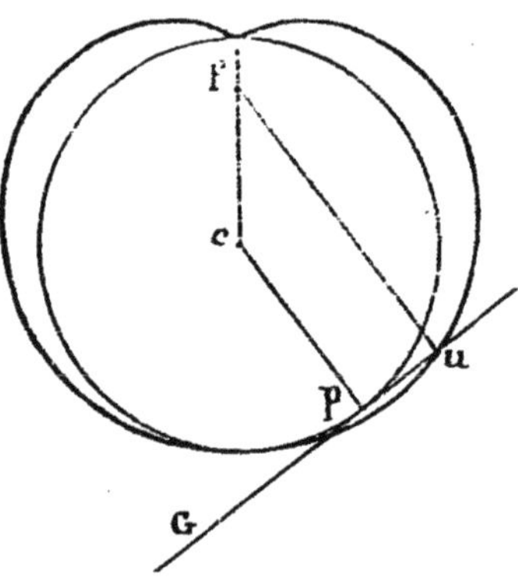

Fig. 324.

La projection u du point de la courbe d'ombre situé sur G est à la rencontre de cette droite et de la droite fn. Mais ici, le point n est à l'infini sur cp (n° 351). Donc le point u est le pied de la perpendiculaire abaissée de f sur G (*fig.* 324).

La courbe (u) est donc la podaire du cercle de base par rapport au point f, c'est-à-dire un *limaçon de Pascal* (n° 269, *Ex.*). Nous savons en déterminer la tangente et le centre de courbure (*loc. cit.*).

f. — Surface de vis à filet carré

354. Génération. — Lorsque le noyau cylindrique de l'hélicoïde à plan directeur se réduit à son axe, on a la *surface de vis à filet carré*, qui se déduit, comme on voit, de la surface de vis à filet triangulaire en supposant les génératrices de celle-ci perpendiculaires à la droite directrice.

La surface de vis à filet carré est donc un conoïde droit.

Nous allons voir ce que deviennent dans ce cas les propriétés précédemment obtenues pour l'hélicoïde à plan directeur ou pour la surface de vis à filet triangulaire.

Remarquons tout d'abord qu'il n'y a lieu ici de s'occuper de la construction ni du cercle polaire, qui est rejeté à l'infini, ni du contour apparent vertical pour la même raison, ni des sections horizontales, qui se réduisent aux génératrices de la surface.

355. Plan tangent. — Supposons la surface définie par son axe et une de ses hélices $(ab.a'b')$ (*fig.* 325).

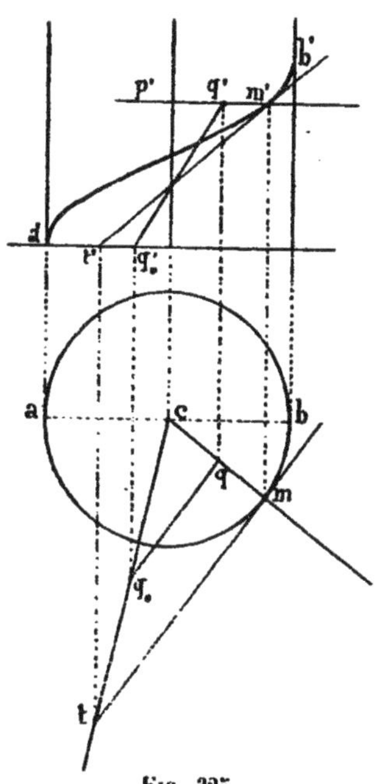

FIG. 325.

La génératrice passant par $(m.m')$ se projette horizontalement suivant cm et verticalement suivant la parallèle $p'm'$ à la ligne de terre.

Le plan tangent en $(m.m')$ est déterminé par cette génératrice et par la tangente $(mt.m't')$ à l'hélice. Comme mt est perpendiculaire à cm, cette tangente est orthogonale. D'ailleurs le point central se projetant horizontalement en c, il suffit de tirer ct pour avoir la droite lieu des traces des tangentes orthogonales le long de la génératrice considérée.

On aura, par exemple, la tangente orthogonale $(qq_0.q'q'_0)$ au point $(q.q)'$ en élevant à cm la perpendiculaire qq_0.

356. Courbe d'ombre. — Reprenons la construction donnée au n° 353. Sur la perpendiculaire cf à la direction cr du rayon lumineux (*fig.* 326) nous portons le segment cf donné par

$$cf = \frac{h}{\operatorname{tg} \varphi},$$

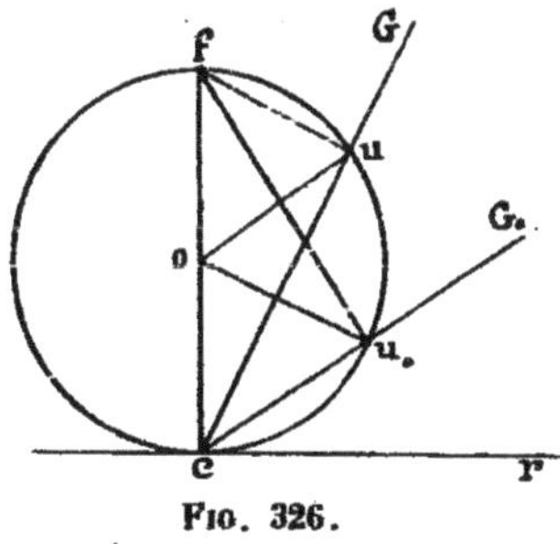

FIG. 326.

φ étant l'angle que le rayon lumineux projeté en cr fait avec cette projection. Pour avoir la projection u du point de la courbe d'ombre sur G, il suffit d'abaisser du point f la perpendiculaire fu sur G. Comme ici la droite G passe par le point fixe c, pied de l'axe de la surface, *le lieu du point u est le cercle décrit sur cf comme diamètre.*

Soient h le pas réduit des hélices tracées sur la surface et ayant pour axe celui même de la surface, U_0 et U les points de la courbe d'ombre projetés en u et u_0, dont les hauteurs z_0 et z au-dessus du plan horizontal de projection sont respectivement celles des génératrices G_0 et G.

On a

$$z - z_0 = h.\widehat{u_0 c u},$$

ou

$$z - z_0 = h . \frac{u_0 o u}{2},$$

o étant le centre du cercle cf. Cette formule montre que le point U décrit sur le cylindre dont la base est le cercle cf une hélice dont le pas réduit est $\frac{h}{2}$.

Ainsi, la courbe d'ombre propre est une hélice et, comme la courbe d'ombre portée sur le plan horizontal est la projection oblique de la courbe d'ombre propre faite parallèlement aux rayons lumineux, cette courbe d'ombre portée sera une cycloïde (n° 288).

357. Asymptote de l'indicatrice. — Si nous reprenons la construction de l'asymptote de l'indicatrice en chaque point d'une génératrice, donnée à propos de la surface de vis à filet triangulaire (n° 350), nous voyons que le pôle n de la génératrice (*fig.* 322) étant à l'infini sur la perpendiculaire élevée en c à la génératrice G, il en est de même du point i. Donc la seconde asymptote de l'indicatrice en m se confond en projection horizontale avec la perpendiculaire mr à G, et comme ici la génératrice G est horizontale, on voit que, dans l'espace, la seconde asymptote de l'indicatrice est aussi perpendiculaire à cette génératrice. Il en résulte qu'en tout point de la surface l'indicatrice se compose de deux hyperboles équilatères conjuguées, autrement dit que les rayons de courbure principaux sont égaux et de signes contraires. La surface est donc une surface minima, ainsi que l'a remarqué Meusnier (n° 315).

Les axes de l'indicatrice bissectant les angles formés par les asymptotes, on voit que les lignes de courbure de la surface de vis à filet carré sont inclinées à 45° sur les génératrices de la surface.

§ 3. — Surfaces développables

A. — *Généralités*

358. Première définition. — Reprenons la formule de Chasles (n° 322) qui fait connaître l'angle du plan tangent avec le plan central

$$\operatorname{tg} \theta = \frac{x}{k}.$$

Si $k = \infty$, on a $\operatorname{tg} \theta = 0$, sauf pour $x = \infty$, auquel cas θ est indéterminé. Cela veut dire que le plan tangent est le même en tous les points de la génératrice, sauf à l'infini où il est indéterminé. Or, si $k = \infty$, c'est que, d'après la définition de k $\left(\text{contenue dans la formule } k = \text{Lim}\,\frac{p}{\varepsilon}\right)$, l'angle ε de deux génératrices infiniment voisines est infiniment petit par rapport à leur plus courte distance p. Les surfaces pour lesquelles cette circonstance se produit pour toutes les génératrices sont les cylindres ; ε est alors rigoureusement nul.

Si $k = 0$, on a $\text{tg}\,\theta = \infty$, sauf pour $x = 0$, auquel cas θ est indéterminé. Cela veut dire que le plan tangent est le même en tous les points de la génératrice, sauf au point central, où il est indéterminé. Or, si $k = 0$, c'est que la plus courte distance p de deux génératrices infiniment voisines est infiniment petite par rapport à leur angle ε. Cette circonstance a lieu pour toutes les génératrices d'un cône, car p est alors rigoureusement nul. Mais il est d'autres surfaces réglées que les cônes sur lesquelles toutes les génératrices offrent ce caractère.

Réciproquement, la formule de Chasles montre que θ ne saurait être indépendant de x que si k est nul ou infini. Cette formule fait voir, d'ailleurs, qu'il suffit, pour que le plan tangent soit le même tout le long d'une génératrice, qu'il soit le même en deux points de cette génératrice.

Les surfaces pour lesquelles le plan tangent est le même tout le long de chaque génératrice sont dites des *surfaces développables*. Laissant de côté le cas des cylindres ($k = \infty$), nous supposerons partout dans la suite que $k = 0$.

Remarque. — Nous avons vu que les plans tangents au cône directeur sont parallèles aux plans asymptotiques de la surface (n° 323). Puisqu'ici les plans tangents tout le long d'une génératrice sont confondus entre eux, et notamment avec le plan asymptotique, on peut dire que *le plan tangent le long de chaque génératrice est parallèle au plan tangent le long de la génératrice correspondante du cône directeur*.

359. Deuxième définition. — Soient G et G′ deux génératrices infiniment voisines de la surface le long desquelles les plans tangents sont T et T′. Si nous coupons celle-ci par un plan quelconque S qui rencontre G en M et G′ en M′, les tangentes en M et M' à la courbe d'intersection se coupent au point M_1, où le plan S rencontre la droite d'intersection G_1 des plans T et T'. A la limite, le point M_1 vient se confondre avec le point M, et, comme le plan sécant S est quelconque, on voit que la limite de l'intersection G_1 des plans T et T' est la génératrice G.

Donc, *toute surface développable peut être considérée comme l'enveloppe de première espèce de ses plans tangents* (n° 291).

Réciproquement, *si un plan variable dépend d'un seul paramètre, son enveloppe est une développable.* Cela est évident, puisque la surface enveloppe et la surface enveloppée (ici le plan) se raccordent tout le long de la caractéristique (ici une droite) (n° 291).

360. Troisième définition. — Nous avons vu (n° 274, *Cor. I*) que chaque tangente à une courbe gauche peut être considérée comme la limite de l'intersection de deux plans osculateurs infiniment voisins; la surface lieu de ces tangentes constitue donc l'enveloppe de ces plans; elle est, par suite, développable, en vertu du numéro précédent [1].

Réciproquement, toute surface développable, c'est-à-dire toute surface dans laquelle la distance de deux génératrices infiniment voisines est infiniment petite par rapport à l'angle de ces génératrices, est le lieu des tangentes à une courbe gauche. Nous allons voir, en outre, que cette courbe gauche est la ligne de striction de la surface.

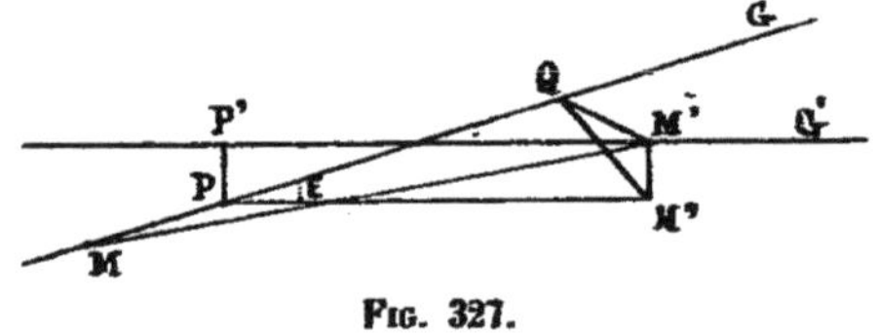

FIG. 327.

Soient, en effet, M et M' les points centraux situés sur les génératrices G et G' dont la plus courte distance est PP' (*fig.* 327).

Du point M' abaissons la perpendiculaire M'M'' sur le plan mené par G parallèlement à G'. La figure M'P'PM'' est un rectangle. Par suite, M'M'' = P'P et M'P' = M''P. Si du point M'' nous abaissons la perpendiculaire M''Q sur G, M'Q est aussi perpendiculaire à G en vertu du théorème des trois perpendiculaires. Donc, en appelant ε

(1) Si nous nous reportons à ce qui a été dit des normales à une surface le long d'une ligne de courbure (n° 305), nous voyons que leur propriété caractéristique peut s'énoncer ainsi : *Une ligne de courbure est une courbe le long de laquelle la normalie est développable.*

l'angle des génératrices G et G',

$$\frac{M'Q}{\varepsilon} = \sqrt{\left(\frac{M''Q}{\varepsilon}\right)^2 + \left(\frac{M'M''}{\varepsilon}\right)^2}.$$

Or,

$$M''Q = M'P' \sin \varepsilon.$$

Mais, $M''P$, égal à $M'P'$, est infiniment petit, et $\sin \varepsilon$ est égal à ε au troisième ordre près. Donc, en négligeant un infiniment petit du quatrième ordre auprès d'un du deuxième,

$$M''Q = M'P'.\varepsilon$$

et $\frac{M''Q}{\varepsilon}$ égal à $M'P'$ tend vers zéro.

De même $\frac{M'M''}{\varepsilon}$, égal à $\frac{PP'}{\varepsilon}$, tend, par hypothèse, vers zéro.

Donc $\frac{M'Q}{\varepsilon}$ tend vers zéro et $M'Q$ est infiniment petit par rapport à ε.

Or, l'arc MM' de la ligne de striction est de même ordre que l'angle ε de G et G'. Par suite, $M'Q$ est infiniment petit par rapport à l'arc MM' ou à sa corde, qui n'en diffère que d'un infiniment petit du troisième ordre, et l'on a

$$\text{Lim } \widehat{M'MQ} = \text{Lim arc sin} \frac{M'Q}{MM'} = 0,$$

ce qui montre que la génératrice G est tangente en M à la ligne de striction.

Si donc une surface est développable, ses génératrices sont tangentes à sa ligne de striction.

Nous avons vu, d'ailleurs (n° 274, *Cor. I*), que chaque tangente à une courbe gauche peut être considérée comme la limite de l'intersection de deux plans osculateurs infiniment voisins ; la surface lieu de ces tangentes se confond, par suite, avec la surface enveloppe de ces plans.

Nous pouvons donc dire que *toute surface développable peut être considérée comme le lieu des tangentes à une courbe gauche qui constitue sa ligne de striction; en outre, le plan tangent le long de chaque génératrice se confond avec le plan osculateur à la ligne de striction au point où cette génératrice touche cette ligne.*

361. Arête de rebroussement. — Nous allons faire voir que la section d'une surface développable par un plan quelconque présente un point de rebroussement sur la ligne de striction qui, pour cette raison, a reçu le nom d'*arête de rebroussement.*

Soit S le plan sécant qui coupe la ligne de striction C au point M (*fig.* 328)

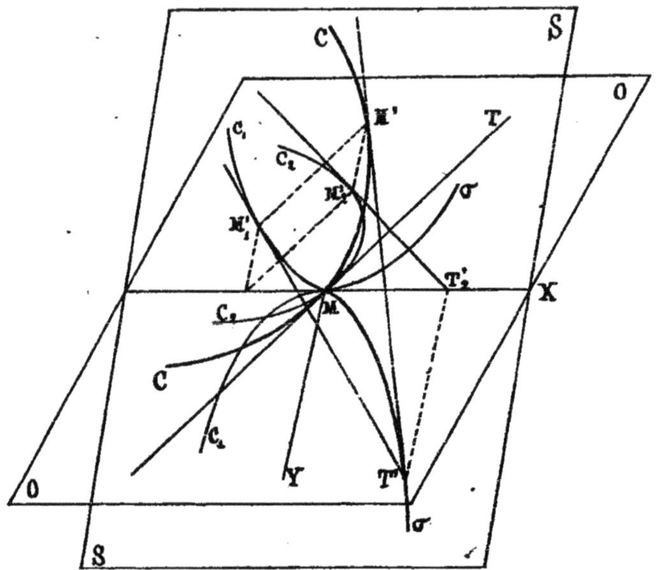

Fig. 328.

où le plan osculateur est O. La tangente MT en M est dans le plan O qui coupe, en outre, le plan S suivant la droite MX ([1]).

Projetons la courbe C en C_1 sur le plan S par des projetantes parallèles à MT et en C_2 sur le plan O par des droites parallèles à la perpendiculaire MT élevée à MX dans le plan S. La courbe C_1 présente, comme on sait, un point de rebroussement en M, où sa tangente est MX (n° 280).

La section cherchée est le lieu du point T' où la tangente M'T' en M' rencontre le plan S. Le point T' se trouve sur la tangente à la courbe projetée C_1 en M_1, puisque cette tangente en M'_1 est la projection de M'T'. En outre, puisque la tangente $M'_2T'_2$ à la courbe projetée C_2 est la projection de M'T', faite parallèlement à MY, le point T' se trouve sur la perpendiculaire élevée en T'_2 à MX dans le plan S.

Le point M étant un point ordinaire de la courbe C_2, tous les points T'_2 sont, sur MX, du même côté de M (le côté droit sur la figure 328). Donc, tous les points T' sont d'un même côté de MY, et la courbe cherchée ne traverse pas cette droite.

([1]) La démonstration suivante a été donnée par M. Tresca, ingénieur en chef des Ponts et Chaussées, alors qu'il était élève à l'Ecole Polytechnique.

D'autre part, le point M étant un point de rebroussement sur la courbe C_1, on voit que, suivant que M'_1 est au-dessus ou au-dessous de la tangente MX en M, le point T' est au-dessous ou au-dessus de T.

Ainsi, le lieu σ du point T', tout entier à droite de MY, a une branche au-dessous et une branche au-dessus de MX. Reste à trouver la tangente en M. Or, cette tangente est la limite de MT, trace sur S du plan mené par M et la tangente infiniment voisine M'T'. Ce plan ayant pour limite le plan osculateur O, la tangente en M est donc la trace MX de ce plan osculateur sur O.

On voit ainsi que la courbe σ a un point de rebroussement en M.

362. Applicabilité sur le plan. — Si nous reprenons la formule qui fait connaître la courbure totale le long d'une génératrice d'une surface réglée (n° 329), formule qui peut s'écrire

$$C_t = -\left(\frac{k}{k^2 + x^2}\right)^2,$$

nous voyons que, pour une surface développable, k étant nul, on a $C_t = 0$. D'après ce que nous avons vu à la fin du numéro 316, cela prouve que *toute surface développable est applicable sur un plan.* C'est même cette propriété qui justifie le nom donné à ces surfaces.

Cette applicabilité peut, d'ailleurs, être établie par le procédé tout élémentaire que voici :

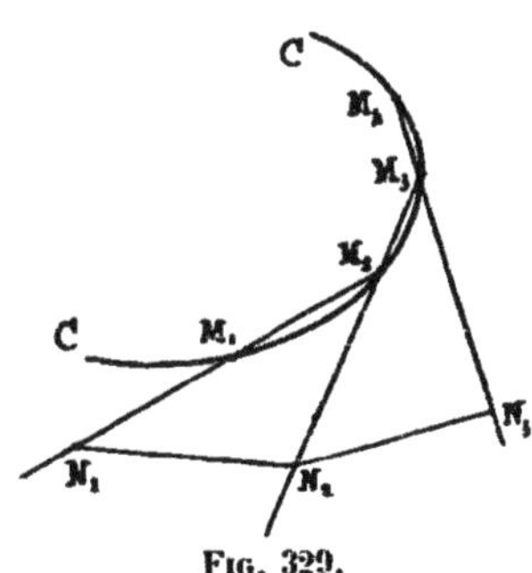

Fig. 329.

Inscrivons dans l'arête de rebroussement C une ligne polygonale quelconque $M_1M_2M_3M_4$..... à côtés infiniment petits (*fig.* 329). Les côtés M_1M_2, M_2M_3, M_3M_4, ... de cette ligne, prolongés forment une surface polyédrale qui se confond, à la limite, lorsque les côtés de la ligne polygonale tendent vers zéro, avec la surface développable dont C est l'arête de rebroussement.

Or, la surface polyédrale considérée peut être développée sur un plan par des rotations successives autour de ses arêtes M_1M_2, M_2M_3, M_3M_4,..... Cette propriété subsiste à la limite; on peut donc appliquer la surface développable sur un plan. Si nous traçons sur la surface polyédrale une ligne polygonale $N_1N_2N_3$..... quelconque, les longueurs des éléments de cette ligne après développement, non plus que leurs angles avec les arêtes adjacentes, ne sont altérés. Passant à la limite, on voit que *la longueur de l'arc d'une courbe compris entre deux génératrices quelconques et les angles de cette courbe avec les génératrices se conservent dans le développement.*

363. Divers modes de génération. — Le fait pour une surface réglée d'être développable équivaut à une condition. Il suffira donc de deux conditions simples pour définir une telle surface.

Les modes ordinaires de génération examinés au n° 321 se réduiront ici à ceux qui sont caractérisés par les éléments suivants :

1°, 2 directrices;

2°, 1 directrice et 1 noyau;

3°, 2 noyaux.

On peut, d'ailleurs, prendre pour directrice la courbe située à l'infini sur la surface, courbe qui est définie par l'intersection du plan de l'infini avec le *cône directeur* de la surface qui a son sommet en un point quelconque, c'est-à-dire le cône formé par les parallèles aux génératrices de la surface menées par un point quelconque.

Soient (A) et (B) deux directrices de la surface développable dont AB est une génératrice (*fig.* 330). Le plan tangent à la développable le long de A contient les tangentes AA_1 et BB_1 aux courbes (A) et (B), puisque ces courbes sont sur la surface. On voit ainsi que ce plan est tangent à la fois aux courbes (A) et (B). Comme la développable peut être considérée comme l'enveloppe de ses plans tangents, on peut dire que *la développable passant par deux courbes* (A) *et* (B) *est l'enveloppe des plans tangents communs à ces deux courbes*. Cela montre qu'une surface développable ne saurait avoir de directrice rectiligne sans se réduire à des plans.

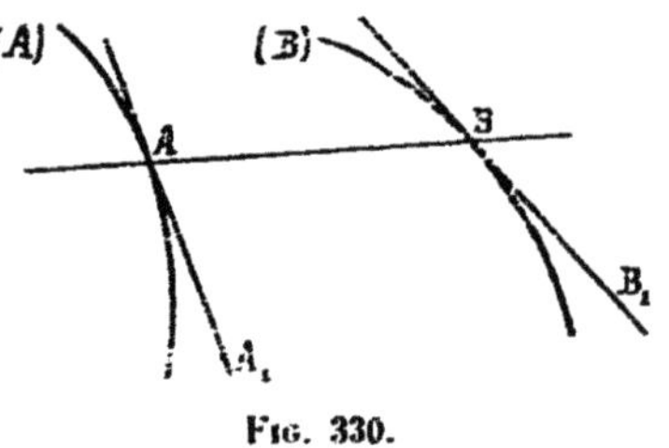

Fig. 330.

Il est aussi facile de voir que *la développable circonscrite à deux surfaces* (*noyaux*) *est l'enveloppe des plans tangents communs à ces deux surfaces*.

Le théorème de Dupin (n° 294) montre qu'*en chaque point de la courbe de contact sur l'une des surfaces la tangente est conjuguée de la génératrice de la développable par rapport à l'indicatrice.*

Le même résultat peut encore s'étendre au cas où l'on se donne une directrice et un noyau. On peut même, dans ce cas, supposer la directrice placée sur le noyau. La développable est alors l'enveloppe des plans tangents à une surface donnée le long d'une courbe donnée. Le théorème ci-dessus énoncé permet, dans ce cas, de déduire, en chaque point, la génératrice de la développable de la tangente à la courbe de contact.

Remarque. — Puisque les tangentes AA_1 et BB_1 aux directrices (A) et (B), menées par les extrémités d'une génératrice AB, sont dans un même plan, ces tangentes, lorsque les courbes (A) et (B) sont planes, passent par un même point M de la droite d'intersection D de leurs plans.

Il suffit donc, dans ce cas, pour avoir une génératrice AB, de mener d'un point quelconque M de la droite D les tangentes MA et MB aux courbes (A) et (B).

364. Les surfaces développables considérées comme des enveloppes de cônes. — Si, nous reportant à la figure 330, nous considérons le cône de sommet A qui passe par la courbe (B), nous voyons que le plan tangent à ce cône le long de AB, contenant à la fois AB et la tangente BB_1 à la courbe (B) en B, n'est autre que le plan A_1ABB_1 tangent à la développable le long de cette même génératrice AB. Il résulte de là que *cette développable est l'enveloppe des cônes ayant leur sommet sur la courbe* (A) *et passant par la courbe* (B).

Puisque (A) et (B) sont deux courbes quelconques prises sur la développable, on pourra ainsi d'une infinité de manières engendrer la développable comme enveloppe de cônes; on pourra notamment échanger le rôle des courbes (A) et (B). On pourra aussi prendre pour directrice commune des cônes enveloppés la courbe à l'infini sur la développable, ce qui conduit à ce théorème :

Si en chacun des points d'une courbe de la développable, pris pour sommet, on construit un cône directeur de cette surface, la développable n'est autre que l'enveloppe de ces cônes.

De ce qui précède on déduit un procédé pour construire la génératrice AB : il suffit, ayant construit le cône de sommet A passant par (B), de mener par la tangente AA_1 à la courbe (A) le plan tangent A_1AB à ce cône.

Si la courbe (B) est la courbe à l'infini de la développable, le cône directeur AKL de sommet A (*fig.* 331) ayant ses génératrices parallèles à celles du cône directeur Okl (dont le sommet O est un point fixe quelconque de l'espace), on voit qu'il suffira, pour avoir AB, de mener par A une parallèle à la génératrice de contact Ob du plan tangent au cône Okl mené par la parallèle Oa à AA_1.

De la même façon on voit que la développable peut être consi-

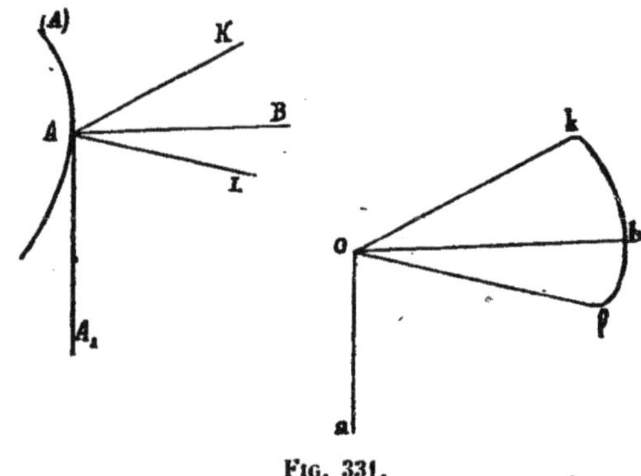

Fig. 331.

dérée comme l'enveloppe de cônes ayant leurs sommets sur une de ses directrices et qui sont circonscrits à l'un de ses noyaux.

Remarque. — Nous avons supposé qu'on pouvait mener par AA_1 au moins un plan tangent réel au cône AKL, mais il se peut qu'il n'en soit pas ainsi. Les arcs correspondants de la courbe (A) ne seront rencontrés par aucune génératrice de la développable. Ces arcs sont dits *parasites*. Le point de passage d'un arc parasite à un arc qui ne l'est pas est dit un *point limite.*

En ce point limite, la tangente AA_1 à la courbe (A) passant de l'intérieur à l'extérieur du cône AKL se trouve sur la surface même de ce cône, et, par suite, pour ce point, AB se confond avec AA_1.

Donc, les points limites sur (A) sont ceux où la génératrice de la développable devient tangente à (A). De telles génératrices appartiennent, on le voit, à la développable dont (A) est l'arête de rebroussement.

Si la développable est définie par les directrices (A) et (B), il suffira, pour avoir les points limites sur (A), de chercher les points de cette courbe tels que les tangentes en ces points rencontrent B.

On voit bien aisément que la ligne de striction de la développable passe par les points limites de la directrice (A), car la tangente AA_1 peut être considérée, aux infiniment petits du deuxième ordre près, comme passant par le point infiniment voisin A′ de (A), c'est-à-dire comme rencontrant la génératrice infiniment voisine A′B′ de la développable.

On démontre, en outre, qu'en ces points limites la ligne de striction présente des rebroussements.

365. Courbure des lignes tracées sur une développable. — Comme dans le cas général des surfaces réglées, les génératrices d'une développable sont à la fois des géodésiques et des asymptotiques de cette surface (n° 329) ; elles en sont aussi des lignes de courbure, puisque le long de chaque génératrice les normales sont dans un même plan, c'est-à-dire se rencontrent, en des points d'ailleurs rejetés à l'infini. Le second système des lignes de courbure est dès lors constitué par les trajectoires orthogonales des génératrices.

Puisque le rayon de courbure de la section normale passant par la génératrice est partout infini, autrement dit puisqu'en chaque point l'un des rayons de courbure principaux est infini, tous les points de la surface sont des points paraboliques (n° 297), et la relation d'Euler se réduit à

$$R = \frac{R_0}{\cos^2 \varphi},$$

R étant le rayon de courbure de la section normale inclinée à l'angle φ sur la section normale perpendiculaire à la génératrice, section normale dont le rayon de courbure est R_0.

En outre, l'équation (4) du n° 297 montre qu'en tout point d'une développable on a

$$rt - s^2 = 0.$$

Réciproquement, une surface dont tous les points sont paraboliques est une développable (¹). En effet, puisqu'en chaque point l'un des rayons de courbure principaux est infini, l'un des systèmes de lignes de courbure est formé de lignes droites. Or, la normalie le long de toute ligne de courbure étant développable ne saurait, lorsqu'une telle ligne est droite, être qu'un plan, ce qui prouve que le long de chacune de ces droites le plan tangent est le même.

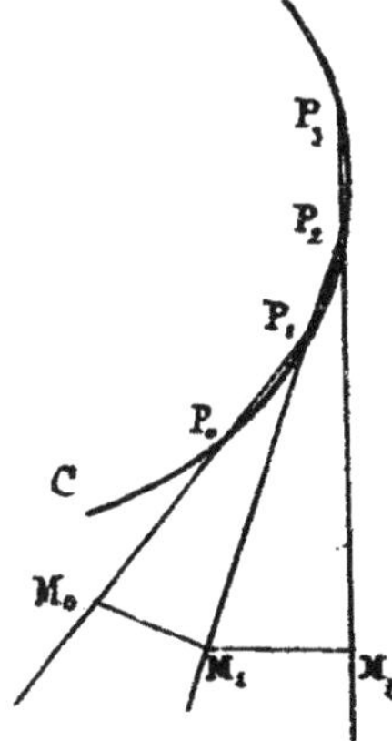

Fig. 332.

Pour connaître tout ce qui concerne la courbure des lignes tracées sur une développable, il suffit donc d'avoir en chaque point le rayon de courbure R_0 de la section normale perpendiculaire à la génératrice. Ce rayon peut être obtenu de la manière suivante :

Considérons sur l'arête de rebroussement C quatre points infiniment voisins P_0, P_1, P_2, P_3 (*fig.* 332). Aux infiniment petits d'ordre supérieur près, les droites P_0P_1, P_1P_2, P_2P_3 peuvent être considérées comme trois génératrices infini-

(¹) Cela résulte aussi de la remarque faite au début du n° 362, à savoir que la courbur totale est nulle en chaque point.

ment voisines de la surface, et les plans $P_0P_1P_2$, $P_1P_3P_3$ respectivement comme les plans osculateurs en P_1 et P_2.

Le plan normal en M_1, perpendiculaire à P_1M_1, coupe les plans $M_0P_1M_1$ et $M_1P_2M_2$ suivant les droites M_0M_1 et M_1M_2 perpendiculaires à P_1M_1. L'angle aigu formé par ces droites mesure donc le dièdre formé par les plans osculateurs $M_0P_1M_1$ et $M_1P_2M_2$; c'est, par suite, l'angle de torsion η (n° 276) de la courbe $P_0P_1P_2$ au point P_1. On a donc pour le rayon de courbure R_0 de la section normale $M_0M_1M_2$ en M_1,

$$R_0 = \frac{M_0M_1}{\eta}.$$

Mais $M_0P_1M_1$ étant l'angle de contingence ε (n° 272) de la courbe $P_0P_1P_2$ au point P_1, on a, aux infiniment petits du troisième ordre près, en posant $P_1M_1 = x$,

$$M_0M_1 = x\varepsilon.$$

Donc

$$R_0 = \frac{x\varepsilon}{\eta} = x\frac{R_t}{R_c},$$

R_c et R_t étant les rayons de courbure et de torsion de l'arête de rebroussement au point P_1 (n° 278).

366. Transformation de la courbure dans le développement de la surface. — Considérons le rayon de courbure R en un point M d'une courbe C tracée sur une développable et cherchons le rayon de

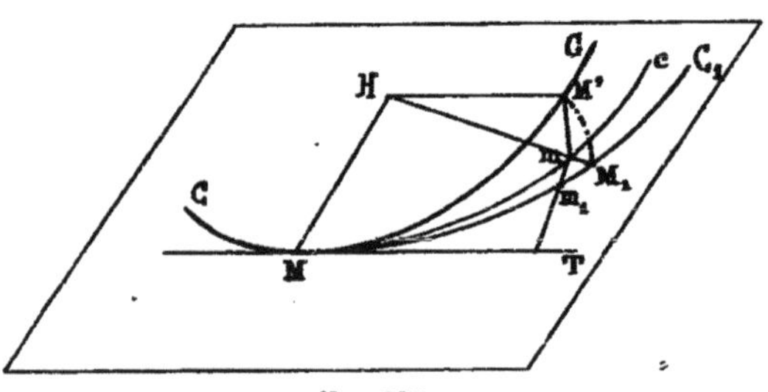

Fig. 333.

courbure R_1 au point correspondant de la courbe transformée C_1 lorsqu'on applique la surface sur un plan. Tout d'abord remarquons que nous pouvons prendre pour le plan sur lequel se fait le développement celui qui est tangent à la surface le long de la génératrice MH passant au point M.

D'après ce que nous avons vu au n° 362, nous aurons, en négligeant des infiniment petits d'ordre supérieur, le point M_1 où viendra, dans le développement, le point M' de la courbe C (*fig.* 333), par une rotation infiniment petite autour de la génératrice MH. Abaissons donc du point M' la perpendiculaire M'H sur cette génératrice et rabattons la droite HM′ en HM_1 sur le plan considéré HMT.

Puisque la distance $M'm$ du point M′ au plan HMT mené par la tangente en M à la courbe MM′ est du deuxième ordre (n° 273), et que la distance HM′ est du premier ordre, on voit que l'angle $M'HM_1$ ou H est un infiniment petit du premier ordre.

Cela posé, on a

$$mM_1 = HM_1 - Hm = HM'(1 - \cos H) = HM' \cdot \frac{H^2}{2}.$$

Par suite, mM_1 est un infiniment petit du troisième ordre. Par le point m menons mm_1 perpendiculaire à MT. Dans le triangle infiniment petit mm_1M_1 les angles en M_1 et en m_1 sont finis, car le premier a pour limite le complément de l'angle que la génératrice MH fait avec la tangente MT, et le second un angle droit. Donc mm_1 est aussi un infiniment petit du troisième ordre. Or, le lieu du point m_1 est la courbe développée C_1, le lieu de m est la projection de C sur le plan tangent HMT, courbes qui sont l'une et l'autre tangentes en M à MT. Puisque leur distance mm_1 comptée perpendiculairement à MT est du troisième ordre, ces courbes sont osculatrices en M, c'est-à-dire qu'elles ont même rayon de courbure en M.

Or, le théorème de Meusnier appliqué au cylindre projetant la courbe C sur le plan HMT montre immédiatement, comme nous l'avons déjà remarqué au n° 305 (¹), que ce rayon de courbure R_1 est donné par

$$R_1 = \frac{R}{\cos\theta},$$

en appelant θ l'angle que le plan osculateur en M à la courbe C fait avec le plan tangent HMT.

Si $\theta = \frac{\pi}{2}$, c'est-à-dire si le plan osculateur de la courbe est perpendiculaire au plan tangent à la développable, on a $R_1 = 0$, c'est-à-dire qu'au point correspondant la transformée présente une inflexion.

Pour l'arête de rebroussement, le plan tangent à la surface étant osculateur, on a $\theta = 0$, et par suite $R_1 = R$.

Donc, *lorsqu'on applique une développable sur un plan, les rayons de courbure de la courbe en laquelle se transforme l'arête de rebroussement sont respectivement égaux aux rayons de courbure correspondants de cette arête.*

(¹) Puisque la courbure de la projection de la courbe sur le plan tangent en M est la courbure géodésique en ce point (n° 305), on voit que cette courbure géodésique se conserve en tout point d'une ligne tracée sur la développable lorsqu'on déforme cette surface. C'est un cas particulier du théorème énoncé dans le renvoi au bas du n° 316.

B. — *Surfaces développables à cône directeur de révolution ou surfaces d'égale pente*

367. Génération. Sections horizontales. Ligne de striction. Plans tangents. — Supposons que le cône directeur d'une développable soit de révolution; cette développable peut être considérée comme l'enveloppe de cônes parallèles à ce cône directeur ayant leurs sommets sur une courbe de la surface prise pour directrice (n° 364) [1].

Convenons d'appeler direction verticale celle de l'axe du cône directeur, et prenons comme directrice une section horizontale (A) de la surface, sur le plan de laquelle nous supposons la figure projetée (*fig.* 334).

Appelons i l'angle que les génératrices du cône directeur font avec le plan horizontal. Le cône directeur de sommet A est coupé par un plan horizontal Z, distant de z du plan de projection, suivant un cercle MM_1 de rayon $z \operatorname{cotg} i$. La section de la surface par le plan Z est l'enveloppe de ce cercle de rayon constant. C'est donc, en projection, l'ensemble des courbes (M) et (M_1) parallèles à la courbe (A). Les tangentes Mm et M_1m_1 à ces courbes en M et M_1 sont parallèles à la tangente Aa à la courbe (A), et la normale commune a pour enveloppe la courbe (E) qui, d'après cela, est en projection horizontale *la développée commune aux projections de toutes les sections horizontales de la surface.*

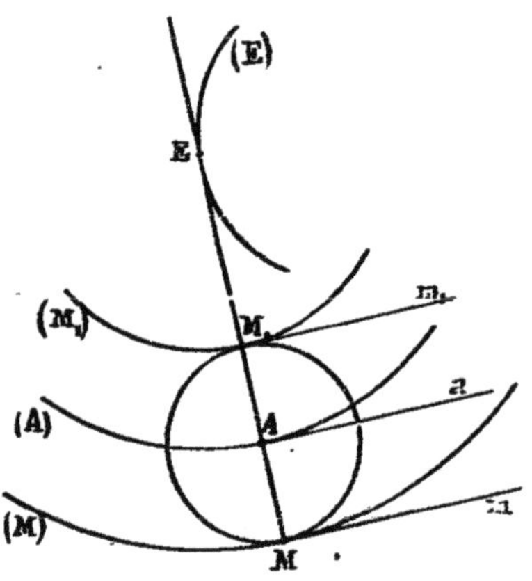

Fig. 334.

Les génératrices de contact de la surface et du cône de sommet A se projettent suivant AM et AM_1. Elles sont inclinées à l'angle i sur le plan horizontal. En outre, le plan tangent le long de ces génératrices étant le même pour la surface et pour le cône, on voit que ces

[1] Il ne serait pas possible de supposer, comme dans le cas des surfaces gauches, que ce cône directeur se réduisît à un plan, à moins que l'arête de rebroussement ne fût un simple point à l'infini, auquel cas on aurait un cylindre.

plans tangents, dont les traces sur le plan Z sont Mm et M_1m_1, sont également inclinés à l'angle i sur l'horizon.

Cette propriété a fait donner aux surfaces qui nous occupent le nom de *surfaces d'égale pente*. Ce sont de telles surfaces qui limitent les remblais. Supposons, en effet, qu'à partir de chaque point A de la courbe (A) on déverse des terres qui se tiennent naturellement sous l'angle i. Pour chaque point A pris isolément, ces terres formeraient un cône ayant ses génératrices inclinées à l'angle i sur l'horizon. La surface de remblai obtenue par un déversement de terre tout le long de la courbe (A) sera l'enveloppe de ces cônes, c'est-à-dire la surface que nous venons de définir.

Considérons le cylindre vertical dont la base est (E). La génératrice projetée suivant AM est tangente à ce cylindre et fait avec sa génératrice projetée en E l'angle $\frac{\pi}{2} - i$. D'ailleurs, d'après ce que nous avons vu au n° 335, le lieu du point de contact de la génératrice AM et de ce cylindre est la ligne de striction de la surface, et, comme ici la surface est développable, cette ligne de striction est, dans l'espace, tangente à la génératrice AM.

Il résulte de là que cette ligne de striction coupe les génératrices du cylindre (E) sous l'angle constant $\frac{\pi}{2} - i$; c'est donc une hélice de ce cylindre.

Ainsi, *toute surface d'égale pente est le lieu des tangentes à une hélice tracée sur un cylindre quelconque, et la section de la surface par un plan perpendiculaire aux génératrices du cylindre est une développante de la section du cylindre par ce plan.*

Nous savons (n° 360) que les plans tangents à la surface sont les plans osculateurs à sa ligne de striction, qui est ici une hélice décrite sur le cylindre (E). Donc, ces plans tangents sont normaux à ce cylindre (n° 283). Par suite, *toute surface d'égale pente est orthogonale à son noyau cylindrique.*

On voit que les surfaces d'égale pente se déduisent des hélicoïdes gauches généraux (n° 338) en supposant que les génératrices de ceux-ci deviennent tangentes à leur ligne de striction, c'est-à-dire que $\varpi = \gamma$.

368. Intersection de surfaces d'égale pente. — Soient (A) et (A') (*fig.* 335) les directrices, prises dans un même plan horizontal, de deux surfaces d'égale pente Σ et Σ', dont les inclinaisons sur l'horizon sont respectivement i et i'. Si nous coupons ces deux surfaces par un plan horizontal auxiliaire à la distance z du premier, nous obtenons, en projection horizontale deux courbes (a) et (a') parallèles l'une à (A), l'autre à (A') aux distances respectives $z \operatorname{cotg} i$ et $z \operatorname{cotg} i'$ de ces courbes.

Le point de rencontre M de (a) et (a') est donc tel que ses distances normales MA et MA' à (A) et à (A') sont liées par la formule

$$\frac{\mathrm{MA}}{\mathrm{MA'}} = \frac{\operatorname{cotg} i}{\operatorname{cotg} i}.$$

Lorsqu'on fait varier z, le point M, qui peut être considéré comme défini par la formule précédente, engendre la courbe (M), projection horizontale de la courbe d'intersection des surfaces Σ et Σ'.

Les plans tangents aux surfaces Σ et Σ' le long des génératrices projetées en MA et MA' sont définis par ces génératrices et respectivement par les tangentes AT et A'T aux directrices (A) et (A'). La tangente à la courbe d'intersection passe donc par le point T, et la droite MT est la tangente à sa projection.

Il suffit de supposer que l'une des directrices devient une droite pour déduire de là la construction de la courbe d'intersection d'une surface d'égale pente par un plan.

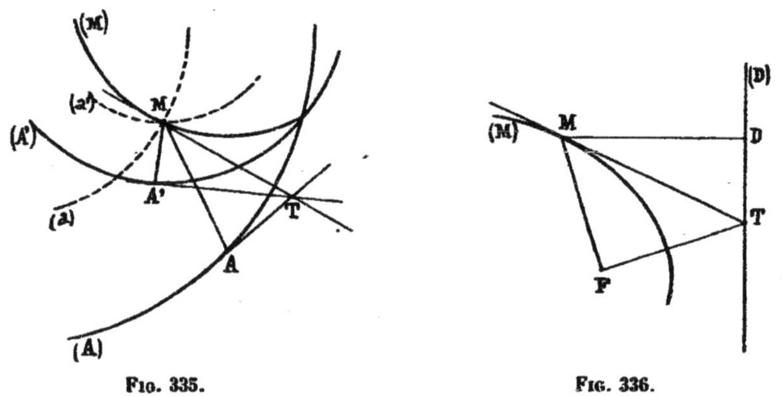

Fig. 335. Fig. 336.

Remarque. — Si l'une des directrices se réduit à un point F et l'autre à une droite (D) (*fig.* 336) la courbe (M), lieu des points tels que le rapport $\frac{\mathrm{MF}}{\mathrm{MD}}$ soit constant, est une conique de foyer F et de directrice (D). Or, dans ce cas, l'une des surfaces est un cône de révolution de sommet F; l'autre, un plan passant par (D). On retrouve donc bien ainsi le résultat connu, y compris le tracé de la tangente obtenue, d'après ce qui précède, en joignant le point M au point T où la droite (D) est rencontrée par la perpendiculaire élevée en F à MF.

369. Problèmes sur les plans tangents. — 1° Proposons-nous de mener à la surface Σ définie par la directrice horizontale (A) (*fig.* 337) un plan tangent par le point P. Soit AB la trace de ce

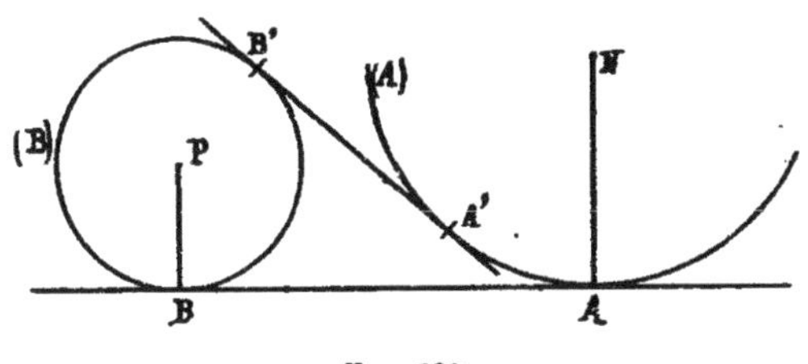

Fig. 337.

plan, tangente en A à la directrice (A). La génératrice de contact se projette suivant la normale AN de la courbe (A). Considérons le cône directeur de sommet P. D'après ce que nous savons (n° 358, *Remarque*), le plan tangent à ce cône le long de la génératrice PB parallèle à AN est parallèle au plan tangent NAB; mais puisque, par hypothèse, ce plan NAB passe par P, ces deux plans tangents

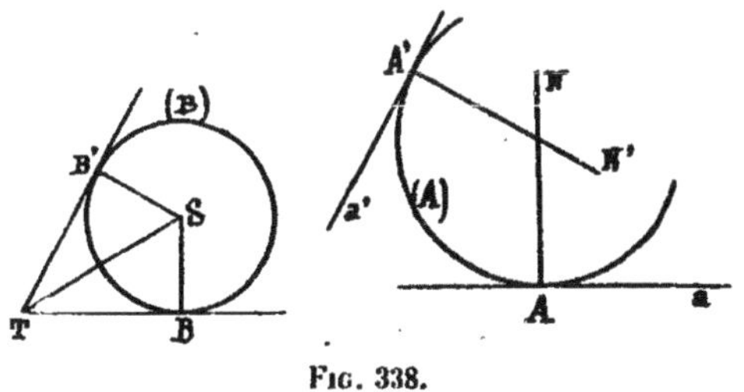

Fig. 338.

sont confondus et, par suite, la trace AB du plan est tangente au cercle (B) d'intersection du cône directeur et du plan horizontal. On a donc le point A en menant à la courbe (A) et au cercle (B) une tangente commune AB, telle, d'ailleurs, qu'aux points A et B les courbes (A) et (B) soient d'un même côté de AB. Ainsi, la tangente

A'B' ne donnerait pas une solution, parce qu'aux points A' et B' les génératrices de la surface et du cône font avec le plan horizontal des angles égaux, mais de sens contraire.

2° Proposons-nous maintenant de mener à la surface Σ un plan tangent parallèle à une droite D donnée. Considérons le cône directeur qui a pour sommet un point S quelconque (*fig.* 338). Si AN est la génératrice le long de laquelle le plan tangent est parallèle à D, le plan tangent de la génératrice SB du cône directeur parallèle à AN sera aussi parallèle à D (n° 358, *Rem.*). On a donc le point B en menant par le sommet S du cône à la droite D la parallèle ST, qui rencontre en T le plan du cercle de base (B), et en tirant par le point T les tangentes TB et TB' au cercle (B).

Menant à la directrice horizontale (A) de Σ les tangentes parallèles à TB et TB', telles qu'aux points de contact la courbe (A) soit du même côté par rapport à ces tangentes que le cercle (B) par rapport à TB et TB', on obtient les points A et A' auxquels aboutissent les génératrices de contact AN et A'N' cherchées.

370. Lignes doubles. — Si l'on considère le lieu des points N d'où l'on peut mener à la directrice horizontale (A) deux normales NA et NA_1 égales, on voit que par le point de la surface dont N est la projection horizontale passeront deux génératrices. Ce point engendre donc une ligne double de la surface.

En particulier, le plan vertical mené par un axe de symétrie de la courbe (A) coupe la surface suivant une ligne double.

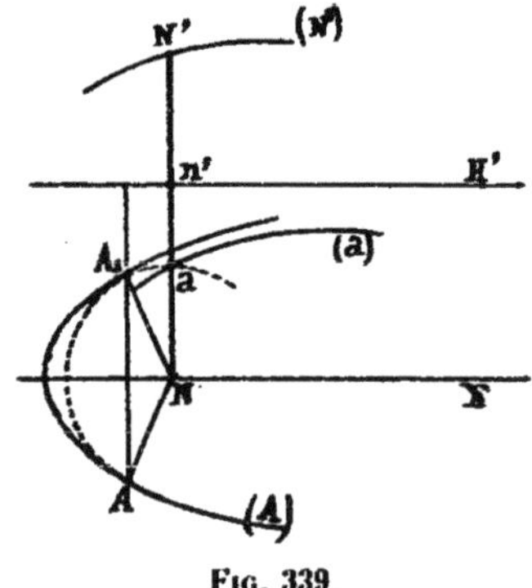

Fig. 339.

Soit X un axe de symétrie de (A); prenons un plan vertical parallèle à X, sur lequel la trace du plan de (A) est H' (*fig.* 339). L'intersection de la surface par le plan de front de X est une ligne double de la surface qui se projette verticalement sans altération en (N'). On a $n'N' = NA. \operatorname{tg} i$. Du point N comme centre décrivons le cercle de rayon NA qui coupe Nn en a. Nous avons

$$\frac{n'N'}{Na} = \operatorname{tg} i.$$

Donc la *courbe* (N') *s'obtient en dilatant dans un rapport égal à tg i les ordonnées de la courbe* (a) *obtenue en redressant les normales* NA *perpendiculairement à l'axe* X, les ordonnées de la courbe (N') étant d'ailleurs comptées à partir de H', celles de la courbe (a), à partir de X.

371. Surface d'égale pente ayant pour directrice une conique horizontale. — En particulier, si la courbe (A) est une conique d'axe X, la courbe (a) est, d'après un théorème connu [1], une conique dont

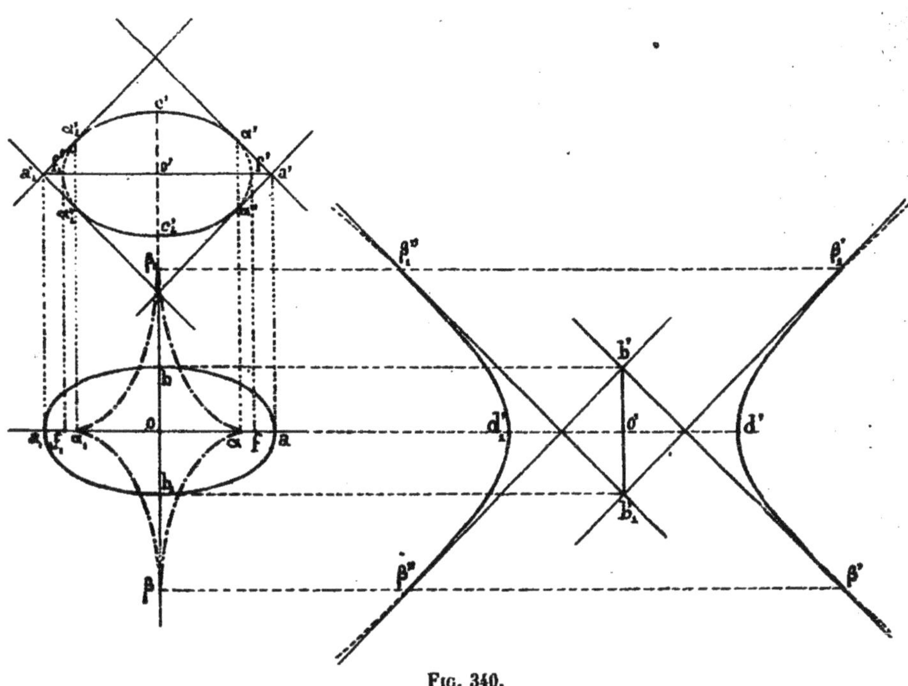

Fig. 340.

les sommets (réels ou imaginaires) situés sur X sont les foyers (réels ou imaginaires) de la conique (A) situés sur cet axe et dont les sommets (réels ou imaginaires) situés sur l'axe perpendiculaire à X coïncident avec les sommets (réels ou imaginaires) de (A) situés sur cet axe.

[1] On peut démontrer ainsi ce théorème : soient au point $(x.y)$ de la conique

$$Ax^2 + By^2 = 1 \tag{1}$$

X la sous-normale, Y la normale limitée à l'axe des x. On a

$$X = \left(1 - \frac{A}{B}\right) x, \qquad Y = \frac{\sqrt{A^2x^2 + B^2y^2}}{B},$$

qu'on peut écrire

$$X^2 = \left(1 - \frac{A}{B}\right)^2 x^2, \qquad BY^2 = \frac{A^2}{B} x^2 + By^2.$$

Multipliant la première de ces équations par $\frac{AB}{B-A}$ et ajoutant en tenant compte de (1), on a

$$\frac{AB}{B-A} X^2 + BY^2 = 1,$$

ce qui démontre le théorème énoncé.

Donnons-nous, par exemple, une directrice elliptique horizontale aba_1b_1 (*fig.* 340) et prenons pour simplifier $i = 45°$. D'après ce qui précède, nous aurons dans le plan vertical de aa_1 une ligne double qui sera une ellipse, projetée en $f'c'f'_1c'_1$ sur un plan vertical parallèle à aa_1; l'axe $f'f'_1$ de cette ellipse est égal à la distance ff_1 des foyers de l'ellipse directrice, et son axe $c'c'_1$ est égal à bb_1. De même, nous aurons, dans le plan vertical de bb_1, une ligne double qui sera une hyperbole projetée en $\beta'd'\beta'_1\beta''_1d'_1\beta''$ sur un plan vertical parallèle à bb_1; l'axe imaginaire de cette hyperbole est égal à la distance des foyers imaginaires de l'ellipse directrice situés sur bb_1; son axe réel $d'd'_1$ est égal à aa'_1.

Il est évident que ces coniques doubles sont tangentes l'une en $\alpha', \alpha'', \alpha'_1, \alpha''_1$, l'autre en $\beta', \beta'', \beta'_1, \beta''_1$ aux génératrices de la surface situées dans leurs plans, les points de contact étant sur les verticales respectives des centres de courbure α, α_1, β, β_1 de l'ellipse directrice correspondant aux sommets a, a_1, b, b_1.

On voit, en outre, que ces coniques ne constituent pas tout entières des lignes doubles. Cette propriété n'a lieu que pour les arcs marqués en trait plein sur la figure 340. Les arcs marqués en pointillé sont parasites.

Les génératrices qui s'abaissent à partir de l'ellipse directrice vers l'extérieur de cette ellipse donnent les arcs doubles $\alpha'c'\alpha'_1$ et $\beta'd'\beta'_1$; celles qui s'abaissent vers l'intérieur donnent les arcs doubles $\alpha''c'_1\alpha''_1$ et $\beta''d'_1\beta''_1$.

La développée de l'ellipse directrice, marquée en trait mixte, est la base du noyau cylindrique de la surface considérée, ou encore la projection de l'arête de rebroussement, hélice tracée sur ce cylindre.

372. Hélicoïde développable. — Nous avons vu (nº 367) que toute surface d'égale pente est le lieu des tangentes à une hélice tracée sur un cylindre. Si le cylindre est de révolution, on a le lieu des tangentes à une hélice ordinaire, surface qui n'est qu'un cas particulier de l'hélicoïde étudié précédemment (nºs 340-345) lorsqu'on suppose $\varpi = \gamma$ et qui, pour cette raison, a reçu le nom d'*hélicoïde développable*.

Le contour apparent vertical de cette surface se composant de l'enveloppe des projections de ses tangentes n'est autre que la projection de l'hélice, arête de rebroussement; c'est donc une sinusoïde (nº 287). Il faut toutefois remarquer que le long des génératrices parallèles au plan vertical de projection, le plan tangent à l'hélicoïde, qui n'est autre que le plan osculateur de l'hélice de rebroussement (nº 360, *Théor. final*), est perpendiculaire au plan de projection. Les projections de ces génératrices prises en entier font donc aussi partie du contour apparent.

D'après le théorème énoncé à la fin du nº 367, les sections horizontales de la surface sont des développantes du cercle section droite du noyau cylindrique.

Pour les constructions de plans tangents à l'hélicoïde développable, il suffit de se reporter à ce qui a été dit au n° 369, en remarquant que la courbe (A) est ici une développante du cercle de base du noyau cylindrique. De là résulte une simplification dans la solution du second problème traité à l'endroit cité. La courbe (A) (*fig.* 338) étant alors, en effet, une développante du cercle de base, la normale AN est tangente à ce cercle, et on l'obtient simplement en menant à ce cercle une tangente parallèle à BS.

Quant au théorème qui termine le n° 366, il montre que, *lorsqu'on applique un hélicoïde développable sur un plan, l'hélice de rebroussement se transforme en un cercle dont le rayon est égal au rayon de courbure de cette hélice, c'est-à-dire à* $\frac{r}{\cos^2 i}$ (n° 286), r étant le rayon du noyau cylindrique de la surface, i l'angle que les tangentes à l'hélice font avec l'horizon.

Si donc une couronne circulaire de rayon intérieur R, découpée dans un plan, est déformée de façon que son bord intérieur vienne s'appliquer normalement sur un cylindre de rayon r le long d'une hélice d'angle i donné par $\cos^2 i = \frac{r}{R}$, la forme qu'affectera la surface ainsi obtenue sera celle d'un hélicoïde développable ([1]).

([1]) Cette propriété a été utilisée pour la construction de l'appareil connu sous le nom de *vis d'Archimède*.

TABLE DES MATIÈRES

CHAPITRE III

THÉORIE DES OMBRES USUELLES

CHAPITRE IV

PERSPECTIVE LINÉAIRE

SECONDE PARTIE

GÉOMÉTRIE INFINITÉSIMALE

CHAPITRE V

COURBES PLANES

CHAPITRE VI

COURBES GAUCHES

CHAPITRE VII

SURFACES EN GÉNÉRAL

CHAPITRE VIII

SURFACES DE NATURE SPÉCIALE

Tours, imprimerie Deslis Frères, rue Gambetta, 6.

www.ingramcontent.com/pod-product-compliance
Ingram Content Group UK Ltd.
Pitfield, Milton Keynes, MK11 3LW, UK
UKHW020153250726
13967UKWH00003B/1026

9 782013 460033